普通高等教育“十一五”国家级规划教材

高等学校水利类教材

江河防洪概论

（第二版）

熊治平 编著

JIANG HE

FANG HONG GAI LUN

WUHAN UNIVERSITY PRESS
武汉大学出版社

图书在版编目(CIP)数据

江河防洪概论/熊治平编著.—2版.—武汉:武汉大学出版社,2009.4
普通高等教育“十一五”国家级规划教材
高等学校水利类教材
ISBN 978-7-307-06925-1

Ⅰ.江…　Ⅱ.熊…　Ⅲ.防洪工程—高等学校—教材　Ⅳ.TV87

中国版本图书馆CIP数据核字(2009)第033043号

责任编辑:李汉保　　责任校对:黄添生　　版式设计:支　笛

出版发行:**武汉大学出版社**　(430072　武昌　珞珈山)
(电子邮件:cbs22@whu.edu.cn 网址:www.wdp.com.cn)
印刷:湖北金海印务公司
开本:787×1092　1/16　印张:19.25　字数:459千字
版次:2005年6月第1版　2009年4月第2版
2009年4月第2版第1次印刷
ISBN 978-7-307-06925-1/TV·32　定价:30.00元

内容简介

本书系统地介绍了河流、水系与流域的基本知识；我国的河流水系与流域概况；洪水与洪水灾害的基本特性，我国江河的洪水特点与洪水灾害情况；江河防洪减灾系统及其规划与调度运用；常见的四种工程防洪措施，即河道整治工程、河道堤防工程、水库防洪工程和蓄滞洪工程的规划设计、管理与调度运用；非工程防洪措施的思想方法与基本内容；江河防汛基本知识与堤防抢险技术等。

本书注重基本概念、基本知识和基本技术的归纳性介绍。在介绍传统的、常规的、惯用的防洪治水方法与技术的同时，注意凸显近些年来国内外在这方面的新思想、新方法、新技术和新产品，力求言简意赅，通俗易懂，简明实用。本书可以作为在校大学生、研究生的教材和防洪部门的技术培训教材，同时也是水利系统中从事防洪工作的领导干部和工程技术人员的重要参考书。

目 录

再版说明

在高校课堂讲授江河防洪减灾知识，以帮助学生树立水患意识和增强防洪观念，并能自觉运用所学知识为我国的防洪减灾事业服务，意义十分重要。为此，作者自2001年以来，在武汉大学全校范围内开设了《中国江河防洪》这门公共选修课，选课学生来源于各个学院众多专业。课堂教学运用多媒体教学方式，在讲授基本知识的同时，配合大量明晰直观的图片和影像资料，学生坐在教室、足不出校，即可以饱睹洪水的自然现象与洪水灾害的危害性，并可以与天然河流和防汛抗洪现场零距离接触，从而在有限的课时内，快速获取江河洪水与防洪的基本知识和大量相关信息，受到广大学生的欢迎与好评。

《江河防洪概论》一书，正是为满足上述教学目的与要求而编写出版的。该书自2005年6月正式出版以来，已先后12次用作武汉大学、清华大学、台湾逢甲大学等大学在校大学生、研究生的学习教材，此外，还多次在国家水利部黄河水利委员会、山东省黄河河务局、湖北省水利厅等单位的专业技术干部培训班中使用。

本书出版以后，受到国家水利部、国家防汛抗旱总指挥部、大专院校、科研院所和流域机构等许多部门和单位的领导、专家学者、水利同行的高度肯定和广大读者的好评。国家水利部关业祥教授，清华大学张洪武教授、方红卫教授，武汉大学赵英林教授，长江科学院梁中贤教授级高工，湖北省水利厅梅金焕总工、姚黑字高工，湖北省荆州市长江河道管理局张生鹏局长（高工），湖北省咸宁市水利局漆昌银局长（高工）等知名专家学者曾写出书面评价意见，均认为本书不仅是一部很好的在校大学生、研究生教材，同时也是当前我国防洪部门难得的技术培训教材。2008年，本书被国家教育部评审为普通高等教育“十一五”国家级规划教材。

通过数年来的教学实践应用，特别是随着经济社会与科学技术的发展与进步，近年来在江河防洪领域，新思想、新方法、新技术、新产品、新材料层出不穷，日新月异。有鉴于此，原版教材需要与时俱进，重新修订再版。

本书在修订再版时，保持原版章节结构基本不变，修改的重点突出一个“新”字，即突出反映在江河防洪领域近年来涌现出来的新技术、新材料和新产品，诸如：堤防工程除险加固新技术，堤防工程隐患探测新技术、新仪器，特别是河道生态护岸技术，以及江河防汛抢险新技术、新产品，等等。

由于受书稿篇幅限制，这次增补介绍的这些新内容，不可能搜索、统纳江河防洪领域的新技术、新成果的全部，而只可能有选择地引用其中一部分，其中有些新技术、新产品，还可能因其研发时间较短而存在这样或那样的技术问题，需要今后在实践中进一步完善与改进。因此，本书所介绍的新技术内容部分，仅供读者阅悉知晓与各地防洪部门在应用时参考。

熊治平

2009年5月1日

前 言

我国幅员辽阔,江河众多,洪水灾害频繁。全国约有35%的耕地、40%的人口和70%的工农业生产受到江河洪水的威胁。全国每年的洪灾直接经济损失,少则数百亿元,多则数千亿元。1998年长江、松花江大洪水,触目惊心、国人难忘。在党中央、国务院的直接领导下,数百万军民与洪水搏斗了60多个日日夜夜,才最终取得抗洪抢险的全面胜利。是年全国洪灾直接经济损失2 551亿元,占当年自然灾害总损失的85%。洪水灾害损失在各类自然灾害中位居首位。洪水是中华民族的心腹大患,不仅严重威胁着人民的生命财产安全,而且影响到社会安定和国家经济建设的可持续发展。因此,防洪治水历来是各级政府的为政之首、安民之策和发展之要。

长期以来,我国人民为了求生存、求发展,与洪水进行了艰苦卓绝的斗争,取得了可歌可泣的成就。自1949年中华人民共和国成立以来,我国主要江河进行了大规模的防洪工程建设,共修建堤防27万km,水库8万多座,水闸2.5万座,疏浚河道10万km,开辟蓄滞洪区97处,治理水土流失面积86万km^2,在全国范围内初步形成了科学合理的防洪工程布局和较完整的防洪体系。所有这些防洪措施,有效地减少了洪水的酿灾机会及其致灾损失。但是,我们应当清醒地看到,洪水是一种不以人的意志为转移的自然现象,彻底根除洪水和期望洪灾不再发生的想法都是不现实的。因此,经济社会愈是发展与进步,防洪治水工作愈是要加强,防洪减灾将是一项长期而艰巨的任务。

防洪的目的在于减灾。防洪减灾是一项社会公益性事业,需要全社会的参与和支持。防汛抗洪是每个公民的法定义务。为此,我们以在校大学生、研究生为主要读者对象编写、出版本书并开设这门选修课程。通过介绍我国的河流与河流工程概况,河流、水系与流域的基本知识,洪水与洪水灾害的基本特性,我国河流的洪水与洪水灾害,江河防洪减灾系统,防洪减灾措施,防汛抢险技术,以及防洪治水的思想方法、方针政策和法律、法规等知识,目的在于让学生拓宽知识面,了解有关水利常识和防洪知识,树立水患意识,增强防洪观念,并自觉服务于我国的防洪减灾事业,把自己培养成为既有本专业知识,又有防洪理念的新时代高素质人才。

河流是输水输沙的通道,水系是河流的集合,流域是河流的集水区域,河流、水系与流域是一个密不可分的有机整体,共同影响着河流洪水的形成过程及其产、汇、泄规律。本书第一、二章介绍了河流、水系与流域的基本知识以及我国的河流水系与流域概况;第三章讲述了各类型洪水的特征,暴雨洪水的基本特性,我国江河洪水的特点以及近代洪水监测与预报技术;第四章讲述了洪水灾害的分类,洪水灾害的基本特性,洪水灾害的成因、对策、影响及其损失的有关概念,以及我国主要江河的洪水灾害情况;第五章讲述了江河防洪减灾系统的基本组成,包括各类工程与非工程防洪措施的功能、特点、利弊及其优化组合,防洪减灾系统的规划与调度运用;第六章~第九章分别介绍了常见的四大工程防洪措施,即河道整治工程、河道堤防工程、水库防洪工程和蓄滞洪工程的规划设计、管理与调度运用，其中包括我国已建重要防洪工程的简介；非工程防洪措施是一种全新的减灾思想与方法，专设第十章介绍；第十一章介绍了江河防汛的基本知识与堤防抢险技术。全书内容涉及范围较广，信息量较大，以飨各类专业学生与广大读者。

从选课学生的生源特点及广大读者对象考虑，教材内容注重科普性、通识性、实用性、时新性和可读性，着力于基本概念、基本知识和基本技术的归纳性介绍，力求避免专业理论的刻意阐述、数学公式的推演和严格意义的工程设计技术内容。在介绍传统的、常规的、惯用的防洪治水方法与技术的同时，注意凸显近些年来在这方面的新思想、新方法和新技术，使本教材既继承传统，保留科学合理和行之有效的技术与经验，又与时俱进，注意吸纳国内、外新潮的思想与方法，做到言简意赅、通俗易懂、简明实用。

本书除可以作为在校大学生、研究生的教材之外，也可以作为各级防洪部门进行技术培训的教材。同时还是水利系统从事防洪工作的领导干部和工程技术人员的重要参考书。

本书初稿完成之后，承蒙国家防汛抗旱总指挥部办公室刘玉忠教授级高级工程师和赵会强高级工程师，湖北省水利厅梅金焕高级工程师，湖北省水利水电勘测设计院翁朝晖高级工程师，武汉大学梅亚东、谢平教授的悉心指正，特别是武汉大学王运辉教授对全书内容进行了认真细致的审阅与修正。在编写期间，长江水利委员会水文局石国钰教授级高级工程师、许全喜高级工程师，江务局陈敏高级工程师，湖北省水利厅王煌高级工程师，荆州市长江河道堤防管理局张生鹏高级工程师等专家、学者曾提供过有关参考资料。在此一并致以衷心的感谢！此外，还要感谢武汉大学出版社对本书出版的支持，特别是李汉保等编审同志的辛勤工作。

在本书编写过程中，作者参阅、援引了大量的科技书籍、论文和相关资料。尽管如此，由于江河防洪是一项涉及面极广和影响因素错综复杂的系统工程，我国人民在与洪水的长期斗争中，创造、积累了极其丰富的技术经验，现代科学技术在防洪减灾领域的发展日新月异，因此，本教材不可能包罗当代中国江河防洪的全部知识内容和技术经验。

由于书中所引用的文献资料和相关网站信息较多，凡在参考文献中漏注或误注者，敬请谅宥！限于作者水平，不妥之处，亦请读者批评指正！

熊治平

2005 年元旦于武昌珞珈山

第一章 河 流

河流是在一定气候和地质条件下形成的天然泄水通道，是河槽与水流的总称。大气降水为河流提供了充足的水源，而由地壳运动形成的线形槽状凹地则为河流提供了行水的场所。我国的河流有江、河、水、川、溪等称谓，如长江、黄河、汉水、四川大金川、湖北香溪，等等。

雨水降落地面以后，在重力作用下自高处向低处流动，侵蚀地表，形成沟壑，进而发展为小溪，小溪汇集成小河，若干小河又汇合成为大的江河，最后流入海洋或内陆湖泊。河水流经的谷地称为河谷，河谷底部有水流的部分称为河床。河水在汇流而下的过程中，不断切割、拓展河槽，使河槽断面沿程扩大，以致河流尺度及其泄流能力愈往下游愈大。

河流是自然景观中的重要组成部分，河流的形成和发展引起自然景观的改变。河流也是自然物质循环的重要通道，全世界河流每年向海洋输送数万立方千米水量，数十亿吨泥沙和化学物质。河流对人类生存环境有重大意义，人类通过对河流的开发和利用，不断改善生存环境条件，提高社会生活质量。河流也不时逞凶作恶、危害人类，如有时河水泛滥、决口成灾，有时淤滩碍航、隔断交通，严重时甚至出现断流，威胁人类社会经济发展和生态平衡。人类面对自然界的河流，一方面要研究河流的自然规律，设法让河流造福于人类；另一方面要顺其河性，注意善待河流，与河为友，与河长期和谐共存。

关于河流的话题很多。限于本书范围，本章主要介绍与河流动力学有关的内容，首先简述河流的一些基本概念，再介绍河道水流、河流泥沙及河道演变等相关基本知识。

§1.1 河流的相关概念

1.1.1 河流的功能

河流的功能是多方面的，只是在不同的时空条件和社会需求前提下，强调的侧面不同。一般说来，河流除具有行洪、排涝、航运和蓄水发电、供水灌溉等基本功能外，还有生态、环保、景观、亲水、休闲、旅游和辅线交通等其他扩展功能。

但长期以来，人们一般只看到其基本功能，而忽视其扩展功能，致使河流的功利不能很好地被人类所利用，甚至造成人与河流的不相和谐。在传统的河道治理规划中，通常也往往是基于水利工程建设的考虑，局限于防洪、排涝、引水、航运等基本功利要求，而很少去考虑河道的生态环境等其他扩展功利要求。这是在今后的河道规划设计与治理工作中需要高度重视的。

1.1.2 河流的分类

河流的分类方法很多。按河流的归宿不同，可以分为外流河和内流河（内陆河）。外流河最终流入海洋，内流河则注入封闭的湖沼或消失于沙漠而不与海洋相通。

按河流所在地理位置，我国的河流有南方河流与北方河流之分。南方河流水量丰沛，四季常流水；而北方河流，则水量相对贫乏，年际间、季际间水量相差悬殊，有些河流在每年的枯水季节可能断流，而成为季节性河流。

按河水含沙量大小，可以分为少沙河流与多沙河流。少沙河流河水“清澈”，每立方米水中的泥沙含量常在数公斤甚至不足1公斤；而多沙河流，每立方米水中的泥沙含量常在数十公斤、数百公斤甚至千余公斤。

按河流是否受到人为干扰，可以分为天然河流与非天然河流。天然河流，其形态特征和演变过程完全处于自由发展之中；而非天然河流或称半天然河流，其形态和演变受限于人工干扰或约束，如在河道中修建的丁坝、矶头、护岸工程、港口码头、桥梁、取水口和人工裁弯等。然而，自然界的河流，完全不受人为干扰影响的并不多见。

在河流动力学中，常将河流分为山区河流与平原河流两大类。山区河流流经地势高峻、地形复杂的山区，在漫长的历史过程中，由水流不断地切割和拓宽而逐步发展形成；平原河流则流经地势平坦、土质疏松的冲积平原，河床演变剧烈而复杂。

1.1.3 河流的分段

发育成熟的天然河流，一般可以分为河源、上游、中游、下游和河口五段。河源是河流的发源地，河源可能是溪涧、泉水、冰川、湖泊或沼泽等。

上游是紧接河源的河流上段，多位于深山峡谷，河槽窄深，流量小，落差大，水位变幅大，河谷下切强烈，多急流险滩和瀑布。

中游即河流的中段，两岸多丘陵岗地，或部分处平原地带，河谷较开阔，两岸见滩，河床纵坡降较平缓，流量较大，水位涨落幅度相对较小，河床善冲善淤。

下游即指河流的下段，位处冲积平原，河槽宽浅，流量大，流速、比降小，水位涨落幅度小，洲滩众多，河床易冲易淤，河势易发生变化。

河口是河流的终点，即河流流入海洋、湖泊或水库的地方。入海河流的河口，又称感潮河口，受径流、潮流和盐度三重影响。一般把潮汐影响所及之地称为河口区。河口区可以分为河流近口段、河口段和口外海滨三段，如图 1-1 所示。河流近口段又称为河流段，水流始终向海洋方向流动；河口段，径流与潮流相互消长，流路突然扩大，流速锐减，泥沙大量沉积，形成河口三角洲或三角港，其水流流动方向取决于河道径流与海洋潮流的强弱关系。因而可以把河流近口段与河口段的分界处视为河流真正意义上的终点。

以长江、黄河为例，长江发源于青藏高原唐古拉山脉主峰格拉丹东雪山西南侧，河源至宜昌为上游，宜昌至湖口为中游，湖口以下为下游。黄河发源于青藏高原巴颜喀拉山北麓的约古宗列盆地，河源至内蒙古自治区托克托（河口镇）为上游，从托克托至河南省桃花峪为中游，桃花峪至黄河河口为下游。

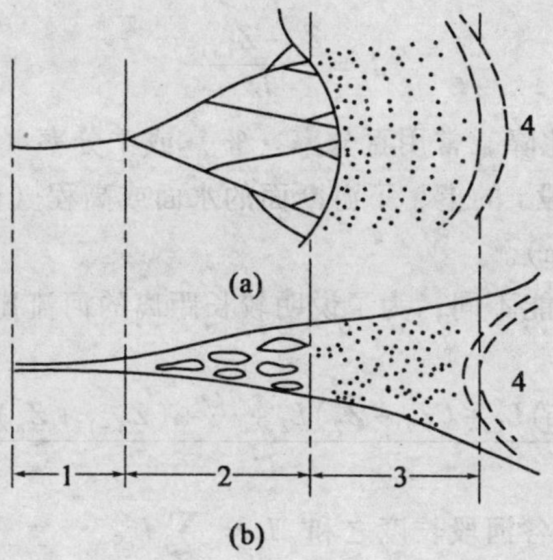

（a）三角洲；（b）三角港
1—河流近口段；2—河口段；3—口外海滨；4—前缓急滩
图 1-1 河口区分段图

1.1.4 河流的分级

流域水系中各种大小不等的沟道与河流，可以用河流的级别来表示。河流分级的方法主要有两类：一是传统分级方法，即把流域内的干流作为一级河流，汇入干流的大支流作为二级河流，汇入大支流的小支流作为三级河流，如此依次类推；二是现代分级方法，即从河流水系的研究分析方便考虑，把最靠近河源的细沟作为一级河流，最接近河口的干流作为最高级别的河流。然而，这在具体划分上又存在不同的做法，图 1-2 便是其中常见的一种。

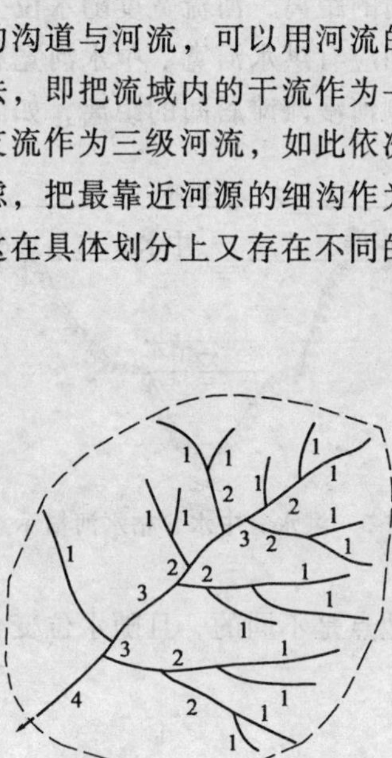

图 1-2 河流分级示意图

1.1.5 河流的落差与比降

河段两端的高程差称为落差。河流比降一般是指河流纵比降，即单位河长的落差，也称为坡度。河流比降有水面比降与河床比降之分，因河床地形起伏变化较大，故多以水面比降代表河流比降。

设某河段 i 的比降为 J_i，则

$$J_i = \frac{Z_i - Z_{i-1}}{L_i} \tag{1-1}$$

式中：J_i——河段 i 的水面比降，常用百分率（%）或千分率（‰）表示；

Z_i、Z_{i-1}——分别为河段 i 的上、下游断面的水面或高程（m）；

L_i——河段 i 的长度（m）。

因河流比降沿程各处可能不同，为了说明较长距离的河流比降情况，通常需求其平均比降 J，其计算公式为

$$J = \frac{(Z_0 + Z_1)L_1 + (Z_1 + Z_2)L_2 + \cdots + (Z_{n-1} + Z_n)L_n - 2Z_0 L}{L^2} \tag{1-2}$$

式中：n——河段数；L——各河段长度之和，$L = \sum L_i$。

1.1.6 河流的长度、宽度与深度

从河源到河口的长度称为河流的总长度。河流长度可以沿河道中轴线在河道地形图上量取。河道中轴线是指河流沿程各断面中点的平面连线。任意两断面间的河流长度称为河段长度。

河流的宽度是指河槽两岸间的距离，河流宽度随水位变化而变化。水位常有洪水、中水、枯水之分，因而河槽宽度相应有洪水河宽、中水河宽和枯水河宽。通常意义下的河宽多指中水河槽宽度，即河道两侧河漫滩滩唇间的距离，如图 1-3 所示。

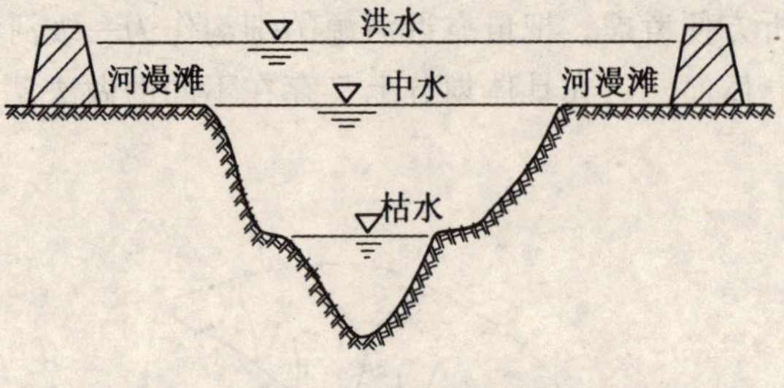

图 1-3 洪水、中水、枯水河槽示意图

河流的深度在河道中不同地点是不同的，且随水位变化而变化。通常所指的河深，多是指中水河槽以下的平均深度。

1.1.7 河流的深泓线与主流线

河流的深泓线（或称谿线）是指沿流程各断面河床最深点的平面平顺连接线。在通航河道中，深泓线的位置往往就是航道的平面所在位置。

主流线为沿流程各断面最大垂线平均流速 U_{max} 处的平面平顺连接线。主流线两侧一定宽度内流速较大的水流流带，称为主流带。主流带在洪水期往往呈现出浪花翻滚、水流湍急的现象，肉眼可以看得很清楚。主流线通常也称为水流动力轴线，具有“大水趋直，小水走弯”的倾向。主流线与深泓线，两者在河段中的平面位置通常相近而不一定重合。

1.1.8 河流的纵剖面与横断面

河流的纵剖面可以分为河床纵剖面和水流纵剖面两类。河床纵剖面是沿河床深泓线切取数据绘制的河床剖面，反映的是河床高程的沿程变化。水流纵剖面代表水面高程的沿程变化。

河流的横断面是指垂直于水流方向的剖面，可以据实测河道地形高程数据绘出横断面图。水面与河床之间的面积为过水断面面积，水位不同，过水断面面积随之不同。对应于洪水、中水、枯水水位的河槽，分别称为洪水河槽、中水河槽与枯水河槽。

河流纵、横剖面的形态，不同河流、不同河段差异较大，即使同一河流同一河段，也会因时而变，其影响因素主要决定于河槽所在地区的地质构造，河床、河岸物质组成以及上游来水、来沙等情况。

1.1.9 河流的侵蚀基准面与侵蚀基点

河流在冲刷下切过程中其侵蚀深度，往往受某一基面所控制，河流下切到这一基面后侵蚀下切即停止，该基面称为河流侵蚀基准面。河流侵蚀基准面可以是能控制河流出口水面高程的各种水面，如海面、湖面、河面等，也可以是能限制河流向纵深方向发展的抗冲岩层的相应水面。这些水面与河流水面的交点称为河流的侵蚀基点，如图 1-4 所示。河流的冲刷下切幅度受制于侵蚀基点。应该说明，所谓侵蚀基点并不是说，在此点之上的河床床面不可能侵蚀到低于此点，而只是说，在此点之上的河流水面和河床床面都要受到此点高程的制约，在特定的来水、来沙条件下，侵蚀基点的情况不同，河流纵剖面的形态及其变化过程会出现明显的差异。

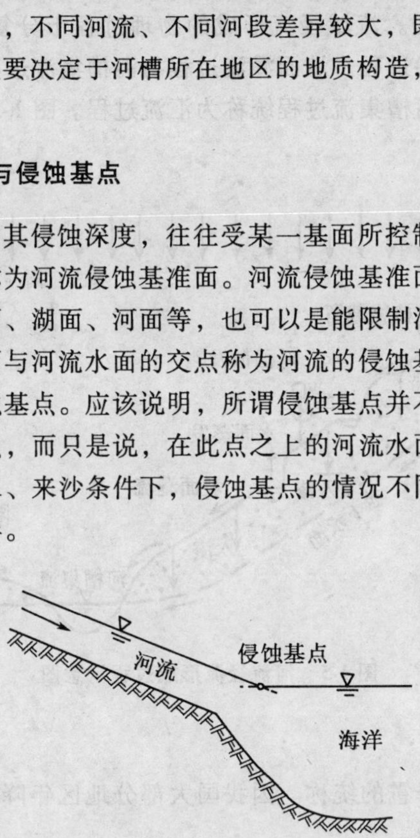

图 1-4 河流侵蚀基准面示意图

更进一步地，上述侵蚀基准面，可以分为终极侵蚀基准面和局部侵蚀基准面两类。地球上绝大多数的河流注入海洋，海平面是这些河流的共同侵蚀基准面，故海平面可以认为是终极侵蚀基准面。河流注入大的湖泊，湖面也可以视为河流的终极侵蚀基准面。其他如支流汇入干流，汇合点处干流河床形成的侵蚀基准面，以及以内流河中出现的如河流壅塞，山体崩塌，人工筑堤，坚硬的岩石等形成的侵蚀基准面等，都可以视之为局部侵蚀基准面。

§1.2 河道水流

1.2.1 河流径流的形成过程

径流是指流域内的降水，经由地面和地下汇入河流后向流域出口断面汇集的水流。其中沿着地表流动的水流称为地面径流；渗入地表土壤在含水层内流动的水流称为地下径流。沿着河槽流动的水流，称为河流径流。由降水开始到水流流经流域出口断面的全部过程，称为河流径流形成过程。流域径流形成的物理过程十分复杂，大致可以分为四个阶段，即降水过程、流域蓄渗过程、坡面漫流过程与河槽集流过程。其中流域蓄渗过程又称为产流过程；坡面漫流与河槽集流过程统称为汇流过程。图 1-5 为河流径流形成过程示意图。

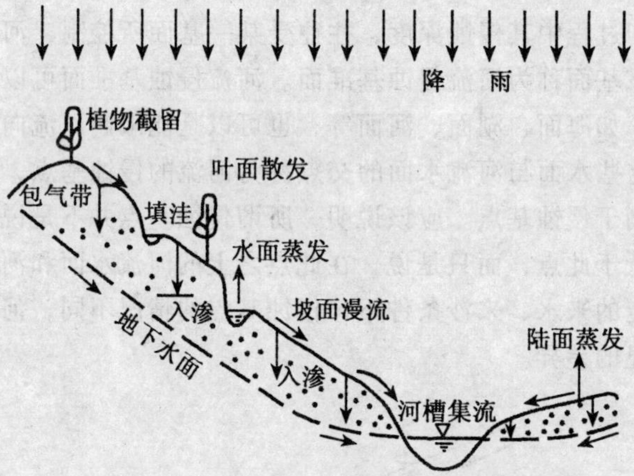

图 1-5 河流径流形成过程示意图

1. 降水过程

降水是降雨、降雪、降雹的统称。因我国大部分地区年降水总量的绝大部分是降雨，故常把降水狭义地看做降雨。

降水过程的特征，主要以降水量、降水强度、降水历时、暴雨中心位置和暴雨移动路径等物理量描述。其中降水量、降水强度及降水历时，习称为降水三要素。降水三要素常由实测求得。

2. 流域蓄渗过程

降雨开始时，除部分降落于河槽水面上的雨水外，绝大部分落在流域地表，并不立即形成径流。雨水首先被流域地表生长的树木、杂草及农作物的茎叶截留一部分，称植物截留。其次，落到地面上的部分雨水，渗入土壤，称为入渗。单位时间内的入渗量称为入渗强度。降雨开始时入渗较快，若降雨强度大于入渗强度，超过入渗强度的雨，称为超渗雨，超渗雨将产生地面径流；随着降雨量的不断增加，土壤中的含水量逐渐趋于饱和，入渗强度减小，达到某个稳定值时，称为稳定入渗。此外，还有一部分雨水被蓄留在坡面的坑洼里，称为填洼。

植物截留、入渗和填洼的整个过程，称为流域蓄渗过程。对降雨径流而言，这部分雨水不产生地面径流而称为损失，扣除损失后剩余的雨量称为净雨。所谓产流过程，就是由降雨扣除损失得到净雨的过程。

3. 坡面漫流过程

除去流域蓄渗过程的雨水损失以后，剩余雨水沿着坡面流动，称为坡面漫流。流域内各处坡面漫流的起始时间并非同步，而往往是先从局部区域开始，逐渐增多形成全流域性的坡面漫流。若降雨历时短，或暴雨范围仅限局部，则很难形成全流域的坡面漫流。实际上，坡面漫流的过程也伴随着入渗、降雨和蒸发的过程，因而坡面漫流过程是一个复杂的过程。

4. 河槽汇流过程

坡面漫流的雨水汇入沟道，顺着沟道流入支流，由支流到干流，最后达到流域出口断面的过程，称为河槽汇流过程。在河槽汇流过程中，沿途不断有坡面漫流和地下水流汇入其中。因而对于较大的流域，河槽汇流时间较长，河槽调蓄能力较大，在降雨和坡面漫流停止后，所产生的径流还会延长很长的时间。所谓汇流过程，就是净雨经坡面、地下流动和河槽调蓄的再分配过程。

河流洪水的成因及其特性，与其径流形成过程和规律有重要关系。因此，要认识江河洪水，首先需对其所在流域的产、汇流过程与规律有充分的了解。

1.2.2 河流径流的度量方法

河道径流常用下列度量单位：

1. 流量 Q。是指单位时间内流过河流某断面的水量，常用单位为 m^3/s。如有瞬时流量、日平均流量、月平均流量、年平均流量和多年平均流量等。

2. 径流量 W。是指在时段 T 内流过河流某断面的总水量，常用单位为 m^3、万 m^3 或亿 m^3。如日径流量、月径流量、年径流量和多年平均径流量等。其计算式为

$$W = QT \tag{1-3}$$

3. 径流深度 y。即设想将径流总量平铺在整个流域面上所得的平均水层深度，常用单位为 mm。其计算式为

$$y = \frac{W}{1000F} \tag{1-4}$$

式中：W——径流量（m^3）；F——流域面积（km^2）。

4. 径流模数 M。即单位流域面积上产生的流量，常用单位为 $L/(s \cdot km^2)$，L 为升（$0.001m^3$）。其计算式为

$$M = 1000\frac{Q}{F} \tag{1-5}$$

式中：Q——流量（m^3/s）；F——流域面积（km^2）。

5. 径流系数 α。指某一时段内流域上的径流深度 y（mm）与降水量 x（mm）之比。即

$$\alpha = \frac{y}{x} \tag{1-6}$$

α 实质上是降水量与径流量间的损失折减系数。α 愈小，表示降水的损失愈大，形成的径流量愈小；α 愈大，表示降水的损失愈小，形成的径流量愈大。显然有 $\alpha < 1$，意即降落到流域上的雨水总有损失。

上述五项径流指标的换算关系如下

$$y = \frac{W}{1000F} = \frac{QT}{1000F} = \frac{MT}{10^6} \tag{1-7}$$

1.2.3 河道水流的基本特性

天然河道中的水流属于明渠流，虽然在许多情况下可以沿用水力学中明渠流的相关规律，但与水力学中的清水明渠流相比，河道水流在基本特性上有很大的差异，这些差异使得直接应用水力学明渠流的成果会带来严重偏离。天然河道水流的基本特性主要表现在以下方面[7]。

1. 两相性

水力学中的明渠流是清水的流动，属于单相流（或一相流）。而天然河道的水流，总不可避免地要挟带一定数量的固体颗粒（泥沙），这种含有泥沙的浑水明渠水流，本质上属于两相流。清水是可以视为连续介质的液体，而泥沙则是除特殊情况外，不能视为连续介质的疏散颗粒群体。因此，这就使得河道水流的一些物理特性和运动特性与清水水流有所区别，河水含沙量愈大，这种差别愈大。

2. 三维性

天然河道的河槽形态很不规则，山区河流更是如此。因此，严格说来，天然河道水流为三维流动。

河道水流的三维性与过水断面的宽深比往往互相关联，宽深比愈小，三维性愈强烈。在河身较顺直、宽深比较大的宽浅河段，可能呈现出一定程度的二维性；而在河身弯曲、宽深比很小的窄深河段，特别是在深谷高峡的山区河段中，水流的三维性可以达到惊人的程度。

3. 不恒定性

河道水流的不恒定性主要表现在两个方面：一是来水、来沙情况随时间的变化而变异；二是河床经常处于冲淤演变之中。这两个方面的变化彼此关联，互为因果。

绝大多数河流的水、沙来量和泥沙的“质”，主要受制于降水。而降水在时空分布上变化非常大。因此，不同河流的水、沙时空变化也相当大。就变化的相对幅度及强度的一般情况而言，洪水季节大于中水、枯水季节，北方地区的河流大于南方地区的河流，小集水面积的河流大于大集水面积的河流，植被较差的地区大于植被较好的地区，沙量的相对变化大于水量的相对变化。

天然冲积性河流，河床由大量可冲性物质即泥沙所组成。水流与河床相互依存，相互作用，相互促使变化发展。水流塑造河床，适应河床，改造河床。河床约束水流，改变水流，受水流所改造。上述来水、来沙情况的不恒定性，不可避免地要引起河床时而剧烈、时而和缓的变化；反之，河床的冲淤变化也必然引起河道水流特性的变化。因此可见，水流与河床的不恒定性是密切关联的。

4. 非均匀性

水力学中的均匀流，是指涉及运动的各物理量沿流程不变的水流。均匀流的前提条件是恒定流。因此，河道水流的非恒定性决定了其非均匀性，或者说，天然河道的均匀流，严格说来是几乎不存在的。

然而，在解决实际问题过程中，对于比较顺直的河段，如果来水、来沙基本稳定，河床基本处于不冲不淤的相对平衡状态，过水断面及流速沿程变化不大，水面与河床床面坡度基本平直且相互平行，则可以近似视之为均匀流。

5. 不平衡性

河道水流属水、沙两相流。如果水相与沙相高度和谐，在运动过程中尽管水流中的泥沙与河床上的泥沙彼此交换，但若来水、来沙（数量与质量）保持恒定，河床基本保持不冲不淤状态，没有粗化或细化倾向发生，这种运动过程可以称之为河道水流的水、沙平衡状态，或简称为平衡状态。然而，这种近乎绝对的、理想的平衡状态在天然河流中是稀有的。

天然河流中的水、沙运动，经常遇到的是不平衡状态。换言之，实际上大量遇到的情况只有两类：一类是强烈地或一般地向不平衡状态继续发展的情况；另一类是各种程度不等地向新的相对平衡作自我调整的状态。在河流动力学中，理解河道水流的水、沙不平衡性的概念，抓住“相对平衡”和“自我调整”的本质特点，是很重要的。

6. 紊动性

在水力学中，通常按雷 Re$\left(\mathrm{Re}=\dfrac{UR}{\nu}\right)$的大小，将流体运动区分为紊流和层流两大类型。其中 U 为水流平均流速，R 为水力半径，ν 为水流运动粘滞性系数。而紊流又视边壁相对光滑度（相对粗糙度的倒数）可以分为光滑区、粗糙区（或阻力平方区），以及介于层流区、光滑区和粗糙区三者之间的两个过渡区。

天然河流，即使是一条涓涓细流，也通常具有较大的雷诺数。因此，层流流型的概念，在天然河道中可以说是不存在的。而大量遇到的天然河道水流，一般都属于紊动强度较大的阻力平方区的紊流。

7. 阻力复杂性

运动水流所受的力主要有重力、惯性力与阻力。其中阻力问题，本来就是普通水力学中重要而复杂的问题。在河道水流中，则更显复杂。

在河流动力学问题研究中，河道水流阻力损失的大小，关系到河道的泄流能力和输沙能力两个方面。即对于一定的过水断面和比降的河流，水流流速的大小，不仅决定其能通过多大流量，而且直接与泥沙运动强度以及河床的冲淤变化相关。

（1）普通水力学中明渠二维恒定均匀流的阻力表示

在清水水力学中，明渠二维恒定均匀流的阻力，一般用阻力系数 λ、糙率系数 n 和谢才系数 C 表示。其中阻力系数 λ 为无量纲数，糙率系数 n 和谢才系数 C 是有量纲的经验系数。

1775 年，谢才（A. Chézy）提出了明渠二维均匀流平均流速计算公式

$$U=C\sqrt{RJ} \tag{1-8}$$

1888 年，达西-魏斯巴赫（Darcy-Weisbach）提出如下公式

$$J = \lambda \frac{1}{4R} \frac{U^2}{2g} \tag{1-9}$$

1890 年出现了至今仍在广泛使用的曼宁（R. Manning）公式

$$U = \frac{1}{n} R^{\frac{2}{3}} J^{\frac{1}{2}} \tag{1-10}$$

式中：U——时均流速；R——水力半径；J——比降；g——重力加速度。

对比上述公式发现，谢才系数 C、糙率系数 n 与阻力系数 λ 三者之间有如下关系

$$C = \frac{1}{n} R^{\frac{1}{6}} = \sqrt{\frac{8g}{\lambda}} \tag{1-11}$$

上述公式中，曼宁公式与谢才公式完全属于经验公式，其系数 n、C 带有量纲。实践经验表明，对于比较简单情形的二维均匀流来说，只要在积累较多的经验和资料的基础上，合理准确地选择糙率系数 n，那么这两个公式基本可以满足实际要求。

（2）关于河道水流阻力损失问题

河道水流阻力损失，与一般管道或明槽水流的阻力损失的差异，主要在于二者紊动特性的差异。河道水流的紊动在紊动尺度和紊源上，远较水力学中顺直管道和棱柱体明槽水流中发生的紊动要复杂得多。后者主要是粗糙边壁附近小尺度的紊动，由大、中、小尺度构成的紊动结构虽不能完全排除，但不占主导地位；而对前者，根据张瑞瑾教授的相关研究，紊源除了普通意义的粗糙边壁外，还包括河势、河相、成型淤积体、河底或河岸的大凸、大凹、沙纹及沙波等，这些紊源的尺度是边壁粗糙完全不能比拟的。

因此，对于河道水流，糙率系数 n 的内涵是极为复杂的。n 作为时均流速 U 的表达式中代表水流阻力效果的综合因素，除与水流中的紊源和紊动结构有关外，还与河势、河相、河床沙体乃至河床面沙粒粒径等因素有关。

鉴于一般管流及明槽流中的糙率系数 n 的复杂性愈来愈为科技工作者们所理解，继而出现以爱因斯坦、罗佐夫斯基等为首的提出将综合性的糙率系数 n 先分解、再叠加的做法。这种做法在解决如河底与河岸的不同粗糙度对河道水流的影响等实际问题时，可以取得有关河道水流阻力损失、流速分布等方面某些较为合理的成果。

如上所述仅是基于静止不变的河床即定床而言。然而，对于天然冲积性河流来说，河底河岸都是冲淤可变的，这种河流的阻力称为动床阻力。动床阻力可以分为河底阻力与河岸阻力，而河底阻力又可以分为沙粒阻力与沙波阻力。其中沙粒阻力也称为肤面阻力，是沙波迎流坡面上泥沙颗粒产生的阻力；沙波阻力也称为形体阻力，是沙波背流面因水流离解形成涡旋产生的阻力。沙粒阻力与沙波阻力的划分与计算，可以沿用河底阻力与河岸阻力的做法进行处理。由上述足以看出河道水流阻力概念的复杂性。

8. 流速分布不均匀性

大量实测资料表明，河道水流流速（这里指纵向流速）沿水深的分布并非各处均匀相等，而是自水面向河底逐渐减小，河底为零，水面最大，如图 1-6 所示。

在二维均匀流情况下，表达时均流速（纵向）沿水深分布规律的公式很多，其中最为常用的是指数分布公式和对数分布公式。

指数流速分布公式为

$$u = u_m \left(\frac{y}{h} \right)^m \tag{1-12}$$

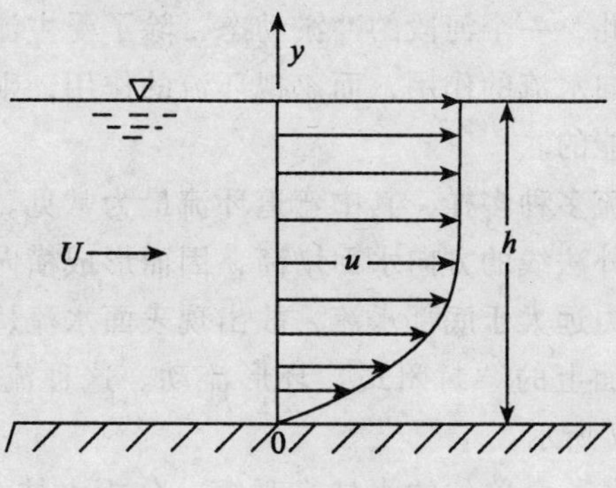

图 1-6 流速分布示意图

或
$$u = (1+m)\left(\frac{y}{h}\right)^m U$$

式中：u——距河底为 y 处的流速；u_m——水面（$y=h$）流速；U——垂线平均流速；h——水深；m——指数，清水一般取$\frac{1}{6}$。

对数流速分布公式，以卡曼-普兰特尔公式运用最为广泛，其形式为

$$\frac{u_m - u}{U_*} = \frac{1}{\kappa}\ln\frac{h}{y} \tag{1-13}$$

或
$$u = U\left[1 + \frac{\sqrt{g}}{C\kappa}(1+\ln\xi)\right] \tag{1-14}$$

式中：ξ——相对水深，$\xi = \frac{y}{h}$；U_*——摩阻流速，$U_* = \sqrt{ghJ}$；C——谢才系数；κ——卡曼常数。其余符号意义同前。

此外，河道水流流速在河宽方向也呈不均匀分布，通常是河岸两侧较小或近为零，河道中间最大。

9. 流态特异性

河道水流的流态，远较棱柱体明槽流为复杂，特别是山区河流。山区河流因河床形态极不规则，常有回流、泡水、漩涡、跌水、水跃、剪刀水、横流等各种险恶奇异流态出现。

在河道水流中，常见伴随主流而存在各种副流（又称为次生流）。所谓主流（又称为正流、元生流），是河道水流的主体部分，其流动方向与河床纵比降的总趋势相一致。副流是在水流内部产生的一种大规模的水流旋转运动。与主流不同，副流不是由河床纵比降的总趋势所决定，而是在河道主流的总流动形势下，由其他因素所促成。用力学原理解释，副流可以因重力作用而引起，也可以在其他力（内力或外力）的作用下产生。在副流中，有的具有复归性，或是基本上与主流脱离，在一个区域内呈循环式的封闭流动；或是与主流或其他副流结合在一起，呈螺旋式的非封闭的复归性流动。具有复归性的副流（次生流），称之为环流。

环流一般不以纵向流动为主，环流因产生的原因不同，具有不同的轴向，因此输沙的

方向也不限于纵向。可以说，河流中的横向输沙主要是靠相应的环流造成的，而不是靠主流或纵向水流造成的。因此，一个河段的冲淤动态，除了受主流的影响之外，还受环流的重要影响。如果只看到纵向水流的作用，而忽视环流的作用，则要对河段冲淤动态全面了解，在很多情况下是不可能的。

天然河道中遇见的环流多种多样，其中弯道环流最为常见。水流在弯道段流动时，由于离心惯性力的作用，沿外法线的方向水面增高，因而形成横向水面坡度。由于表层水流的流速及其所受到的离心力远大于底部水流，故出现表面水流从凸岸流向凹岸，而底部水流从凹岸流向凸岸的横断面上的“封闭式”环形流动。这种流动现象实际上是螺旋流在横断面上的投影，如图 1-7 所示。

在图 1-7 中取长、宽各一个单位的水柱来观察。分析水柱沿横向（Oz 轴方向）的受力情况，如图 1-8 所示。图 1-8 中 P_1 及 P_2 为两侧的水压力，T 为底部摩擦力，F 为离心力。这里假设所考虑的环流是二维恒定的，在水柱的上游和下游铅直面中都没有内摩擦力。通过作水柱横向动力平衡方程式，忽略底面摩擦力 T，应用卡曼-普兰特尔对数流速分布公式，推导可得横向比降 J_z 的计算表达式为

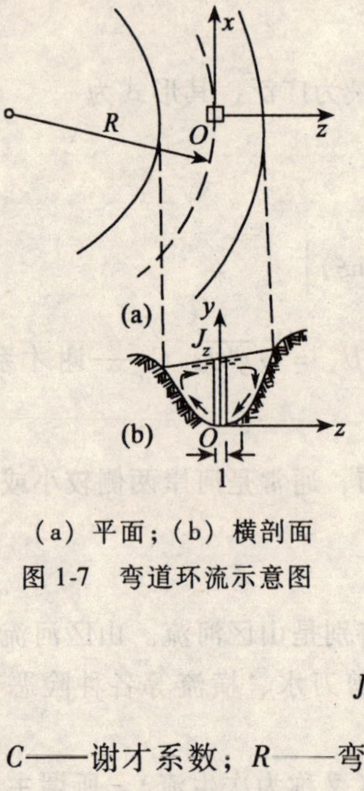

（a）平面；（b）横剖面

图 1-7　弯道环流示意图

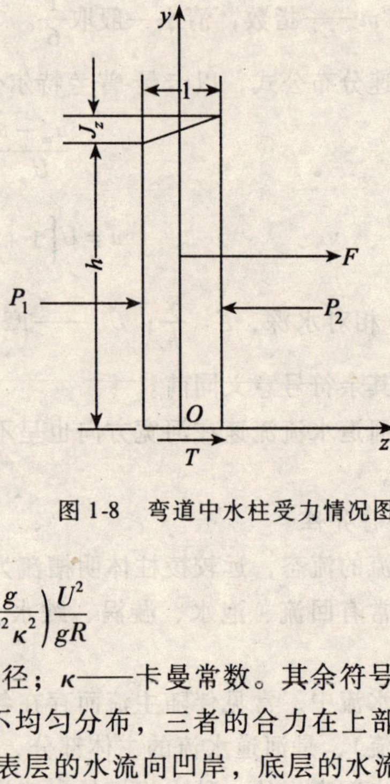

图 1-8　弯道中水柱受力情况图

$$J_z = \left(1 + \frac{g}{C^2\kappa^2}\right)\frac{U^2}{gR} \tag{1-15}$$

式中：C——谢才系数；R——弯道曲率半径；κ——卡曼常数。其余符号意义同前。

由于水压力 P_1、P_2 及离心力 F 沿垂线呈不均匀分布，三者的合力在上部向右，而在下部则向左，反映到横向流动方向上，表现为表层的水流向凹岸，底层的水流向凸岸，在横断面上的投影将形成一个封闭的环流，如图 1-9 所示。

若在弯道水流中取一个微元六面体 $\delta x\delta y\delta z$ 来考察，分析其横向（Oz 轴方向）受力情况，作出动力平衡方程式，经过一系列推导，可以得到横向流速 u_z 随相对水深 $\xi\left(\xi = \frac{y}{h}\right)$ 的表达式为

$$u_z = \frac{hU}{\kappa^2 R}\left[F_1(\xi) - \sqrt{\frac{g}{C\kappa}}F_2(\xi)\right] \tag{1-16}$$

其中

$$F_1(\xi) = -2\left(\int_0^{\xi}\frac{\ln\xi}{1-\xi}d\xi + 1\right)$$

$$F_2(\xi) = \int_0^{\xi}\frac{\ln^2\xi}{1-\xi}d\xi - 2$$

式（1-16）是罗佐夫斯基（И. Л. Розовский）提出的。$F_1(\xi)$、$F_2(\xi)$应用时可以查图1-10。由式（1-16）可以看出，横向流速与单宽流量（$q=hU$）成正比，与弯道曲率半径R成反比。由于接近河底的纵向流速一般很小，故靠近底点的横向流速在横向输沙方面的作用不可忽视。

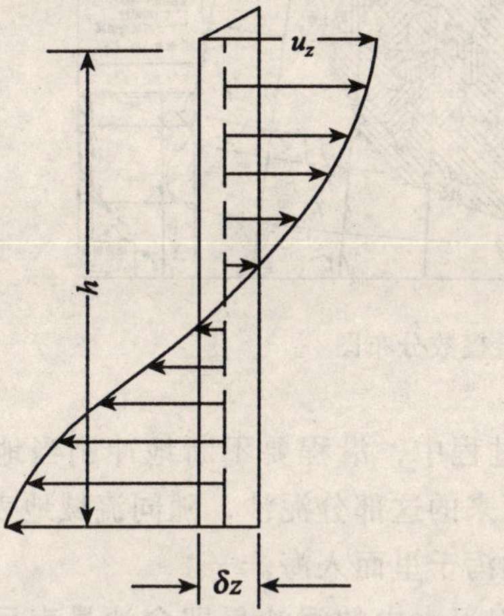

图 1-9 弯道中水柱横向流速分布示意图

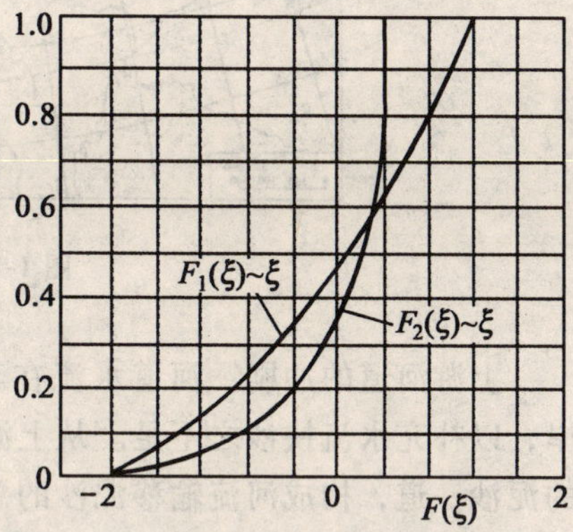

图 1-10 $F_1(\xi)$、$F_2(\xi)$的计算曲线

§1.3 河流泥沙

1.3.1 河流泥沙的来源与分类

1. 河流泥沙的来源

随河水运动并组成河床的松散固体颗粒，称为泥沙。河流中的泥沙，主要来源于两个方面：流域地表的侵蚀和上游河道的冲刷。

流域地表的侵蚀：降水形成的地面径流侵蚀流域地表，裹带大量泥沙直下江河。流域地表的侵蚀程度与气候、土壤、植被、地形地貌及人类活动等因素有关。如气候多雨、土壤疏松、植被率低、地形坡陡以及人为影响如毁林垦地等，都将会引起河流泥沙量的增加。

从流域地表侵蚀入河的泥沙数量，通常用侵蚀模数（输沙量模数）M 表示。侵蚀模数是指每平方公里地面每年被冲蚀的泥沙数量，单位为 t/（$km^2 \cdot a$）。

我国输沙量模数分布如图 1-11 所示。由图 1-11 可见，我国北方土壤侵蚀的严重程度甚于南方，其中最严重的地区是黄河中游的黄土高原，永定河和西辽河流域，其输沙量模数$M>1000$t/（$km^2 \cdot a$），特别是陕北的皇甫川、窟野河、无定河、延河等流域，输沙量模数高达10 000～20 000t/（$km^2 \cdot a$），相当于地面每年普遍冲刷 6～12mm 的厚度。

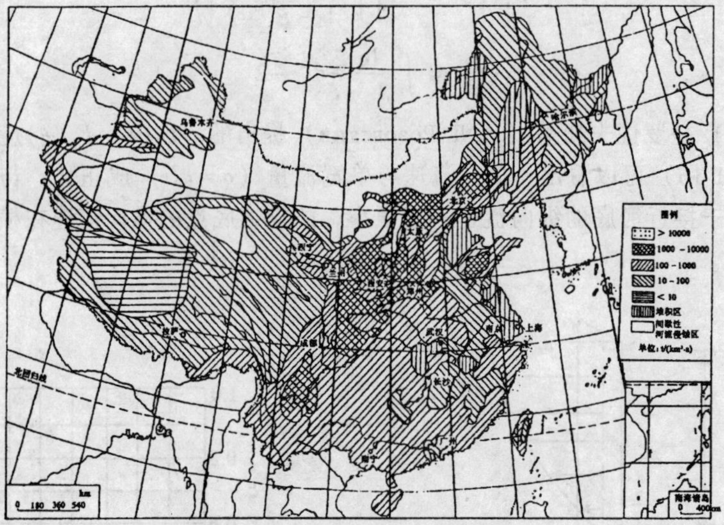

图 1-11　我国输沙量模数分布图

上游河道的冲刷：河道水流在奔向下游的过程中，沿程要不断地冲刷当地河床或河岸，以补充水流挟沙之不足。从上游河道冲刷而来的这部分泥沙，随同流域地表侵蚀而来的泥沙一道，构成河流输移泥沙的总体，有的远泻千里而入海。

随水流输移的泥沙的数量，常以每单位体积河水中的泥沙量即含沙量表示。一般来说，我国北方河流，特别是黄河中游的一些干、支流，年平均含沙量有些高达 300kg/m^3 以上；而在南方一些河流，年平均含沙量不足 1kg/m^3。这种分布状态，是与我国各地区的水土流失程度紧密相关的。表 1-1 是我国一些主要江河水沙特征值的统计资料。

表 1-1　　我国主要河流多年平均水沙特征值统计表

河流	测站	集水面积 /hm^2	水量		沙量		
			流量 /(m^3/s)	径流量 /(10^8m^3)	含沙量 /(kg/m^3)	输沙量 /(10^4t)	输沙量模数 /[t/(km^2·a)]
松花江	哈尔滨	390526	1190	376	0.161	680	17.4
辽河	铁岭	120764	(165)92.1	(52.1)29.1	(6.84)4.52	(4070)1310	(336)
永定河	官厅	42500	(43.1)40.8	(13.6)12.9	(60.9)5.03	(8070)647	(1900)
黄河	陕县	687869	1350	426	36.90	157000	2290
	三门峡	688421	1280	404	33.10	134000	
	花园口	730036	1470	464	27.90	129000	1770
	利津	751869	1370	431	25.60	110000	1470
无定河	白家川	29662	4407	14	128	18200	6090
渭河	华县	106498	272	85.8	49.30	42300	3970
淮河	蚌埠	121330	788	249	0.450	1260	104

续表

河流	测站	集水面积 /hm²	水量		沙量		
			流量 /(m^3/s)	径流量 /(10^8m^3)	含沙量 /(kg/m^3)	输沙量 /(10^4t)	输沙量模数 /[t/(km^2·a)]
长江	宜昌	1005501	14300	4510	1.180	51400	512
	汉口	1488036	23400	7392	0.610	43000	289
	大通	1705383	28900	9110	0.530	46800	274
金沙江	屏山	485099	4600	1451	1.670	24000	495
岷江	高场	135378	2840	896	0.560	4950	366
嘉陵江	北碚	156142	2110	666	2.340	15700	1010
湘江	湘潭	81638	2040	644	0.180	1140	139
汉江	黄家港	95217	1040	(388)329	(2.44)0.037	(10100)121	(1060)
赣江	外洲	80948	2090	660	0.170	1110	137
闽江	竹岐	54500	1750	553	0.140	740	136
西江	梧州	329705	6990	2200	0.350	7240	219
北江	石角	38363	1320	418	0.132	533	143
东江	博罗	25325	731	231	0.121	280	110
红水河	迁江	128165	2180	687	0.670	4630	361
澜沧江	允景洪	137948	1810	570	1.280	7360	528
雅鲁藏布江	奴下	189843	1920	605	0.300	1820	95.8
伊犁河	雅马渡	49186	373	118	0.590	699	142
叶尔羌河	卡群	50248	205	64.6	4.460	2870	572

注：表1-1资料引自原国家水利电力部水文局1982年9月公布的《全国主要河流水文特征统计》，统计至1979年，( )内数字为兴建水库前的值。

2. 河流泥沙的分类

河流泥沙有不同的分类方法。在河流动力学中，常按泥沙粒径的大小和运动属性进行分类。

(1) 按粒径大小分类

河流泥沙组成的粒径变幅很大，粗细之间相差可达千百万倍。我国《土工试验规程》[10]将泥沙粒径按大小分类，如图1-12所示。

从图1-12可以看出，我国泥沙分类的分界数字为：200—20—2—1/20—1/200(即200—20—2—0.5—0.005)。国际土壤学会分类的分界值为：200—20—2—0.2—0.02—0.002。1994年，国家水利部颁发的《河流泥沙颗粒分析规程》，规定河流泥沙按表1-2分类。

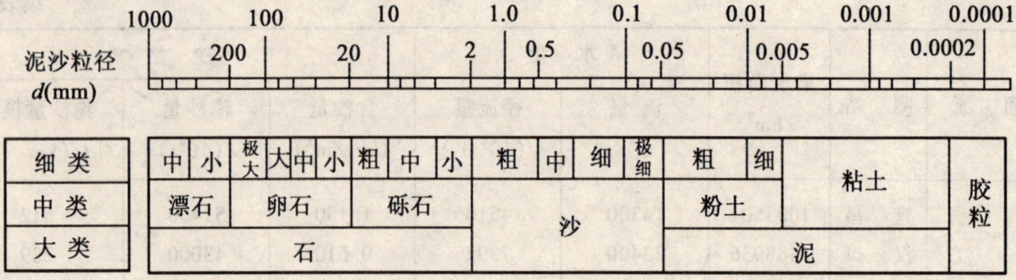

图 1-12　泥沙分类图

表 1-2　**河流泥沙分类**

泥沙分类	粘　粒	粉　沙	沙　粒	砾　石	卵　石	漂　石
粒径/mm	<0.004	0.004~0.062	0.062~2.0	2.0~16.0	16.0~250.0	>250.0

由上述可见，河流泥沙又可以分为泥、沙、石三大类，其中粘粒、粉沙属泥；沙粒属沙；砾石、卵石、漂石属石。

（2）按运动属性分类

河流中的泥沙，按其是否运动可以分为静止的和运动的两大类。静止不动的泥沙称为床沙，床沙是河床物质的基本组成。运动的泥沙又分为推移质和悬移质两类，如图 1-13 所示。

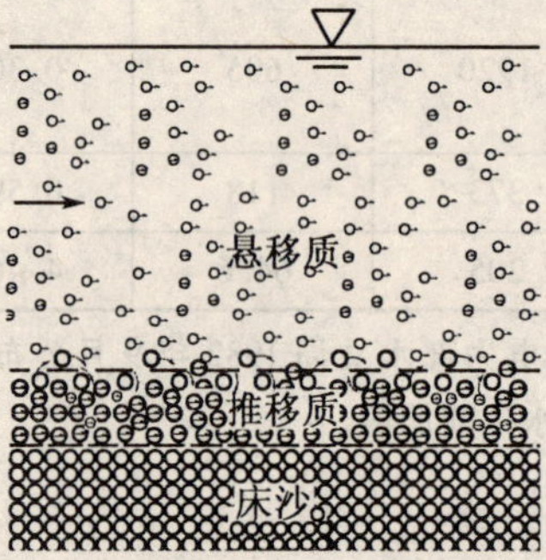

图 1-13　河流泥沙运动形式图

推移质是指沿河床附近滚动、滑动或跳跃运动的泥沙。其中又可以将以滚动、滑动方式前进的泥沙称为触移质；而以跳跃方式前进的泥沙则称为跃移质。然而，触移质与跃移质的划分在实践中并无实质性意义。

悬移质是指随水流浮游前进的泥沙。进一步地，又可以将悬移质划分为床沙质与冲泻质两部分。床沙质即指悬移质组成中较粗的一部分泥沙，这部分泥沙与水流条件的关系较密切，在河床组成中大量存在，能经常与床沙发生置换即参与造床，故又称造床质。冲泻质即悬移质组成中较细的一部分泥沙，这部分泥沙与水流条件的关系较差，在河床组成中少有或没有，水流一般不能从当地河床取得足量补给，这部分泥沙又称为非造床质。床沙质常处于挟沙饱和状态，而冲泻质则通常处于非饱和状态；冲泻质的来源主要是流域地表，而床沙质则多来源于上游河床。

明确床沙质与冲泻质的基本概念以后，在分析研究冲积河流的河床冲淤变化时，通常只需把重点放在床沙质泥沙的冲淤变化（水库除外）上，许多情况下既不影响模拟分析的结果，又能大大省时、省费用。如在室内进行动床模型试验时，只需模拟为量较少的床沙质泥沙，而置为量较多的冲泻质泥沙于不顾，可以大大节省模型沙，就是一例。

1.3.2 河流泥沙的基本特性

1. 几何特性

泥沙的几何特性包括泥沙颗粒的形状、粒径及其组成。泥沙的形状棱角峥嵘、极不规则，但在进行分析研究时，常常可以近似视为球体或椭球体处理。

泥沙粒径的求法：对于较大颗粒的卵石、砾石，可以通过称重求其等容粒径。所谓等容粒径，就是体积 V 与泥沙颗粒体积相等的球体的直径，即 $d=\left(\frac{6V}{\pi}\right)^{\frac{1}{3}}$。或将颗粒视为椭球体，量出长轴 a、中轴 b、短轴 c，计算其几何平均粒径 $d=\sqrt{abc}$，这实为椭球体泥沙的等容粒径。

实际工作中，对于粒径在 0.062～32.0mm 之间的沙粒，一般采用筛析法。即利用公制标准筛，上下叠置，振动筛选，把沙粒恰通过某级筛筛孔的孔径作为该颗粒的粒径，称此粒径为筛径。粒径在 0.062mm 以下的细沙，采用沉降法求其粒径并称为沉降粒径，其原理是通过测量沙粒在静水中的沉降速度，按照沉速与粒径的关系式反算出粒径。

泥沙的组成常用粒配曲线表示。即通过沙样颗粒分析，求出其中各粒径级泥沙的重量与小于某粒径泥沙的总重量，计算出小于某粒径的泥沙占总沙样的重量百分数，在半对数纸上绘制如图 1-14 所示的泥沙粒配曲线。由该粒配曲线可以直接表现泥沙沙样粒径的大小及其组成的均匀程度。由图 1-14 可以看出，Ⅰ、Ⅱ两组沙样相比较，沙样Ⅰ的组成要粗些、均匀些；沙样Ⅱ的组成要细些、不太均匀。

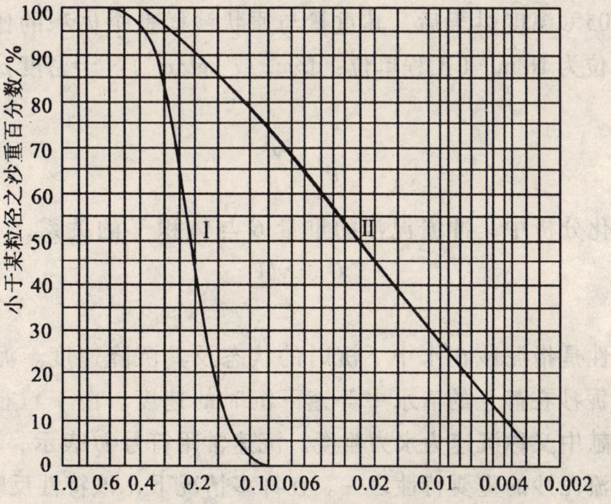

图 1-14 半对数纸上的泥沙粒配曲线

根据图1-14所示粒配曲线，易查得小于某粒径的泥沙在总沙样中所占的重量百分数，将其标示在粒径 d 的右下脚，则可以表示该粒径的特征，如 d_5，d_{10}，d_{50}，…。其中 d_{50} 是一个重要的特征粒径，称为中值粒径。d_{50} 的意义是，沙样中大于和小于这一粒径的泥沙重量各为50%。

沙样的平均粒径 d_{pj}，按下式计算

$$d_{pj} = \frac{\sum_{i=1}^{n} \Delta p_i d_i}{\sum_{i=1}^{n} \Delta p_i} \tag{1-17}$$

式中：d_i——第 i 组泥沙的粒径；Δp_i——第 i 组泥沙的重量占全体沙样的重量百分数；n——分组数。

沙样的均匀性，可以用如下均匀性系数表示

$$\Phi = \sqrt{\frac{d_{75}}{d_{25}}} \tag{1-18}$$

其中，d_{25}、d_{75} 分别代表小于该粒径的泥沙在总沙样中所占百分数为25%、75%。Φ 值愈大于1，表示沙样愈不均匀。

2. 重力特性

(1) 泥沙的容重与密度

泥沙颗粒实有重量与实有体积的比值称为泥沙的容重或重度，记做 γ_S，国际单位为 N/m^3，工程单位为 tf/m^3 或 kgf/m^3。通常取 $\gamma_S = 26kN/m^3$（工程单位：$2.65tf/m^3$）。泥沙的容重 γ_S 与密度 ρ_S 的关系：$\gamma_S = \rho_S g$。这里 g 为重力加速度。

因河流泥沙处在水中运动，故其重力特性常用有效容重系数 a 表示

$$a = \frac{\gamma_S - \gamma}{\gamma} = \frac{\rho_S - \rho}{\rho} \tag{1-19}$$

其中 γ、ρ 分别为水的容重和密度。

(2) 泥沙的干容重与干密度

沙样经100～105℃温度烘干后，其重量与原状沙样整个体积的比值，称为泥沙的干容重，记做 γ'，单位为 N/m^3（工程单位：tf/m^3 或 kgf/m^3）。干密度 ρ' 与干容重 γ' 的关系为

$$\rho' = \frac{\gamma'}{g}$$

在河床冲淤变化分析中，冲淤泥沙的重量 G 与体积 V 的关系，通过干容重 γ' 换算，即

$$G = \gamma' V$$

3. 沉降特性

泥沙的沉降特性是指泥沙在水中下沉时的状态及其沉降速度。泥沙的沉降速度（简称沉速）定义为，泥沙在静止的清水中等速下沉时的速度。由于粒径愈粗，沉降速度愈大，因此在有些文献中又称沉速为水力粗度。沉速常用符号 ω 表示，单位为cm/s。

泥沙沉速是河流泥沙的重要特性之一。在许多情况下，该特性反映着泥沙在与水流的相互作用关系中对运动的抗拒能力。在同样水流条件下，水流中的泥沙沉速越大，则泥沙

发生沉降的倾向越大；河床上的泥沙沉速越大，则泥沙参与运动的倾向越小。因此，在河流泥沙研究与河道演变分析中，与泥沙沉速无关的课题是很少的。

（1）泥沙的沉降状态

泥沙因其容重较水为大，在水中将受重力作用而下沉。实验观察发现，在开始自然下沉的一瞬间，初速度为零，抗拒下沉的阻力也为零，这时只有有效重力起作用，泥沙颗粒呈加速下沉状态；随着下沉速度的增大，抗拒下沉的阻力也将增大，最终使下沉速度达到某一极限值。此时，泥沙所受的有效重力和阻力恰恰相等，泥沙颗粒的继续下沉便以等速方式进行。试验观察发现，泥沙在静水中下沉时从加速到等速所经历的时间十分短暂，因此，在研究泥沙的静水沉降运动时，仅需考虑等速下沉阶段的历时。

试验表明，泥沙颗粒在静水中下沉时的运动状态与沙粒雷诺数 $\mathrm{Re}_d=\dfrac{\omega d}{\nu}$有关，式中 d 和 ω 分别为泥沙的粒径及沉速，ν 为水的运动粘滞性系数。当 $\mathrm{Re}_d<0.5$ 时，泥沙颗粒基本上沿铅垂线下沉，附近的水体几乎不发生紊乱现象，这时的运动状态属于滞性状态；当 $\mathrm{Re}_d>1000$ 时，泥沙颗粒脱离铅垂线，以极大的紊动状态下沉，附近的水体产生强烈的绕动和涡动，这时的运动状态属于紊动状态；当 Re_d 介于 0.5 ~ 1000 之间时，泥沙颗粒下沉时的运动状态为过渡状态。不同运动状态的沉降现象如图 1-15 所示。

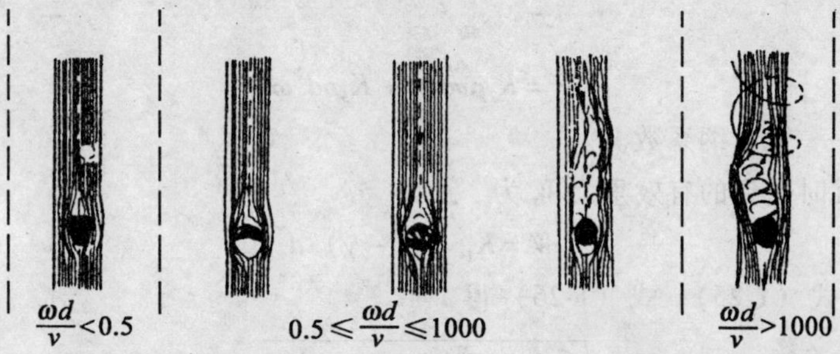

图 1-15 泥沙在静水中下沉的运动状态

（2）球体沉速

单颗粒圆球在无限水体中等速下沉时，其沉降可以看做对称绕流运动，绕流阻力的一般表达式为

$$F=C_d\frac{\pi}{4}d^2\gamma\frac{\omega^2}{2g}\tag{1-20}$$

式中：C_d——阻力系数，与沙粒雷诺数 Re_d 有关，由试验确定。

球体在水中受到的有效重力为

$$W=(\gamma_S-\gamma)\frac{1}{6}\pi d^3\tag{1-21}$$

令 $W=F$，联解上面两式，得球体沉速一般公式为

$$\omega=\sqrt{\frac{4}{3C_d}}\sqrt{\frac{\gamma_S-\gamma}{\gamma}gd}\tag{1-22}$$

由试验知，在滞性状态，即当 $\mathrm{Re}_d<0.5$ 时，C_d 与 Re_d 的关系为：$C_d=\dfrac{24}{\mathrm{Re}_d}$；而在紊

动状态，即当 $Re_d > 1000$ 时，可近似取 $C_d = 0.45$。因此，可得滞流区和紊流区的球体沉速公式分别为

$$\omega = \frac{1}{18}\frac{\gamma_S - \gamma}{\gamma}g\frac{d^2}{\nu} \tag{1-23}$$

及

$$\omega = 1.72\sqrt{\frac{\gamma_S - \gamma}{\gamma}gd} \tag{1-24}$$

其中，式（1-23）称为斯托克斯（G. G. Stokes）公式。

（3）泥沙沉速

虽然泥沙颗粒与球体形状不同，但其沉降的物理图形理应一致。因此，球体在滞流区和紊流区的阻力规律应同样适用于泥沙。只是由于泥沙的形状不规则，阻力系数应有所不同。

经分析得知，泥沙颗粒在作沉降运动时，滞流区的阻力与 $\rho\nu d\omega$ 成比例，紊流区的阻力与 $\rho d^2\omega^2$ 成比例。已知滞流区和紊流区泥沙的阻力规律，不难求得相应的泥沙沉速公式。现在的问题是，如何表达介于滞流区和紊流区之间的过渡区泥沙的阻力规律并求其沉速公式。这里简要介绍张瑞瑾教授的研究成果。

张瑞瑾教授根据阻力叠加原理[11]，认为在过渡区内下沉泥沙颗粒所受阻力 F 的表达式为

$$F = K_2\rho\nu d\omega + K_3\rho d^2\omega^2 \tag{1-25}$$

式中：K_2、K_3——无量纲系数。

设泥沙下沉时受到的有效重力 W 为

$$W = K_1(\gamma_S - \gamma)d^3 \tag{1-26}$$

令 $W = F$，联解式（1-25）、式（1-26）得

$$\omega = \sqrt{\left(C_1\frac{\nu}{d}\right)^2 + C_2\frac{\gamma_S - \gamma}{\gamma}gd} - C_1\frac{\nu}{d} \tag{1-27}$$

式中，无量纲系数 C_1 及 C_2 由试验资料确定：$C_1 = 13.95$，$C_2 = 1.09$。因此

$$\omega = \sqrt{\left(13.95\frac{\nu}{d}\right)^2 + 1.09\frac{\gamma_S - \gamma}{\gamma}gd} - 13.95\frac{\nu}{d} \tag{1-28}$$

式（1-28）为张瑞瑾过渡区泥沙沉速公式。该式虽系以过渡区的情况为出发点推导所得，但经大量实测资料检验表明，该式可以同时满足滞流区、紊流区和过渡区的要求。或者说，式（1-28）可作为表达泥沙沉降速度的通用公式。这里推荐在科研和生产设计中应用。

此外，张瑞瑾教授基于滞流区和紊流区力的平衡考虑，还分别得到如下滞流区沉速公式

$$\omega = \frac{1}{25.6}\frac{\gamma_S - \gamma}{\gamma}g\frac{d^2}{\nu} \tag{1-29}$$

及紊流区沉速公式

$$\omega = 1.044\sqrt{\frac{\gamma_S - \gamma}{\gamma}gd} \tag{1-30}$$

1.3.3　泥沙的起动与推移质运动

推移质运动是河流泥沙的运动形式之一。推移质运动来源于床面泥沙的起动。因此，在叙述推移质运动之前，首先需讨论泥沙的起动。

1. 泥沙的起动

设想在具有一定泥沙组成的床面上，使水流的速度由小到大逐渐增加，直到使床面上的泥沙（床沙）由静止转入运动，这种现象称为泥沙的起动。泥沙颗粒由静止状态变为运动状态的临界水流条件称为泥沙的起动条件。在我国，常用泥沙起动时的水流平均流速即起动流速表示。

泥沙的起动条件实质上是河床冲刷的临界条件，因此，对泥沙起动条件的研究具有重要的意义。例如，在研究坝下游河床冲刷问题时，往往须弄清楚泥沙的起动条件。当实际水流条件超过床沙的起动条件时，河床就会被冲刷；反之，河床就不会发生冲刷。河床在冲刷过程中，水深随之增加，流速降低，当发展到水流条件不足以使泥沙继续起动时，冲刷就会自动停止。再如，当组成河床的泥沙粗细不均时，细的颗粒被优先冲走，粗的留下来逐渐形成一层抗冲覆盖层，冲刷逐渐停止下来。

泥沙的起动问题非常复杂，不仅与水流的作用力有关，而且与泥沙颗粒的粗细和床面组成状况密切相关。这里仅介绍情形最简单的均匀泥沙（包括散粒体无粘性沙和粘性沙）在水平床面上的起动流速研究成果。

(1) 散粒体均匀沙的起动流速

考察如图 1-16 所示的河床上的泥沙颗粒 A。研究表明，促使水平河床上的散粒体粗颗粒泥沙运动的力，主要是水平方向上水流的推移力 F_D 和垂直方向上水流的上举力 F_L，而抗拒运动的力主要是泥沙颗粒的有效重力 W。推移力和上举力产生的解释是：当水流流经泥沙颗粒时，在颗粒迎水面流速减小，压力增大，而在颗粒背后水流离解，形成漩涡，产生负压，两者合起来构成水平方向上的推移力 F_D；同时，由于流速分布不均匀，颗粒上、下的绕流不对称，颗粒下方流速小、压力大，颗粒上方流速大、压力小，两者合起来构成了垂直方向上的上举力 F_L。

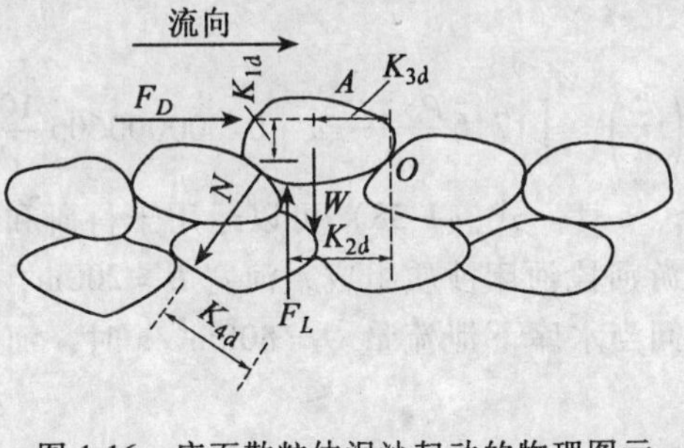

图 1-16　床面散粒体泥沙起动的物理图示

各力的表达式如下：

推移力
$$F_D = C_d \frac{\pi}{4} d^2 \gamma \frac{u_b^2}{2g} \tag{1-31}$$

上举力

$$F_L = C_L \frac{\pi}{4} d^2 \gamma \frac{u_b^2}{2g} \tag{1-32}$$

泥沙颗粒的有效重力

$$W = (\gamma_S - \gamma) \frac{1}{6} \pi d^3 \tag{1-33}$$

式中：u_b——实际作用于沙粒流层的有效瞬时流速；d——泥沙粒径；C_d、C_L——分别为推移力及上举力系数；其余符号意义同前。

通过列举沙粒起动临界条件的动力平衡方程式，代入各力及相应力臂，导出作用临界流速 u_{bc} 的表达式，再应用指数流速分布公式，将作用临界流速 u_{bc} 转化为垂线平均临界流速 U_c，从而得到起动流速的一般表达式为

$$U_c = \eta \sqrt{\frac{\gamma_S - \gamma}{\gamma} gd} \left(\frac{h}{d} \right)^m \tag{1-34}$$

式中：η——综合系数，由试验资料确定。

沙莫夫（Г. И. Щамов）根据试验资料，求得 $\eta = 1.14$，取 $m = \frac{1}{6}$，得到

$$U_c = 1.14 \sqrt{\frac{\rho_S - \rho}{\rho} gd} \left(\frac{h}{d} \right)^{\frac{1}{6}} \tag{1-35}$$

对于天然沙

$$U_c = 4.6 d^{\frac{1}{3}} h^{\frac{1}{6}} \tag{1-36}$$

式中的单位为 m/s。

（2）散粒体及粘性泥沙的统一起动流速公式

实际观测表明，细颗粒粘性泥沙抗拒起动的力，除了有效重力外，还有颗粒间的粘结力为 N（见图 1-16）。对于粒径很细的泥沙，粘结力的作用将远远超过重力的作用。

张瑞瑾教授曾给出如下粘结力计算公式

$$N = a_4 \gamma d^2 \left(\frac{d_1}{d} \right)^s (h + h_a) \tag{1-37}$$

式中：d_1——参考粒径（mm）；h——水深（m）；h_a——与大气压力相应的水柱高度（m）；a_4——系数；s——指数。

在考虑增加粘结力 N 之后，经过类似推导，得到粗、细泥沙均适用的统一起动流速公式

$$U_c = \left(\frac{h}{d} \right)^{0.14} \left[17.6 \frac{\rho_S - \rho}{\rho} gd + 0.000000605 \frac{10 + h}{d^{0.72}} \right]^{\frac{1}{2}} \tag{1-38}$$

式中长度及时间单位以 m、s 计。式（1-38）可以运用于科研和工程设计中。

例 1 已知某水库下游河段河床沙质组成，河宽 $B = 200$m，过水面积 $A = 500\text{m}^2$，床沙平均粒径 $d = 5.5$mm，试问当水库下泄流量 $Q = 500\text{m}^3/\text{s}$ 时，河床是否会发生冲刷？可能冲深多少？

解

（1）判断河床是否会发生冲刷。

$$U = Q/A = 500/500 = 1.0 \ (\text{m/s})$$

$$h = 500/200 = 2.5 \ (\text{m})$$

由沙莫夫公式

$$U_c = 4.6d^{\frac{1}{3}}h^{\frac{1}{6}} = 4.6 \times (5.5 \times 10^{-3})^{\frac{1}{3}} \times 2.5^{\frac{1}{6}} = 0.946 \text{ (m/s)}$$

因 $U > U_c$，故河床会发生冲刷。

(2) 当冲刷停止时，求河床冲深 Δh。

设此时水流流速为 U'，床沙起动流速为 U'_c，水深为 h'，则当 $U' = U'_c$ 时，应有 $Q/Bh' = 4.6d^{\frac{1}{3}}h^{\frac{1}{6}}$

故
$$h' = \left(\frac{Q}{4.6Bd^{\frac{1}{3}}}\right)^{\frac{7}{6}} = \left(\frac{500}{4.6 \times 200 \times 0.0055^{\frac{1}{3}}}\right)^{\frac{7}{6}} = 2.62 \text{ (m)}$$

故知，河床可能冲深：$\Delta h = h' - h = 2.62 - 2.5 = 0.12\text{m}$。

2. 推移质运动

河床上的泥沙起动之后，接下来可能变为推移质沿床面附近滚动、滑动或跳跃前进。推移质泥沙的运动特征是：走走停停，走的时间短，停的时间长，运动速度慢于水流；颗粒愈大，停的时间愈长，走的时间愈短，运动的速度愈慢；当推移质运动达到一定数量时，床面呈现出连续而规则的波浪状，称之为沙波。从外表看，整个沙波像一个整体往下游缓缓“爬行”，如图 1-17 所示。图中 λ 为沙波长度，h_s 为沙波高度，h 为水深。

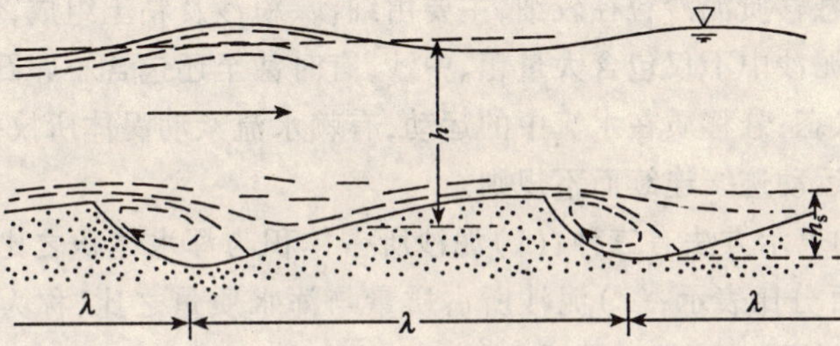

图 1-17 沙波纵剖面形态图

在一定水力泥沙条件下，单位时间内通过过水断面的推移质数量称为推移质输沙率，用 G_b 表示，单位为 kg/s 或 t/s。由于河道沿河宽方向的水流条件变化很大，单位时间通过不同部位的推移质数量差别悬殊，故在实践中常用单宽推移质输沙率 g_b 表示，单位为kg/ (m·s) 或 t/ (m·s)。两者的关系为

$$G_b = \int_0^B g_{bi} \mathrm{d}z = \sum_{i=1}^{n} g_{bi} b_i \tag{1-39}$$

式中：G_b——断面推移质输沙率；g_{bi}——i 垂线（或流束）的单宽推移质输沙率；z——横向坐标，自一岸起算；b_i——i 流束宽度；B——河宽。

单宽推移质输沙率的一般计算公式为

$$g_b = \varphi \rho_s d(U - U_c)\left(\frac{U}{U_c}\right)^n \left(\frac{d}{h}\right)^m \tag{1-40}$$

式中：g_b——单宽推移质输沙率；ρ_s——泥沙密度；d——泥沙粒径；h——水深；U——垂线平均流速；U_c——泥沙起动流速；φ——综合系数；n、m——待定指数，可据实测资料反求。公式单位为 kg、m、s。

例如冈恰洛夫公式

$$g_b = 2.08d(U - U'_c)\left(\frac{U}{U_c}\right)^3 \left(\frac{d}{h}\right)^{\frac{1}{10}} \tag{1-41}$$

推移质输沙率问题的研究具有重要的工程实际意义。如水库回水末端的推移质淤积，水电站底孔的防沙过机，山区河道模型试验研究及航道整治等。现阶段看来，虽然推移质问题研究的理论成果为数不少，但真正能令人满意地用于解决实际问题的却不多。此外，当前急需改进野外观测手段与设备，提高江河测验效率与资料精度。只有在大力提高天然河道实测资料精度与可靠性的基础上，推移质问题的理论研究才有可能取得大的进展。

1.3.4 悬移质运动及水流挟沙力

1. 悬移质运动

悬移质是随水流浮游前进的泥沙。日常所见的许多河流河水浑浊，汛期涨水时更为如此，表明河水挟带一定数量的悬移质泥沙。江河中运动的推移质和悬移质两种泥沙相比较说来，悬移质泥沙在输沙总量中往往占绝大部分。冲积平原较大的河流，悬移质泥沙的量往往要占到总输沙量的95%以上；山区较小的河流，悬移质泥沙量一般也在80%以上。因此，悬移质泥沙在河流蚀山造原（指平原）过程中起着十分重要的作用。

悬移质泥沙的组成：天然河流的悬移质泥沙级配组成特点是大小悬殊、很不均匀。相比较而言，平原河流的悬移质泥沙粒径较细，主要由细沙、粉沙及粘土组成，粗、中沙含量甚少；而山区河流，悬移质泥沙中不仅包含大量粗、中沙，有时甚至还包含小卵石。

悬移质的运动状态：悬移质在水流中的运动，有赖水流紊动涡体所挟持，具有随机性质，时升时降，跟随水流运动迹线连续而不规则。

悬移质含沙量的表示方法有三种：(1)泥沙所占体积与浑水体积之比，称为体积比含沙量，常用符号 S_V，以百分比表示；(2)泥沙所占质量与浑水质量之比，称为质量比含沙量，常用符号 S_m，以百分比表示；(3)泥沙的质量与浑水体积之比，称为混合比含沙量，常用符号 S 表示，单位为 kg/m³。生产实际中较为常用的是混合比表达形式。

三种含沙量的关系为

$$S = \rho_S S_V \tag{1-42}$$

及

$$S_m = \frac{\rho_S S_V}{\rho + (\rho_S - \rho) S_V} = \frac{S}{\rho + \left(1 - \dfrac{\rho}{\rho_S}\right) S_V} \tag{1-43}$$

含沙量的概念，包括测点含沙量、垂线平均含沙量、断面平均含沙量，瞬时含沙量、时均含沙量；日、月、年平均含沙量及多年平均含沙量，等等。应用时应注意各自含义及其计算方法的不同。

实测资料表明，悬移质含沙量沿垂线分布的特征是“上稀下浓、上细下粗”。“上稀下浓”是指含沙量自水面向河底逐渐增大，愈接近河底，含沙量愈大，如图1-18所示。“上细下粗”是指泥沙粒径沿水深分布，上部较细，愈接近河底愈粗。

在二维均匀明槽流的平衡情况下，悬移质时均含沙量沿垂线分布规律，可由如下劳斯(H. Rouse)公式表达

$$\frac{S}{S_a} = \left[\frac{\dfrac{h}{y} - 1}{\dfrac{h}{a} - 1}\right]^{\frac{\omega}{\kappa U_*}} \tag{1-44}$$

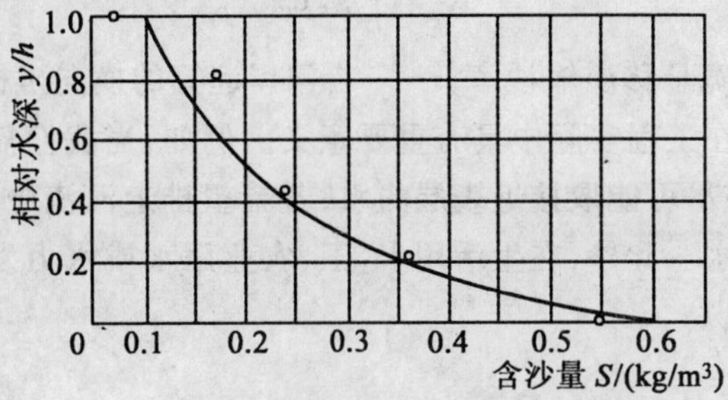

图 1-18　实测含沙量沿垂线分布图

式中：S、S_a——垂线上 y 处及参考点 $y=a$ 处的含沙量；h——水深；$\frac{\omega}{\kappa U_*}$——悬浮指标，常用 z 代表；κ——卡门常数；ω——泥沙沉速；U_*——摩阻流速，$U_*=\sqrt{ghJ}$。

式(1-44)的分布如图 1-19 所示。

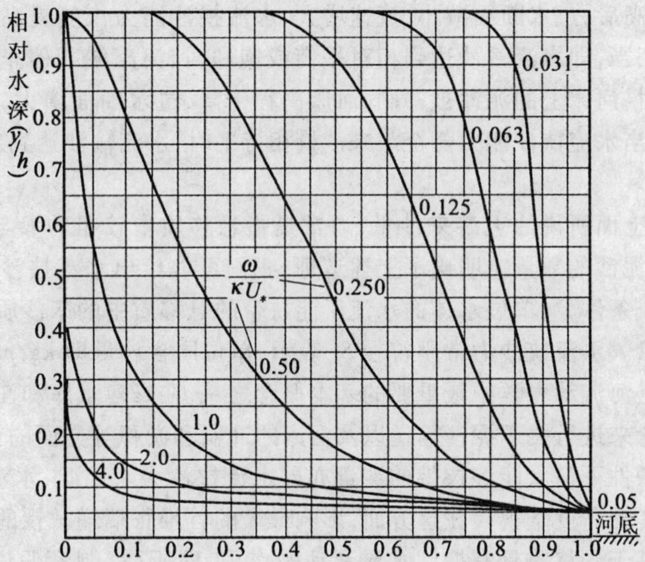

图 1-19　劳斯公式分布图

悬移质单宽输沙率的计算，可以根据含沙量沿垂线分布公式 $s=s(y)$ 及流速分布公式 $u=u(y)$，将两者相乘并沿垂线积分求得。其中垂线流速分布规律，可以选用指数分布式式(1-12)、对数分布式式(1-13)等形式的公式。

单宽悬移质输沙率公式为

$$g_s = \int_0^h su\mathrm{d}y \tag{1-45}$$

断面悬移质输沙率公式为

$$G_S = \int_0^B g_{S_i} \mathrm{d}z \tag{1-46}$$

式中：g_{S_i}——i 垂线的单宽悬移质输沙率；z——自河岸起算的横向坐标；B——河宽。

悬移质运动的研究在工程实际中具有重要意义。例如，当我们需要从河流中引用含沙较少的水的时候，就应该尽可能取接近表层的水；若希望排走河流中的泥沙的时候，就应该尽可能泄走接近底层的水。此外，在生活用水，工、农业用水或水力发电等许多方面都会涉及悬移质运动方面的知识。

2. 水流挟沙力

天然河流的河床经常处于冲淤变化之中，河床之所以发生变化，就是由于在一定的水流和河床条件下，泥沙输移平衡被破坏的结果。或者说，是上游来沙量与当地水流的挟沙能力不相和谐的结果。当上游来沙量过多，而水流的挟沙能力有限时，水流无力带走全部泥沙，势必卸下一部分于河床之中，表现为河床的淤积；相反，当上游来沙量过少，而水流的挟沙能力有富余，且河床又有大量的可冲性沙源，水流将会从河床上冲起一部分泥沙以满足自身挟沙之不足。这就是水流挟沙的饱和倾向性，亦即水流挟沙力的概念。

如上所述，前者为输沙过饱和或称超饱和，而后者则称为次饱和或欠饱和。水流挟沙超饱和，河床淤积抬高后，过水断面减小，流速增大，水流挟沙能力恢复提高，当水流挟沙能力提高到与来沙量相当，即水流输沙达到相对平衡或饱和时，河床淤积停止。相反的情况是，水流挟沙次饱和时，河床上的泥沙被冲刷，河床高程下降，过水断面增大，流速减小，水流挟沙能力随之降低，当水流挟沙能力降至与来沙量相持平时，水流输沙达到新的相对平衡或饱和，河床冲刷停止。

应指出的是，上面所说的上游来沙量，通常是指悬移质中较粗的参与造床的那部分泥沙，即所谓床沙质泥沙的数量。明确了上述道理，我们可以给出水流挟沙力的定义：在一定的水流和河床组成条件下，单位水体的水流所能挟带的悬移质中的床沙质的能力，亦即饱和状态的临界含沙量。水流挟沙力常用符号 S_* 表示，单位同含沙量即 $\mathrm{kg/m^3}$。

水流挟沙力是河流动力学中最重要的基本概念之一，在修建水库和江河治理规划中，往往要运用这个概念来进行关于泥沙输送以及河床的冲刷和淤积等方面的计算。这些工作都须了解某种水流条件下河水能够挟带的沙量亦即水流挟沙力。因此，水流挟沙力问题的研究受到国内外学者的高度重视。在这方面，影响最大的首推张瑞瑾教授的研究成果。

张瑞瑾教授基于悬移质具有抑制水流紊动的作用，即所谓“制紊假说”的考虑，通过写挟沙水流的能量平衡方程式，导出如下水流挟沙力公式[11]

$$S_* = K\left(\frac{U^3}{gR\omega}\right)^m \tag{1-47}$$

式中：U——水流平均流速；R——水力半径，一般取等于水深 h；ω——床沙质的代表沉速；g——重力加速度；K、m——待定系数和指数，由实测资料确定。图 1-20 为式(1-47)的实测资料检验。

对于特定河段，只要已知河道的水流泥沙因素 U、R、ω，根据式(1-47) 即可算得相应的水流挟沙力。这就要求在实际计算时，首先需根据所研究河段的实测资料，或比照其他近似河段，定出公式中的系数 K 和指数 m，得到水流挟沙力公式的具体实用形式。

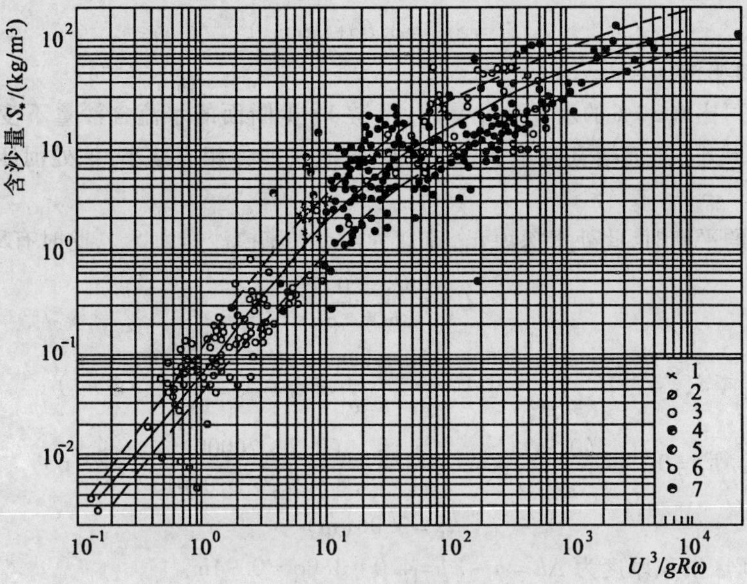

1—武汉大学玻璃水槽;2—南京水利实验处钢板水槽;

3—长江;4—黄河;5—人民胜利渠;6—三门峡水库;7—官厅水库

图 1-20　$S_* \sim \frac{U^3}{gR\omega}$的关系图

例 2　如图 1-21 所示,有一宽浅分流河段,流量 $Q=20000\text{m}^3/\text{s}$,河宽 $B=2200\text{m}$,平均水深 $h=4.0\text{m}$,床沙质代表沉速 $\omega=1.32\text{cm/s}$,分流口上游河段,河床处于不冲不淤平衡状态,试问此处水流床沙质饱和含沙量为多少?假定分走 30% 的水量和沙量,分流后下游主河槽河宽不变,试问下游河槽河床高程是否会发生变化?如何变化?

$\left(\text{已知:水流挟沙力公式 } S_*=0.16\dfrac{U^3}{gh\omega}\right)$。

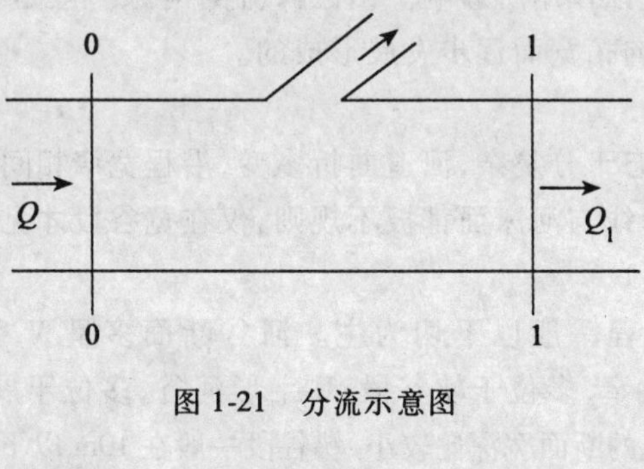

图 1-21　分流示意图

解　(1)分流口上游河段

此处,流速:$U=Q/Bh=20000/(2200\times4)=2.27(\text{m/s})$

水流挟沙力:$S_{*0}=0.16\dfrac{U^3}{gh\omega}=0.16\times\dfrac{2.27^3}{9.8\times4\times0.0132}=3.62(\text{kg/m}^3)$。

由于此处河床处于不冲不淤平衡状态，故水流中床沙质饱和含沙量为

$$S_0 = S_{*0} = 3.63(\text{kg/m}^3)$$

(2)分流口下游河段

当分走相同比例30%的水量和沙量后，下游1—1断面的水流含沙量不变，即 $S_1 = S_0$。由于下游流量减小，而河槽宽度不变，故流速、水流挟沙力相应减小，该处河床将会发生淤积。

设达到新的平衡时，此处水深为 h_1，流速为 U_1，水流挟沙力为 S_{*1}，此时有$S_{*1} = S_1$。而

$$U_1 = \frac{Q_1}{Bh_1} = \frac{0.7Q}{Bh_1}$$

$$S_{*1} = 0.16\frac{U_1^3}{gh_1\omega} = 0.16\frac{(0.7Q)^3}{gB^3h_1^4\omega} = S_1 = S_0 = 3.63(\text{kg/m}^3)$$

$$h_1^4 = 0.044\frac{(0.7Q)^3}{gB^3\omega} = 0.044 \times \frac{(0.7 \times 20000)^3}{9.8 \times 2200^3 \times 0.0132} = 87.65$$

故

$$h_1 = 3.06(\text{m})$$

由此知，下游河床淤积厚度为 $\Delta h = h - h_1 = 4.0 - 3.06 = 0.94\text{m}$。

§1.4 河道演变

1.4.1 河流的形成与演变

河流作为输送流域水沙的通道，按其流经地区的不同，一般可以分为山区河流与平原河流两大类。对于较大的河流，其上游段多位于山区，其下游段则多位于平原，位于山区与平原之间的过渡段，则往往兼有山区河流和平原河流的特性。由于两者所处地理、地质和气象条件的不同，其形成与演变的一般特性各有特点。

1. 山区河流的形成与演变

山区河流流经地势高峻、地形复杂的山区。其形成和发展，一方面与地壳构造运动密切相关，另一方面受水流侵蚀作用所影响。山区河流的河床一般是在漫长的历史过程中由水流不断地纵向切割和横向拓宽而逐步发展形成的。

(1)河床形态

山区河流的平面形态十分复杂，河道曲折多变，沿程宽窄相间，急弯卡口比比皆是，两岸与河心常有礁石突出，岸线与河床面都极不规则，仅在宽谷段才见比较规律的卵石边滩或心滩出现。

山区河流的形成过程一般以下切为主。河谷断面多呈V字形或U字形，如图1-22所示。V字形河谷河槽狭窄，多位于峡谷段；U字形河谷，多位于展宽段，枯水期常有卵石边滩或心滩出露。山区河流的断面宽深比较小，峡谷段一般在10m以下，宽谷段一般在60~70m。

山区河流的河谷中往往呈现出阶梯式地形，称之为阶地。阶地实际上是河流在形成过程中被遗弃的老河漫滩，阶地可以反映流域范围内的古气候变迁、新构造运动以及河流侵蚀基准面的升降。

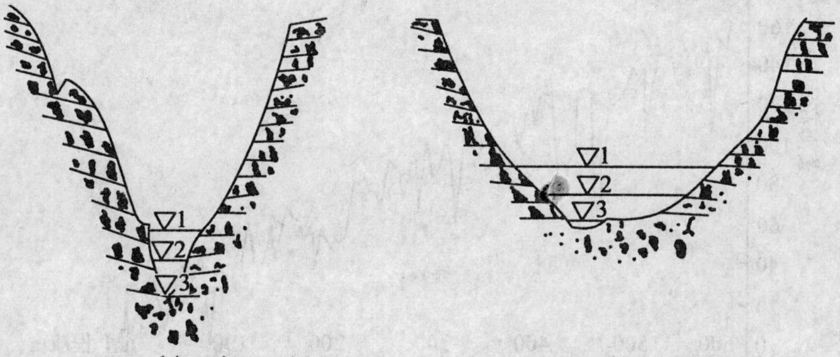

(a) V字形河谷　　(b) U字形河谷

1—洪水位;2—中水位;3—枯水位

图 1-22　贵州北盘江毛虎段河谷断面形态图

河流阶地可为一级或多级,每一级阶地都是由阶地面和阶地坎所组成。阶地面比较平坦,微向河流倾斜。阶地面以下为阶坡(阶地坎),坡度较大。阶地高度一般指阶地面与河流平水期水面之间的垂直距离。阶地形态如图 1-23 所示。

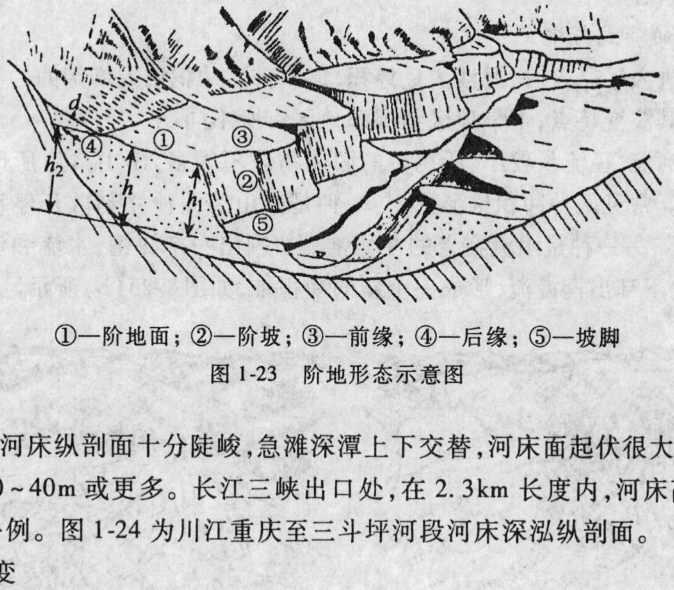

①—阶地面;②—阶坡;③—前缘;④—后缘;⑤—坡脚

图 1-23　阶地形态示意图

山区河流的河床纵剖面十分陡峻,急滩深潭上下交替,河床面起伏很大。有的局部河段河床起伏竟达 30~40m 或更多。长江三峡出口处,在 2.3km 长度内,河床高程由 -45m 升至 +15m,即为一例。图 1-24 为川江重庆至三斗坪河段河床深泓纵剖面。

(2)河床演变

山区河道从长时期来看呈不断下切展宽之势,但因河床多系基岩和卵石组成,抗冲性强,冲刷进程极其缓慢。明显可察且较常见的河床演变现象有以下三个方面:

① 卵石运动形成成形堆积体。如边滩、心滩及与之相联的过渡段沙埂亦即浅滩,汛期淤积壮大,枯水季节冲刷萎缩,年内冲淤基本平衡。

② 悬移质的暂时性淤积和冲刷。山区河流的悬移质一般不会在河床上发生永久性淤积,但暂时性的淤积和冲刷则是存在的。诱发暂时性淤积的主要原因,一是在宽谷段由主流摆动出现的回流淤积;二是在宽谷段由下游峡谷壅水引起的淤积。汛期淤积下来的泥沙,汛后一般能冲往下游,年内冲淤基本平衡。如川江奉节臭盐碛河段即如此。

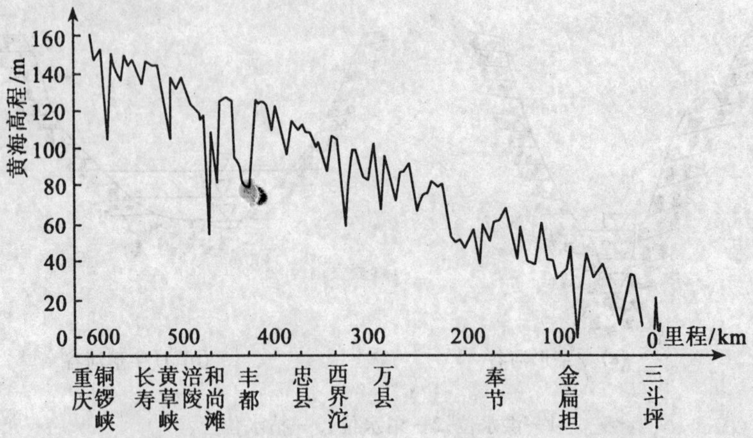

图 1-24 川江重庆至三斗坪河段河床深泓纵剖面图

③ 泥石流形成溪口滩。山区河流一旦暴发山洪，两岸溪沟易形成泥石流，在溪口堆积成溪口滩。由于溪口滩的堆积物量大粒粗，形成后短期内难以被主流冲走。

除此以外，地震、山崩、滑坡等大规模突发现象，均有可能在极短时间内堵塞河道，改变水流规律和河床状态。

2. 平原河流的形成与演变

河流从山区进入平原以后，泥沙大量停积，形成锥形冲积锥或广阔的冲积扇。冲积锥或冲积扇的形态及其演变特点，干旱地区与湿润地区有所不同。

干旱地区的河流，径流量较小，所携带的固体物质不很多，出山口后所形成的冲积锥范围一般不是很大。常见两种冲积锥形式[3]：一种是出山后泥沙立刻散开停积，形成冲积锥，如图 1-25(a)所示；另一种是水流在老的冲积锥上切割出一个深槽，水流和泥沙沿着深槽下泄，在老冲积锥的下部出槽漫流，形成一个新的冲积锥，如图 1-25(b)所示。

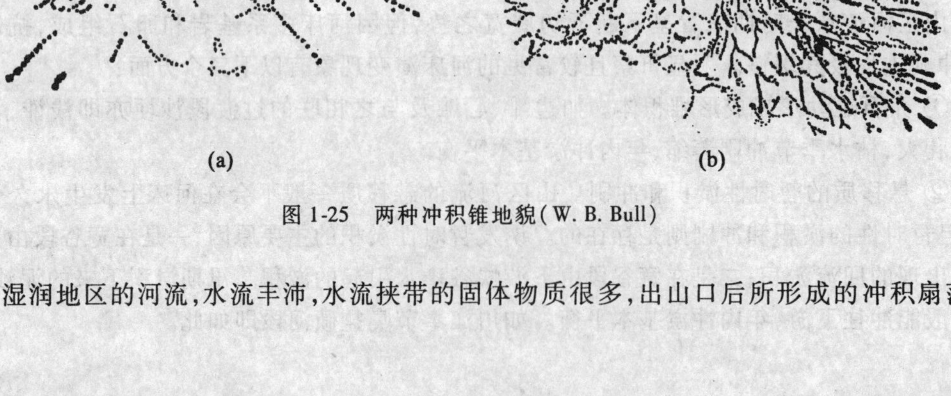

(a) (b)

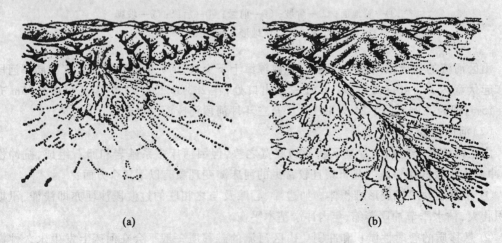

图 1-25 两种冲积锥地貌(W. B. Bull)

湿润地区的河流，水流丰沛，水流挟带的固体物质很多，出山口后所形成的冲积扇范围一般很大，且河床演变的性质也很具特点。如黄河下游的冲积扇，据叶青超的分析[12]，其范围西起孟津，西北沿太行山麓与漳河冲积扇交错，西南沿嵩山东部与淮河上游相接，东邻南四湖，呈放射状向平原散开，如图 1-26 所示。图中显示的黄河下游冲积扇，实际上是冲积扇的复合体。这是因为黄河下游筑堤束水历史悠久，筑堤后河槽淤积抬高，久而久之，就会决口改道。而每次大的改道，都会在决口点以下形成一个冲积扇，这些冲积扇互相叠合在一起，便形成当今黄河下游冲积扇复合体。通常所说的冲积平原河流，指的就是这类在广阔的冲积扇上形成演变的河流。

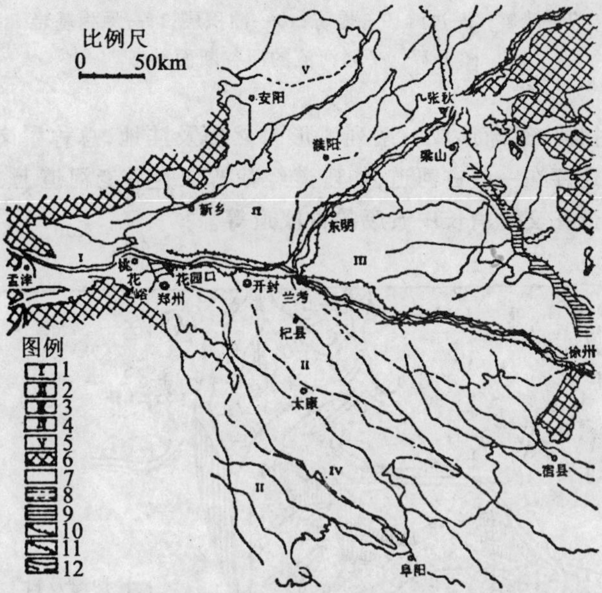

1—宁嘴冲积扇；2—桃花峪冲积扇；3—兰考冲积扇；4—花园口冲积扇；5—漳河冲积扇；

6—山地；7—泛滥平原；8—洼地；9—湖泊；10—运河；11—大堤；12—范冲积扇围线

图 1-26 黄河下游冲积扇

(1)河床形态

平原河流流经地势平坦、土质疏松的平原地区。其显著特点是，具有深厚的冲积层、宽广的河漫滩和众多的成形堆积体。

平原河流的河谷断面形态如图 1-27 所示。图中显示洪水、中水、枯水三级水位，与之相应的河槽为洪水、中水、枯水河槽。通常所说的河槽，一般是指中水河槽。中水河槽相对宽浅，断面宽深比一般高达 100 以上。

河谷中冲积层的厚度，往往深达数十米甚至数百米以上。冲积层的物质组成随地层高度不同而异，最深处多为卵石层，往上依次为卵石夹沙、粗沙、中沙以至细沙，滩地表层部分则有粘土和粘壤土存在，某些局部地区也可能存在深厚的粘土棱体。这种泥沙组成的分层现象反映出河流的发育过程。

河漫滩洪水淹没，中枯水时露出水面。若无堤防约束，洪水漫滩后，淹及范围宽广，由于过水断面增大，流速降低，泥沙落淤，造成滩面高程逐年抬高。

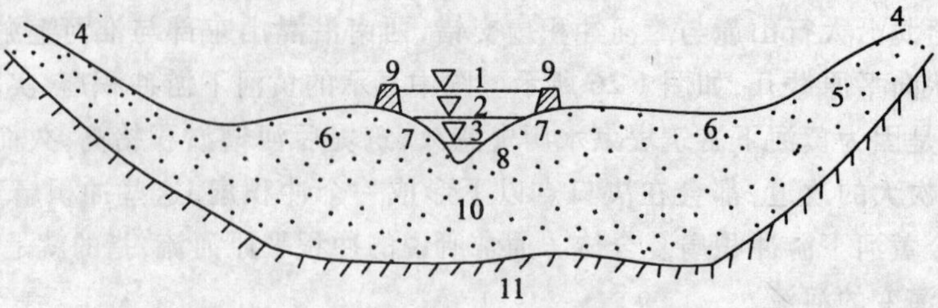

1,2,3—洪水、中水、枯水位;4—谷坡;5—谷坡脚;6—河漫滩;
7—滩唇;8—边滩;9—堤防;10—冲积层;11—原生基岩

图 1-27 平原河流的河谷断面形态

河漫滩在发育过程中逐渐形成一系列弧形自然堤及洼地,总称鬃岗地形,如图 1-28 所示。此外,河漫滩上还存在一些古河道,如弯道经裁弯取直后老河道上、下游均被淤死而留下的牛轭湖,又如汊道在交替消长中淤废的古汊道等。

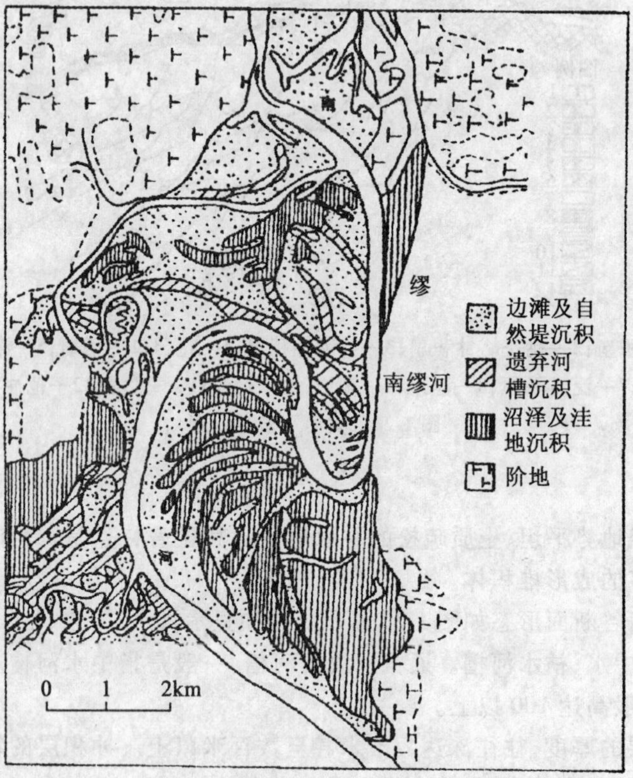

图 1-28 湄公河支流南缪河弯道河漫滩上的鬃岗地形图

随着时间的推移,一些河流的河漫滩的发展消长速度很快,原为主河槽的位置可能变为滩地,而原为河滩的位置可能变为主河槽。例如我国黄河潼关以上的北干流,在历史上就不断横扫秦晋两省的滩地,时而东濒山西,时而西临陕西,如图 1-29 所示[13]。人们把这种现象称之为“十年河东，十年河西”。

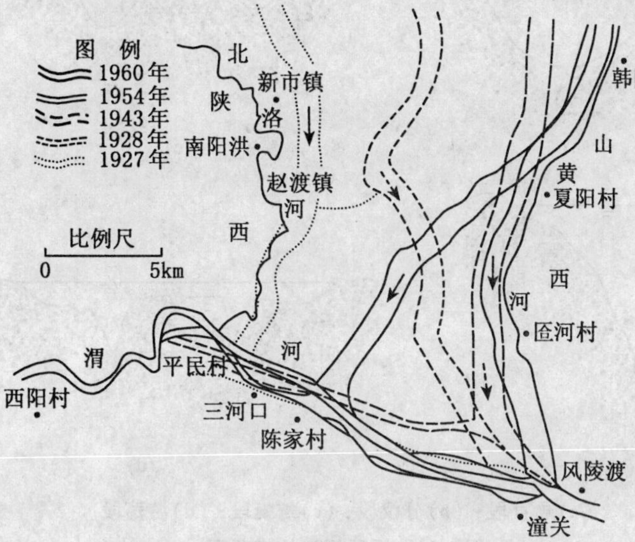

图 1-29 黄河潼关以上北干流河道变迁图

成形堆积体是冲积河流中各种形式的大尺度沙丘的统称。它们包括河槽中的各类边滩、江心滩(洲)以及滩与滩之间的沙埂等，如图 1-30 所示。这些成型堆积体在水流的作用下，处于不断移动变化之中。

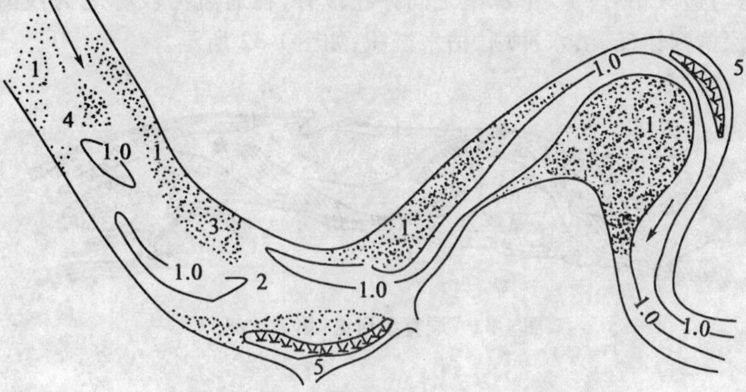

1—边滩；2—浅滩；3—沙嘴；4—江心滩；5—江心洲

图 1-30 河道中泥沙成形堆积体

平原河流的平面形态可以概括为顺直、弯曲、分汊和散乱等四类，与之相应的横断面形态，可以概括为抛物线形、不对称三角形、马鞍形和多汊形等四类，如图 1-31 所示。河床纵剖面虽无明显折点，但因深槽浅滩交替，也非呈光滑曲线，而是有一定起伏的波状曲线，其平均纵比降一般比较平缓。

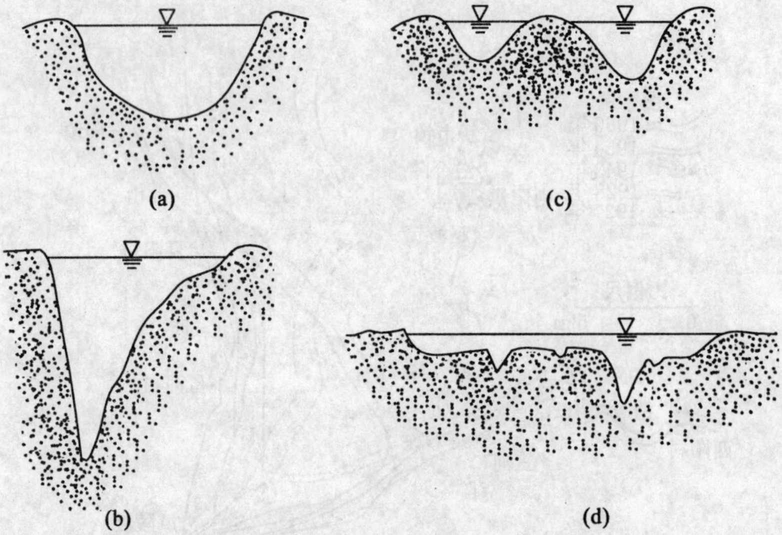

(a)顺直段；(b)分汊段；(c)蜿蜒段；(d)游荡段

图 1-31　平原河流的横断面

(2)河床演变

平原河流的河型，按其平面形式可以分为四种基本类型：顺直型、蜿蜒型、分汊型及游荡型。不同类型的河段，其形态特点与演变规律不同。

① 顺直型河段

这种河型的特点是：河身较顺直；犬牙交错状边滩分布于河道两侧，并在洪水期向下游缓缓移动；深槽与边滩相对；上、下深槽之间存在沙脊，在通航河段称之为浅滩，浅滩洪水淤积，枯水冲刷，深槽则相反，洪水冲刷，枯水淤积，如图 1-32 所示。

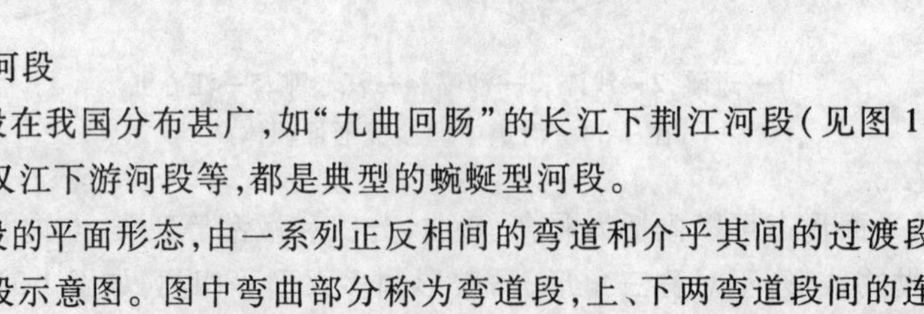

图 1-32　顺直型河道(第聂伯河)

② 蜿蜒型河段

蜿蜒型河段在我国分布甚广，如“九曲回肠”的长江下荆江河段(见图 1-33)，渭河下游(见图 1-34)和汉江下游河段等，都是典型的蜿蜒型河段。

蜿蜒型河段的平面形态，由一系列正反相间的弯道和介乎其间的过渡段连接而成。图 1-35 为一弯道段示意图。图中弯曲部分称为弯道段，上、下两弯道段间的连接段称为过渡段。弯道中心线的半径称为曲率半径，记做 R。弯道段自进口至出口间的中心角称为弯道中心角，记做 φ。上、下两过渡段中点沿弯道中心线的长度与两点之间直线长度的比值称为弯道的曲折系数。相邻反向弯道外包线之间的垂直距离称为弯道摆幅，记做 B。岸线凹进一侧的河岸称为凹岸,岸线凸出一侧的河岸称为凸岸。

蜿蜒型河段从整体看,处在不断演变之中。从平面变化看,蜿蜒型河段的蜿蜒程度不断加剧,河长增加,曲折系数也随之增大。整个平面的变形过程,大体上是围绕各河湾之间过渡段的中间部位连成的摆轴进行的(见图 1-33、图 1-36)。

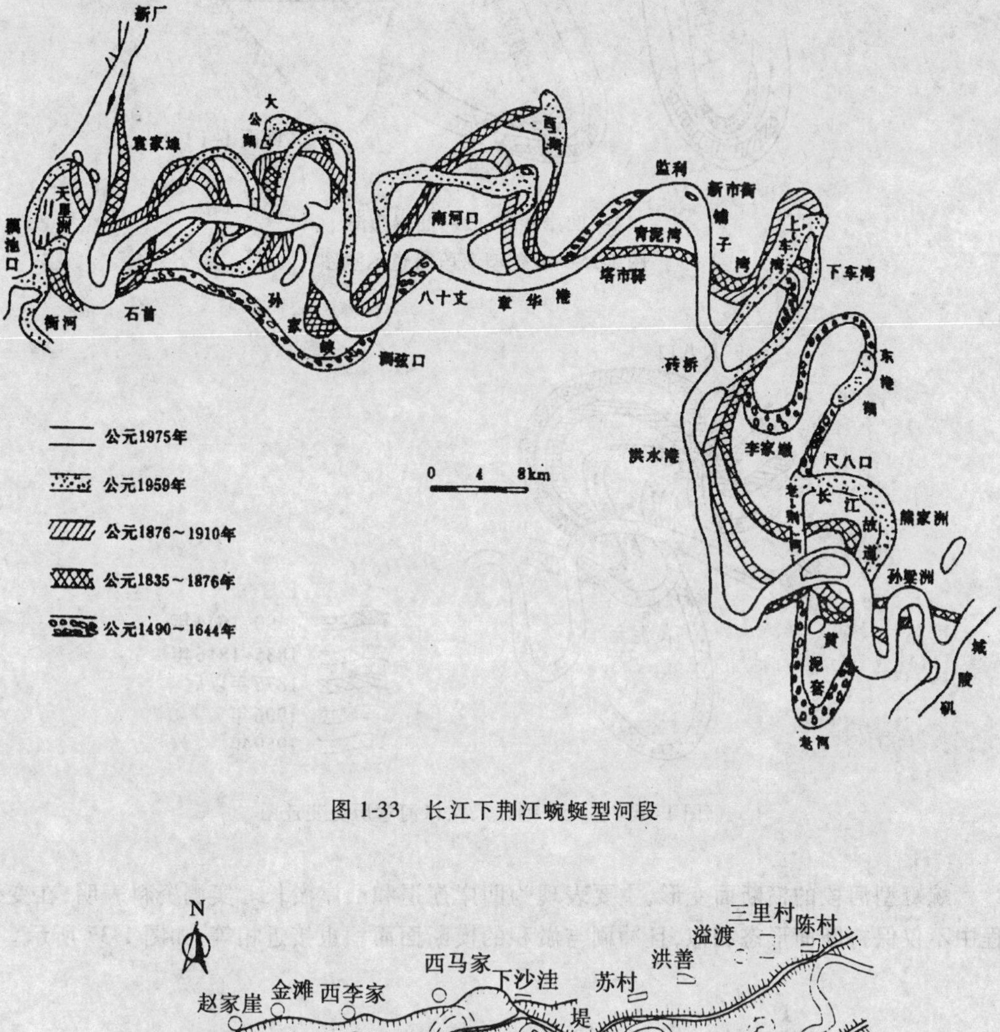

图 1-33 长江下荆江蜿蜒型河段

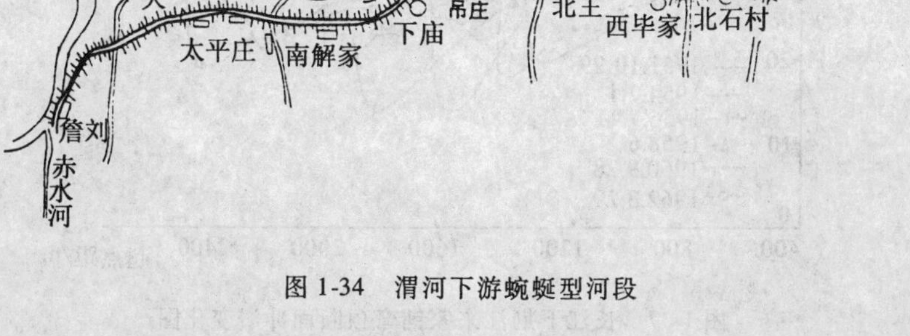

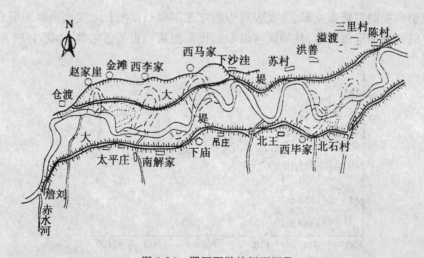

图 1-34 渭河下游蜿蜒型河段

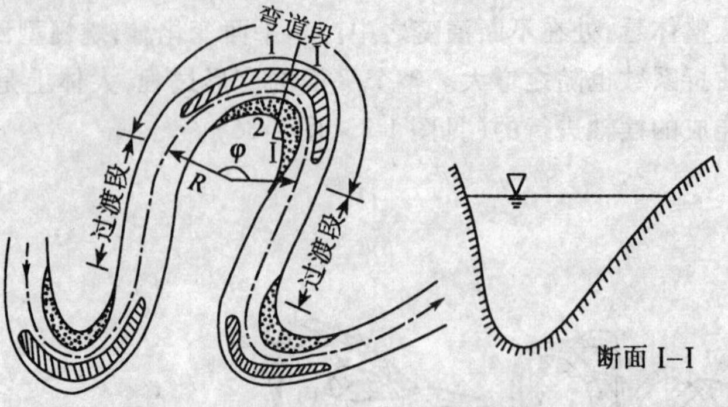

1—凹岸深槽；2—凸岸边滩

图 1-35 蜿蜒型河段弯道示意图

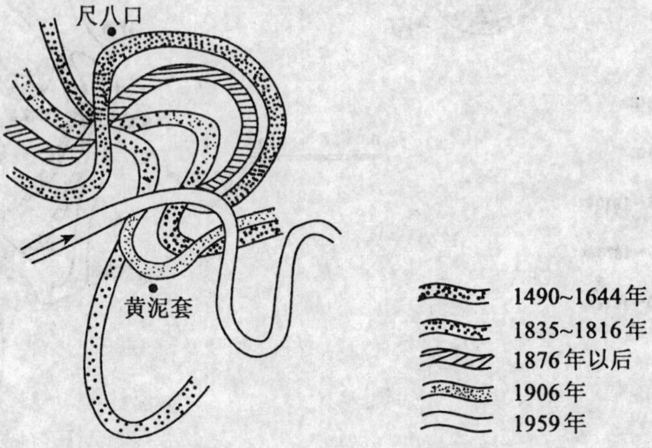

图 1-36 长江下荆江尺八口河弯历史变迁图

蜿蜒型河段的横断面变形，主要表现为凹岸崩退和凸岸淤长。实测资料表明，在变化过程中不仅保持断面形态相似，且冲刷与淤积的横断面面积也接近相等，如图 1-37 所示。

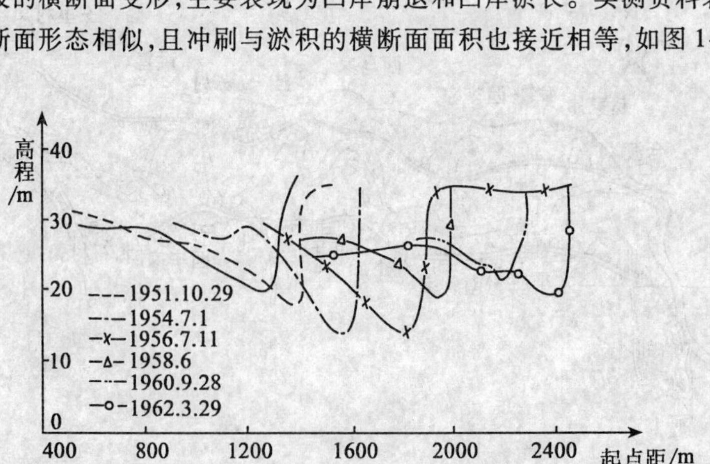

图 1-37 长江下荆江来家铺弯顶断面冲淤变化图

蜿蜒型河段的纵向变形,弯道段洪水期冲刷而枯水期淤积,过渡段则相反,洪水期淤积而枯水期冲刷。年内冲淤变化,就较长时期的平均情况而言,基本上是平衡的。

蜿蜒型河段的另类演变现象是在特殊条件下可能发生突变。其一是自然裁弯。这种现象的发生,首先是由于某些原因使蜿蜒型河段同一岸两个弯道的弯顶崩退而形成急剧河环和狭颈,当狭颈发展到起止点相距很近、水位差较大时,如遇大水年,水流漫滩,在比降陡、流速大的情况下,便可冲开狭颈而形成新河,这种现象称为自然裁弯。例如我国长江下荆江、汉江下游和渭河下游等河道,历史上曾多次发生过自然裁弯。图 1-38 为 1950 年下荆江碾子湾自然裁弯示意图。

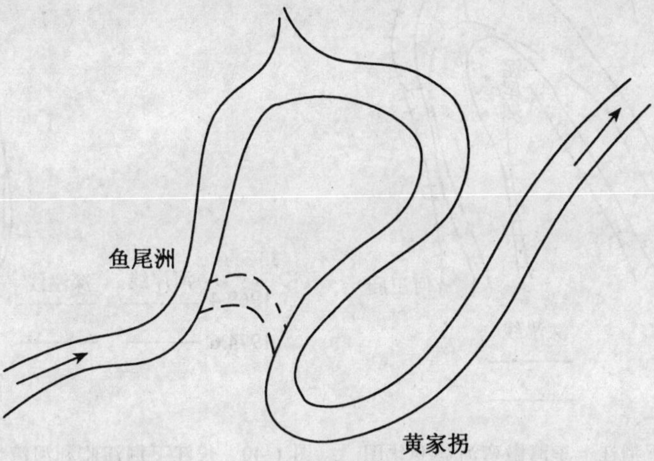

图 1-38　长江下荆江碾子湾自然裁弯示意图

除自然裁弯外,还有撇弯和切滩两类突变现象。撇弯现象是,当河湾发展成曲率半径很小的急弯后,遇到较大的洪水,水流弯曲半径远大于河湾曲率半径,这时在主流带与凹岸急弯之间产生回流,造成原凹岸急弯部位淤积而称之为撇弯。长江下荆江上车湾撇弯如图 1-39所示。

切滩是在曲率半径适中的河湾中,当凸岸边滩延展较宽且高程较低时,遇到较大的洪水,水流弯曲半径大于河岸的曲率半径较多,这时凸岸边滩被水流切割而形成串沟并分泄一部分流量的现象。长江下荆江监利河湾曾于 1970 年发生切滩,如图 1-40 所示。

③ 分汊型河段

分汊型河段是冲积平原河流中常见的一种河型。在我国许多江河都可以见到,特别是长江中、下游最多。

分汊型河段的平面形态是,上、下两端窄而中间宽。中间段可能是两汊或多汊,各汊之间为江心洲。自分流点至江心洲头为分流区,洲尾至汇流点为汇流区,中间则为分汊段。长江中、下游按平面形态的不同,常分为顺直型分汊、微弯型分汊和鹅头型分汊三类,如图 1-41 所示。

分汊型河段的横断面,在分流区和汇流区均呈中间部位凸起的马鞍形,分汊段则为江心洲分隔的复式断面。

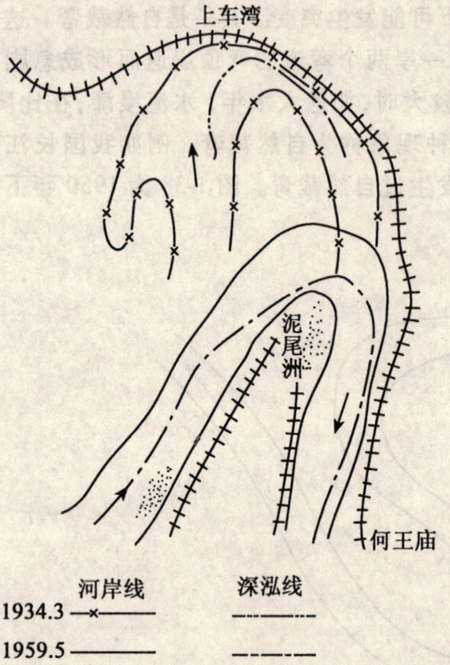

图 1-39　长江下荆江上车湾撇弯河势变化图

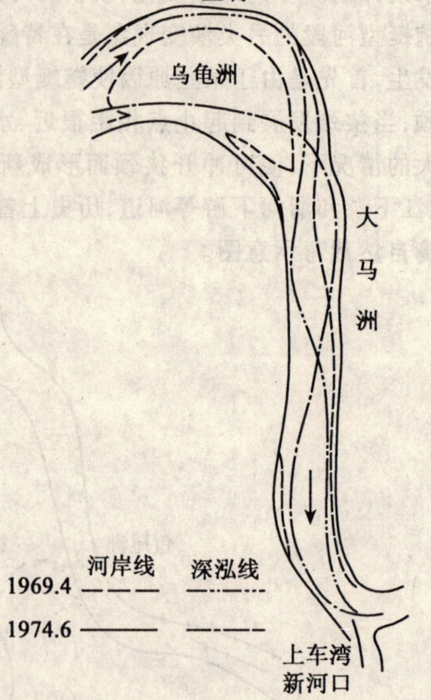

图 1-40　长江下荆江监利河湾切滩河势变化图

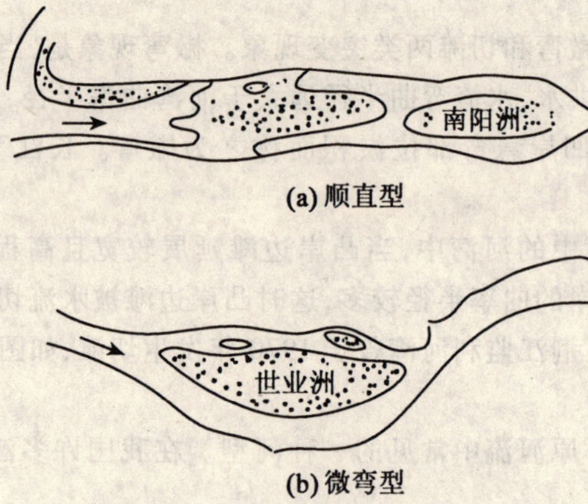

(a) 顺直型

(b) 微弯型

(c) 鹅头型

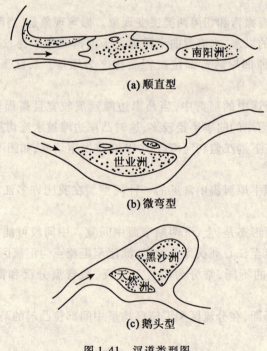

图 1-41　汊道类型图

分汊型河段的纵剖面,从宏观看,呈两端低中间高的上凸形态,而几个连续相间的单一段和分汊段呈起伏相间的形态,与蜿蜒型河段的过渡段和弯道段的纵剖面形态相似。如图1-42 所示为长江镇扬河段河床纵剖面图。

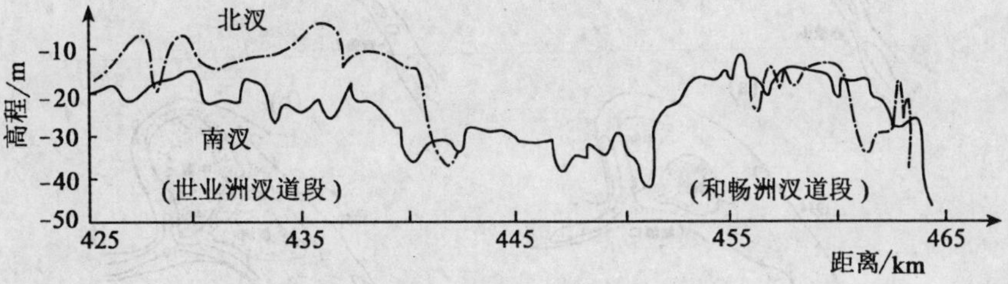

图 1-42 长江镇扬河段河床纵剖面图

分汊型河段的演变受诸多因素的影响而较为复杂。其共同性的演变规律表现为汊道外形的平面移动,洲头、洲尾的冲淤消长,汊内河床的纵向冲淤,以及主、支汊的易位。

主、支汊易位是汊道演变最重要、最显著的特点。即经历一定时期的演变,主汊(分流比大于50%)变为支汊(分流比小于50%),支汊变为主汊。在易位发生过程中,原主汊分流比呈逐年减小之势,河床淤积抬高,断面尺度缩小;原支汊则相反,分流比逐年增大,河床冲刷下切,断面尺度扩大。发生主、支汊易位的原因是多方面的,其中最主要的是上游水流动力轴线的摆动,从而引起分流分沙比的变化所致。长江武汉天兴洲汊道、马鞍山江心洲汊道等,都是主、支汊易位的例子。

分汊型河段除上述共同的演变规律外,由于汊道类型的不同,尚有其各自的特点。顺直型分汊河段的演变特点与顺直单一河段基本相同。微弯型分汊河段大都是顺直型分汊河段进一步发展演变而成的,这类汊道演变到一定程度,主、支汊逐渐趋向稳定,但当弯曲一汊的凹岸是广阔易冲的河漫滩时,将可能发展成鹅头型分汊河段。

鹅头型汊道,由于凹岸一汊既长又弯,另一汊较短且直,原来单一的江心洲有可能被水流分割成两个,甚至几个。这样,水流分散,而成为多汊河段。一经形成多汊,其稳定性就愈来愈差。例如长江陆溪口汊道,1960 年后,左汊入口段已淤浅变窄,难以通航,而右汊及中汊则逐渐成为通航汊道,如图 1-43 所示。

④ 游荡型河段

游荡型河段是一种具有独特地貌特征的河型,在世界各地广泛存在。我国黄河下游孟津至高村河段,永定河下游芦沟桥至梁各庄河段,汉江丹江口至钟祥河段,渭河咸阳至泾河口河段等,都是典型的游荡型河段。

游荡型河段的显著特点是,河床宽浅散乱,主流摆动不定,河势变化急剧。因此,对防洪、航运、工农业用水等各行业常常带来不利影响。

从平面形态看,游荡型河段河身比较顺直,曲折系数一般不大于 1.3。在较长的范围内,往往宽窄相间,呈藕节状。河段内河床宽浅,洲滩密布,汊道交织,如图 1-44 所示。

游荡型河段的河床纵比降较大。如黄河下游游荡型河段的比降在$(1.5\sim4.0)\times10^{-4}$之间,永定河下游约为$5.8\times10^{-4}$, 汉江襄阳至宜城约为$1.8\times10^{-4}$。

游荡型河段的横断面宽浅, 其河相系数$\zeta\left(\zeta=\dfrac{\sqrt{B}}{H}\right)$相当大。例如黄河高村以上的游荡

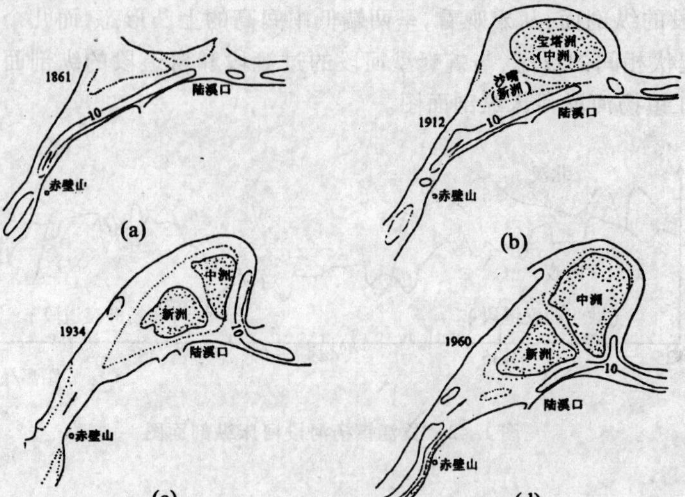

图 1-43 长江陆溪口汊道变化图

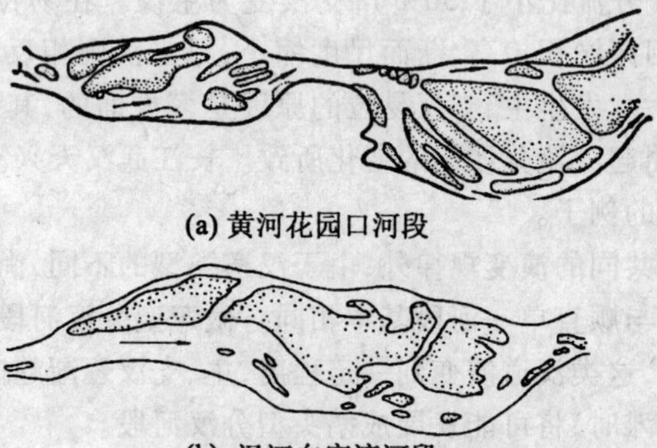

(a) 黄河花园口河段

(b) 汉江白家湾河段

图 1-44 游荡型河段河势图

型河段，$\zeta=19\sim32$，个别河段达 60；汉江襄阳至宜城河段，$\zeta=5\sim28$。图 1-45 为黄河花园口大断面，其河宽竟达数千米，而滩槽高差则很小。

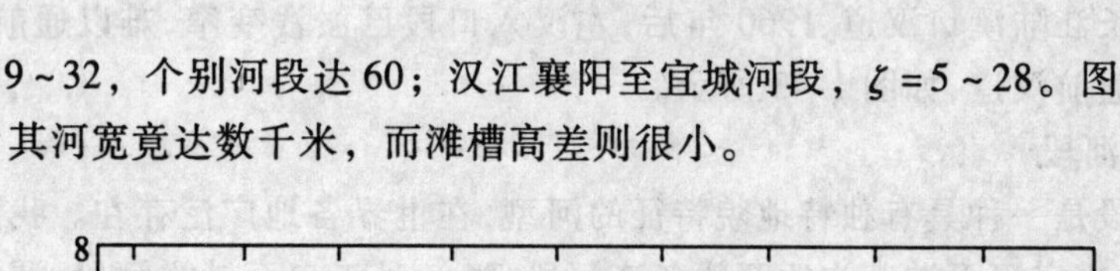

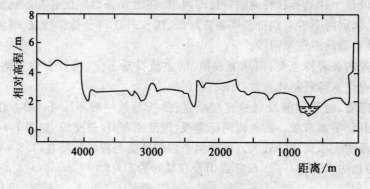

图 1-45 黄河花园口断面图

游荡型河段的主要演变规律如下：

(1) 多年平均河床逐步抬高。如黄河下游花园口至高村河段，在1950—1972年的20多年内，河床平均抬高速度为5.9~9.7cm/a。

(2) 年内汛期主槽冲刷，滩地淤积；非汛期，主槽淤积，滩地崩塌。从一个水文年看，主槽虽有冲有淤，但在长时期内，仍表现为淤积抬高，而滩地则主要表现为持续抬高。一部分滩地虽然坍塌后退，但另一部分滩地又会淤长，滩地在长时期内变化不大。

(3) 主槽平面摆动，摆幅大，河势变化剧烈。主槽的平面摆动直接与主流的摆动不定有关。图1-46 (a) 为永定河芦沟桥以下游荡型河段河势的变化，1920—1956年主槽曾发生多次摆动；与之相应，滩槽也几经变化。因此，“永定河”的命名，在某种意义上表达了人们对这条河流的美好愿景。

黄河游荡型河段的主槽摆动更为剧烈。据秦厂至柳园口河段的实测资料记载，在一次洪峰涨落过程中，河槽深泓线的摆动宽度每天竟达130m。图1-46 (b) 为柳园口河段多年河势变化。由图1-46 (b) 可知，1951—1972年主流线沿着4条基本流路多次发生变化，最严重的一次为1954年8月下旬，在一次洪峰过程中，柳园口附近主流一昼夜内南北摆动竟达6km以上，其变化速度是惊人的。

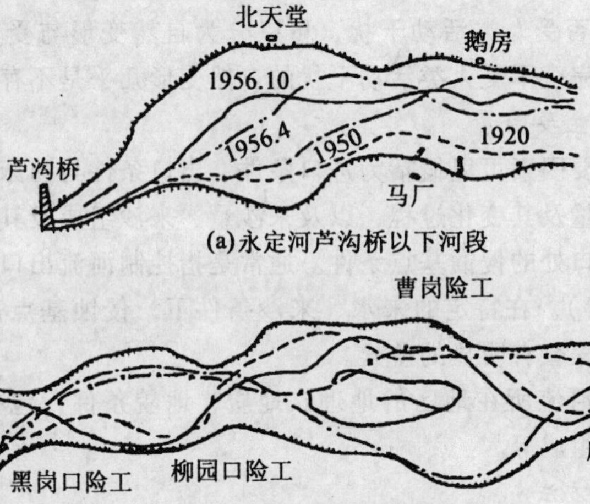

(a)永定河芦沟桥以下河段

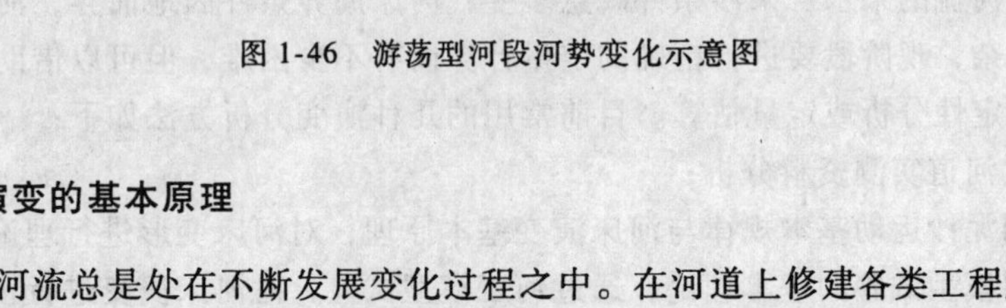

(b)黄河柳园口河段

图1-46 游荡型河段河势变化示意图

1.4.2 河道演变的基本原理

自然界的河流总是处在不断发展变化过程之中。在河道上修建各类工程后，受建筑物的干扰，河床变化将更为显著。通常所谓的河床演变，一般是指近代冲积河床的演变发展。

1. 河床演变分类

河流是水流与河床相互作用的产物。水流作用于河床，使河床发生变化；河床反作用于水流，影响水流的特性。由因生果，倒果为因，循环往复，变化无穷，这就是河床演变。挟带泥沙的河道水流在可动边界的河床上流淌，决定着河床演变现象的多样性与复杂性。根据某些特征，可以将冲积河流的河床演变现象分为以下几类。

（1）按河床演变的时间特征，可以分为长期变形与短期变形。如由河底沙波运动引起的河床变形历时不过数小时以至数天；蛇形状的弯曲河流，经裁直之后再度向弯曲发展，历时可能长达数十年、百年之久。前者可以视为短期变形，而后者则可以视为长期变形。

（2）按河床演变的空间特征，可以分为整体变形与局部变形。整体变形一般系指大范围的变形，如黄河下游的河床抬升遍及数百公里的河床；而局部变形一般指发生在范围不大的区域内的变形，如浅滩河段的汛期淤积、丁坝坝头的局部冲刷等。

（3）按河床演变形式特征，可以分为纵向变形、横向变形与平面变形。纵向变形是河床沿纵深方向发生的变形，如坝上游的沿程淤积和坝下游的沿程冲刷；横向变形是河床在与流向垂直的两侧方向发生的变形，如弯道的凹岸冲刷与凸岸淤积；平面变形是指从空中俯瞰河道发生的平面变化，如蜿蜒型河段的河湾在平面上缓慢向下游蠕动。

（4）按河床演变的方向性特征，可以分为单向变形与复归性变形。河道在较长时期内沿着某一方向发生的变化称为单向变形，修建水库后较长时期内的库区淤积以及下游河道的沿程冲刷；而河道有规律的交替变化现象称为复归性变形，如过渡段浅滩的汛期淤积、汛后冲刷，分汊河段的主汊发展、支汊衰退的周期性变化等。

（5）按河床演变是否受人类活动干扰，可以分为自然变形与受人为干扰变形。近代冲积河流的河床演变，完全不受人类活动干扰的自然变形几乎是不存在的。

2. 影响河床演变的主要因素

影响河床演变的主要因素可以概括为进口条件、出口条件与河床周界条件。进口条件主要是河段上游的来水量及其变化过程，以及来沙量、来沙组成及其变化过程。

出口条件主要是出口处的侵蚀基点条件。通常是指控制河流出口水面高程的各种水面（如河面、湖面、海面等）。在特定的来水、来沙条件下，侵蚀基点高程的不同，河流纵剖面的形态及其变化过程会有明显的差异。

河床周界条件泛指河流所在地区的地理、地质、地貌条件，包括河谷比降、河谷宽度、河底、河岸的土层组成等。

3. 河床演变的分析方法

由于天然河流的来水、来沙条件瞬息多变，河床周界条件因地而异，河床演变的形式及过程极其复杂，现阶段要进行精确的定量计算尚有不少困难，但可以借助于某些手段对河床演变进行定性分析或定量估算。目前常用的几种演变分析方法如下：

（1）天然河道实测资料分析；

（2）运用泥沙运动基本规律与河床演变基本原理，对河床变形进行理论计算；

（3）运用模型试验的基本理论，通过河工模型试验，对河床演变进行预测；

（4）利用条件相似河段的资料进行类比分析。

上述几种分析方法可以单独运用，也可以综合运用。对于一些重要河流的重要研究课题，有条件时应运用各种方法进行综合研究与论证，以求得到可靠的结论。

上面四种方法中，天然河道实测资料分析方法是最重要、最基本、最常用的方法。这种方法主要包括以下内容：

河段来水、来沙资料分析：包括来水、来沙的数量、过程；水、沙典型年；水、沙特性值；流速、含沙量、泥沙粒径分布等。

水道地形资料分析：根据河道水下地形观测资料，分别从平面和纵、横剖面对比分析河段的多年变化、年内变化；计算河段的冲淤量及其分布；河床演变与水力泥沙因子的关系等。

河床组成与地质资料分析：包括河床物质组成，河床地质剖面情况等。

除上述以外，还应对其他因素，如桥渡、港口码头、取水工程、护岸工程等人类活动干扰的影响进行分析。

在对上述诸多因素的分析后，再由此及彼、由表及里地进行综合分析，探明河床演变的基本规律及主要影响因素，预估河床演变的发展趋势，为制定合理可行的整治工程方案提供科学依据。

4. 河床演变的基本原理

河床演变的具体原因尽管千差万别，但根本原因可以归结为输沙不平衡。考察河流的某一特定区域 BL（B、L 分别为河宽及河长），当进出这一特定区域的沙量 G_0、G_1 不等时，河床就会发生冲淤变形，表示成数学表达式应为

$$G_1\Delta t - G_0\Delta t = \rho' BL\Delta y_0 \tag{1-48}$$

式中：G_0、G_1——流入及流出该区域的输沙率；Δy_0——在 Δt 时段内的冲淤厚度，正为冲，负为淤；ρ'——淤积物的干密度。

显然，如果进入这一区域的沙量大于该区域水流所能输送的沙量，河床将淤积抬高；反之，如果进入这一区域的沙量小于该区域水流所能输送的沙量时，河床将被冲刷降低。这就是说，河床演变是输沙不平衡的直接后果。若进一步追溯输沙不平衡的根本原因，可以区分为两种不同的情况，一种是起因于动床水沙两相流的内在矛盾，另一种则是由某些外部条件的不恒定性造成的。

当外部条件，即进口水沙条件、出口侵蚀基点条件与河床周界条件保持恒定，且整个河段处于输沙平衡状态时，河段的各个部分仍可能处于输沙不平衡状态。这是由于推移质运动往往采取沙波运动形式，而在天然河流上还往往采取成形堆积体运动形式造成的。沙波和成形堆积体的存在将原来均匀一致的水流改造成为在近底部分的收缩段和扩张段，也就是水流加速区和减速区交替出现的非均匀水流。泥沙在水流加速区发生冲刷，而在水流减速区发生淤积，其结果使得整体上仍处于输沙平衡状态的河床，在局部上已处于输沙不平衡状态。同一瞬间河床高程沿流程呈波状变化；同一空间点河床高程沿时程呈波状变化。值得注意的是，水沙两相流动床的平直状态是不稳定的，施加一个小的扰动波之后就会转变成为波动状态，并在相当大的范围内，有能力将这种波动状态保持下去。这是由水沙两相流的内在矛盾决定的，水沙两相流的内在矛盾反映了输沙不平衡的绝对性，从而也反映了河床演变的绝对性。

使河流经常处于输沙不平衡状态的另一重要原因是，河流的进出口条件经常处于发展变化过程之中。任何一条河流，其进口水沙条件几乎总在变化，这主要是由气候因素，特别是降水因素在数量及地区分布上的不稳定性造成的，由此产生的水量、沙量及其组成的因时变化比较显著。其他因素，如地形、土壤、植被等也存在一些缓慢的变化，对进口水、沙条件的变化也有一定的影响。至于出口条件，如果着眼点是前面提到的侵蚀基面，其变化是很缓慢的；如果着眼点是水流条件的变化，如干支流的相互顶托，潮汐波对洪水波的影响等，仍可能产生很大的变化。上述进、出口条件的变化会使河床由输沙平衡状态

转为输沙不平衡状态。影响河床演变的另一重要因素——河床周界条件，通常是比较稳定的，但当周界发生急剧变形之后，如周界的形态和地质组成出现剧变，也可能激发新的输沙不平衡。

综上所述，河流内部矛盾的发展和外在条件的变化都可能使输沙平衡遭到破坏，从而使河床变形得以持续进行，这就是河床演变的基本原理。

1.4.3 冲积平原河流的河相关系

1. 河相关系的基本概念

能够自由发展的冲积平原河流的河床，在水流的长期作用下，有可能形成与所在河段具体条件相适应的某种均衡的河床形态，在这种均衡形态的相关因素（如水深、河宽、比降等），和表达来水、来沙条件（如流量、含沙量、泥沙粒径等）以及河床地质条件（在冲积平原河流中其往往又是来水、来沙条件的函数）的特征物理量之间，常存在某种函数关系，这种函数关系称为河相关系。

需要指出的是，由于河床形态常处在发展变化的过程之中，所谓均衡形态并不意味着一成不变，而只是就空间和时间的平均情况而言。某一个特定河段完全偏离或在特定时间内暂时偏离这种均衡形态是可能甚至必然出现的。产生这种现象是因为来水、来沙条件和河床地质条件都是因地而异的，而两者的变异均具有一定的偶然性。当然，所谓均衡形态也不是变化不定，不可琢磨的，均衡形态出现的概率毕竟是较大的，就所在来水、来沙条件及河床地质条件而言，是一种有代表性的形态。当条件发生变化时，这种代表形态虽然也会跟着变化，但该形态是可逆的。而且由于河床形态的变化一般滞后于水、沙条件的变化，因而其变化的强度和幅度一般是不大的。

通常所说的河相关系，是指相应于造床流量的河相关系。利用这样的河相关系，对于某一断面，只能确定唯一的河宽、水深及比降。这样的河相关系，适用于一个河段的不同断面，同一河流的不同河段，甚至不同河流。河相关系只涉及断面的宏观形态，而不涉及其细节，因此在相关文献中有时称之为沿程河相关系。

既然河相关系所描述的是与所在来水、来沙条件及河床地质条件相适应的均衡形态，河相关系就应该是冲积河流水力计算和河道整治规划的依据。正因为如此，研究解决河相关系问题具有重大的理论与实际意义。

2. 造床流量

无论是研究河相关系，还是计算河床的稳定系数，都要用到单一的所谓造床流量作为特征流量。实际上影响河床形态及其演变特性的流量是变化不定的，因此，这个单一的造床流量应该是其造床作用与多年流量过程的综合造床作用相当的某一流量。这种流量对塑造河床形态所起的作用最大。但造床流量不等于最大洪水流量，因为尽管最大洪水流量的造床作用剧烈，但时间过短，所起的造床作用并不是很大；造床流量也不等于枯水流量，因为尽管枯水流量作用时间甚长，但流量过小，所起的造床作用也不可能很大。因此，造床流量应该是一个较大但又并非最大的洪水流量。

确定造床流量常用三种方法，即马卡维也夫（Н. И. Маккавеев）法、平滩水位法与造床流量的保证率法。其中平滩水位法在实际工作中运用最多，这里简要介绍如下。

人们在工作中发现，应用马卡维也夫法计算所得的造床流量的相应水位大致与河漫滩齐平，因此，在具体确定一个河段的造床流量时，就直接取用河漫滩水位相应流量（称为平滩流量）作为造床流量。这样做的理由还在于：只有当水位平滩时，造床作用才最大，因为当水位再升高漫滩后，水流分散，造床作用降低；水位低于河漫滩时，流速较小，造床作用也不强。运用这一方法的困难是，有时横断面河漫滩高程不易准确确定。为了避免用一个断面的地形资料确定河漫滩高程而遇困难或其代表性不强的缺点，可以在河段内选取若干个有代表性的断面，取其平均情况的平滩水位相应的流量作为平滩流量（造床流量）。该方法概念清楚，简便易行，在实际工作中应用较广泛。

3. 河相关系

早期的河相关系基本上是经验性质的。具体做法是，选取比较稳定或冲淤幅度不大，年内输沙接近平衡的可以自由发展的人工渠道和天然河道进行观测，在形态因素与水力泥沙因素之间建立经验关系。最早的这种经验关系式是由肯尼迪（R. G. Kennedy）在1895年提出的。他通过整理印度的大量不冲不淤渠道资料，建立了平均流速 U、平均水深 h 与平均单宽流量 q 的经验公式。其可贵之处在于开拓了河床通过自动调整能在形态因素与水力泥沙因素之间建立经验关系的新途径。所得公式的不足之处是，没有考虑其他形态因素，也没有考虑来水、来沙条件的影响。

沿着这一途径进行探索，后来出现的拉塞（G. Lacey，1929年）公式、布伦奇（T. Blench，1957年）公式等，均较全面地考虑了河床形态因素及其与水力泥沙因素之间的关系[5]。此处不作详细叙述。

在开展上述工作的同时，还出现了一些关于天然河流形态因素相互关系的统计分析成果，如格鲁什科夫（В. Г. Глушков，1924年）提出的如下宽深关系式

$$\frac{\sqrt{B}}{h}=\zeta \tag{1-49}$$

其中，河宽 B 及平均水深 h 是相应于平滩流量而言的，单位为m；ζ 通常称为河相系数，山区河段为1.4，细沙河段为5.5。

进一步的研究表明，ζ 与河型密切相关。如我国荆江蜿蜒型河段，$\zeta=2.23\sim4.45$；黄河下游高村以上游荡型河段，$\zeta=19.00\sim32.00$，高村至陶城埠过渡河段，$\zeta=8.60\sim12.40$。

阿尔图宁（С. Т. Алтунин）整理中亚细亚河流资料也提出了类似公式

$$\frac{B^m}{h}=\zeta \tag{1-50}$$

式中，m 由定值0.5改为变值0.5~1.0，平原河段取较小值，山区河段取较大值；河相系数 ζ 的变幅也相应增大，河岸不冲和难冲的河流为3~4，平面稳定的冲积河流为8~12，河岸易冲的河流为16~20。

早期的上述河相公式，都属于经验公式，其量纲一般是不和谐的，也缺乏坚实的理论基础。

近代河相关系所追求的目标是，尽可能将各种形态关系排列在一起，使之系统化，并力图用一定的理论体系加以概括。沿着这一方向所作的努力，大体上可以区分为量纲分析法和联解公式法两类不同途径的方法。

运用量纲分析法提出河相公式虽仍属经验公式，但具有量纲和谐的优点。这类方法的

代表性成果是维利坎诺夫公式，这里不作详叙。

联解公式法的基本思路是，根据各个河相关系中河床形态因素应与水力泥沙因素之间存在某种函数关系，只要能找到所有这些函数关系式，并将它们联立求解，便可得到各个河相关系表达式。主要待求的河床形态因素有三个：河宽 B、平均水深 h 和河流纵比降 J。

根据河道水流和泥沙运动规律，已知水流阻力公式（1-10）、水流挟沙力公式(1-47)及水流连续公式

$$Q = BhU \tag{1-51}$$

在式（1-10）、式（1-47）、式（1-51）中，包含有四个未知数：B、h、J 和 U。欲求解出这四个未知数，需补充一个方程式。因此，在补充方程式时，不同学者提出了不同的考虑方法，其中较有倾向性的是选用断面宽深关系式作补充方程，例如谢鉴衡院士的做法。

谢鉴衡院士选用宽深关系式（1-49），与式（1-10）、式（1-47）、式（1-51）联立求解，得如下河相关系式[5]

$$B = \frac{K^{\frac{0.2}{m}}\zeta^{0.8}}{g^{0.2}} \cdot \frac{Q^{0.6}}{S^{\frac{0.2}{m}}\omega^{0.2}} \tag{1-52}$$

$$h = \frac{K^{\frac{0.1}{m}}}{g^{0.1}\zeta^{0.6}} \cdot \frac{Q^{0.3}}{S^{\frac{0.1}{m}}\omega^{0.1}} \tag{1-53}$$

$$U = \frac{g^{0.3}}{K^{\frac{0.3}{m}}\zeta^{0.2}}\left(S^{\frac{0.3}{m}}\omega^{0.3}Q^{0.1}\right) \tag{1-54}$$

$$J = \frac{g^{0.73}\zeta^{0.4}n^{2}}{K^{\frac{0.73}{m}}} \cdot \frac{S^{\frac{0.73}{m}}\omega^{0.73}}{Q^{0.2}} \tag{1-55}$$

上述公式充分反映了断面河相因素与来水、来沙条件的关系。由于糙率 n 及河相系数 ζ 均有较丰富的资料，上述方程组使用起来较方便。

4. 河床的稳定性

研究冲积河流的河床演变特性时，往往引进一些特征参数，其中河床的稳定指标是重要的特征参数之一。

天然河流的泥沙输移难有平衡之时，因而河床的变化是绝对的、永恒的。天然河流的河床，稳定只能是相对的、暂时的。也就是说，河床稳定是相对变化的强度和幅度而言，如果变化的强度低、幅度小，则可以认为河床是稳定的；反之，如果变化的强度高、幅度大，则认为河床是不稳定的。因而河床稳定与输沙平衡在概念上既有关联，又有区别。

（1）纵向稳定系数

河床在纵深方向的稳定性主要决定于泥沙抗拒运动的摩阻力与水流作用于泥沙的拖曳力的对比。这个比值可以用希尔兹数的倒数 $\frac{\rho_S - \rho}{\rho}\frac{d}{hJ}$ 来表达，对于天然泥沙，$\frac{\rho_S - \rho}{\rho}$ 为常数，可以简化为

$$\varphi_{h1} = \frac{d}{hJ} \tag{1-56}$$

式中：h——平均水深；d——床沙平均粒径；J——比降。

φ_{h1} 值愈大，表明泥沙运动强度愈弱，河床因沙坡、成形堆积体运动及与之相应的水

流变化产生的变形愈小，因而愈稳定；相反，φ_{h1}值愈小，则表明泥沙运动强度愈大，河床产生的变形愈大，因而愈不稳定。例如，长江荆江蜿蜒型河段的纵向稳定系数 $\varphi_{h1}=0.27\sim0.37$，较黄河下游游荡型河段 $\varphi_{h1}=0.18\sim0.21$ 为大。

此外，河床纵向稳定系数还可以用如下洛赫京（B. M. Лохтин）系数表示

$$\varphi_{h2}=\frac{d}{J} \tag{1-57}$$

这是一个有量纲的数，当 d 取 mm 时，J 应取‰分数或 mm/m 数。在这一系数中略去了影响河底剪力的水深 h，从而相对突出了比降 J 在决定河床纵向稳定中的作用。由于天然河流比降 J 的变幅远大于水深 h 的变幅，作为定性判别，这种省略应该是可以接受的。荆江蜿蜒型河段 $\varphi_{h2}=2.9\sim4.1$，黄河下游游荡型河段 $\varphi_{h2}=0.31\sim0.34$。

(2) 横向稳定系数

横向稳定与河岸稳定密切相关。从问题的实质看，决定河岸稳定的因素主要是主流的顶冲地点及其走向与河岸土壤的抗冲能力。此外，滩槽高差对河岸的抗冲能力也有一定的影响。

由于上述因素极为复杂，定量确定难度很大，谢鉴衡建议不采用决定河岸稳定性的因素来描述河岸稳定性，而间接地采用河岸变化的结果来描述河岸的稳定性。为此，借用阿尔图宁计算稳定河宽的经验公式计算河宽 B_S，并与实际河宽 B 作比较，即

$$\frac{B_S}{B}=\frac{\xi\dfrac{Q^{0.5}}{J^{0.2}}}{B} \tag{1-58}$$

式中：Q——平滩流量；ξ——稳定河宽系数，反映河岸的稳定性。如取 $\xi=1$，则得到一个与特定流量及比降相应的虚拟河宽，将此虚拟河宽与实际河宽的比值令为 φ_{b1}，自然也反映河岸的稳定性。这样得到

$$\varphi_{b1}=\frac{Q^{0.5}}{J^{0.2}B} \tag{1-59}$$

φ_{b1}值愈大，表示河岸愈稳定，φ_{b1}愈小，则表示河岸愈不稳定。长江荆江蜿蜒型河段 $\varphi_{b1}=0.87\sim1.56$，黄河下游游荡型河段 $\varphi_{b1}=0.18\sim0.45$。

此外，还可以采用枯水河宽 b 与中水河槽平滩河宽 B 的比值表征河岸的稳定性，即

$$\varphi_{b2}=\frac{b}{B} \tag{1-60}$$

φ_{b2}值愈大，说明枯水期露出的河滩较小，河身相对较窄，河岸较稳定；反之则较不稳定。长江荆江蜿蜒型河段 $\varphi_{b2}=0.67\sim0.77$，黄河下游游荡型河段 $\varphi_{b2}=0.09\sim0.17$。

(3) 综合稳定系数

由于河流是否稳定既决定于河床的纵向稳定，也决定于河床的横向稳定，很自然地会联想到将这两个稳定系数联系在一起，构成一个综合的稳定系数。钱宁等学者在研究黄河下游河床的游荡性时，曾建议采用如下形式的游荡指标[3]。

$$\Theta=\left(\frac{hJ}{d_{35}}\right)^{0.6}\left(\frac{B_{max}}{B}\right)^{0.3}\left(\frac{B}{h}\right)^{0.45}\left(\frac{Q_{max}-Q_{min}}{Q_{max}+Q_{min}}\right)^{0.6}\left(\frac{\Delta Q}{0.5TQ}\right) \tag{1-61}$$

式中：d_{35}——床沙中以重量计 35% 较之为小的粒径；B_{max}——历年最高水位下的水面宽度；Q_{max}、Q_{min}——汛期最大及最小日平均流量；ΔQ——一次洪峰中流量涨幅；Q、B、

h——平滩流量及与之相应的河宽和水深；T——洪峰历时，单位为 d。其他单位以 m · s 计。

钱宁等学者分析了黄河、长江等河流的资料。这些资料说明，当 $\Theta>5$ 时，属于游荡型河流；当 $\Theta<2$ 时，属于非游荡型河流；当 $2<\Theta<5$ 时，属于过渡型河流。由此看来，上述游荡指标考虑因素比较全面，用来描述各次洪峰的游荡强度是比较合适的。

谢鉴衡院士认为，对河流稳定起决定性作用的是纵向稳定及横向稳定系数，特别是横向稳定系数对决定河型有极为重要的作用。为此，建议采用如下形式的综合稳定系数[5]

$$\varphi=\varphi_{h1}\ (\varphi_{b1})^2=\frac{d}{hJ}\left(\frac{Q^{0.5}}{J^{0.2}B}\right)^2 \tag{1-62}$$

其中取 φ_{b1} 的指数为 2，是为了加强这一参数的作用。按式（1-62）应用前述长江、黄河相应河段的资料，得到认识：游荡段与过渡段的分界点的 φ 值在 0.082～0.095 之间，过渡段与蜿蜒段的分界点的 φ 值在 0.127～0.235 之间。

第二章 水系与流域

§2.1 水 系

水系是地表径流对地表土的漫长侵蚀以后，逐渐从面蚀到沟蚀、槽蚀以至发展到由若干条大小支流和干流所构成的河流系统。或者说，水系是河流的集合。河流、水系与流域是彼此相依、密切关联的一个整体。

水系中的河流有干流、支流之分。干流一般是指水系中最长、水量最大的那一条河流。但有些河流的干流既不是最长也非水量最大，而是根据历史习惯来决定的，例如我国的汉水和其支流褒水就是这种情况。在汉水与褒水的汇合点以上，褒水的长度比汉水长得多，按长度论，汉水的干流应该是褒水而不是滑水[6]。

流入干流的河流称为支流。而支流又有一级、二级、三级……之分。在我国，人们习惯沿用的方法是，把直接汇入干流的河流称为一级支流，汇入一级支流的称为二级支流，依此类推。如长江水系，直接入海的长江为干流，直接流入长江的汉江为长江的一级支流，流入汉江的唐白河为二级支流，流入唐白河的白河为三级支流。

水系的名称通常以干流的河名命名，如长江水系、黄河水系、珠江水系等。但有些干流的上游河段可能另有他名，如长江干流上游的名称为通天河、金沙江等，纳入岷江以后才始称长江。此外，也有用地理区域或把同一地理区域内河性相近的几条河作为综合命名，如湖南省境内的湘、资、沅、澧四条河流共同注入洞庭湖，称为洞庭湖水系；江西省境内的赣江、抚河、信江、饶河、修水均汇入鄱阳湖，称为鄱阳湖水系；海河、滦河、徒骇河及马颊河都各自入海，称为华北平原水系，等等。

2.1.1 水系的形态

受地质构造、地理条件以及气候因素的影响，所形成的水系形态各异，水文情势各具特色。根据干、支流的平面形态特征，常见水系可以归纳为以下几种。

1. 树枝状水系

河流自上而下接纳较多的支流从两侧汇入，而各支流又有小支流汇入，平面上如同一棵干枝分明的树状。此类水系最为常见，例如长江的支流嘉陵江，渭河的支流泾河、北洛河，浙江省的瓯江水系（见图 2-1），等等。

树枝状水系的干、支流以锐角相交，通常形成在岩性较均一、地形较平坦的地区，如微微倾斜的平原地区、地壳较稳定的地台区以及水平岩层地区。其干流水量的沿程变化大致随其相应的流域面积的增大而增大。

2. 平行状水系

平行状水系的特点是，各支流近于平行地先后汇入干流。一般出现在均匀、和缓下降的坡面上，干流多位于断层或断裂处。这种水系的来水随降雨的地区分布而异，若遇全流域降雨，各支流来水相继汇合，则常易形成较大洪水。我国淮河上游是典型的平行状水系，如图 2-2 所示。

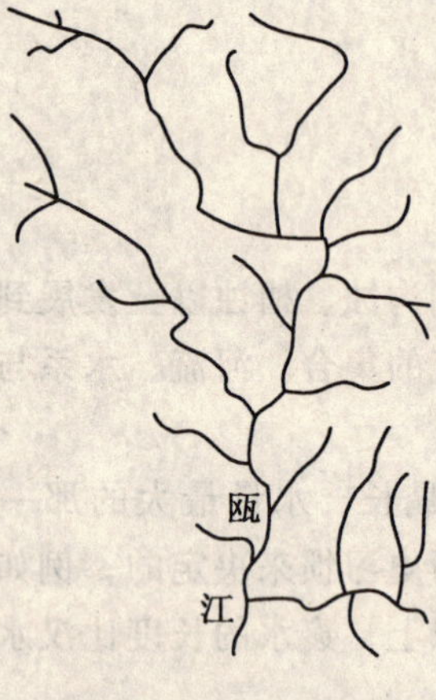

图 2-1 树枝状水系图
（浙江瓯江流域）

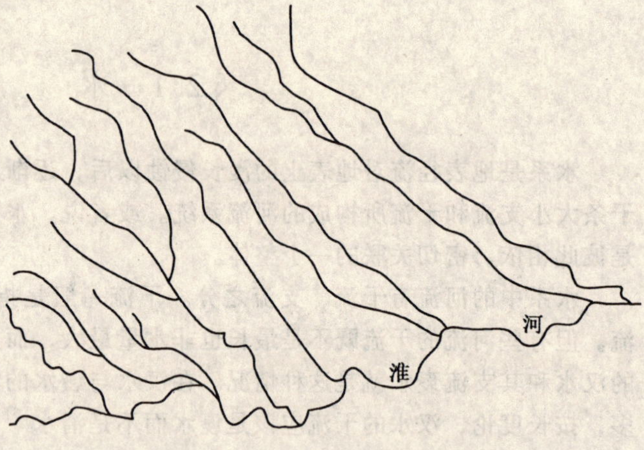

图 2-2 平行状水系图（淮河流域）

3. 放射状水系

受火山口、穹丘、残蚀地形影响，水流自中央高地呈放射状外流，称为放射状水系（见图 2-3）。例如发源在黑龙江省穆棱窝集岭的一些河流。前苏联高加索的阿拉盖兹山区也有这种水系。

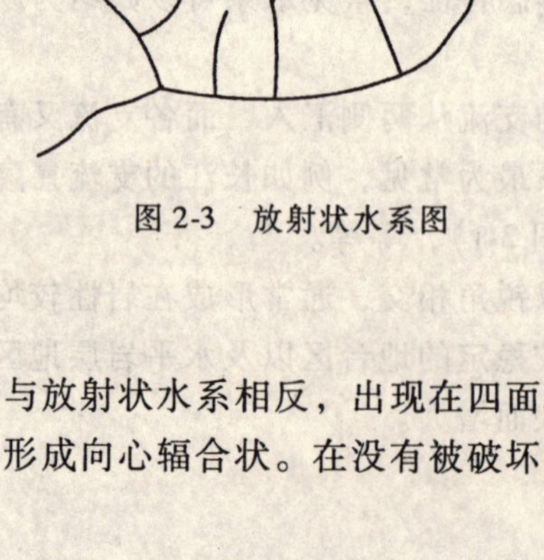

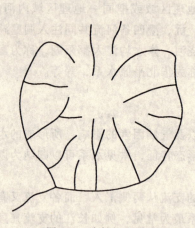

图 2-3 放射状水系图

4. 辐合状水系

辐合状水系的流动方向与放射状水系相反，出现在四面环山的盆地地区，河流从四周高地向盆地中央低处汇集，形成向心辐合状。在没有被破坏的火山锥地区的水系，常呈现典型的辐合状。我国的四川盆地，新疆塔里木盆地（见图 2-4）等处的水系，均属这类。

图 2-4 辐合状水系图（新疆塔里木盆地）

5. 羽毛状水系

羽毛状水系从外形看有些像树枝状水系。但因其流域地形较狭长，支流大体呈对称状分布在干流两侧，形同一根羽毛，故称为羽毛状水系，如图 2-5 所示。如我国境内的沅江、澜沧江和怒江水系，陕北皇甫川支流十里长川等，均属这类水系。

6. 格状水系

格状水系中，各支流大致垂直汇入干流，干、支流分布在平面上呈格子状。这种水系的发育明显地受到地质构造的控制，干流通常与地层的走向大致平行。我国的闽江属典型的格状水系，如图 2-6 所示。

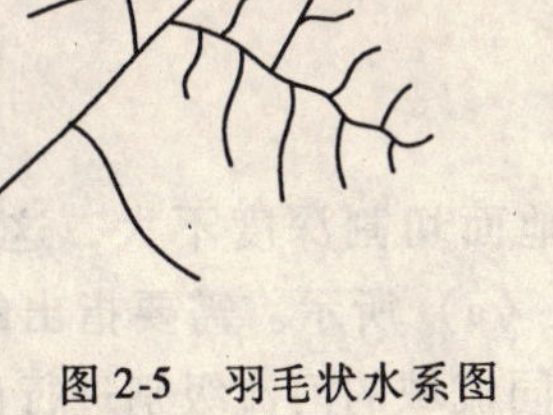

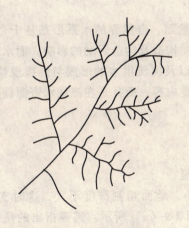

图 2-5 羽毛状水系图

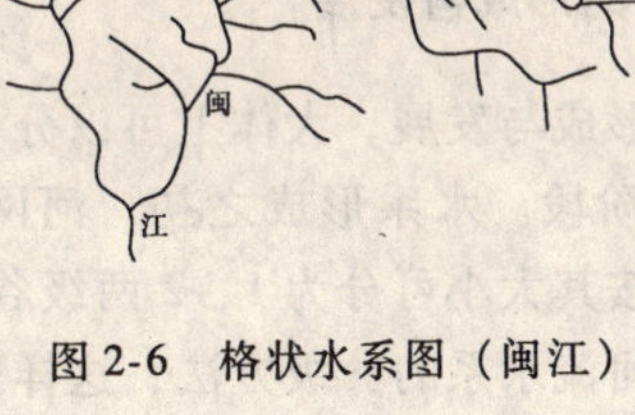

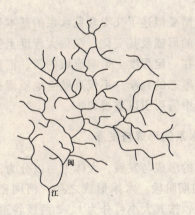

图 2-6 格状水系图（闽江）

7. 网状水系

在河口三角洲地区及滨海平原地区，河道纵横交错，在平面上呈网状分布，故称为网状水系，如图 2-7 所示。如我国黄河三角洲、珠江三角洲等均属网状水系。

8. 混合状水系

较大的河流水系，往往由两种或两种以上不同类型的水系所组成，这类水系称为混合状水系。如长江流域水系则属此类，如图 2-8 所示。

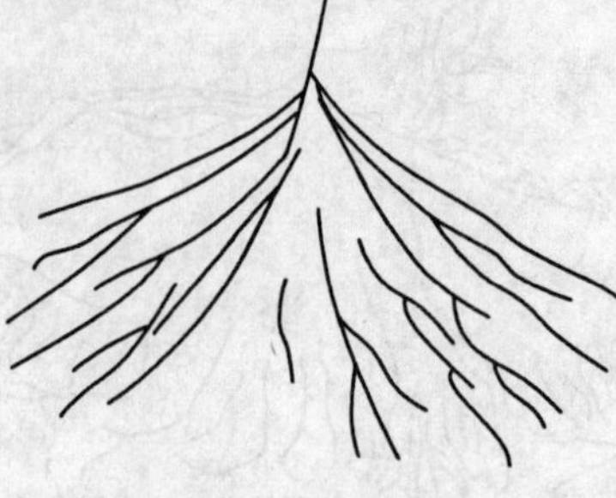

图 2-7 网状水系图

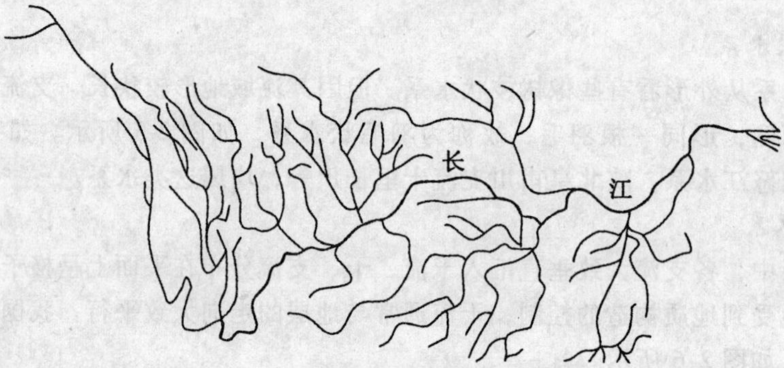

图 2-8 混合状水系图（长江流域）

以上简要概述了几类常见水系的基本特征。然而，自然界的水系形态是千奇百异的。水系格局的形成及其变化，在很大程度上受到地质构造及构造运动的影响。而水系的形态特征，又在一定程度上影响流域的产、汇流条件以及河流洪水的形成与传播规律。因此，河流水系形态的判断，不仅是航空地质调查的重要内容，而且是在流域水资源调查与防洪规划工作中需要引以重视的。

2.1.2 水系的形成与发展

水系的形成与发展，大体上可以分为三个阶段：

1. 初期阶段。水系形成之初，河网密度很小，地面切割深度不大，这时支流短小，数量不多，按其大小可分为 1、2 两级谷道，如图 2-9（a）所示。需要指出的是，这里运用的是现代河流水系的分级方法，这样做有利于对不同流域的河流级别进行比较。

2. 繁盛阶段。随着水系的深蚀与溯源侵蚀，谷道伸长，集水面积扩大，许多新的支流与小支流相继产生，河网密度增大，地面切割深度也不断增大。此时，水系的上源为 1、2 级的冲沟和溪沟，中、下游可能出现 4、5 级的江河大川，如图 2-9（b）所示。

3. 夺并阶段。随着河流的深蚀与侧蚀的不断发展，因各条河流发展的不平衡，出现大河袭夺、兼并小河的现象，使水系原状改观，同时经长期侵蚀切割，河谷地面高程降低，冲积层加厚，水系密度逐渐减小，使干、支流年渐分明。

水系的形成和发展，与气候、地形、地质构造、岩性、植被等诸多因素有关。因此，

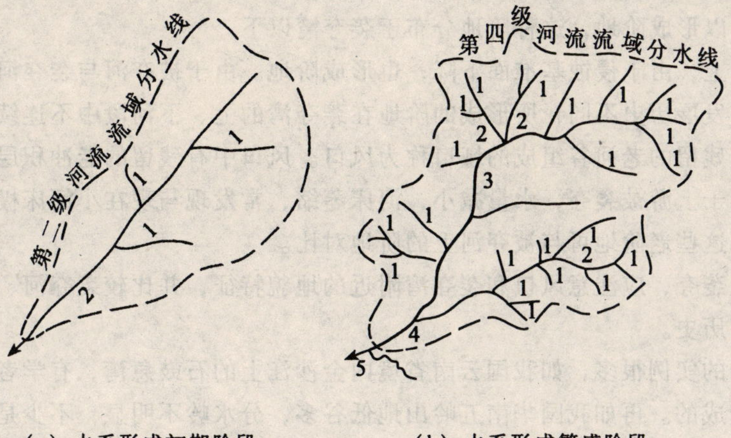

（a）水系形成初期阶段　（b）水系形成繁盛阶段

图 2-9 水系形成与发展过程图

不同地区的水系，其形成过程与发展的差异很大。由于各地区水系发展程度不同，影响到地面的切割密度和侵蚀深度，因而关系到流域水土流失的程度与河流来沙量的多寡，从而直接影响到江河的泥沙淤积与防洪形势。

2.1.3 河流袭夺

河流袭夺是指在特定的条件下，河流在溯源侵蚀向上延伸的过程中，切穿分水岭，进入毗邻流域，把分水岭另一侧的河流抢夺过来，使原来流入其他流域的河流改变流向进入本流域下泄，从而改变了水系的原有格局（见图 2-10(a)）。河流袭夺是水系发育变化中的一种现象，常常是地质构造运动所带来的结果。

河流袭夺后，抢水的河流叫做袭夺河，被抢去水流的河流称为被夺河，被夺河下游由于上游河段被切断，河水流入袭夺河，水量减少，故称为断头河（见图 2-10(b)）。

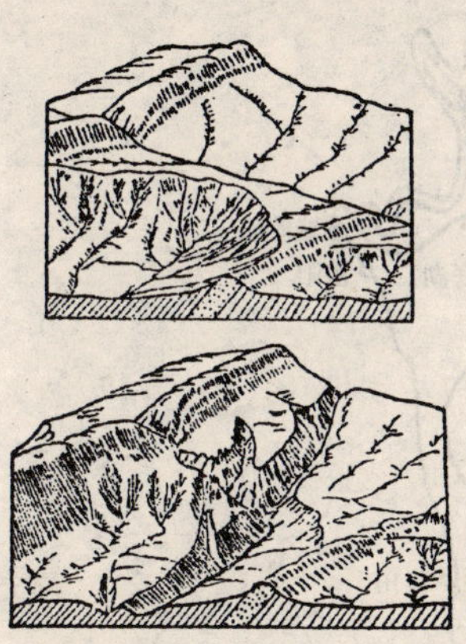

(a)效果图

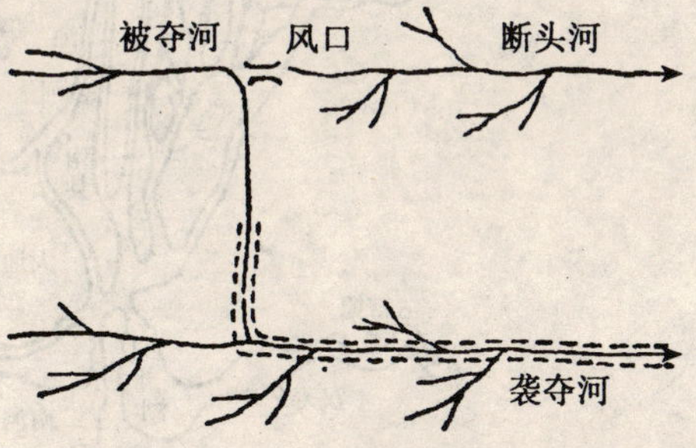

(b)平面图

图 2-10 河流袭夺示意图

在袭夺河上，发生河流袭夺的地方，形成突然的转弯，称为袭夺湾。袭夺湾附近有时形成跌水。这是由于袭夺河与被夺河高程悬殊造成的。袭夺河中因为水量突然增大，下切侵蚀加强，可以形成阶地，这种阶地分布于袭夺湾以下。

在被夺河上，由于侵蚀基准面下降，也形成阶地。由于被夺河与袭夺河在发生河流袭夺以前，河谷发展历史不同，所形成的阶地在袭夺湾的上、下河段中不连续。在断头河与被夺河之间，残留的老河谷组成的垭口称为风口。风口中有残留的老冲积层或阶地。

断头河由于上游被袭夺，水量减小，河床萎缩，常发现与现在小河床极不相称的宽广河谷及阶地，这些老阶地可与被夺河上的阶地对比。

研究河流袭夺，应注意风口和袭夺湾附近的地貌特征，并比较袭夺河、被夺河和断头河的河谷发育历史。

河流袭夺的实例很多，如我国云南省境内金沙江上的石鼓急湾，有学者认为这一急湾是河流袭夺造成的。再如我国华南五岭山地低谷多，分水岭不明显，不少是由于河流上游曾出现袭夺的缘故。

如上所述的河流袭夺，是指发生在相邻而不同流域水系之间的现象，大多由地质构造运动引起。然而，自然界的河流也存在另类“袭夺”现象，如平原地区的河网水系，河道纵横交错，水流相互串通，水量分配关系经常发生改变，有的河道冲刷发展，有的河道萎缩衰退。这类现象多因堤防决口、洪水泛滥发展造成。如荆江、洞庭湖地区，1860 年及 1870 年分别决口成河的藕池河与松滋河，与先期形成的虎渡河彼此间构成复杂的河网关系就是一例，如图 2-11 所示。

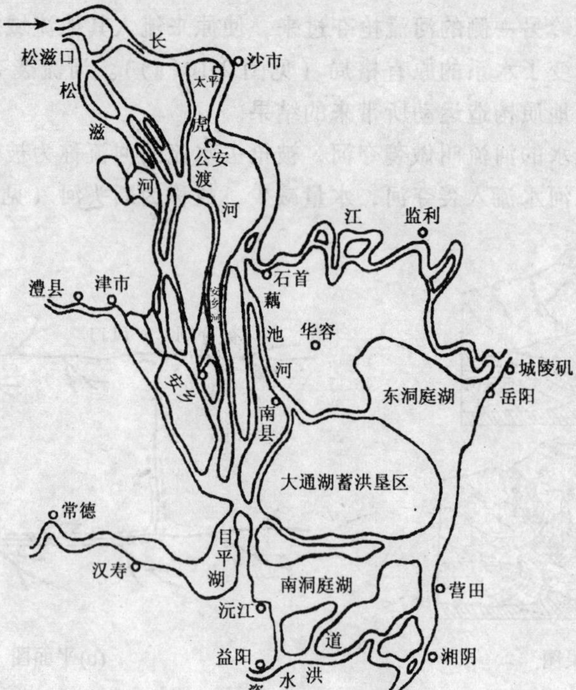

图 2-11 荆江洞庭湖水系图（1950～1979 年）

2.1.4 水系的基本特征

表示水系基本特征的指标主要有：河长、河流密度、河流频度、河流发展系数、水系不均匀系数、河流弯曲系数、分汊系数等。

(1) 河长。通常是指河流由河源至河口的河道中心线的长度。河长是确定河流比降，估算水能，确定航程，预报洪水传播时间等的重要参数。

(2) 河流密度。是指单位流域面积内的河流长度，即干、支流河流的总长度与流域面积之比值，用来表征流域内河流的发育程度。

(3) 河流频度。是指单位流域面积内的河流数目。河流频度与河流密度从不同的角度反映流域被切割的程度。

(4) 河流发展系数。是指某级支流的总河长与干流河长之比。其值越大，表明支流长度超过干流长度越多，河网对径流的汇集、调节作用也就愈大。

(5) 水系不均匀系数。是指干流一岸的支流总长与另一岸支流总长之比，表示整个水系两侧不对称的程度和两岸注入干流水量的不均衡性质。

(6) 河流弯曲系数。是指干流河源至河口两端点间的河长与其直线距离之比。该系数表示河流平面形状的弯曲程度，是研究河流水力特性与河床演变的一个重要指标。其数值的大小取决于流域中的地形、地质、土壤性质和水流特性等因素。

(7) 分汊系数。是指干流下游自出现分流汊河起，各分流汊河和干流的总河长与分汊点以下干流河长之比。分汊系数愈大，表示该河流分汊河愈多，水流愈分散，流速减小，泥沙愈易淤积，河床稳定性愈差。

研究水系的形态、形成与发展规律，以及水系的特征指标及其与河流地质、地貌、水文情势之间的关系，是探索水系发展与演变规律的一个重要内容，也是流域水资源开发利用和洪水治理规划的重要依据之一。

§2.2 流 域

2.2.1 流域的定义及其分水线

流域是指河流的集水区域，凡降落在流域上的雨水都沿着地面斜坡直接流入该河或经过支流注入该河。流域的周界称为分水线（或分水岭）。流域分水线通常是流域四周最高点的连线，或是流域四周山脉的脊线，如图 2-12 所示。

流域的地面分水线和地下分水线一般不重合，如图 2-13 所示。对于这种情况，将有部分降水渗入地下流到相邻流域而流失，这种流域称为非闭合流域；若地面分水线和地下分水线重合，全部降水都通过地面径流与地下径流流向该流域出口，这种流域称为闭合流域。通常情况下，可以用地面集水区代表流域，即把流域视为闭合流域。

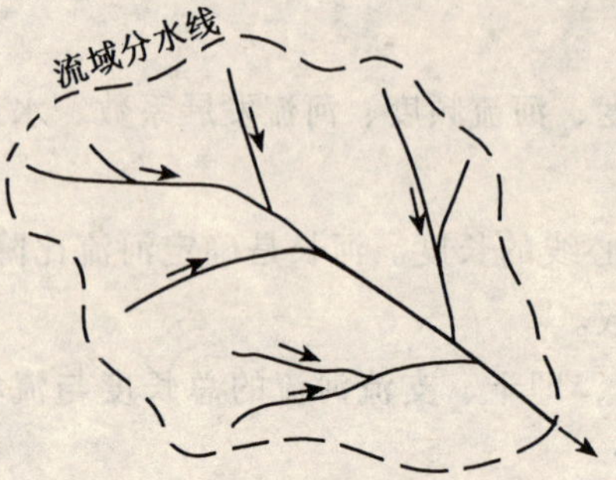

图 2-12　流域平面示意图

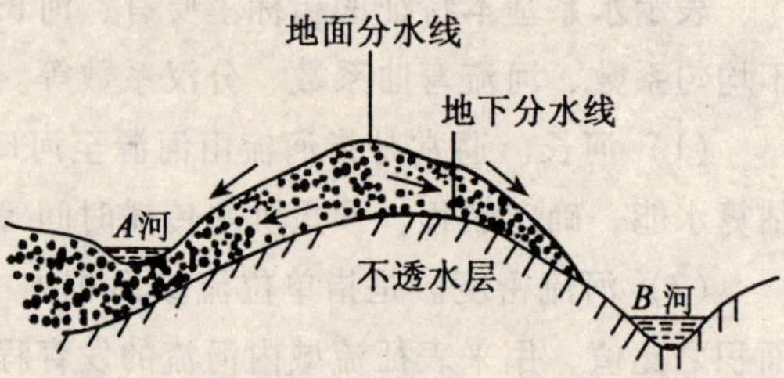

图 2-13　流域分水线示意图

2.2.2　流域的等级

按集水面积大小，流域可以分成不同等级，其公式为

$$M = \lg F \tag{2-1}$$

式中：M——流域等级；F——流域面积（km^2）。

依据流域等级，流域可以分为山坡流域、小流域、中等流域、大型流域、特大型流域和巨型流域六个规模类型[33]，如表 2-1 所示。

表 2-1　流域大小类型

流域类型	流域面积 F/km^2	流域等级 M
山坡流域	$F<10$	$M<1$
小型流域	$10\leqslant F<300$	$1\leqslant M<2.5$
中等流域	$300\leqslant F<10000$	$2.5\leqslant M<4$
大型流域	$10000\leqslant F<100000$	$4\leqslant M<5$
特大型流域	$100000\leqslant F<1000000$	$5\leqslant M<6$
巨型流域	$F\geqslant 1000000$	$M\geqslant 6$

2.2.3　流域的几何特征

流域的几何特征，主要包括流域面积和流域形态两个方面。

1. *流域面积*

流域面积又称集水面积，流域面积是河流出口断面以上流域分水线所包围的面积。求流域面积（F），一般是先根据地形图定出流域分水线，然后用求积仪或其他方法量算。在实际工程规划设计中，所依据的流域面积是指建筑物所在河流位置以上的那部分流域的面积，因此实际上河流的流域面积可以量算至河流的任一断面，如水库坝址、水文站断面、支流汇入处等。

流域面积的大小，直接关系到径流的形成过程与河流的径流量的多寡。若自然地理条件相同，流域面积愈大，径流变化调节作用愈大，河流径流量就愈大；反之亦然。

2. 流域形态

流域形态是指：流域的长度、平均宽度、长宽比、对称性和平均坡度等。

流域长度（L），是指流域中轴线的长度。

流域平均宽度（B），是指流域面积与流域长度之比，即 $B=\frac{F}{L}$。

流域的长宽比（K），是指流域长度与平均宽度之比，即 $K=\frac{L}{B}=\frac{L^2}{F}$。$K$ 值愈小，表明流域外形接近方形，这种流域水量集中较快；K 值愈大，表明流域外形接近长条形，水量集中较慢。

流域的对称性，是指流域中干流两侧的面积之比，常用对称度 R_S 表示，$R_S=\frac{F_L}{F_R}$，F_L、F_R 分别为干流左、右两侧的流域面积。R_S 值愈接近于 1.0，洪水愈易于集中；偏离 1.0 愈远，愈不易发生集中洪水。

流域的平均坡度（J_b），是指流域的高差与流域长度（或干流河长）之比，即 $J_b=\frac{\Delta H}{L}$。其中流域高差 ΔH 是指流域内最高点与流域出口处的高程差。流域的平均坡度 J_b，在一定程度上反映了流域坡面遭侵蚀的自然条件。

2.2.4 流域的自然地理特征

流域的自然地理特征，主要包括流域的气候因素和下垫面因素两个方面。这两个因素决定着流域所处环境的水文情势，并影响着径流和泥沙的形成过程与变化规律。流域面积大小相近的流域，因某些自然地理特征的不同，流域的产流、产沙等情况可能差异很大。例如，迎风坡流域的降水量要大于背风坡流域的降水量，产水量则多；土壤疏松而地形又陡峻的流域，产沙量则高，岩石山区或植被率高的流域，产沙量则低；湖泊和沼泽多的流域，水流调节能力大，反之则小。

1. 流域的气候因素

流域的气候因素很多，其中决定流域径流形成和洪水特性的关键性因素是降水与蒸发。

（1）降水

降水是地表水的主要来源。降水主要来自降雨。降雨是空气中的水汽随气流上升，绝热膨胀冷却而凝结成水滴降落到地面的现象。

根据水汽上升的原因，可以将降雨分成四类：① 气旋雨——气旋（即低气压）过境带来的雨；② 对流雨——地面受热后下层湿空气上升冷却凝结的雨；③ 地形雨——暖湿空气遇到高山阻挡被抬升凝结成的雨；④ 台风雨——台风过境时带来的雨。

降雨特征常用降雨量、降雨强度、降雨时空分布、降雨历时等表示。不同类型的降雨，其降雨特征是有差异的。如台风雨，降雨量大，强度大，波及面广，所产生的洪水过程往往具有峰高、量大等特点。地形雨，通常降雨量自山脚往山上逐渐增大，因此形成的洪水过程属峰高且偏后类型。对流雨，多发生在雷阵雨天气，降雨强度虽然大，但历时短、范围小，所以形成峰高量小，陡涨、陡落类型的洪水过程。气旋雨，通常历时较长、范围较大，若降雨走向是自流域下游往上游移动，则形成的洪水过程属起涨早、峰低、过程线偏“胖”类型；若降雨走向是自流域上游往下游移动，则形成的洪水过程属起涨晚、峰高、过程线偏“瘦”类型。有时较长历时的降雨过程是由两种以上天气类型的降雨组合成的，这种洪水过程往往洪量大、历时长，且有多峰特征。由此可见，降雨是一个影响径流形成过程的重要而复杂的因素。

（2）蒸发

蒸发是水由液体状态变成气态的物理过程。流域总蒸发是由水面蒸发、陆面蒸发和植物散发组成。植物截留、填洼及渗入土壤包气带的前期降雨量称为损失量，是通过蒸、散发消耗掉的。若这部分水量蒸发消耗得少，则下次降雨损失量就小些，相应产流量大些；反之，则下次降雨损失加大，产流量减少。在我国，湿润地区年蒸发量占年降水量的30%~50%；干旱地区达80%~95%。只有流域降水量减去总蒸发量后的剩余部分才形成径流。可见蒸发是影响径流形成的又一重要因素，蒸发主要影响径流的产流过程。

2. 流域的下垫面因素

流域的下垫面因素包括：流域的地理位置、地形、植被、土壤、地质构造以及湖泊、沼泽等。

流域的地理位置常以流域所处的地理经、纬度表示。流域的地理位置反映了流域所处的气候区域及其与海洋的相对位置，关系到流域内水分来源的强弱。

流域地形条件包括流域的平均高程及流域地面平均坡度等，决定着流域地表的侵蚀程度及洪水水力特性。

流域植被要素包括：植被面积、植物种类及植物分布等。流域的植被覆盖程度以植被面积 $F_{植}$ 占流域面积 F 之比值，即植被率来表示。植被率的大小，影响着流域的蒸发量、降雨量及其产、汇流过程。

流域内土壤及地质构造，影响流域的下渗水量、地表冲刷及地下水对河流的补给量，因而在一定程度上影响径流及泥沙情势。

流域内湖泊与沼泽面积的大小，关系到流域的水量平衡，直接影响径流的变化。流域的湖泊率和沼泽率，分别用流域内的湖泊面积和沼泽面积与流域面积的比值（百分数）表示。

2.2.5 流域的人类活动影响特征

人类活动对流域的影响因素很多。主要有：

1. 各项水利举措。如修渠筑堰、拦河建库，或围湖造田、与河争地，或平垸行洪、退田还湖，人造洪水、跨流域调水等。

2. 农林牧业措施与水土保持措施。如坡地改梯田，旱地改水田，单季作物改双季作物，深耕、密植、间作；或乱砍滥伐林木，或植树造林、退耕还林、还草等。所有这些，都将影响到流域地表的自然植被状态。

3. 城市化发展。城市建设速度加快，城市范围扩大，市区高楼林立，路面硬化面积增加，人造管渠排水系统日益完善等，导致雨水入渗率大幅度下降，地面汇流过程缩短，江河洪峰流量加大，洪水位抬高。

4. 其他：如开矿修路、地产开发、地下水开采等。

由上述看来，人类活动对流域的影响，主要通过改变流域的下垫面因素而影响流域内的入渗、径流、蒸发条件，从而干扰流域的自然水循环与水量平衡，改变流域原有的径流形成规律与洪水特性。

2.2.6　自然界的水循环及流域水量平衡

1. 自然界的水循环

自然界遍处是水，但其总量则很难准确估计，特别是海洋水量和地下潜存水量。据各方面专家综合估算，地球上共有积蓄水约 13.86 亿 km^3。其中海洋水约 13.5 亿 km^3，占 97.4%；陆地水约 3598 万 km^3，占 2.6%；大气水约 1.3 万 km^3，占 0.001%。陆地水中，冰盖和冰川蓄积的水量，约 2750 万 km^3，占陆地水量的 76.4%，其中 80% 位于南极地区，每年融化流入海洋的水量约 700km^3；河流和淡水湖泊的水量仅 10.17 万 km^3，占 0.28%；而地下水量有 820 万 km^3，占 22.8%。[17]

自然界中水的形态有多种，其运行变化异常复杂。空气中汽态水可以因冷凝而成液态或固态，以雨、雪、雹、霰等形式下降于大陆或海洋，这些统称为降水；江、河、湖、海及大陆上的液态水或固态水，可以因太阳的热力作用而成汽态水升入天空，这称为蒸发现象；地表水在重力作用下，进入土壤或岩层，称为入渗；沿地表及地下流动的水流，统称为径流，其中沿地表流动的水流，称为地表径流；在地下土壤或岩石裂缝中流动的水流，称为地下径流，地下径流是长久无雨时期河水的补给源；沿河川流动的水流，称为河川径流。降水、蒸发、径流、入渗等现象，统称为水文现象。系统地观测、收集与研究这些水文现象的变化规律，并预报未来可能面临的水文情势，对于科研、设计和社会各方面是十分重要的决策依据。

降水、径流、蒸发及入渗等周而复始的变化过程，称为自然界的水循环，如图 2-14 所示。其中发生在海洋上或陆地上的水循环，称为小循环；发生在海洋与大陆间的水循环，称为大循环。太阳是循环的总能源，太阳辐射和地心引力是水循环的动力，循环的源和汇都是海洋。

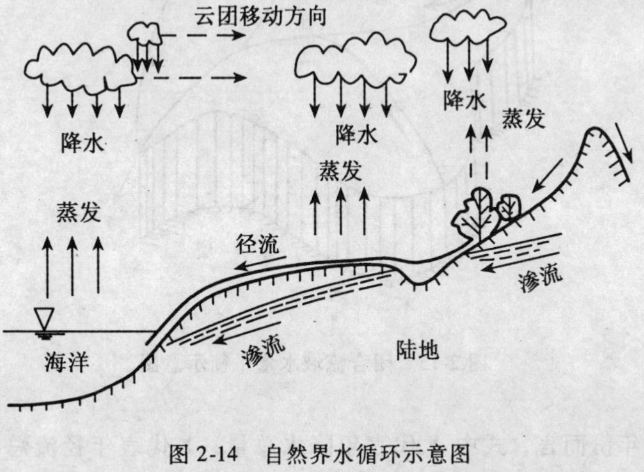

图 2-14　自然界水循环示意图

水循环是水文现象运行变化的基本规律及其形象描述。据相关资料统计，全球海洋上的单位面积多年平均蒸发量 $Z_1=1400\text{mm}$，降水量 $X_1=1270\text{mm}$；全球陆面上的单位面积多年平均蒸发量 $Z_2=485\text{mm}$，降水量 $X_2=800\text{mm}$。[18] 由此可见 $Z_1>X_1$，$Z_2<X_2$，即海洋上的多余水汽随大气运行进入陆地；陆面上的多余水分则以径流形式回归大海。

我国的水汽主要来自东南方向（太平洋），其次是南方（印度洋）和西南方向（大西洋、北冰洋）。进入我国上空的水汽，大部分不参加水循环。据1977年相关资料分析，只有12%的输入水汽形成了径流，其余则经我国的上空逸出。我国水汽的输出口主要是东部上空和沿海诸河，水汽形成的径流，大部分经河川注入太平洋，小部分流入印度洋，极小部分流入北冰洋。

2. 流域水量平衡

这里讨论闭合流域内任一时段的水量平衡方程式。所谓闭合流域，即该流域的地面分水线与地下分水线相重合，其水量不向相邻流域补给或反补给。设想在这样一个流域的分水线上作出一个垂直的柱形表面一直到达不透水层，使低于这个层面的水不参与我们所探讨的水量平衡，如图2-15所示。根据质量守恒原理，流域内任一时段的水量平衡方程为

$$X+U_1=Y+Z+U_2 \tag{2-1}$$

或

$$X=Y+Z\pm\Delta U \tag{2-2}$$

式中：X，Y，Z——流域的平均降水量、径流量及平均蒸发量；U_1、U_2——时段始、末流域蓄水量；$\pm\Delta U$——时段始、末流域内蓄水量之差，$\Delta U=U_2-U_1$。

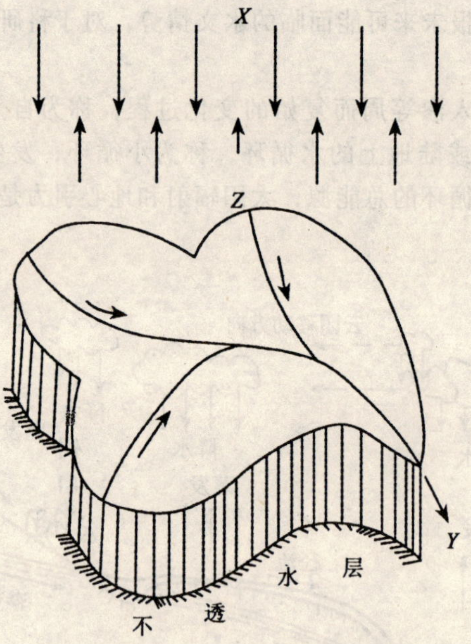

图2-15 闭合流域水量平衡示意图

对某一具体年份而言，式中 X 代表年降水总量，Y 代表年径流总量，Z 代表年蒸发总量。多水年份水量充沛，一部分水量补充流域蓄水量，因此 ΔU 为正号；而少水年份，ΔU 将为负号，表示流域将消耗蓄水的一部分于径流及蒸发两方面。

对于多年平均情况而言，因包括有湿润和干旱年份，流域蓄水量之差近似等于零，即

$$\frac{1}{n}\sum_{i=1}^{n} \pm \Delta U \approx 0$$

这样，式（2-2）可以表示为

$$X_0 = Y_0 + Z_0 \tag{2-3}$$

其中：$X_0 = \frac{1}{n}\sum_{i=1}^{n} X_i$，$Y_0 = \frac{1}{n}\sum_{i=1}^{n} Y_i$，$Z_0 = \frac{1}{n}\sum_{i=1}^{n} Z_i$；$X_0, Y_0, Z_0$ 分别为流域多年平均情况下的降水总量、径流总量和蒸发总量。

式（2-3）说明，对于任一闭合流域，降落在流域内的降水完全消耗在径流和蒸发两方面。若用 X_0 除以方程式（2-3）的两边，则得

$$\alpha_0 + \beta_0 = 1 \tag{2-4}$$

其中：$\alpha_0 = \frac{Y_0}{X_0}$，$\beta_0 = \frac{Z_0}{X_0}$；$\alpha_0$ 代表流域内径流总量占降水总量的成数，叫做径流系数；β_0 代表流域内蒸发总量占降水总量的成数，叫做蒸发系数。这两个系数在 0 与 1 的范围内变化，其和恒等于 1。干旱地区的径流系数 α_0 很小，几乎近于零，蒸发系数 β_0 很大，可近于 1；在水分丰沛地区，径流系数一般介于 0.5～0.7 之间。

§2.3　我国的河流水系与流域

我国江河众多，河流总长度达 43 万 km。流域面积在 100km² 以上的河流有 50 000 多条，在 1 000km² 以上的河流有 1 500 多条，超过 10 000km² 的河流有 79 条。长度在 1 000km以上的河流有 20 多条。其中境内主要大河有 7 条。受地形气候影响，我国的河流绝大多数呈西东流向，分布在中、东部气候湿润多雨的季风区。

我国的河流按其归宿不同，可以分为外流河和内陆河（或内流河）两大类。外流河最终流入海洋，内陆河则注入封闭的湖沼或消失于沙漠而不与海洋相沟通。外流河流域面积较大，约占国土面积的 65.2%，内陆河流域面积较小，约占国土面积的 34.8%。

我国的外流河中，注入太平洋的流域面积最大，约占国土面积的 58.2%。主要河流包括长江、黄河、淮河、海河、辽河、珠江，流经俄罗斯入海的国境河流黑龙江，以及流出国外改称湄公河入海的澜沧江等大河。注入印度洋的河流流域面积占国土面积的 6.4%，主要河流有怒江（流入邻国缅甸后，改称萨尔温江，最后注入印度洋的安达曼海）、雅鲁藏布江（由我国流入印度，改称布拉马普特拉河，再流经孟加拉国，最后注入印度洋的孟加拉湾），以及印度河上游的朗钦藏布和森格藏布等。注入北冰洋的流域面积最小，约占全国总面积的 0.6%，该流域所包括的唯一河流额尔齐斯河在鄂毕河上游，出国境后，流经哈萨克斯坦、俄罗斯注入北冰洋的喀拉海。

我国的内陆河流域，主要分布在西北干旱地区和青藏高原内部，深居内陆，海洋水汽不易到达，干燥少雨，水网很不发达，河流稀少，存在大片的无流区。区内河流主要依靠高山冰雪融水补给，主要河流如塔里木河、伊犁河、甘肃的黑河、青海湖及西藏众多的内

陆湖泊等。我国主要江河的长度和流域面积如表 2-2 所示[20]。

表 2-2　我国主要江河的长度和流域面积

河　名	河　长 /km	流域面积 /km²	河　名	河　长 /km	流域面积 /km²
长　江	6397	1808500	海　河	1090	263631
黄　河	5464	752443	淮　河	1000	269683
黑龙江	3420	1620170	滦　河	877	44100
松花江	2308	557180	鸭绿江	790	61889
珠　江	2214	453690	额尔齐斯河	633	57290
雅鲁藏布江	2057	240480	伊犁河	601	61640
塔里木河	2046	194210	元　江	565	39768
澜沧江	1826	167486	闽　江	541	60992
怒　江	1659	137818	钱塘江	428	42156
辽　河	1390	228960	浊水溪	186	3155

注：流入邻国的河流流域面积算至国境线，入境河流流域面积包括流入我国或界河的国外面积；黄河不含流域内闭流区的面积。

现就我国境内七大主要江河流域情况介绍如下。

2.3.1　长江流域

1. 自然地理

长江流域总流域面积约 180 万 km²，占中国陆地面积的 18.8%。包括 15 个省（青海、云南、贵州、四川、甘肃、陕西、河南、湖北、湖南、江西、安徽、江苏、浙江、广东、福建）、2 个自治区（西藏、广西）、2 个直辖市（上海、重庆）的全部或部分地区。长江流域的自然分界线，北以巴颜喀拉山、西倾山、岷山、秦岭、伏牛山、桐柏山、大别山、淮阳丘陵等，与黄河、淮河流域为界；南以横断山脉的云岭、大理鸡足山、滇中东两向山岭、乌蒙山、苗岭、南岭等，与澜沧江、元江（红河）、珠江流域为界；东南以武夷山、石耳山、黄山、天目山等，与闽浙水系为界；长江源头地区的北部，以昆仑山与柴达木盆地内陆水系为界；西部以可可西里山、乌兰乌拉山、祖尔肯乌拉山、尕恰迪如岗雪山群，与藏北羌塘内陆水系为界；南部以唐古拉山与怒江流域为界；长江三角洲北部，地形平坦，水网密布，与淮河流域难以分界，通常以通扬运河附近的江都至拼茶公路为界；长江三角洲南部，以杭嘉湖平原南侧丘陵与钱塘江流域为界。长江流域轮廓，像两端窄、中部宽的菱角，介于东经 90°33′~122°25′，北纬 24°30′~35°45′之间，东西直距 3 000km 以上，南北宽度除江源和长江三角洲地区外，一般均达 1 000km 左右。因淮河大部分水量也通过大运河汇入长江，因此从某种意义说，淮河也是长江的一条支流。若加上淮河流域，长江流域的总面积则接近 200 万 km²。

2. 河流水系

长江是我国第一大河。发源于青藏高原唐古拉山脉主峰格拉丹冬雪山的西南侧，源头处高程海拔 5 400m。干流全长 6 397km，流经青、藏、川、渝、滇、鄂、湘、赣、皖、苏、沪等 11 个省、市、自治区，在崇明岛以东注入东海，长度居世界第三位。流域面积大部分处于亚热带季风气候区，温暖湿润，多年平均降水量达 1 100mm，多年平均入海水量近 1 万亿 m^3，占中国河川径流总量的 36% 左右，水量居世界第三位，仅次于亚马逊河和刚果河，约为黄河水量的 20 倍。

长江干流可以划分为若干河段。从源头到囊极巴陇，称为沱沱河；从囊极巴陇到玉树县的巴塘河口，称为通天河；从巴塘河口到四川宜宾市岷江口，称为金沙江；宜宾以下则称为长江。宜宾以下，又有地方性的称谓，如宜宾至湖北宜昌河段称为川江；湖北枝城至湖南城陵矶河段称为荆江；湖北广济龙坪镇至江西九江河段古称浔阳江域九江；江苏扬州以下旧称扬子江。

长江干流宜昌以上为长江上游，长 4 504km，占长江全长的 70.4%，控制流域面积 100 万 km^2。其中宜宾以上，长 3 464km，河床落差大，峡深流急，主要支流为雅砻江；宜宾至宜昌长 1 040km，主要支流，北有岷江、嘉陵江，南有乌江。

宜昌至湖口为长江中游，长 955km，流域面积 68 万 km^2。主要支流有清江、汉江，以及洞庭湖水系的湘、资、沅、澧四水和鄱阳湖水系的赣、抚、信、修、饶五水。著名的荆江河段位于该段。荆江南岸有松滋、太平、藕池、调弦（已堵塞）四口分流入洞庭。荆江河段水系复杂，河道“九曲回肠”，蜿蜒曲折，防洪形势严峻。

湖口以下为长江下游，长 938km，流域面积 12 万 km^2。主要支流南岸有青衣江、水阳江水系，太湖水系；北岸有巢湖水系。

长江素有“黄金水道”之称。长江水系有通航河道 3 600 余条，通航总里程 5.7 万 km，占全国内河通航总里程的 52.6%。长江葛洲坝和三峡大型水利枢纽工程，举世瞩目。长江流域水系如图 2-16 所示。

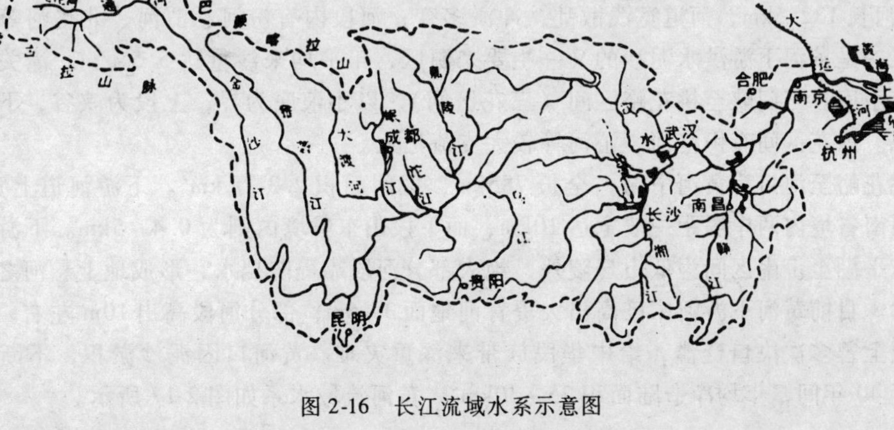

图 2-16 长江流域水系示意图

2.3.2 黄河流域

1. 自然地理

黄河流域位于北纬32°~42°，东经96°~119°之间，西起巴颜喀拉山，东临渤海，北界阴山，南至秦岭，东西长约1 900km，南北宽约1 100km，流域面积为75.2万km^2。若包括鄂尔多斯内流区面积，则为79.4万km^2。

黄河流域横贯我国东西，大部分区域位于我国的西北部，地形、地貌差别很大。自西至东横跨青藏高原，内蒙古高原，黄土高原和黄、淮、海平原四个地貌单元。流域地势西高东低，西部河源地区平均海拔在4 000m以上，由一系列高山组成，常年积雪，冰川地貌发育；中部地区海拔在1 000~2 000m之间，为黄土地貌，水土流失严重；东部为冲积平原，河床形成“悬河”之势，洪水威胁较大。

2. 河流水系

黄河是我国第二大河。发源于青藏高原巴颜喀拉山北麓海拔4 500m的约古宗列盆地，流经青海、四川、甘肃、宁夏、内蒙古、陕西、山西、河南、山东等9个省、自治区，在山东省垦利县注入渤海，干流河道全长5 464km。其长度在我国江河中仅次于长江。

从河源到内蒙古托克托县河口镇为黄河上游，河长3 472km，流域面积38.6万km^2，占全流域面积的51%。其中流域面积1 000km^2以上的较大支流有43条，径流量占全河的60%。龙羊峡至宁夏下河沿的干流河段，是黄河水力资源最为丰富的地区，也是黄河水电资源开发的重点地区。下河沿至河口镇的黄河两岸为宁、蒙灌区，是黄河流域重要的农业基地。由于该地区降水少、蒸发大，加上灌溉引水和河道渗漏损失，致使黄河水量沿程减少。沿河平原不同程度地存在洪水和凌汛灾害。

河口镇至郑州桃花峪为黄河中游，河长1 207km，区间面积34.3万km^2，占全流域面积的45.7%。中游地区是黄河下游洪水和泥沙的主要来源区。其中河口镇至禹门口河段，为切断黄土高原形成的峡谷，坡陡流急，河段内有皇甫川、窟野河、无定河等主要支流，流经黄土丘陵沟壑区，水土流失严重，是黄河泥沙特别是粗泥沙的主要来源地区。全河多年年平均输沙量达16亿t，其中9亿t来源于此区间。著名的壶口瀑布位于峡谷下段。禹门口至三门峡区间，黄河流经汾渭地堑，河谷展宽，其中禹门口至潼关（亦称小北干流），河长132.5km，河道宽浅散乱，冲淤多变；河段内有汾河、渭河、北洛河等较大支流汇入，是黄河下游洪水泥沙的又一主要来源区，年平均来沙量达5.5亿t。潼关以下为三门峡水库。三门峡至桃花峪区间（三花区间），以小浪底为界，上段为峡谷，下段为宽谷平原。三花区间有伊洛河、沁河等较大支流汇入。

桃花峪至河口为黄河下游，全长785km，区间面积2.3万km^2。下游河道上宽下窄，上段河南省境内两岸堤距一般宽达10km，而下段山东省境内则为0.4~5km。下游河道除南岸东平湖至济南区间为低山丘陵外，绝大部分河段靠堤防挡水，形成地上悬河之势，支流很少。目前黄河下游河床已高出大堤背河地面3~5m，部分河段高出10m左右。黄河下游历史上曾多次决口泛滥，给中华民族带来深重灾难。黄河口因泥沙淤积，不断向外延伸，近40年间，年均净造陆面积25~30km^2。黄河流域水系如图2-17所示。

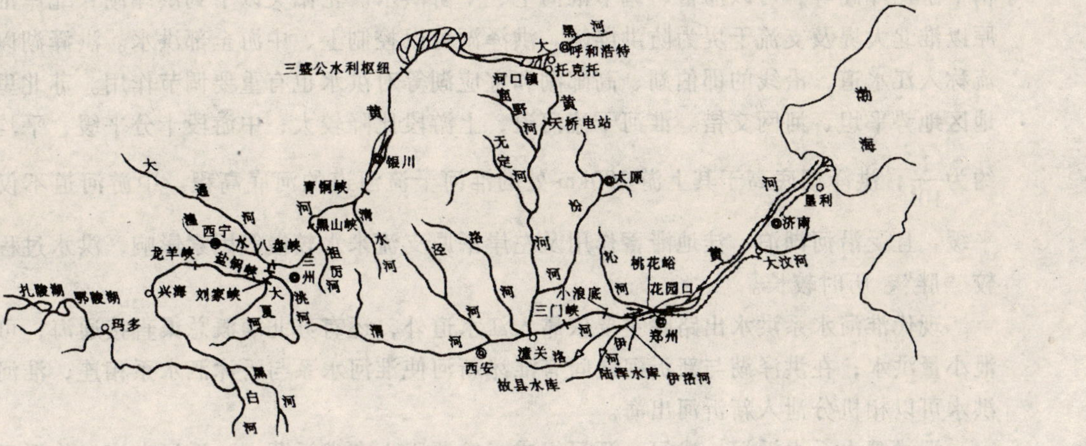

图 2-17 黄河流域水系示意图

2.3.3 淮河流域

1. 自然地理

淮河流域地处我国东部，西起桐柏山和伏牛山，东临黄海，南以桐柏山、大别山和江淮丘陵与长江流域分界，北以伏牛山、沂蒙山及黄河南堤与黄河流域分界。自 12 世纪末黄河夺淮以后，淮河流域分成淮河与沂沭泗两个独立水系，以废黄河为分界。流域总面积 27 万 km^2，其中淮河水系 19 万 km^2，沂沭泗水系 8 万 km^2。

淮河流域西部、西南部及东北部为山区、丘陵地区，其余为广阔的平原。山、丘区面积约占总面积的$\frac{1}{3}$，平原面积约占总面积的$\frac{2}{3}$。流域西部的伏牛山、桐柏山区，一般高程 200 ~ 500m，沙颍河上游石人山高达 2 153m，为全流域的最高峰；南部大别山区高程在 300 ~ 1 774m；东北部沂蒙山区高程在 200 ~ 1155m。丘陵地区主要分布在山区的延伸部分，西部高程一般为 100 ~ 200m，南部高程为 50 ~ 100m，东北部高程一般在 100m 左右。淮河干流以北为广大冲积平原，地面自西北向东南倾斜，高程一般在 15 ~ 50m；淮河下游苏北平原高程为 2 ~ 10m；南四湖湖西为黄泛平原，高程为 30 ~ 50m。流域内除山区、丘陵和平原外，还有为数众多、星罗棋布的湖泊、洼地。

2. 河流水系

淮河干流与沂沭泗河两大水系有大运河及淮沭新河贯通其间。淮河干流发源于河南省桐柏山，东流经豫、皖、苏三省，在三江营入长江，干流全长 1 000km。洪河口以上为上游，长 360km，流域面积为 3.06 万 km^2；洪河口以下至洪泽湖出口中渡为中游，长 490km，面积为 12.74 万 km^2；中渡以下至三江营为下游入江水道，长 150km，面积为 3.72 万 km^2。

淮河干流南岸为山丘区，较大支流有史灌河、淠河、东淝河、池河等；北岸除支流洪汝河、沙颍河的上游为山区外，其余均为平原，较大支流还有西淝河、涡河、沱河、濉河和安河。正阳关是淮河干流和主要支流汇集地点。从洪河口至正阳关之间，两岸为岗地，中间为大片湖泊、洼地，其中较大的有濛河洼地、城西湖、城东湖、姜家湖、唐垛湖以及稍下游瓦埠湖等，可以滞蓄、调节淮河上、中游洪水。正阳关以下到洪泽湖，北岸淮北平原以淮北大堤及支流干堤为防洪屏障。洪泽湖可以控制上、中游全部洪水。洪泽湖以下干流称入江水道，沿线的邵伯湖、高邮湖和宝应湖等对洪水也有重要调节作用。苏北里下河地区地势平坦、河网交错。淮河干流河道，上游段比降较大；中游段十分平缓，平均比降约为$\frac{1}{10^5}$，洪泽湖底高于其上游200km处的淮河干流河道的河底高程。中游河道不仅比降平缓，且受沿河湖泊、洼地滞蓄作用及左岸平原支流来水较慢等因素影响，洪水过程通常较“胖”、历时较长。

现代淮河水系洪水出路除主要依靠入江水道外，还有苏北灌溉总渠直接通海，可以分泄小量洪水；在洪泽湖与新沂河之间有淮沭新河使淮河水系与沂沭泗水系相连，淮河部分洪水可以相机分泄入新沂河出海。

沂沭泗水系由沂河、沭河、泗河组成，发源于山东省沂蒙山。沂河南流经临沂至江苏境内入骆马湖。沭河自源地南流至大官庄分成两支，南支为老沭河至江苏省境内经新沂县流入新沂河，东支为新沭河至江苏省境内经石梁河水库及临洪河入黄海。沂沭河之间有分沂入沭通道，可以分泄沂河洪水入沭河。泗河汇集沂蒙山西麓各支流及南四湖来水，经中运河流入骆马湖，下游经新沂河入黄海。南四湖与骆马湖之间、中运河以北各支流洪水均汇流入中运河，南四湖湖西平原诸支流来水则首先进入南四湖。淮河流域水系如图2-18所示。

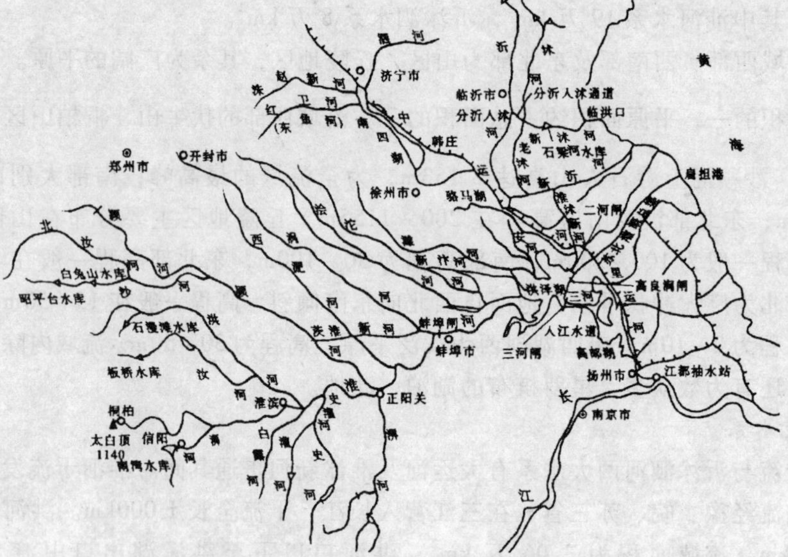

图2-18 淮河流域水系示意图

2.3.4 海河流域

1. 自然地理

海河地处我国华北地区，流域范围西依山西高原与黄河流域接界，北依蒙古高原与内陆河流域接界，东北与辽河流域接界，南界黄河，东临渤海。流域面积26.4万km^2。地跨8省（市、自治区），包括河北、山西、山东、河南、辽宁、内蒙古，以及北京、天津两市。其中河北省占大部分，占总流域面积的53.9%。

流域地形西北高东南低，大致分为高原、山地及平原三种地貌。境内分布着东西走向的燕山山脉和南西至北东走向的太行山山脉，共同构成阻挡海洋水汽深入内陆的屏障。山脉以北和以西为内蒙古高原和山西黄土高原，以东和以南为华北平原。山区和高原约占全流域面积的60%，平原占40%。山区与平原之间的丘陵过渡段甚短。河流出山后坡度由陡变缓，流速骤减。平原地域由古黄河及流域内各河泛滥冲积而成，岗、坡、洼相间，排水不畅，易洪易涝。

2. 河流水系

海河流域有滦河、海河及徒骇马颊河三大水系。

（1）滦河水系。滦河水系源于内蒙古高原，东南流至滦县进入冀东平原，于乐亭县南入海，流域面积5.44万km^2。滦河干流长888 km。主要支流有小滦河、兴洲河、伊逊河、武烈河、老牛河、青龙河等。域内植被较好，河川径流量在海河流域三大水系中相对较丰。已修建潘家口、大黑汀等大型水库和引滦入津、引滦入唐、引青济秦等工程，水资源利用程度较高。

（2）海河水系。海河水系由北三河、永定河、大清河、子牙河、漳卫南运河等五大河系组成。北三河系与永定河系合称海河北系；大清河系、子牙河系、漳卫南运河系合称海河南系。

北三河系包括蓟运河、潮白河、北运河，位于海河流域北部的永定河、滦河之间，流域面积为3.58万km^2。

永定河系上游有桑干河、洋河两大支流，两河在河北省怀来县朱官屯汇合后称永定河，流域总面积为4.7万km^2。永定河自三家店以下河道全长200 km左右，分为三家店至芦沟桥段、芦（沟桥）至梁（各庄）段、永定河泛区段和永定新河段四段。永定河泛区出口屈家店以下大部分洪水由永定新河入海，小部分洪水经北运河入海河干流。永定新河于大张庄以下纳入北京排污河、金钟河、潮白新河和蓟运河，于北塘入海。

大清河系位于海河流域中部，西起太行山，东临渤海湾，北邻永定河，南界子牙河，流域面积为4.31万km^2。大清河水系中、上游分为南、北两支。北支有小清河、琉璃河、拒马河、中易水等主要支流。拒马河在张坊以下又分流成南、北拒马河，小清河、北拒马河在东茨村汇流后称白沟河，南拒马河在北河店纳入中易水后，在白沟镇与白沟河汇流。以下，大部分洪水由新盖房分洪道入东淀，少量经白沟引河入白洋淀。南支有瀑河、漕河、府河、唐河、潴龙河等主要支流，各河均汇入白洋淀，流域面积为2.10万km^2。南、北两支洪水在东淀汇流后，分别经海河和独流减河入海。除东淀外，主要滞洪洼淀还有文安洼、贾口洼、团泊洼、唐家洼等。

子牙河系主要支流有滹沱河、滏阳河，流域面积为4.69万km^2。子牙河原经天津市海河干流入海，1967年从献县起新辟子牙新河东行至马棚口入海。

漳卫南运河是海河流域南系的主要河道，上游有漳河和卫河两大支流，流域面积为3.76万km^2。漳河和卫河在徐万仓汇合后称卫运河，卫运河全长157 km，至四女寺枢纽又分成南运河和漳卫新河两支，南运河向北汇入子牙河，再入海河，全长309 km；漳卫新河向东于大河口入渤海，全长245km。

（3）徒骇马颊河水系。位于黄河与漳卫南运河之间，有马颊河、徒骇河、德惠新河等平原排涝河道，与其他若干条独流入海的小河一起统称徒骇马颊河水系，流域面积为2.87万km^2。海河流域水系如图2-19所示。

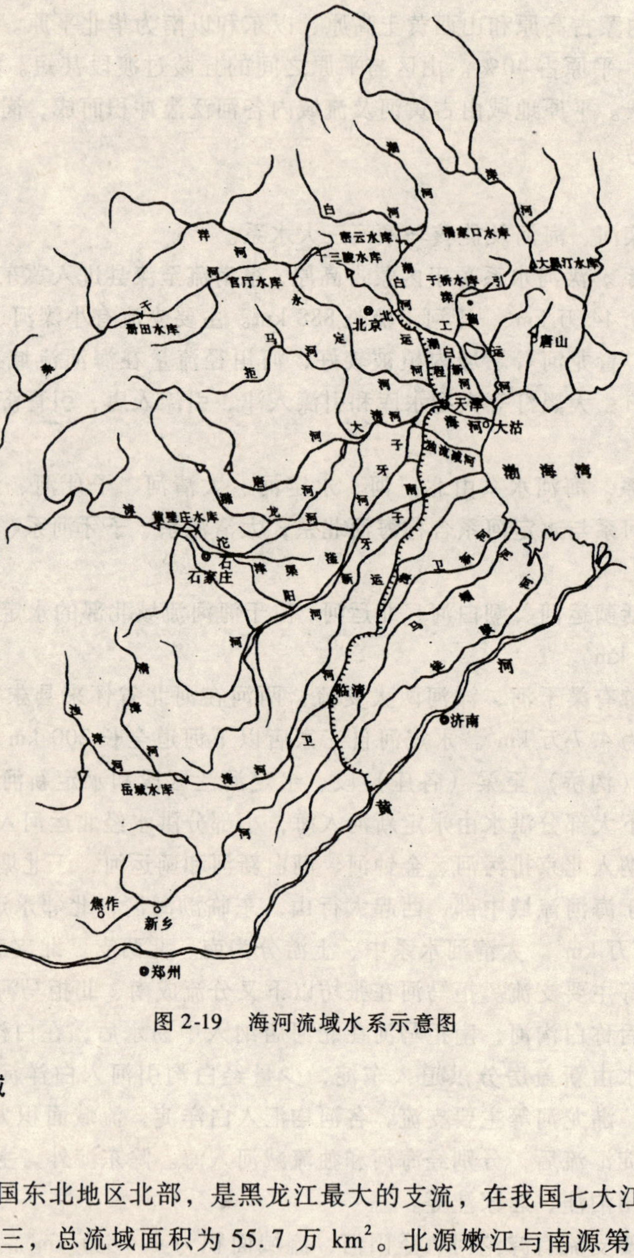

图2-19　海河流域水系示意图

2.3.5　松花江流域

1. 自然地理

松花江位于我国东北地区北部，是黑龙江最大的支流，在我国七大江河中，河长、水资源总量均位居第三，总流域面积为55.7万km^2。北源嫩江与南源第二松花江（简称“二松”）汇合后称松花江，东北流至同江附近入黑龙江。

松花江流域三面环山。西部和北部为兴安岭山地，大兴安岭东坡为嫩江干流及右侧各支流的发源地。小兴安岭为松花江干流与黑龙江的分水岭。东部和东南部为东部山地，是流域内的最高点，长白山白云峰西和北侧为第二松花江和牡丹江的发源地，东侧是鸭绿江和图们江水系。流域整个地势由西和南向东和北下倾，中游是松嫩平原，下游有大片湿地和闭流区。流域面积山区占 61%，丘陵占 15%，平原占 23.9%，湖沼占 0.1%。跨辽、吉、黑、蒙 4 省（自治区）的哈尔滨、大庆、齐齐哈尔、佳木斯、长春、吉林等 107 个市县（旗）辖区。

2. 河流水系

松花江北源嫩江，发源于伊勒呼里山，自北向南流，至吉林省扶余县三岔河与第二松花江汇合，全长 1 370km，流域面积 29.7 万 km^2。嫩江支流众多，且多在右岸出自大兴安岭东坡。

松花江南源第二松花江，发源于长白山脉白头山的天池，自东南向西北流至三岔河与嫩江汇合，全长 958km，流域面积 7.34 万 km^2。吉林市以上为山区，以下由低山丘陵区逐步过渡到平原区，有主要支流饮马河、伊通河由左岸汇入。

松花江干流长 939km，流域面积 18.64 万 km^2。干流分上、中、下游三段：上游段，三岔河至哈尔滨，全长 240km，江道流经松嫩平原的草原、湿地；中游段，哈尔滨至佳木斯，全长 432km，江道穿行于丘陵与平原地带；下游段，佳木斯至同江口，全长 267km，江道通过三江平原。主要支流，右岸有拉林河、蚂蚁河、牡丹江和倭肯河，左岸有呼兰河及汤旺河。松花江流域水系如图 2-20 所示。

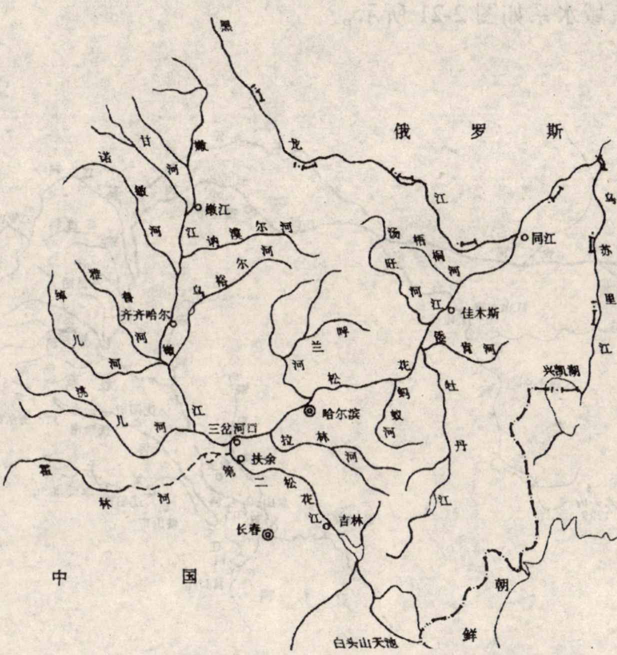

图 2-20　松花江流域水系示意图

2.3.6　辽河流域

1. 自然地理

辽河流域位于我国东北地区西南部，河道蜿蜒迂回，流经河北、内蒙古、吉林和辽宁

4 省、自治区，在辽宁省境内盘山县注入渤海，河道全长 1 390km，流域面积 22.9 万 km^2。流域东部为山地，大部分属千山山脉，一般高程 200～1 000m；西部南端属燕山山脉东延余脉，一般高程为 500～1 500m；西北部为大兴安岭的南端；北部浅丘岗地，高程 200～300m，为松花江与辽河分水岭；南临渤海；中部为辽河平原。流域地势大体是由北向南、自东西两侧向中间平原倾斜。西辽河平原风沙地貌显著，松散层较厚，多湖洼沼泽。

2. 河流水系

辽河上游有东、西辽河两大支流。西辽河上游有两个源头：一支为老哈河，河长 426km，发源于七老图山脉的南麓河北省平泉县的光头山；另一支为西拉木伦河，河长 380km，发源于内蒙古自治区克什克腾旗白岔山。老哈河、西拉木伦河在哲里木盟的苏家铺汇合后称西辽河。西辽河长 403km，流域面积 13.6 万 km^2，自西向东横穿哲里木盟，在吉林省双辽县内转向南流，进入辽宁省境内。东辽河发源于吉林省辽源市哈达岭下的辽河源乡辽河掌，全长 360km。

东、西辽河在辽宁省昌图县福德店汇流后，称为辽河。辽河全长 512km，自东北向西南纵贯辽宁省中部。左岸有招苏台河、清河、柴河、泛河等支流汇入，右岸有秀水河、养息牧河汇入。至台安县六间房分成两股，一股西行称双台子河，在盘山纳绕阳河后流入渤海；另一股南行称外辽河在三岔河同时纳浑河、太子河后称大辽河，在营口入渤海。1958 年外辽河在六间房附近被堵截后，浑河、太子河汇成大辽河，成为独立水系，流域面积 2.73 万 km^2。辽河流域水系如图 2-21 所示。

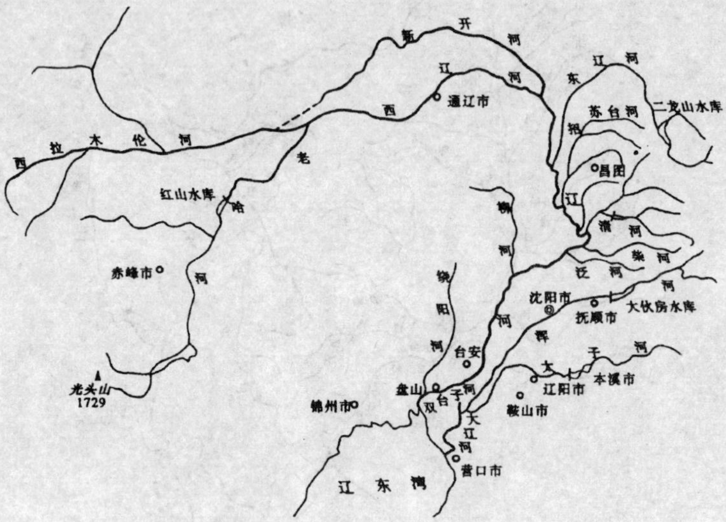

图 2-21 辽河流域水系示意图

2.3.7 珠江流域

1. 自然地理

珠江位处我国华南大地，流经我国滇、黔、桂、粤、湘、赣等省区及越南的东北部，流域面积 45.37 万 km^2，其中我国境内面积 44.21 万 km^2。

珠江流域地处亚热带，北回归线横贯东西。流域范围：北以南岭、苗岭山脉与长江流域为界，西以乌蒙山与红河、长江流域为界，南以云雾山、云开大山、六万大山、十万大山与两广沿海诸河为界，东以莲花山、武夷山与韩江流域分界。流域地势大体上是西北高东南低。山地和丘陵占流域面积的 94.4%；平原占 5.6%，主要分布在河谷盆地和珠江三角洲。地面高程从云贵高原海拔 1800m 至珠江三角洲降至 0.9m。

2. 河流水系

珠江流域由西江、北江、东江及珠江三角洲诸河 4 大水系组成。

西江是珠江的主干流，发源于云南省曲靖市境内的马雄山，在广东省珠海市的磨刀门企人石入注南海，全长 2 214 km。西江由南盘江、红水河、黔江、浔江及西江等河段所组成，主要支流有北盘江、柳江、郁江、桂江及贺江等。西江在广东省三水市的思贤窖与北江相汇后进入珠江三角洲网河区。思贤窖以上河长 2 075km，流域面积 35.3 万 km^2，占珠江流域面积的 77.8%。

北江发源于江西省信丰县大茅塬，思贤窖以上河长 468km，流域面积 4.67 万 km^2，占珠江流域面积的 10.3%。主要支流有武水、连江、绥江等。

东江发源于江西省寻乌县桠髻，在广东省东莞市石龙镇汇入珠江三角洲。石龙以上河长 520km，流域面积 2.70 万 km^2，占珠江流域面积的 5.96%。主要支流有新丰江、西枝江等。

珠江三角洲河网密布，水道纵横，面积 2.68 万 km^2。入注珠江三角洲的主要河流有流溪河、谭江、深圳河等 10 多条。

西江、北江、东江汇入复合型的珠江三角洲网河后，经虎门、蕉门、洪奇门、横门、磨刀门、鸡啼门、虎跳门、崖门等 8 大口门入注南海，从而构成珠江独特的“三江汇集，八口分流”的水系特征。珠江流域水系如图 2-22 所示。

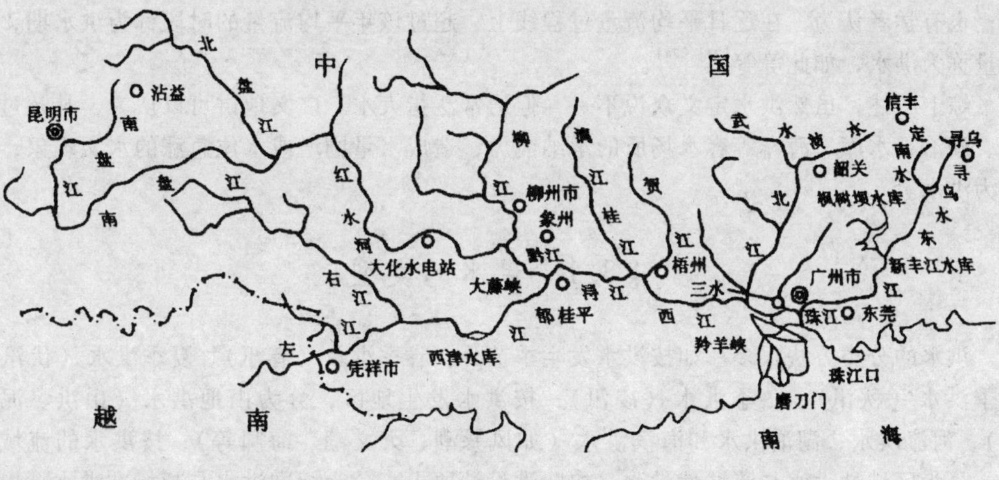

图 2-22　珠江流域水系示意图

第三章 洪 水

“洪水”一词，相传从我国古代共工氏治水而沿用下来。共工、勾龙父子治水比鲧、禹父子早两千多年。因此，我国治水的历史，就应从共工氏治理洪水开始。

共工治理的河流发源于共山，本来叫共水。古时共水流域在今天河南辉县及其以东数县，在与淇水汇合后进入黄河。那时的黄河过孟津和洛水，在郑州西北武陟县的大邳山下就拐了弯，在太行山东边的大平原里向北流去。

山洪下来，共水泛滥，称为洪水；黄河涨水，共水倒灌，称为洚水，或笼统地都称为“洪水”。当初“洪水”一词，本是描绘共水流域发大水的专用名称，后来，随着共工治理洪水的经验广泛传播，天下各地发大水也都称为洪水了[22]。

在当代著作、文献中，对于洪水的定义尚无统一说法。例如：《简明大不列颠百科全书》对洪水的定义是：“高水位期，河流漫溢天然堤或人工堤，淹没平时干燥的陆地”；《中国大百科全书·水文卷》定义洪水为“突然起涨的水流”；《中国水利百科全书》则定义洪水为“河流中在较短时间内发生的水位明显上升的大流量水流”；《现代科学技术词典》（下册）中的定义是：“大水漫溢河流或其他水体的天然或人为界限或排水汇集于洼地所出现的情况称为洪水”；《地理词典》中的定义是：“河流涨水所形成的特大水流称为洪水”；《现代地理学辞典》中，对洪水所给的定义是：“洪水是河流水位超过河滩地面溢流现象的统称”。此外，有学者认为洪水是一种峰高量大、江河水位急剧上涨的水文现象；也有学者认为，在逐日平均流量过程线上，超过该年平均流量的时段称为洪水期，其流量称为洪水，如此等等[23],[24]。

综上所述，虽然洪水定义众说不一，但通常泛指大水。广义地讲可以认为，凡超过江河、湖泊、水库、海洋等容水场所的承纳能力，造成水量剧增或水位急涨的水文现象，统称为洪水。

§3.1 洪水的类型

洪水的分类方法很多。如按洪水发生季节分：春季洪水（春汛）、夏季洪水（伏汛）、秋季洪水（秋汛）、冬季洪水（凌汛）；按洪水发生地区，分为山地洪水（山洪、泥石流）、河流洪水、湖泊洪水和海滨洪水（如风暴潮、天文潮、海啸等）；按洪水的流域范围，分为区域性洪水与流域性洪水；按防洪设计要求，分为标准洪水与超标准洪水，以及设计洪水与校核洪水；按洪水重现期，分为常遇洪水（小于20年一遇）、较大洪水（20~50年一遇）、大洪水（50~100年一遇）与特大洪水（大于100年一遇）；按洪水成因，分为暴雨洪水、融雪洪水、冰凌洪水、暴潮洪水、溃口洪水、扒口洪水，等等。

在上述分类方法中，最为常用的是按洪水成因所划分。现就其各类洪水情况分别介绍如下。

3.1.1 暴雨洪水

暴雨是指强度较大的降雨。按中央气象台的降水强度标准，24h降雨量大于50mm的降雨为暴雨，其中24h降雨量大于100mm和200mm的分别为大暴雨和特大暴雨。

暴雨洪水是由暴雨引起的江河水量迅增、水位急涨的水文现象。特大雨致洪暴雨引发的暴雨洪水，一般强度大、历时长、面积广。我国伏、秋季节发生的大洪水多为暴雨洪水。暴雨洪水最重要的气候要素是降水。影响我国大部分地区降水的因素主要是季风和台风。因而我国的暴雨洪水，主要为季风暴雨洪水和台风暴雨洪水。此外，山洪、泥石流也因由暴雨引发，故可列为暴雨洪水的一些特例。

1. 季风暴雨洪水

季风是指大范围盛行的、风向随季节而显著变化的风系。世界上最著名的季风地区是印度季风和东亚季风。季风的成因是由于海陆间热效应的季节性差异，导致其地面气压差的季节变化，即冬季陆地比海洋冷，大陆上为冷高压，故近地面空气自陆地吹向海洋，夏季陆地比海洋暖，大陆上为热低压，故近地面空气自海洋吹向陆地。有季风的地区，都可出现雨季和旱季等季风气候。夏季风自海洋吹向大陆，将湿润的海洋空气输进内陆，在陆地被迫上升成云致雨，形成雨季；冬季风自大陆吹向海洋，空气干燥，伴以下沉，天气晴好，形成旱季。

我国大部分地区处于季风气候区，降水主要集中在夏季。夏季风主要有东南风和西南风两类，源地有三个：西北太平洋热带洋面气流、孟加拉气流及南半球越赤道气流。若以东经105°~110°为界，东南季风和西南季风分别影响其东部和西部地区。东南季风一般于5、6月间，带进大量暖湿空气和北方南下冷空气先交绥于华南一带，引起华南地区时降暴雨；6、7月间向北推进，多雨区随之北移到长江中下游、淮河流域（通称江淮地区），引起该地区较长时间的连绵阴雨天气，由于此时正值江南特产梅子成熟季节，故称这一时期为“梅雨期”；7、8月间进一步向北推进，多雨区移至华北、东北地区，即为北方暴雨季节。西南季风一般在5月底开始北进，西藏东部、四川西部和云南等地降水迅速增加，直到10月前后撤退，雨季才告结束。

2. 台风暴雨洪水

台风是发展强盛的热带气旋。热带气旋属气象学上的专业术语，是指在热带洋面上生成发展的低气压系统。国际上，热带气旋以其中心附近的最大风力来确定强度并进行分类。

我国新近颁发的国家标准《热带气旋等级》中规定，热带气旋，按其强度分为六个等级：热带低压：风速10.8~17.1m/s（风力6~7级）；热带风暴：风速17.2~24.4m/s（风力8~9级）；强热带风暴：风速达到24.5~32.6m/s（风力10~11级）；台风：风速32.7~41.4m/s（风力12~13级）；强台风：风速41.5~50.9m/s（风力14~15级）；超强台风：风速大于51.0m/s（风力16级或以上）。

我国位于太平洋西岸，是世界上受台风影响最多、最严重的国家之一。全球热带海洋每年发生约80次台风，靠近我国的西太平洋每年生成台风约30次，占全球台风总数的38%。影响我国沿海地区的台风每年约有20次，平均每年登陆的有7次。

台风的发生有明显的季节性。表3-1给出了1949~1994年逐月登陆我国的台风次数，从中可以看出，登陆台风以7~9月最多，占总数的76.2%；6月和10月次之，占17.6%。造成严重灾害的台风绝大部分发生在7~9月间。

台风登陆也有明显的区域性。表3-2给出了1949~1994年在我国各省、市、区登陆的台风次数统计。可以看出，登陆广东的台风最多，有133次，平均每年有3次；其次是台湾、海南、福建和浙江；全年5~12月，各个月份都可能有台风登陆[26]。

表3-1　1949~1994年逐月登陆我国的台风次数

月份	5	6	7	8	9	10	11	12	合计
台风总数	9	32	86	77	83	25	10	1	323
平均	0.20	0.70	1.87	1.67	1.80	0.54	0.22	0.02	7
频率	2.8%	9.9%	26.6%	23.9%	25.7%	7.7%	3.1%	0.3%	100%

表3-2　1949~1994年在我国各省、市、区登陆的台风次数

月份	广西	广东	海南	台湾	福建	浙江	上海	江苏	山东	辽宁	合计
5	2	4	3	2							11
6	3	17	8	8	2						38
7	3	39	11	21	14	9	2	1	5	1	106
8	2	23	13	23	26	10	1	2	5	4	109
9	3	33	19	25	22	3	1				106
10		12	12		1	1					26
11		4	5	2							11
12		1									1
合计	13	133	71	81	65	23	4	3	10	5	408

台风登陆后，其强度虽有减弱，速度变慢，但大多数还能进入我国内陆，甚至深入到腹地省份。内陆受影响最多的是江西省，其次是湖南、安徽、湖北、河南等省。台风所到之处风大雨急，往往会发生强暴雨过程，以致发生灾害性暴雨洪水，严重威胁所经地区人民生命财产的安全，甚至可造成数以亿计的经济损失和众多的人员伤亡。1975年8月，7503号强台风在福建晋江登陆后，向西北方向经湖南、湖北直达河南省。受其影响，河南伏牛山区和鄂西北发生特大暴雨。暴雨中心位于河南省泌阳县林庄，6h雨量830mm，24h雨量1060mm，3天雨量1605mm，5天雨量1631mm，强度之大，超过了我国大陆历史实测暴雨的记录，其中6h雨量创世界之最。这次罕见的特大暴雨，造成板桥、石漫滩两座大型水库，竹沟、田岗两座中型水库和58座小型水库垮坝，一时洪水肆虐，人民生命、国家财产遭受重大损失。

3. 山洪

山洪是指山区溪沟中发生的雨洪。山洪多由暴雨引起，其历时不过数十分钟到数小

时，很少持续一天或数天。其特点是，历时短，流速快，冲刷力强，破坏力大等。影响山洪形成的因素有：水文气象因素（暴雨），流域地形因素，地质条件以及人为因素如采伐森林过甚造成土壤侵蚀等。山洪防治措施主要包括：做好暴雨、险情测报工作；根据地质、地貌情况对山洪沟道进行险区分类，如危险区、过渡区和安全区，并绘制山洪风险区图；建立健全山洪预报、警报系统，制定居民、财产安全转移预案；搞好坡地水土保持和沟道治理工程，等等。

我国半数以上的县都有山区，山洪现象颇为普遍。山洪几乎每年都要造成人民生命财产的严重损失。如2005年6月10日，黑龙江省宁安市沙兰镇遭遇罕见的山洪袭击，共造成117人死亡，其中学生105人。

2007年8月17日，山东省新汶地区突发暴雨山洪，冲毁汶河支流柴汶河堤防，造成山东华源公司（原张庄煤矿）重大溃水事故，172人被困死井下。

4. *泥石流*

泥石流是指山地溪沟中突然发生的饱含大量泥沙、石块的洪流，多由暴雨山洪引起。泥石流的特点是，暴发突然，运动快速，历时短暂，破坏力极大，常造成人民生命财产重大损失。

泥石流运动时，其前锋部分（称为龙头），高数米至数十米，后续部分为其主体。其表部可挟带直径很大的巨砾随流而下。运动过程中，对沟床有大冲大淤作用，一次冲淤深度可达数米至数十米。泥石流运动形式有连续性和阵发性两类。前者流量过程呈单峰型或多峰正弦曲线型；后者为一阵接一阵，两阵之间断流，一次过程可达数十至数百阵，流量过程线呈锯齿形。一次泥石流的历时从数分钟到数十小时。泥石流在极短的时间内输送出大量泥沙、石块，一次可达数万吨至数千万吨。

灾害泥石流不仅毁坏山坡使其变成基岩裸露的破碎田地，而且使谷底受砾石或石块泥沙物质淤埋，同时给穿越区的铁路、公路、桥涵等造成毁坏、堵塞，对当地居民的物质财产和生产生活危害极大。

泥石流的防治需采用综合治理方法，即以植树造林为主的水土保持措施削减地表径流，减缓坡流流速；在沟道内修建拦挡建筑物，稳定沟坡沟床，并拦截部分固体物质；在溪沟出口处修建排洪道；加强泥石流预报、预警工作等。

我国泥石流易发地区主要分布在青藏高原及西南山区。华北和东北的部分山区、台湾、海南等地亦有零星分布。2008年9月8日，山西临汾市襄汾县陶寺乡塔山矿因暴雨发生泥石流，272人遇难。

2008年11月2日，云南省楚雄、昆明等11个州（市）遭遇暴雨，引发山洪泥石流。截至11月5日统计，共造成40人死亡，43人失踪，10人受伤；全省受灾人口127.6万，紧急转移安置6.08万人，倒塌房屋6187间，损毁房屋1.84万间；电力、交通等基础设施因灾受损，直接经济损失5.92亿元。

3.1.2 暴潮洪水

暴潮洪水发生于沿海地区，主要包括风暴潮和天文潮。此外，海啸也常给沿海地区造成一定危害，一并介绍如下。

1. 风暴潮

风暴潮属气象潮（又称气象海啸），是由气压、大风等气象因素急剧变化造成的沿海海面或河口水位的异常升降现象。由风暴潮引起的水位升高称为增水，水位降低称为减水。风暴潮增水若与天文高潮或江河洪峰遭遇，则易造成堤岸漫溢，出现风暴潮洪水灾害。

风暴潮可以分为温带风暴潮和热带风暴潮两类，分别由温带气旋和热带气旋引起。在我国，温带风暴潮常指在北部海区由寒潮大风引起的风暴潮，主要出现在莱州湾和渤海湾沿岸一带，与寒潮大风季节同步，一般发生在冬、春两季。热带风暴潮沿海各地都有可能发生，尤以东南沿海发生频次最多，发生时间大多在夏、秋两季，尤其以7~9月机遇为多。两类风暴潮相比较，热带风暴潮影响地域更广，出现频次更多，水位变化急剧，增水量值更大。

我国是频受风暴潮影响的国家之一。在南方沿海，夏、秋季节受热带气旋影响，多台风登陆；在北方沿海，冬、春季节，冷暖空气活动频繁，北方强冷空气与江淮气旋组合影响，常易引起风暴潮。

风暴潮具有很强的破坏力，受其影响地区的堤坝、农田、水闸及港口设施易遭毁坏，致使人民的生命财产蒙受巨大损失。我国自20世纪60年代以来，开展了大量风暴潮的预报研究工作，现已在国家气象、海洋部门的组织领导下建立起风暴潮预报观测网，对于预报、预测风暴潮的发生和减轻其灾害损失发挥了重要作用。

2. 天文潮

天文潮是地球上海洋受月球和太阳引潮力作用所产生的潮汐现象。月球距地球较近，其引潮力为太阳的2.17倍，故潮汐现象主要随月球的运行而变。

潮汐类型按周期不同，可以分为日周潮、半日周潮和混合潮。在一个太阳日（约24h 50min）内发生一次高潮和一次低潮的现象称为全日周潮；发生两次高潮和两次低潮的现象称为半日周潮。在半日周潮海区中，如两次高潮和低潮的潮位，涨落潮历时不等，且通常半月中有数天出现全日周潮的现象，称为混合潮。

由于月球以一月为周期绕地球运动，随着月球、太阳和地球三者所处相对位置不同，潮汐除周日变化以外，并以一月为周期形成一月中两次大潮和两次小潮。大潮发生在朔、望日（农历初一、初十五），此时月球、太阳和地球运行位置处于一直线上，两者的引潮力相互叠加，海面升降最大；小潮发生在上、下弦日（农历初八、初二十三），此时月球、太阳和地球三者的位置接近直角三角形，月球、太阳对地球的引潮力相互消减，海面升降最小。

每年春分和秋分时节，如果适逢朔、望日，日、月、地三者接近于直线，则形成特大潮（分点大潮）。此外，潮汐还具有8.85年和18.61年的长周期变化规律。

潮汐是永恒的自然现象。其生生息息和出现时间具有一定的规律。天文大潮特别是特大潮的出现，常常给沿海地区人民的生产、生活和生命财产带来严重损失。若在天文大潮到来之时，又恰遇台风暴潮，则将会造成更高的增水现象，这时沿海地区的严重灾难往往难以避免。

3. 海啸

海啸是由海域地震、海底火山爆发或大规模海底塌陷和滑坡所激起的巨大海浪。据中国地震局提供的资料报道，有史以来，世界上已经发生了近5000次程度不同的破坏性海啸，造成人类生命财产的严重损失。史料记载的由大地震引起的海啸，80%以上发生在太平洋地区。在环太平洋地震带的西北太平洋海域，更是发生地震海啸的集中区域。历史上的海啸，主要分布在日本太平洋沿岸，太平洋的西部、南部和西南部，夏威夷群岛，中南美和北美。受海啸灾害最严重的是日本、智利、秘鲁、夏威夷群岛和阿留申群岛沿岸。

震惊世界的一次特大海啸是，2004 年 12 月 26 日发生在印度洋海域的地震海啸。这次地震震中位于印度尼西亚苏门答腊岛附近海域，强度为里氏 8.9 级。地震所激起的巨大海啸，影响到东南亚、南亚和东非多个国家。据不完全统计，这次海啸造成 27.3 万人死亡或失踪，以及难以估计的经济与财产损失。

3.1.3 冰雪洪水

冰雪洪水是指冰川或积雪消融引发的洪水。在我国西北高寒山区，雪线以上山区终年降雪，形成冰川和永久积雪；雪线以下山区和平原只在冬季积雪，称季节积雪。因而冰雪洪水包括冰川洪水和融雪洪水两类，前者以冰川和永久积雪为主要水源，后者则以季节积雪融水为主要水源。

1. 冰川洪水

冰川洪水又分为两类：冰川融水型洪水和冰湖暴发型洪水。冰川融水型洪水是冰川和永久积雪的正常融化而形成的洪水。其洪峰、洪量大小与气温升幅、冰川面积、积雪储量及夏季降水量有正比关系，发生时间一般与当地高温期同步。特点是：起涨较缓、退水较慢、历时较长、洪峰矮胖且多为单峰，年际最大、最小流量变幅不大。这类洪水源于高山，流达下游平原河段的汇流时间相对较长，且发生在连续高温之后，故有利于洪水预报。冰川融水型洪水造成灾害的频次较高，如新疆喀什、和田、阿克苏等地区，半数以上的灾害性洪水属这类洪水。

冰湖暴发型洪水又称冰湖溃决型洪水。这类洪水是冰川洪水的特例，即当冰湖坝体突然溃决或其他原因引起冰湖水体集中排放而形成的峰高、时短的突发性洪水。冰湖是由于冰川前进或因冰川萎缩时期遗留的冰碛堵塞沟谷而形成的。冰湖上游往往现代冰川发育，具有丰沛的冰雪融水水源。这类洪水的主要特点是，峰高量小，陡涨陡落，突发性强。

我国冰川洪水主要分布在天山中段北坡的玛纳斯地区，天山西段南坡的木扎特河、台兰河、昆仑山喀拉喀什河、喀喇昆仑山叶尔羌河、祁连山西部的昌马河、党河和喜马拉雅山北坡雅鲁藏布江部分支流。例如我国新疆喀喇昆仑山的叶尔羌河上游，1961 年 9 月 3 日发生的有记录以来最大一次冰川洪水，库鲁克兰干水文站最大流量为 $6670m^3/s$，为多年平均流量的 40~50 倍。

2. 融雪洪水

融雪洪水发生的时间比冰川洪水早，一般在 4~6 月间。处在同纬度附近的河流，平原融雪洪水发生时间较山区早。这种洪水若与冰凌洪水叠加则易形成春汛。

在我国，冬季积雪较多的地区是东北的松花江流域和西北的新疆北部。如北疆的阿尔泰地区及准噶尔盆地西部地区的山区，积雪深平均约为 270mm，占年降水量 46% 的左右；丘陵地区约 50mm 左右，占年降水量的 35%；盆地约 23mm，占年降水量的 23%。北疆有些河流的年最大洪水流量，常常出现在春季融雪期。

特大融雪洪水可以导致洪灾。我国的融雪洪水灾害常见于新疆北部的一些小河流及山前平原。如哈密石城子河1988年出现的百年一遇的春汛；阿尔泰克兰河1966年4月的洪水灾害；以及塔城地区、伊犁地区、天山北坡等地，都曾遭受一定的融雪洪水灾害。2003年3月，新疆巴尔布鲁克山北坡积雪大量融化，洪水猛袭塔城地区，造成公路、桥涵和大量民房被冲毁，损失严重。

冰雪洪水是季节性洪水。在高寒山区和纬度较高地区，河流洪水单纯由冰川融水补给或单纯由积雪融水补给较为少见。常见的情况是，春、夏季节强烈降雨和雨催雪化而形成的雨雪混合型洪水。

3.1.4 冰凌洪水

冰凌洪水又称凌汛，是指河流中因冰凌阻塞造成的水位壅高或因槽蓄水量骤然下泄而引起的水位急涨现象。冬、春季节常发生在我国的北方河流，如黄河上游宁、蒙河段，下游山东河段，以及松花江等河流。冰凌洪水按其成因不同，可以分为冰塞洪水和冰坝洪水两类。

1. 冰塞洪水

冬季河流封冻时期，冰盖下大量冰花、碎冰积聚，堵塞河道部分过水断面，形成冰塞，泄流不畅，壅高上游河段水位，严重时可能造成堤防决口，这种现象称为冰塞洪水。冰塞通常发生在河流纵比降由陡变缓之处或泄流不畅的河段。冰塞河段的长度可达数十公里，甚至数百公里，如2002年12月28日，黄河内蒙古720km的河段全线封冻，下游山东菏泽以下212km河段封冻。冰塞时间可达数月之久，如吉林省第二松花江白山河段1963~1964年冰期，冰塞持续时间长达4个多月。

2. 冰坝洪水

春季开河时期，大量流冰在河道中受阻，堆积形成横跨河流的坝状冰体，叫做冰坝。冰坝上游水位不断壅高，下游水位明显下降，坝体在上、下游压力差作用下，一旦猛然溃开，形成所谓“武开河”，则易出现冰凌洪峰。在冰坝严重之处，有时需采取人工爆破或飞机投弹措施炸开坝体。在冰坝上、下游河段常常出现的灾害现象是，堤岸漫溢，田地、城镇受淹以及沿河建筑物被毁。

我国河流的冰坝，多发生在南北流动的河段，如黄河的宁、蒙段和豫、鲁段。这种走向的河流，下游段纬度较高，气温较低，封冻较早，历时较长，冰层较厚，融冰开河较晚；而上游段则相反。春季当气温急剧升高或来流量较大时，上游河段先解冻开河，大量流冰涌向下游，受到下游尚未开河的冰盖阻挡，形成冰坝。此外，一些弯道、汊道、束窄河段或冰塞严重的地方也容易形成冰坝。部分河段，有时还可能形成冰坝群。如松花江干流依兰至富锦段，1981年开河时365km的河段内出现16道冰坝，冰坝头部冰块堆积高达6~13m，壅高水位3~5m，堤岸漫溢，佳木斯市及依兰、桦川两县遭受凌洪灾害，损失严重。2008年3月20日，黄河内蒙古奎素段因开河速度过快，水位迅速上升并突破历史最高，发生两处溃堤，万余村民被迫紧急转移。

影响河道凌情的因素主要有三个方面：

（1）气温。只有长时间的低温天气和大范围的强降温，河道才可能产生冰花、流凌，进而封冻。

（2）水流动力作用。流量大，水流动力强，利于输送冰凌和推迟封河，但一旦封河，则易出现高水位，对堤防造成威胁；流量小，水流动力弱，不利排冰，易提前封河，但因冰盖低，冰下过流能力小，对后期防凌不利。因此可见，对封河流量的控制至关重要。

(3) 河道边界条件。河道归顺、通畅，则利于冰块、冰花的输送，且不易卡冰；反之，若存在卡口、急弯河段，则不利泄流排冰，且易卡冰结坝，壅高水位，威胁防凌安全。

冰凌洪水的主要特点是：凌洪流量沿程增大，同流量下水位高、上涨快，流冰破坏力大，气候寒冷，抢险困难等。因此，我国北方河流尤其是黄河下游的凌汛灾害通常很严重。如1955年1月黄河利津以下形成冰坝后，在18小时内利津水位上涨4.29m，导致堤防决口。据相关资料统计，从1875~1955年的81年间，黄河下游因凌洪决口达29次。

近些年来，在黄河防凌方面，通过发挥水利枢纽工程的径流调节作用，人为改变冰凌洪水的规律，已探索出一些成功的经验。在封河初期，分别通过对刘家峡、三门峡小浪底水库的调度，使宁、蒙河段和豫、鲁河段形成平稳封河；在开河期进行控泄，促使河道槽蓄水量平稳释放，河道自上而下开始解冻，形成所谓“文开河”局面，从而有效缓解了下游河道的凌汛压力。

3.1.5 溃口洪水

溃口洪水是指拦河坝或堤防在挡水状态下突然崩溃而形成的特大洪流。溃口洪水的形成往往突发性强，难以预测，峰高量大，洪流汹涌，破坏力极大。溃口洪水包括溃坝洪水和溃堤洪水两类。

1. 溃坝洪水

造成水库溃坝的原因主要有：大坝防洪标准偏低，工程质量差，管理运行不当以及突发事件如地震、战争等。溃坝洪水一旦发生，其后果往往是毁灭性的。如河南省“75.8”大水，板桥、石漫滩水库溃坝失事，夺走了数以万计的人民生命并造成巨大经济损失。

我国已建大、中、小型水库8万多座，为防洪和综合利用水资源，促进经济发展和保障人民生命财产安全发挥了重要作用，但也曾多次发生垮坝事故，造成人员伤亡和经济损失。因此，防止水库溃坝是个值得特别重视的问题。

2. 溃堤洪水

导致河道堤防溃口的险情有漫溢、管涌、漏洞等十余种。究其原因，大致为：洪水超出堤防设计标准，堤基透水、堤身隐患或施工质量问题等。如黄河下游堤防历史上曾多次因伏、秋大汛和凌汛而溃口致灾。

溃堤洪水的突发性虽不像溃坝洪水那样强烈，但因决堤后洪水大面积漫流，所造成的人口伤亡及财产损失通常数字惊人。特别是，严重时还可能引起河流大改道。在我国，溃堤洪水时有发生。黄河下游河道在历史上决口改道频繁。现开封、兰考以下河段，是1855年铜瓦厢决口改道，黄河夺大清河入渤海后形成的。在现行河道实际行水期间，大的改道有9次，平均10年改道一次。又如1998年，长江九江干堤溃口，虽经奋力抢堵成功，但仍造成巨大经济损失。

此外，溃口洪水的一个特例是，因地质或地震原因引起山体滑坡，堵江断流后形成堰塞湖，继而突然溃坝释放的巨大洪流现象。这类洪水在我国主要发生在西南山区。例如，1933年四川西部地震，岷江山崩堵江，形成了著名的大、小海子；1967年雅砻江被滑坡体堵塞，壅水成湖，后漫决成灾；2008 年 5 月四川汶川大地震，形成的唐家山堰塞湖，其堰塞体堵江 29 天，经过水利专家和解放军官兵的奋力抢险才化险为夷，确保了下游 130 余万人民群众的生命财产安全。

3.1.6 扒口洪水

扒口洪水由人为原因造成。有两类情况：一类情况是在大洪水时期为确保重要河段的防洪安全，牺牲局部保大局，有意扒开一些沿江洲滩民垸蓄滞洪水。如长江 1998 年大水，中、下游共溃决洲滩民垸 1975 座（淹没耕地 23.91 万 hm^2，受淹人口 231.6 万人），其中有一部分为主动扒口弃垸蓄洪、行洪。

另一类情况是利用扒口洪水作为战争武器。如战国时期诸侯争霸在黄河上的人为决堤；三国时期的水淹七军；明末时期为了镇压李自成的农民起义在黄河上扒开南大堤而水淹开封；开封 37 万人死亡了 34 万；1938 年国民党为阻止日军西犯，扒开河南中牟县赵口和郑州花园口黄河大堤，造成洪水泛滥，黄河改道，历时 9 年，44 个县市、1250 万人受淹，89 万人死亡。

§3.2 洪水的基本特性

河流某断面洪水从起涨至峰顶到退落的整个过程称为一场洪水。定量描述一场洪水的指标很多，主要有：洪峰流量与洪峰水位，洪水总量与时段洪量，洪水过程线，洪水历时与传播时间，洪水频率与重现期，洪水强度与等级，等等。其中在水文学中，常将洪峰流量（或洪峰水位）、洪水总量、洪水历时（或洪水过程线）称之为洪水三要素，如图 3-1 所示。

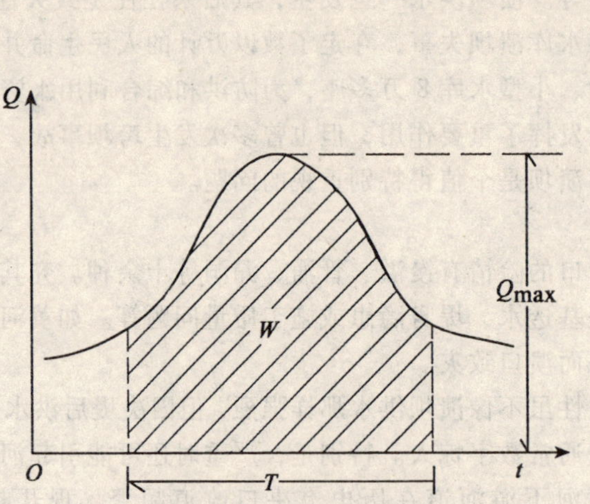

图 3-1 洪水三要素示意图

3.2.1 洪峰流量及洪峰水位

1. 洪峰流量

洪峰流量（Q_{max}）是指一次洪水过程中通过某一个测站断面的最大流量（简称“洪

峰”），单位 m^3/s。洪峰流量在洪水过程线上处于流量由上涨变为下降的转折点，出现时间往往与最高水位出现时间一致或相近。洪峰流量对于研究河道的防洪具有重要意义。

不同河流洪峰流量的差异很大。例如长江大通站实测最大洪峰流量为 92 600m^3/s（1954. 8. 1）；黄河花园口站最大洪峰流量为 22 300m^3/s（1958. 7. 18）。同一河流、同一断面，不同年份的洪峰流量差异也很大，即令同一年份，不同场次的洪水的洪峰流量也不同。例如长江宜昌站，1998 年出现 8 次洪峰，各次洪峰流量如表 3-3 所示。

表 3-3　长江宜昌站 1998 年 8 次洪峰流量及出现日期

项 目	第一次	第二次	第三次	第四次	第五次	第六次	第七次	第八次
洪峰流量/(m^3/s)	53 500	56 400	52 000	61 500	62 600	63 600	56 300	57 400
出现日期	7. 3	7. 18	7. 24	8. 7	8. 12	8. 16	8. 25	8. 30

2. 洪峰水位

洪峰水位（Z_{max}）是指一次洪水过程中的最高水位，其出现时间和洪峰流量基本同步。但在多沙河流或不稳定的河段，最高洪水位往往与洪峰流量并非同时出现。在黄河下游，当河床发生冲刷时，最高洪水位可能出现在洪峰流量之前，例如 1958 年，花园口站最高洪水位为 94. 42m，出现在 7 月 17 日 23 时 45 分，而洪峰流量为 22 300 m^3/s，则见于 18 日 0 时；夹河滩站最高洪水位 74. 31m 及洪峰流量 20 500 m^3/s，分别出现在 18 日 10 时和 14 时。相反，在河床发生淤积或出现高含沙量洪水时，最高洪水位往往出现在洪峰流量之后[28]。

在一个水文年内，各次洪峰水位的最大者称为年最高洪水位，年最高洪水位与年最大洪峰流量的出现时间也并非完全同步。表 3-4 为长江中、下游主要站 1998 年最高水位与最大流量的出现时间。

表 3-4　长江中、下游主要站 1998 年最高水位与最大流量的出现时间

站 名	最高水位/m	出现日期	最大流量/(m^3/s)	出现日期
宜 昌	54. 50	8. 17	63 600	8. 16
枝 城	50. 62	8. 18	68 600	8. 16
沙 市	45. 22	8. 17	53 700	8. 17
监 利	38. 31	8. 17	45 500	8. 18
城陵矶	35. 94	8. 20	36 800	8. 1
莲花塘	35. 80	8. 20		
螺 山	34. 95	8. 20	68 600	7. 27
汉 口	29. 43	8. 19	72 300	8. 19
九 江	23. 03	8. 2	73 500	8. 22
湖 口	22. 58	7. 31	31 900	6. 26
大 通	16. 31	8. 2	82 100	8. 1

3.2.2 洪水总量与时段洪量

1. 洪水总量

洪水总量（W）是指一次洪水过程通过河道某一断面的总水量。W 等于洪水流量过程线所包围的面积（见图 3-1）。严格说来，洪水总量不应包括基流（深层地下水），以便于和流域内其他场次的暴雨总量相比较。

2. 时段洪量

时段洪量是指一定时段内通过某一断面的洪水总水量。为了研究流域洪水特性和适应水利水电工程设计洪水分析计算的需要，习惯上采用多种标准历时（如 1d、3d、7d、15d、30d）的最大洪量 W_d 来描述一次洪水过程中径流的分布，W_d 在流量过程（$Q \sim t$）图表上滑动选取，一般水文统计中所列的 W_d 值都包括基流在内。例如，1998 年长江汉口站实测 30d、60d 洪水总量分别为 1 754 亿 m^3、3 365 亿 m^3，是有实测资料以来的最大相应时段洪水总量。

3.2.3 洪水过程线

洪水过程线是在普通坐标纸上，以时间为横坐标，流量（或水位）为纵坐标，所绘出的从起涨至峰顶再回落到接近原来状态的整个洪水过程曲线（见图 3-1）。从洪水起涨到洪峰流量出现为涨水段；从洪峰流量出现到洪水回落至接近于雨前原来状态的时段为退水段。

洪水过程线的形状有胖、瘦和单、双峰的区别。其影响与流域面积、坡面、坡度、降雨历时以及河道的调蓄能力等诸因素有关。一般说来，流域面积较小，雨前河道或溪沟流量很小或者断流，降雨历时又很短时，洪水历时较短，洪水过程线比较清晰，呈尖瘦、单峰状；反之，若流域面积很大，河道基流较高，且降水又连续不断，则洪水历时很长，过程线常呈肥胖、多峰状。

3.2.4 洪水历时与传播时间

1. 洪水历时

洪水历时（T）是指河道某断面的洪水过程线从起涨到落平所经历的时间。由于形成洪水的流域空间尺度变幅极大，因而洪水的时间尺度也有巨大的变幅。洪水历时主要与流域面积及其地表、地貌、暴雨时空分布、河道特征及其槽蓄能力等因素有关。

河道的洪水历时可以分为短历时、中等历时、长历时和超长历时四类情况[29]。

短历时洪水，是指洪水总历时一般在 2h 以内，流量陡涨陡落，过程线有时呈锯齿形，直接反映降雨强度的变化，降水往往为局部雷阵雨。

中等历时的洪水，总历时大多小于 1d，洪水过程反映暴雨中心地区的降水情况和流域的调蓄能力，降水性质往往具有明显的大气运动系统即天气系统特征。

长历时洪水，总历时可以达 5～10d，一般出现于流域面积在 1～20 万 km^2 之间的较大河流，这类大洪水可以对较大范围的地区造成严重水灾。

超长历时的洪水，多反映特大流域多次降水过程形成的洪水，流域面积多在 10 万 km^2 以上。如长江宜昌以下河段，支流众多，干流比降较小，且受沿江湖泊、洼地滞蓄洪影响，洪水历时往往很长。长江中、下游梅雨期，暴雨和降水日数可持续数十天，如汉口站、大通站常在50d以上。

2. 洪水传播时间

洪水传播时间是指河段上、下游断面出现洪峰的时间差。洪水传播时间与洪水流量、河流比降及上、下游断面距离等因素有关。洪水流量大、比降陡、流程短，则洪水传播时间短；反之，则洪水传播时间长。

黄河下游河道流量接近平滩流量的洪水或由多次洪峰组成的连续洪水，其传播时间比较短；年内首场洪水或漫滩后的大洪水，均因槽蓄量较大，洪水传播时间较长。如花园口至孙口河段，当流量在5 000m^3/s左右时，传播时间约44h；而流量大于10 000 m^3/s时，传播时间要超过60h；入汛后第一场洪水，传播时间可能达到80h[28]。

长江干流的洪水传播时间，如表3-5所示[30]，可见不同河段的洪水传播时间的差异。

表3-5 长江干流洪水传播时间

河　段	洪水传播时间/h	河　段	洪水传播时间/h
寸滩至万县	27~36	螺山至汉口	24
万县至宜昌	21~30	汉口至黄石	12~15
宜昌至沙市	12~18	黄石至九江	12~15
沙市至监利	21~27	九江至湖口	3~4
监利至城陵矶	12	湖口至安庆	15~18
城陵矶至螺山	3	安庆至大通	6

3.2.5 洪水频率与重现期

水文现象的总体无限，实际观测调查到的资料系列属于样本。故在水文学上，常用某水文要素在资料系列中实际出现的频数即“频率”，分别表示其数理统计学上的“几率（概率）”大小。洪水频率是指洪水要素（如洪峰流量或时段洪量）在已掌握洪水资料系列中实际出现次数与总次数之比，常以%表示，如0.1%、1%、10%、20%等。通常所说的洪水频率一般是指洪水累积频率P，其值越小，表示某一量级以上的洪水出现的机会越少，则该洪水要素的数值越大；反之，其值越大，表示某一量级以上的洪水出现的机会越多，则该洪水要素的数值越小。

重现期T_P是指随机变量大于或等于某数值平均多少年一遇的年距。T_P等于（累积）频率P的倒数，即$T_P=\frac{1}{P}$。洪水重现期是指某洪水变量（如洪峰流量或时段洪量）大于或等于一定数值，在很长时期内平均多少年出现一次的概念，如某一量级的洪水的重现期为100年（俗称百年一遇），是指大于或等于这样的洪水在很长时期内平均每百年出现一次的可能性，但不能理解为每隔百年出现一次。

洪水频率和重现期是衡量洪水量级的指标之一。洪水重现期一般是在洪水频率分析基础上估算确定的。然而，天然河流受洪水来源、地区组成以及支流出入、分洪溃口等众多因素的影响，洪水重现期的准确确定往往较难，比如很难用一个重现期来表达长江干流各地的洪水的大小。此外，即使是同一河段，洪峰流量和时段洪量的重现期也不完全相同。例如长江 1998 年，宜昌站最大洪峰流量约 7 年一遇，而最大 30d 洪量重现期近 100 年，最大 60d 洪量重现期超过 100 年；中游汉口站，最大 30d、60d 洪量分别约为 30 年一遇和 50 年一遇。

3.2.6 洪水强度与等级

1. 洪水强度

洪水强度的研究目前尚不成熟，衡量指标也不太一致。在水利工程科学中，常以洪水频率（或重现期）、洪峰水位或洪峰流量、洪水总量、洪水历时等指标来表示洪水强度。这些数值越大，说明洪水强度越大。此外，洪水水深、淹没范围、淹没历时、洪水等级等指标也可以用来描述洪水强度。

2. 洪水等级

洪水等级是衡量洪水大小的一个标准，是确定防洪工程建设规模的重要依据。由于洪水要素的多样性和洪水特性的复杂性，洪水等级可以从不同角度进行划分。通常是根据洪水重现期 T_P（或洪水频率 P）确定洪水等级。我国《国家防洪标准》（GB50201-94）中依据洪水重现期将洪水划分为 12 个等级，如表 3-6 所示。一般认为：洪水等级 $N=1$ 的洪水为小洪水；$N=2$ 的洪水为一般洪水；$N=3$ 的洪水为较大洪水；$N=4$ 的洪水为大洪水；$N=5$ 的洪水为特大洪水；$N\geq 6$ 的洪水为非常洪水。

表 3-6 洪水等级划分标准

洪水频率 P/%	洪水重现期 T_P/a	洪水等级 N
>20	<5	1
20~10	5~10	2
10~5	10~20	3
5~2	20~50	4
2~1	50~100	5
1~0.5	100~200	6
0.5~0.2	200~500	7
0.2~0.1	500~1 000	8
0.1~0.05	1000~2 000	9
0.05~0.02	2000~5 000	10
0.02~0.01	5000~10 000	11
<0.01	>10 000	12

然而，关于洪水等级的具体划定，文献中存在不尽相同的标准。例如，文献［31］将我国江河洪水分为四个等级：小于20年一遇为常遇洪水；20~50年一遇为较大洪水；50~100年一遇为大洪水；大于100年一遇为特大洪水。文献［32］对洪水等级给出如下规定：重现期5~10年的洪水，为一般洪水；10~20年的洪水，为较大洪水；20~50年的洪水，为大洪水；超过50年的洪水，为特大洪水。高庆华等学者根据我国洪水水情和防洪水平，将洪水划分为5个等级：一般洪水，重现期2~10年；较大洪水，重现期10~20年；大洪水，重现期20~50年；特大洪水，重现期50~100年；罕见特大洪水，重现期为100年及其以上。由此看来，洪水的等级标准，还有待于进一步地统一。

值得说明的是，对于同一洪水，根据洪水重现期确定洪水安全度等级，其洪峰流量和时段洪量的安全度等级可能不同，而且同一河流的不同河段，洪水等级也可能不相同。例如1998年长江洪水，宜昌站最大洪峰流量为63300m^3/s，其重现期为6~8年，洪峰流量等级为2，按表3-6属一般洪水；而最大30d洪量重现期为100年，最大60d洪量重现期超过100年，即洪量等级超过5级，按表3-6为特大洪水甚至非常洪水。中游螺山、汉口站的时段洪量重现期与宜昌站有所不同，总入流最大30d洪量重现期为30年左右，最大60d洪量重现期为50年左右，洪量等级介于4~5，按表3-6为大洪水到特大洪水[33]。

3.2.7 洪水特性关系

1. 洪峰流量与流域面积的关系

洪峰流量在一定程度上反映洪水的严重程度，洪峰流量越大，则洪水越大。但在不同地区，同一洪峰流量并不表明洪水严重程度相同。洪峰流量与各水文站的集水面积密切相关，集水面积愈大，洪峰流量愈大。基于此，标准面积洪峰流量较常规洪峰流量更能刻画洪水的强度。标准面积洪峰流量 Q_A 与常规洪峰流量 Q_m 及集水面积 F 的关系如下[24]

$$Q_A = Q_m\left(\frac{A}{F}\right)^n \tag{3-1}$$

式中：Q_A、Q_m——标准面积洪峰流量与常规洪峰流量，单位为 m^3/s；F——对应于 Q_m 的集水面积，单位为 km^2；A——标准面积，单位为1 000km^2；n——指数，一般取0.55。

一般说来，河道洪峰流量随流域面积的增大而增加，但有些河流进入平原之后反而会沿程减小。西北内陆河流一出山口，洪水大量入渗地下以至逐渐消失，就是例证。再如黄河自花园口以下两岸为大堤约束，洪水因沿程分流而愈往下游愈小，如1958年7月洪峰流量，花园口为22 300m^3/s，孙口为15 900m^3/s，到利津只有10 400m^3/s，削减了53%。

2. 最大洪量与流域面积的关系

图3-2为我国实测大洪水最大7d洪量 W_{7d} 与流域面积 F 的关系图。由图3-2明显可见，洪量随流域面积的增大而增大[29]。

我国最大洪量地域分布的变幅很大。据对历年最大实测7d洪量计算的洪水径流深的分析得知，黄土高原的7d最大径流深 R_{7d} 只有30mm左右；东南沿海、珠江、长江和淮河的部分地区，$R_{7d}>200$mm；而一些流域面积较小的河流，如河北“63.8”暴雨、河南

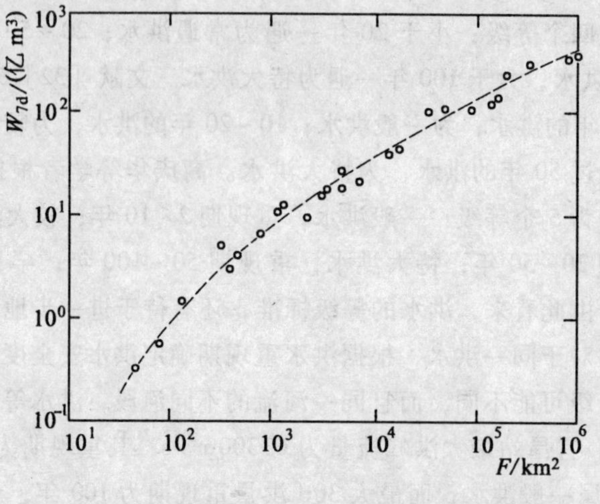

图 3-2　我国河流最大 7d 洪量与流域面积关系图

"75.8" 暴雨地区以及安徽、广西等地区的 R_{7d} 竟达 800～1000mm。由此显示出河流洪水的峰量特性的巨大差异。

3. 最大洪峰流量与多年平均流量的关系

历年最大洪峰流量 Q_m 与年平均流量的多年平均值 Q_{pj} 的关系，可以反映河流径流的集中程度，这个关系相当于历年最大暴雨量和多年平均年降水量的关系。不同河流 Q_m 与 Q_{pj} 的相差倍数关系十分悬殊，如北美洲圣劳伦斯河康纳尔站，流域面积 774 000km²，Q_m 是 Q_{pj} 的 1.27 倍；而我国滦河滦县，流域面积 44 100km²，最大洪峰流量 Q_m 为 34 000m³/s，是 Q_{pj} 的 230 倍。另据相关资料分析知，我国河流洪水的径流集中程度地区差异极大，只有东部典型季风区的部分河流接近世界最高纪录，而西部地区的洪水集中程度远远小于东部地区，在世界上也属相当均化的地区[29]。

4. 洪峰与洪量的关系

洪水过程线的形状决定了洪水的峰量关系。一般来说，流域面积较大、降水过程较长、降水时面分布较均匀、河道及沿岸湖洼调蓄能力较强，洪水过程线较为平坦，洪峰相对较小。

文献［29］分析了我国 32 条较大河流最大 7d 洪量与洪峰流量的资料，先将 7d 洪量 W_{7d} 化算成平均流量 Q_{7d}，再计算其对洪峰流量 Q_m 的比率 $R_{w.Q}\left(R_{wQ}=\dfrac{\overline{Q}_{7d}}{Q_m}\right)$，可以反映洪量与洪峰的相对关系。$R_{w.Q}$ 值愈接近于 1.0，表示洪水过程线愈平缓；$R_{w.Q}$ 值愈小，则表示洪水过程线愈尖瘦。由图 3-3 可见，青藏高原及新疆部分地区河流，$R_{w.Q}$ 值接近于 1.0；东南、华南地区、东北地区以及长江（金沙江流域除外）、淮河流域，比值约为 0.4～0.9；发源于黄土高原地区的海河和黄河中游的较大支流，$R_{w.Q}$ 值一般在 0.4 以下；最小的无定河只有 0.1。

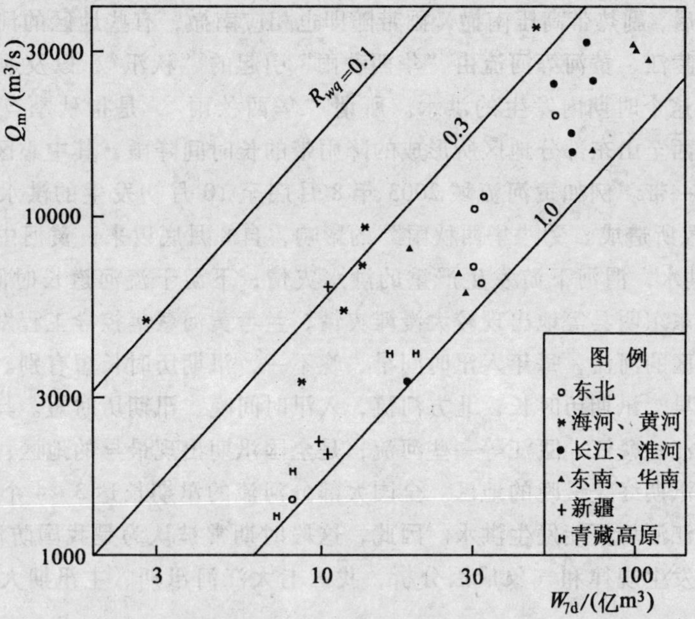

图 3-3　我国较大河流（流域面积 5 万 km^2 左右）洪水峰量关系图

§3.3　我国江河洪水的特点

我国地域辽阔，地形复杂，气候差异较大，洪水种类很多。就同一河流来说，不同季节发生的洪水，其成因与特点均不尽相同。如黄河下游一年中的洪水有桃汛、伏汛、秋汛和凌汛之分，其中伏汛与秋汛往往前后相连形成伏秋大汛或称主汛期。就其发生的范围、强度、频次和对人类的威胁程度而言，我国大部分地区的灾害性洪水主要是发生在主汛期的暴雨洪水。因此，这里所述的洪水特点主要针对暴雨洪水而言。我国江河暴雨洪水的一般特点如下。

3.3.1　季节性明显

我国的暴雨洪水具有明显的季节性。各地出现洪水的时间基本上与气候雨带的南北推移相吻合。一般年份，4 月至 6 月上旬，雨带主要分布在长江以南地区，华南出现前汛期暴雨洪水。6 月中旬至 7 月上旬，是江、淮地区和太湖流域的梅雨期。梅雨期暴雨其强度虽不太大，但因其持续时期较长，雨区分布较广，若再与后期暴雨洪水相衔接，则容易在前期河湖水位较高的基础上，造成大范围内的洪涝灾害。例如 1954 年长江中、下游的特大洪水。7 月中旬至 8 月，雨带从江淮北移到华北和东北地区。而这一阶段正值热带海洋台风生成与活动最盛时期，台风登陆带来的强暴雨虽主要影响东南沿海地区，但有时也会深入腹地影响内陆省份。登陆后的台风北上时，若遇北方冷空气，则易形成大面积的暴雨。在北方地区大暴雨中，这类受台风影响的暴雨居多。例如海河 1956 年 8 月暴雨，滦河、西辽河1962年7月暴雨，河南1975年8月暴雨等都与台风有关。

进入9月之后，副热带高压南撤，雨带随即也相应南撤，有些地区的河流也可能引发洪水。汉江、嘉陵江、黄河等河流由“华西秋雨”引起的“秋汛”，以及通常所说的“巴山夜雨”都是指这个时期内发生的洪水。所谓“华西秋雨”，是指秋季自青藏高原东部起，沿陕南、豫西至山东部分地区所形成的降雨带的长时间降雨，其中心区域位于长江上游四川省大巴山一带。例如黄河流域2003年8月底至10月初发生的洪水，即由严重的“华西秋雨”天气所造成。受“华西秋雨”的影响，自8月底以来，黄河中游干、支流连续出现10多场洪水，渭河下游发生严重的洪水灾情；下游干流河道长时间大流量行洪，河南兰考县、山东东明县等地出现较大漫滩灾情，兰考黄河蔡集控导工程发生重大险情。

我国不同地区的河流，每年入汛时间早、晚不一，汛期历时长短有别。一般说来，南方河流入汛时间早、汛期历时长；北方河流，入汛时间晚、汛期历时短。具体地讲，长江以南丘陵地区湘江、赣江、瓯江等一些河流，是全国汛期出现最早的地区；汉江、嘉陵江等河流，是全国汛期终止最晚的地区。全国大部分河流的汛期长达3~4个月，每年7~8月份，全国七大江河均可能发生洪水。因此，这段时期常被认为是我国防汛的关键时期。根据降雨、洪水发生规律和气象成因分析，我国七大江河汛期、主汛期大致的划分如表3-7所示[32]。

表3-7　　我国七大江河汛期、主汛期划分表

流　域	珠　江	长　江	淮　河	黄　河	海　河	辽　河	松花江
汛期/月	4~9	5~10	6~9	6~10	6~9	6~9	6~9
主汛期/月	5~7	6~9	6~8	7~9	7~8	7~8	7~8

3.3.2　年际变化大

我国河流洪水年际变化很大。同一河流同一站点的洪峰流量各年相差甚远，北方河流更为突出。如长江以南地区河流，大水年的洪峰流量一般为小水年的2~3倍，而海河流域大水年和小水年的洪峰流量之比，则可能相差数十倍甚至数百倍。如海河流域子牙河朱庄站，流域面积1220 km^2，最大年洪峰流量竟是最小年洪峰流量的856倍。历史最大流量（调查或实测）与年最大流量多年平均值之比，长江以南地区河流比值一般为2~3倍；淮河、黄河中游地区可以达到4~8倍；海河、滦河，辽河流域高达5~10倍。

洪峰流量变差系数C_v值可以用来表示洪水年际变化的大小。图3-4为我国东部地区中等流域（集水面积5 000~100 000km^2）C_v分布示意图。由图3-4可见，江南丘陵、珠江流域、浙闽沿海洪水年际变化比较稳定，C_v值在0.30~0.50之间；往北逐渐增加，秦岭以南长江干流以北C_v值在0.50~1.0之间；黄河中游、海河、辽河流域是洪水年际变化最不稳定的地区，C_v值高达1.0~1.50；松花江流域C_v值也很高，仅次于华北地区，其值在0.80~1.10。C_v值的大小虽受诸多流域因素影响，计算误差一般较大，但通过综合分析仍然可以看出地区间的变化规律[34]。

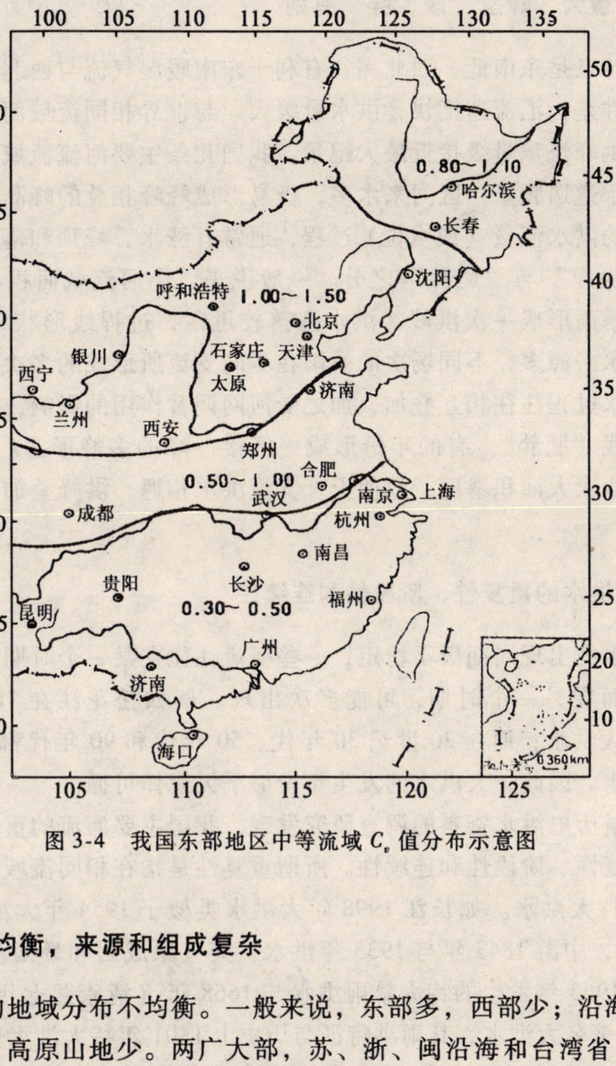

图 3-4　我国东部地区中等流域 C_v 值分布示意图

3.3.3　地域分布不均衡，来源和组成复杂

我国暴雨洪水的地域分布不均衡。一般来说，东部多，西部少；沿海地区多，内陆地区少；平原地区多，高原山地少。两广大部，苏、浙、闽沿海和台湾省，长江中、下游，淮河流域和海河流域是受暴雨洪水影响最大的地区。

河流洪水的来源与组成复杂。其主要影响因素是流域的自然地理环境和气候条件。特别是流域面积大，支流众多，各支流自然地理环境和气候条件差异较大的河流，更为如此。

以长江流域为例[35]：长江洪水主要来自上游，宜昌站多年汛期平均水量占大通站的50%以上。上游金沙江（屏山站）多年平均来水量占宜昌站的32.4%。各典型特大洪水年水量变化不大，说明金沙江水量比较稳定；岷江和嘉陵江多年平均水量占宜昌站的37.4%。中、下游地区洪水以洞庭湖和鄱阳湖水系比重较大，两湖水系多年平均来水量占大通站的34.5%。

长江流域暴雨洪水遭遇，在正常情况下，中、下游与上游，江南与江北的暴雨洪水发生有先有后。但若江南与江北，上游与中、下游雨季发生提前或延后相互重叠，则很容易造成上、下游和南北两岸暴雨洪水的恶劣遭遇，形成全流域或区域性特大洪水灾害。

3.3.4 洪水峰高量大，峰型“瘦、胖”有别

我国的地形特点是东南低、西北高，有利于东南暖湿气流与西北冷空气的交绥；地面坡度大，植被条件差，汇流速度快，洪水量级大。与世界相同流域面积的河流相比，我国河流暴雨洪水的洪峰流量量级接近最大纪录。我国几条主要河流流域面积均较大，支流众多，干、支流洪水遭遇频繁，区间来水多，极易形成峰峰相叠的峰高量大型洪水。

江河某断面的洪水流量（或水位）过程，通常有涨水、峰顶和落水三个阶段。洪水过程线的形状有“尖瘦”与“肥胖”之分。一般说来，小河流域面积小，集流时间短，调蓄能力小，一次暴雨形成一次洪峰，洪水涨落较迅猛，过程线形状“尖瘦”单一；大河流域面积大，洪水来源多，不同场次的暴雨在不同支流所形成的多次洪峰先后汇集到大河时，各支流的洪水过程往往相互叠加，加之受河网调蓄作用的影响，洪水历时延长，涨落速度平缓，过程线“肥胖”，有的年份形成一峰接一峰的多峰形态。如长江流域 1998 年汛期，连续出现八次大面积暴雨，致使干、支流洪水相遇，洪峰叠加，高水位持续时间很长。

3.3.5 灾害性大洪水的重复性、阶段性和连续性

灾害性大洪水的出现周期极不稳定，一些河流往往在某一个时期，十数年或数十年没有大洪水出现；而在另一个时期，可能多次出现。例如松花江在 1898 ~ 1931 年间（34 年）没有出现较大洪水；而在 20 世纪 30 年代、50 年代和 90 年代都发生了多次 10 年一遇以上的较大洪水。因此，大洪水的发生年份似乎无规律可循。

但通过对大量历史洪水资料的调查研究发现，我国主要河流的重大灾害性洪水在时间上具有一定的重复性、阶段性和连续性。所谓重复性是指在相同流域或地区，重复出现雨洪特征相类似的特大洪水。如长江 1998 年大洪水类似于 1954 年大洪水；黄河上游 1904 年与 1981 年洪水，中游 1843 年与 1933 年洪水，其气象成因和暴雨洪水的分布都有相似之处；海河南系 1963 年发生的特大暴雨洪水与 1668 年（清康熙七年）的大洪水相类似；海河北系 1939 年著名大洪水，其雨洪特征与历史上 1801 年特大洪水也相似；松花江 1932 年与 1957 年洪水，四川 1840 年与 1981 年大洪水，其暴雨洪水特点彼此都相类似。纵观全国，近年来发生的重大灾害性洪水，历史上几乎都曾发生过。通过对这种重复性现象的认识，可以预示今后可能再次发生的重大灾害性洪水的基本情势。

阶段性的意思是，一个流域何时出现大洪水虽难以准确预测，但从较长时间观察发现，不少河流大洪水的发生频率存在高发期和低发期。例如海河流域，19 世纪后半叶进入频发期，50 年中出现 5 次大洪水，平均 10 年出现 1 次；长江流域 20 世纪 80 年代以来，步入频发期，洪灾损失呈指数上升之势，仅川、鄂、湘、皖、苏及重庆等六省、市的受灾面积，约占全国水灾面积的 40% 以上，长江流域已成为真正的“洪水走廊”。

连续性是指在高发期内大洪水往往连年出现。如长江中、下游 1848 年、1849 年、1850 年连续 3 年大洪水，1995 年、1996 年、1998 年、1999 年、2002 年连续发生的大洪水；松花江 1956 年、1957 年大洪水；辽河 1985 年、1986 年大洪水；珠江 1994 年、1996 年、1998 年大洪水，等等。大洪水的这种连续性现象，在防洪中不可轻视，特别是战胜了大洪水过后的年份，防汛工作更是不可松懈。

§3.4 洪水监测与预报

3.4.1 洪水监测

江河洪水主要由暴雨形成，暴雨洪水的监测和预报，关键是对空中致洪云雨的监测。常规的暴雨监测方法是，依靠布设在地面的大量气象台（站）定点观测降雨量，再据大量站点所测暴雨资料及相关水文气象信息，通过流域产、汇流计算，作出暴雨洪水过程的预报。

常规暴雨监测方法的优点是简单，操作方便。其缺点：一是这种地面气象观测台（站），只能在地球表面少部分地区内设置，在大部分地区，尤其是海洋、沙漠或高山等自然条件恶劣的地区则难以建立；二是观测台（站）的观测范围有限，通常仅局限于当地或附近数十公里的范围内。

云雨是天气现象的重要因素。因地球的大气层是一个整体，要精确地预报天气，就必须在全球范围内对大气的活动现象进行连续不断地监测，且必须迅速、及时、精确地掌握全球地面到高空的所有不同时间的天气变化情况。显然，要实现这种观测，仅仅依靠地面布设的气象台（站）是不够的。

随着科学技术的发展，相继研究出具有快速、遥测、信息多、探测范围广等优点的各种新技术、新方法。其中天气雷达和气象卫星，已广泛地应用于降雨天气的监测和预报。这里简要介绍如下[26],[36]。

1. 天气雷达

雷达是微波遥感的一类装置。该装置用人工方法向目标物发射微波，再用仪器接收从目标物上反射回来的电磁波，并根据反射电磁波的特征来识别物体。

雷达探测降水的思想在 1941 年就已提出，在以后的十数年中发展很快，到 1959 年巴坦 L. J.（Battall）提出雷达气象学。现在，世界各国都先后建立了雷达气象观测系统，在降雨观测方面取得了巨大进展。

天气雷达在我国也叫测雨雷达，该装置是安装在地面上利用无线电回波来探测降水状况的一种仪器。通俗地讲，该装置是暴雨的搜索器。其工作原理是，从旋转的抛物面状天线上向各个方向发射出一种看不见的强大电波，电波遇到云块、雨滴后反射回来，显示在特制的荧光屏上，再根据荧光屏上的回波结构，即可以判断出暴雨的强度和位置，并能进而估算出降水量和制作降水量分布图。天气雷达的有效探测范围可以达到 300km 或更远。

暴雨和一般雨不同，通常具有突发性，强度较大，时程不长，局地性明显。用常规 6 小时观测一次的气象观测网很难捕捉到，在一般天气图上容易被漏掉而发现不了。使用天气雷达，不论白天黑夜，雨强大小，时程长短，都能够根据需要定时或不定时地连续跟踪观测，随时通过雷达荧光屏上的亮斑变化，搜索暴雨的强度变化和移动情况。50 多年来，天气雷达在暴雨监测方面已显示出强大的生命力，随着计算机技术的发展与引入，天气雷达探测暴雨技术正在向着细网和自动化方向快速发展。图 3-5 为武汉站的雷达天气图。

2. 气象卫星

气象卫星是携带各种气象观测仪器（遥感仪器）用于气象目的的卫星。自 1960 年 4

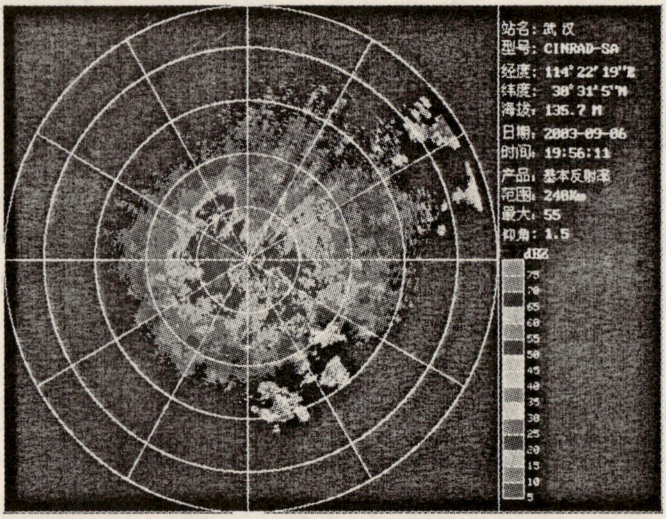

图 3-5 武汉雷达站雷达天气图（2003.9.6）

月 1 日美国第一颗气象试验卫星泰罗斯-1 号（TIROS-1）发射成功以来，人类把气象观测搬到了太空，从此开创了气象探测的新纪元，气象卫星也因此成为太空气象监测器。气象卫星的出现，有力地促进了气象科学的发展，特别是在灾害性天气监视和天气分析预报等方面发挥着重要作用。

(1) 气象卫星的种类

按照卫星绕地球运行的轨道不同，可以分为极轨卫星和地球静止卫星两类。

极轨卫星绕地球运行的轨道每次都经过地球的两极附近，每天在固定的时间（同一地方）经过某个地点上空，因此也称近极地太阳同步轨道。极轨卫星的高度一般在 800～1 500km，轨道平面与赤道平面的夹角一般在 98°左右。美国泰罗斯（TIROS-N）系列卫星及我国的风云一号（FY-1）气象卫星都是极轨卫星。极轨卫星的优点：① 可以实现全球观测；② 由于轨道高度较低，能提高图像的空间分辨率和探测精度；③ 在观测时有合适的照明，可以得到充足的太阳能。其缺点是：① 观测次数少，对某一地区，一颗卫星一天在红外波段取得两次资料，可见光波段只有一次资料，不利于分析变化快、持续时间短的中、小尺度天气系统；② 相邻两条轨道的资料不是同一时刻，对资料的利用不利。

地球静止卫星固定在地球赤道上某一点的天空，高度为 35 800km，也称地球同步卫星，如日本的 GMS 卫星及我国的风云二号（FY-2）卫星。地球静止卫星的优点是：① 视野辽阔，一个静止卫星的观测范围为南北纬 70°以内，东西达 140 个经度，约为地球表面的$\frac{1}{3}$即 1.7 亿 km^2 的地区；② 能够连续观测，一般半小时提供一张全景圆盘图，可以连续监测天气云系的演变。其不足之处是：① 不能观测南北极区；② 对观测仪器的要求很高。

可以想象，只要几颗气象卫星就可以代替全球数以千万计的气象台（站）的观测了。而且气象卫星不受时间、地理条件的限制，在人们难以到达的深山老林、荒漠地区，在人迹罕至的高山雪地、海洋孤岛上，气象卫星都能捕捉云雨，记录下暴雨的相关信息。

利用极轨卫星和静止卫星的各自长处，将它们结合在一起就形成一个地球气象卫星观测体系。目前的全球卫星观测系统由 5 个地球静止卫星和两个极轨卫星组成，如表 3-8、表 3-9 和图 3-6 所示。

这个全球气象卫星系统作为一个长期的世界气象监视网计划（world weather watch—W. W. W.）的最重要一环，由 64 个国家配合同步实验，名为“全球大气研究计划(FGGE)”于 1978 年 12 月开始，我国参加了该项工作。这是全球同步多要素观测的开始，有了这个系统就可以连续监视地球上任一地区的天气变化。

表 3-8 全球气象卫星系统（静止气象卫星）

承担国家	卫星名称	卫星监视区域	位 置	第一颗卫星发射时间
日本	GMS 系列	西太平洋、东南亚、澳大利亚	E140°	1977 年 7 月
美 国	SMS/GOES 系列	北美大陆西部、东太平洋	W140°	1974 年 5 月
美 国	SMS/GOES 系列	北美大陆东部、南美大陆	W70°	1975 年 2 月
欧洲空间局	Meteosat 系列	欧洲、非洲大陆	0°	1977 年 9 月
俄罗斯（前苏联）	COMS 系列	亚洲大陆中部印度洋	E70°	1970 年

表 3-9 全球气象卫星系统（极地轨道气象卫星）

承担国家	卫星名称	备 注
美国 俄罗斯（前苏联）	NOAA 系列 Meteop 系列	从 800～1 500km 高空处，南北向绕地球运行，对东西约 3000km 带状地域进行观测，一日二次。在极地地区观测特别密集。

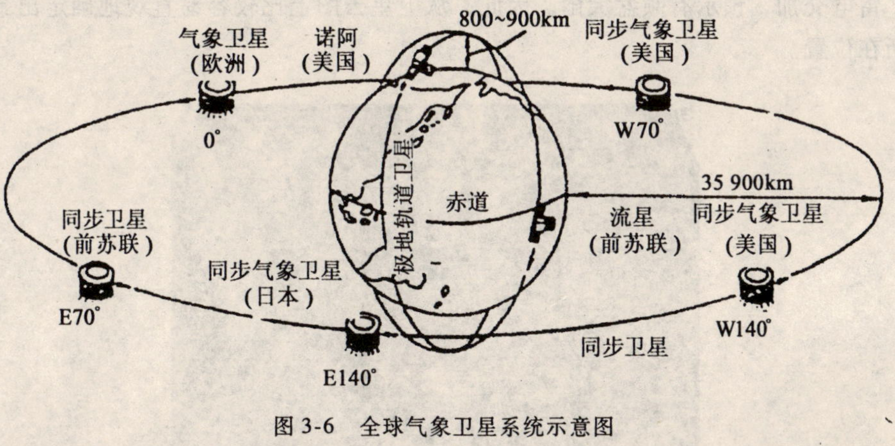

图 3-6 全球气象卫星系统示意图

到目前为止，我国已成功地发射了风云一号、风云二号和风云三号气象卫星。其中，风云一号和风云二号卫星各发射了 3 颗。前 2 颗风云一号卫星装有 5 通道的可见光和红外扫描辐射计，第3颗风云一号卫星探测通道数增加到10个，增加了对云层、陆地和海洋的多光谱探测能力。风云二号卫星装有3通道的可见光、红外和水汽扫描辐射计，拍摄的云图资料填补了我国西部、西亚和印度洋上的大范围观测空白，该星还具有很强的数据收集和转发功能。经过空间运行测试表明，风云一号和风云二号卫星的主要技术指标已达到20世纪90年代初的国际水平。这些气象卫星的应用，为我国的天气预报和气象研究发挥了重要作用，有效地减少了沙尘暴、台风等灾害天气造成的损失，成为人民群众日常生活中关心的热点。

风云三号是我国首颗第二代极轨气象卫星，2008年5月27日发射升空。卫星上装有可见光红外扫描辐射仪、红外分光计、微波温度计、微波成像仪等十余种有效载荷，探测性能比第一代极轨气象卫星“风云一号”有显著提高，可以在全球范围内实施三维、全天候、多光谱、定量探测，获取地表、海洋及空间环境等参数，实现中期数值预报。该星具有广阔的应用前景，将在监测大范围自然灾害和生态环境，研究全球环境变化、气候变化规律和减灾防灾等方面发挥重要作用。同时，也可以为航空、航海等部门提供全球气象信息。

（2）气象卫星的基本原理及其应用

气象卫星遥感地球大气各项气象要素是通过探测地球大气系统发射或反射的电磁辐射而实现的。地球下垫面（地面、洋面）、云层和大气都会根据它们自己的性质反射太阳辐射，也都会根据自己的温度放射出热辐射。无论是反射太阳辐射还是放射热辐射，均属于电磁辐射，只是波段不同而已，都可以部分或全部穿过地球大气而到达宇宙空间。因此，只要在卫星上安装一个辐射接收器，就可以探测到被测物体的辐射强度。在气象卫星遥感测量中主要采用可见光、红外和微波段。

气象卫星可以用来监测暴雨。根据太空卫星观测并发回地面的连续静止的云图资料（见图3-7），可以确定暴雨云团的形成过程及其位移规律。暴雨主要由积雨云产生。气象卫星云图上积雨云表现为一个个密致的白亮区，色调越白，表示云层越厚，亦即表示乌云密布，雷电交加，预示有倾盆大雨。因此，从卫星云图上比较容易直观地确定出暴雨强度及其所在位置。

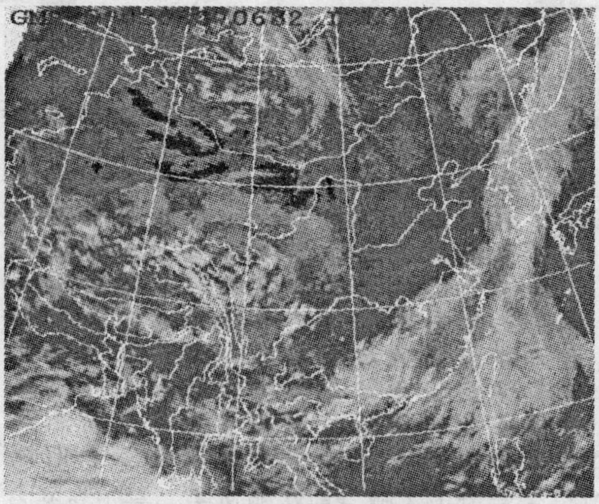

图3-7 卫星云图（2002.8.7，6:32）

根据卫星云图资料可以估算降水量。其基本方法主要有云指数法和云生命史法两类。云指数法是在仅能获得极轨卫星资料的地方所使用的基本方法，该方法主要是根据云图或定量辐射资料确定的指数来反映云区特征，经验性地估计出降水潜势；云生命史法是运用静止卫星资料跟踪云场整个生命史来做出降水估计。有兴趣的读者可参阅相关专业文献。

我国气象工作者利用卫星云图，结合其他气象资料，多次成功地预报出持续性的特大暴雨。1983 年 7 月下旬连续性大暴雨，汉江上游水位陡涨，气象工作者根据卫星云图及时作出暴雨预报，陕西安康等城市的居民 7 月 31 日采取紧急撤离措施，从而大大减少了人员伤亡。1991 年 6 月 14 日，卫星云图又为安徽省蒙洼蓄洪区的 4 万多居民的安全撤离争取了 7 个小时的宝贵时间。1998 年长江特大洪水期间，气象工作者根据卫星云图作出的三峡库区面降雨量监测图，对于洪峰爆发时间及强度预报起到了重要作用。

气象卫星云图还可以用来遥感水灾。因为水体与陆地以及植被太阳光的反射特性不一样，农作物被水淹后，其叶绿素和水分发生了变化，也造成对光的反射特性发生变化。气象卫星遥感仪器接收到这些有差异的信息再发送回地面，经过处理后，就可以得到洪涝面积。1986 年，吉林省四平市气象局根据当年 8 月 4 日的气象卫星遥感资料计算出，因辽河流域大暴雨而形成的受涝区为 50 万 hm^2，严重涝区为 14 万 hm^2。同时，他们还根据卫星云图估算出绝收面积。1998 年长江、松花江流域特大暴雨洪水期间，国家卫星气象中心根据卫星云图资料制作的水情监测图，为客观、科学、准确地了解和评估受灾地区的灾情发挥了重要作用。2003 年黄河秋汛，河南兰考蔡集工程上首河势变化造成生产堤溃口，9 月 30 日兰考北滩和东明南滩全面进水，洪水沿黄河大堤堤根向下游推进，在防洪形势十分严峻的关头，迅速启动卫星遥感监测应急预案，采集洪水漫滩区遥感图像，顺利完成了洪水演进、漫滩的遥感监测工作，为夺取抗洪斗争的胜利起到了积极作用。

3.4.2 洪水预报

洪水预报是根据洪水的形成和运动规律，利用过去和实时水文气象资料，对未来一定时段内的洪水情势做出科学的预测。

1. 洪水预报的分类

(1) 按预见期长短，可以分为短期、中期和长期预报。通常把预见期在 2d 以内的称为短期预报；预见期在 3 ~ 10d 以内的称为中期预报；预见期在 10d 以上一年以内的称为长期预报。

河流洪水预报的预见期，通常是指洪水由上游流达下游的传播时间。不同河流的预见期不同。一般来讲，大、中河流的预见期稍长，在 1 ~ 2d 以上，如长江上游洪水传播至中、下游一般要 2 ~ 5d；小流域河流洪水，预见期要短一些，但至少也在 5 ~ 6h 以上。

(2) 按洪水成因，可以分为暴雨洪水预报、融雪洪水预报、冰凌洪水预报、海岸洪水预报等。在各类洪水中，暴雨洪水最为多见。因此，绝大多数河流的洪水灾害由暴雨洪水诱发，故暴雨洪水的预报通常成为洪水预报中的重点。暴雨洪水的预报方法下面将专门述及。

(3) 按发布预报时所依据的资料不同，可以分为水文气象法、降雨径流法和河段洪水演进法三类。水文气象法所依据的是前期的气象要素情况，例如我国中央气象中心，根据全球的气压场、温度场、湿度场、风场等，按天气学原理通过巨型计算机的运算，所得成果之一是每天发布大尺度的12h、24h、36h、48h雨量，水文工作者再据此分析计算，作出超前期的洪水预报。

降雨径流预报法，以往多采用的方法是，依据当前已经测到的流域降雨和径流资料，经产流和汇流计算，由暴雨预报流域出口的洪水过程。随着计算机技术的普及和信息传输技术逐步实现现代化，许多大流域，将降雨—流域—出流作为一个整体系统，用一系列的雨洪转化方程编成计算机程序，将信息自动采集系统获得的降雨信息直接输入计算机，即可以计算出洪水过程，这种方法称做流域水文模型法。

河段洪水演进法，是根据河段上断面的入流过程预报下游断面的洪水过程，常用的算法为河道流量演算法和相应水位法。

这三类方法中，水文气象法的预见期最长，但预报精度最差。降雨径流法和河段洪水演进法的预见期一般不长，多为短期预报，预报精度较高，是当前应用的主要方法。前者的预见期，一般不超过流域汇流时间；而后者的预见期大体等于河段洪水传播时间。另外，近些年来，为提高预报精度，在实际预报过程中，利用随时反馈的预报误差信息，对预报值进行实时校正，称此为实时洪水预报。

2. 暴雨洪水预报

暴雨洪水预报或简称雨洪预报，是根据过去和实时的场次暴雨资料及相关水文气象信息，对暴雨形成的洪水过程所作的预报。暴雨洪水预报内容包括：流域内一次暴雨将产生多少洪水径流量及其在流域出口断面形成的洪水过程，前者称做降雨产流预报，后者称做流域汇流预报。

暴雨洪水预报的主要项目有：洪峰水位（流量）、洪峰出现时间、洪水涨落过程、洪水总量等。暴雨洪水预报常用水文学方法，即利用暴雨信息经产、汇流水文模型计算来预报洪水的经验性方法。如产流量预报中的降雨径流相关图是在分析暴雨径流形成机制的基础上，利用统计相关的一种图解分析法；汇流预报则是应用以汇流理论为基础的汇流曲线，用单位线法或瞬时单位线等方法对洪水汇流过程进行预报；河道相应水位预报和河道洪水演算是根据河道洪水波自上游向下游传播的运动原理，分析洪水波在传播过程中的变化规律及其引起的涨落变化寻求其经验统计关系，或对某些条件加以简化求解等。随着实时联机降雨径流预报系统的建立、发展与电子计算机的应用，以及暴雨洪水产流和汇流理论研究的进展，不仅从信息的获得、数据的处理到预报的发布，费时很短（一般只需数分钟），而且既能争取到最大有效预见期，又具有实时追踪修正预报的功能，从而提高了暴雨洪水预报的预见性和准确度。

在我国，为了监控各主要江河的水情变化，各大江河流域均设立了大量雨量站、水文站，以观测降雨和洪水情况。现在全国共有近2万余处水文站，其中有8600余个水文站为防汛报汛站（称为报汛站）。水文报汛站中，只报降雨信息的称为雨量站，有近4000个；报水位、流量、雨量的水文报汛站有4600余个。主要水文观测项目有降水量、水位、流量、泥沙等。通过水情报汛站网把实时水情信息（降雨、水位、流量等），迅速传递给发布预报的机构，预报机构根据已制定的预报方案计算求得预报值，根据预报内容按相关授权单位规定，分别通过广播、电视、电话和网络等信息渠道及时传向相关部门。为了保证洪水预报的精度，常需采用多种方法进行综合分析和科学会商。我国大江、大河的流域性洪水预报，由国家防汛抗旱总指挥部办公室统一发布[32]。

3. 河道洪水演算

河道洪水演算是依据河段的入流洪水过程推算出流洪水过程的计算。根据入流洪水计算出流洪水，从性质上讲属于一维明渠非恒定流，其解法较繁琐，要求资料较多，在一般水文工作中较少应用。但由于天然河道洪水波的加速度项极小，可以据蓄泄关系求解方程，方法简便，这就是所谓洪水流量演算法。最常用的流量演算方法是马斯京根法。该方法由美国 G. T. 麦卡锡于 1938 年提出，因首先用于马斯京根河而得名。这里简要介绍如下。

马斯京根法的基本原理是，用水量平衡方程和槽蓄方程分别取代一维明渠非恒定渐变流圣维南方程组的连续方程和运动方程而联立求解。水量平衡方程和槽蓄方程分别为

$$\frac{1}{2}(Q_{上,1}+Q_{上,2})\Delta t-\frac{1}{2}(Q_{下,1}+Q_{下,2})\Delta t=S_2-S_1 \tag{3-2}$$

和

$$S=f(Q) \tag{3-3}$$

式中：$Q_{上,1},Q_{上,2}$——时段始、末上断面的入流量；

$Q_{下,1},Q_{下,2}$——时段始、末下断面的出流量；

Δt——计算时段；

S_1,S_2——时段始、末河段蓄水量。

水量平衡方程式(3-2)中各量之间的相互关系如图 3-8(a)所示。当区间有入流 q 时，式(3-2)左边应增加$\frac{1}{2}(q_1+q_2)\Delta t$ 项，其中 q_1、q_2 分别为时段始、末的区间入流量，如图 3-8(b)所示。

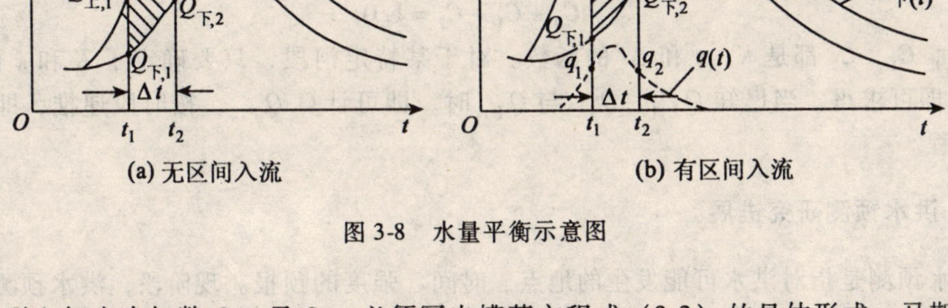

(a) 无区间入流　　(b) 有区间入流

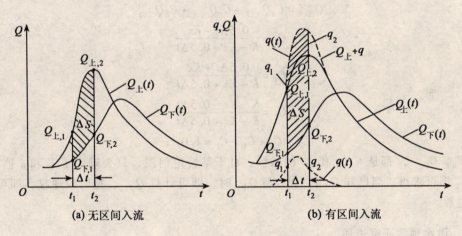

图 3-8 水量平衡示意图

欲联立解出未知数 $Q_{下,2}$ 及 S_2，必须写出槽蓄方程式（3-3）的具体形式。马斯京根法假定非恒定流的槽蓄量由柱蓄量与楔蓄量两部分组成。柱蓄量指平行于河底的直线即恒定流水面线下面的槽蓄量；楔蓄量即恒定流水面线与实际水面线之间的槽蓄量。涨水时槽蓄量等于柱蓄量与楔蓄量之和，落水时槽蓄量等于柱蓄量与楔蓄量之差，如图 3-9 所示。

柱蓄量　　$S_柱=KQ_下$

楔蓄量　　$S_楔=Kx(Q_上-Q_下)$

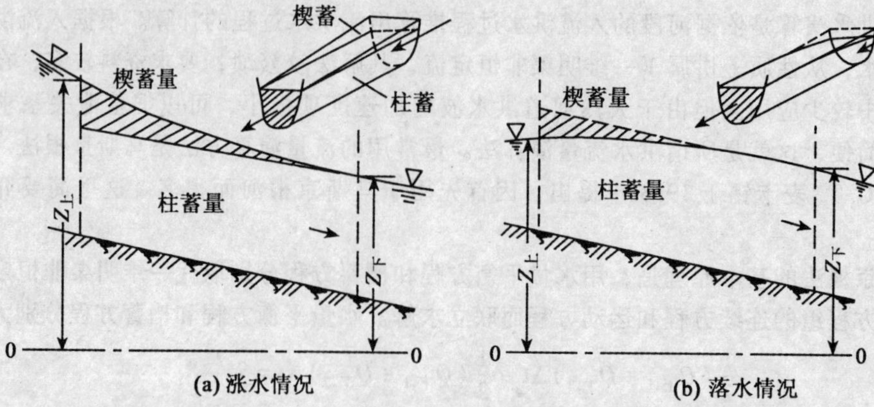

图 3-9 河槽蓄量示意图

总槽蓄量 $$S = S_{柱} + S_{楔} = KQ_{下} + Kx(Q_{上} - Q_{下}) \tag{3-4}$$

令 $$Q' = xQ_{上} + (1-x)Q_{下} \tag{3-5}$$

则 $$S = KQ' \tag{3-6}$$

式（3-4）与式（3-6）称为马斯京根法的槽蓄曲线方程。式中 Q'称为示储流量；K 表示槽蓄量与流量的比值，是槽蓄量与流量关系曲线的坡度，称为蓄量常数，具有时间因次；x 为流量比重因子。

联立求解水量平衡方程式（3-2）和槽蓄方程式（3-4），得马斯京根流量演算方程

$$Q_{下,2} = C_0 Q_{上,2} + C_1 Q_{上,1} + C_2 Q_{下,1} \tag{3-7}$$

其中

$$\left.\begin{aligned} C_0 &= \frac{0.5\Delta t - Kx}{K - Kx + 0.5\Delta t} \\ C_1 &= \frac{0.5\Delta t + Kx}{K - Kx + 0.5\Delta t} \\ C_2 &= \frac{K - Kx - 0.5\Delta t}{K - Kx + 0.5\Delta t} \end{aligned}\right\} \tag{3-8}$$

且

$$C_0 + C_1 + C_2 = 1.0$$

其中 C_0，C_1，C_2 都是 K、x 和 Δt 的函数。对于某特定河段，只要确定了 K 和 x 值，C_0，C_1，C_2 即可求得。当已知 $Q_{上,1}$、$Q_{上,2}$与 $Q_{下,1}$时，即可计算 $Q_{下,2}$。按时段递推，即可求得出流过程。

3.4.3 洪水预测研究进展

洪水预测是指对洪水可能发生的地点、时间、强度的预报。现阶段，洪水预测中洪水时空变化规律，尤其是异常暴雨形成的特大洪水时空变化规律的研究还很少，而这种研究对于防洪减灾意义重大。因此，近些年来科学家们根据成因分析方法和数理统计方法，逐步从与洪水有关联的更广阔的空间去寻找形成洪水的各种物理因素，探索它们与洪水之间的相关关系，从而推测未来洪水的时空变化规律。这类研究工作主要有以下几个方面[24]。

1. 根据 ENSO 现象预测洪水

ENSO 现象是厄尔尼诺（EL Nino）现象和南方涛动（Southern Oscillation）的总称。

它们对全球性的大气环流和海洋状况研究都有重要的指导意义。根据相关研究，厄尔尼诺现象是由地球自转速度的变化引起的。在地球自转速度大幅度减慢时期，赤道附近的海水或大气获得较多的向东角动量，引起赤道洋流减弱，导致东太平洋涌升流得以减弱，从而造成该地区大范围海表温度异常升高。根据相关研究，江淮流域的特大洪涝多发生在厄尔尼诺现象的同年或次年；四川盆地西部的历史大洪水多发生在地球自转速度由慢变快或由快变慢的不规则运动的转折点附近，由于估计 1992～1995 年是地球自转速度由慢变快的转折点，据此，学者们曾指出这一时期应警惕大洪水。事实上，1995 年川西发生了大洪水。

2. 根据地震预测洪水

自然灾害系统中各种灾害之间具有相互触发、因果相循等关系，从而造成灾害群、灾害链现象。郭增建等学者（1992 年）研究指出，如果在蒙、新、甘交接地区发生 7 级以上大地震，那么其后一年内黄河往往会出现特大洪水，这种大地震与大洪水的对应率可以达到 88% 以上。相关研究认为，当蒙、新、甘交接地区发生大地震时，大范围的构造运动使地下携热水汽逸入低层大气，这一方面使大气水汽含量增加，同时使这里气压变低，诱使西风带上的水汽向这里输送；另一方面，大地震后造成的低压环境可以吸引北方的冷空气南下和西太平洋副热带高压西伸北上，由此在黄河流域形成特大洪水。因此，可以利用蒙、新、甘交接地区的大地震活动来预测黄河流域的特大洪水。

3. 根据火山爆发预测洪水

强烈的火山爆发所形成的尘幔在高层大气中能停留数年之久，它们能强烈地反射太阳辐射，从而产生使地球表层变冷的效应。历史上赤道地区四次强烈的火山爆发曾引起四川温度偏低，大量凝结核使降水偏多，相当一部分地区出现洪水灾害。根据相关史料分析，在火山爆发的第二年，四川盆地发生较大洪水的概率为 85%，在第三年发生较大洪水的概率为 79%。

4. 根据地磁异常预测洪水

地球磁场在正常月份为线性分布，其空间线性相关系数约为 75%～100%，当地球磁场出现异常时相关系数值将减小。从 1990 年 11 月开始，我国出现了以皖南为中心，包括安徽、江苏和浙江在内的大面积地磁异常区。到 1991 年 1 月，异常中心的相关系数值降至 10%；5 个月后，在淮河、太湖流域出现了特大洪水灾害。其他地磁异常地区也出现了类似情况。学者们推测，太阳风与地球磁层顶相互作用，在极区上空的电离层中形成极区电极流。极区电极流通过地球磁力线传至中、低纬度地区的电离层中，在未来要发生灾害性天气的地区上空，电离层可能在 5 个月前受到扰动，以致使地球磁场出现异常变化。

5. 根据太阳黑子活动预测洪水

太阳是距地球最近的恒星，太阳的活动深刻地影响着地球上的洪灾。太阳黑子活动具有 11 年的周期变化规律。相关研究认为，在太阳黑于活动峰年，一方面，太阳给大气输入的能量增多，导致大气热机功能加强；另一方面，在这一时期地壳因磁致伸缩效应和磁卡效应易于产生变形和松动，地壳内的携热水汽易于泄出，并与大气过程配合，在这种情况下易发生特大洪水。在太阳黑子活动谷年，磁暴减弱，地壳内居里点附近的生热效应降低，此时居里点附近的岩石就会因自发磁致伸缩效应而产生形变，这种形变可能触发地壳内一些不稳定地段发生变动从而有利于发生大地震，使地下热气逸出，并与大气过程配合，形成特大洪水。自1840年以来，长江发生特大洪水的年份主要有1870年、1931年、1954年和1998年，淮河主要有1975年和1991年，黄河主要有1843年，而这些年份都在太阳黑子活动的峰年、谷年或其前后。因此，可以利用太阳黑子活动峰、谷年的变化来预测长江、淮河、黄河可能发生的特大洪水。

6. 根据太阳质子耀斑预测洪水

太阳质子耀斑是一种辐射出大量高能质子的耀斑。周树荣等学者（1992年）的统计研究表明，约81.3%和76.1%的质子耀斑事件发生后的第一个月内，长江中、下游和华北地区的雨量明显增加，易出现洪水。太阳质子耀斑对大气环流的调制作用有两个过程：（1）太阳质子耀斑喷射的高能质子流造成了地磁扰动，被扰动的地磁场每当地磁活动指数 K_p 增加一个单位时便使增强的电离层主槽向赤道方向移动约3.5°，从而导致极涡南移，使冷空气频繁南下；（2）在夏季日面西部出现大耀斑爆发后的半个月内，西太平洋副热带高压有增强北上的现象（西伸北移）。据此推测，极涡南移造成的冷空气频繁南下和西太平洋副高压的西伸北移是太阳质子耀斑事件发生后，长江中、下游和华北地区汛期洪水的主要原因。在1991年5月和6月，日面上连续两次出现了太阳质子耀斑事件，如果天气预报考虑到这一天文因素，那么就有可能提前27~30天预报1991年夏季淮河、太湖流域的两次特大洪水过程。

7. 根据日食预测洪水

太阳辐射能在地球上出现不均匀的纬向分布，使两极成为低温热源，赤道成为高强热源，从而导致大气环流的运行。赵得秀等学者研究发现，洪水与日食有一定的关系，因为当日食发生时，地球上接收的太阳辐射能减少，从而使大气环流发生异常变化，以致出现洪水。相关研究表明，大尺度涡漩的动能约为地球一日获得的太阳能量的7/800，不到1/100，这远小于一次日食形成的大气有效位能，所以一次日食可以激发大气长波。大气长波形成的触发作用有热力作用和动力作用，海陆之间的温差是热力作用，而高山、高原对西风环流的阻挡是动力作用。日食形成的热力作用是形成洪水的主要因素，因为海陆和地形的作用长年是相对稳定的，不能形成气候的巨变；而日食次数每年不尽相同，多者为5次，少者为2次，这足以使大气环流出现异常变化。利用日食对我国各大江河1981~1987年的洪水进行检验性预报，其预报成功率可达84.7%。

8. 根据近日点交食年预测洪水

在近日点，地球受太阳的吸引力最大，公转速度最快，日、月食在年头、年尾出现，这种年份称为近日点交食年。在近日点交食年，我国的一些大江大河多发生特大洪水，如长江特大洪水发生在近日点交食年的年份有1852年、1860年、1870年、1935年、1945年、1954年等，黄河有1842年、1843年等，海河有1871年、1917年、1963年等。究其原因，一方面，在近日点交食年，日、月引潮力引起近日点交食年潮汐，并引起厄尔尼诺现象；另一方面，在近日点地球接受的太阳辐射比在远日点多7%，赤道暖流把吸收的热量通过黑潮送至我国沿海，且暖流蒸发也较多，增强了西太平洋副热带高压的活动能量，进而影响我国水文气象的异常变化，以致发生特大洪水。学者们根据近日点交食年资料，预知1991~1992年和2000年，我国将出现这种异常变化，前一时期的推测已被1991年江淮流域的特大洪水所证实。

9. 根据九星会聚预测洪水

九星会聚是指地球单独处在太阳的一侧，其他行星都在太阳的另一侧，且最外两颗行星的地心张角为最小的现象。相关研究认为，九星会聚发生于冬半年时，地球的冬半年延长，夏半年缩短，以致北半球接受的太阳总辐射量减少，这就是九星会聚的力矩效应，这种效应累积若干年后最终导致北半球气候变冷的趋势；反之，九星会聚发生于夏半年时，就会导致北半球气候变暖的趋势，产生各种气象灾害。据相关资料统计，近 1 000 年以来，长江流域 1153 年、1368 年、1870 年、1981 年的特大洪水都处在九星会聚的前后阶段；近 500 年以来，黄河流域发生过 4 次特大洪水，其年份是 1482 年、1662 年、1761 年、1843 年，其中除 1761 年之外其他三次也都处在九星会聚的附近时期。

10. 根据天文周期预测洪水

根据天文奇点非经典引力效应以及近几年关于天体引潮力的研究，把黄道面四颗一等恒星先后与太阳、地球运行成三点一直线的四个天文奇点的太阳投影瞬时会相，看成一种天文周期。相关研究指出，天文奇点出现时，地球受到的天体引潮力达到最大值，同时大气环流也发生异常变化，以致洪水灾害发生。研究证实，已知的天文周期与长江流域的旱涝有着较好的统计相关，相关率达 94%。

综上所述，近些年来，科学家们已从地球系统、太阳活动、行星运行等广阔的空间去探求与洪水相关的物理因素，在预测洪水时空变化规律方面获得了大量新奇而重要的研究成果。目前看来，虽然这些研究往往仅限于某单项物理因素的考虑，而洪水现象本身是多种复杂物理因素综合作用的结果，有些研究成果还一时难以准确用于实际，但这些研究工作已极大地拓展了人们研究和预测洪水的理论视野，对于人类探索空间气象奥秘和科学预防与利用洪水是大有思想启迪的。

随着人类科学技术水平和控制洪水能力的提高，人类对水资源需求量的增加和对生态环境的关注，在较大空间范围内调用洪水的愿望日益增强，这种可能性也在与年俱增。例如有学者提出，江河防洪应由地上防洪转移到天上防洪，在这方面的研究业已取得某些进展。近年来气象部门通过对宏观气流系统的研究，提出在及时的监测和预报的基础上，实行人工影响云雨工程，把空中丰沛水分降到需要雨水的地区，化洪涝灾害为宝贵的水资源，从而实现空中调水[37]。所有这些设想与研究工作，其意义是肯定无疑的。可以相信，随着科学技术的发展与研究工作的深入，其中不少愿望终将变为现实。

第四章 洪水灾害

洪水灾害是人们通常所说的水灾和涝灾的总称。水灾一般是指因河水或湖水泛滥淹没田地所引起的灾害；涝灾指的是因降雨土地过湿致使作物生长不良而减产的现象，或因雨后地面排泄不畅而产生大面积积水造成社会财产受损。由于水灾和涝灾往往同时发生，有时也难以区分，因此人们通常把水、涝灾害统称为洪水灾害。

洪水灾害是主要自然灾害之一。洪水给人类的生存和社会发展造成损失与祸患，故称为"灾"。洪灾的发生，一般以人员伤亡、财产损失和生态环境受害为标志。人类早期面对洪水主要采取消极的逃离态度，择丘陵而居，洪水所淹之处往往是荒无人烟的洪泛区，这时的洪水自然不能成灾。随着社会的发展，人口的增加，人类不断向洪泛平原迁移并逐渐定居下来，侵占、垦殖原本就属于洪水的空间，从而导致洪水常常反过来侵犯人类的利益而成灾。

一般说来，洪水致灾是下面三个因素综合作用的结果：(1) 存在致灾洪水即诱发洪灾的自然因素；(2) 存在洪水危害的对象，即洪泛区有人居住或分布有社会财产，并因被洪水淹没而受到损害；(3) 人为因素，即人在潜在的或现实的洪灾威胁面前，或逃避，或忍受，或作出积极抗御的对策反应。因而可以说，洪水成灾是人与自然不相协调的结果。洪灾虽起因于自然，但其成灾则在很大程度上与人为因素有关。人类在洪水威胁面前，既要主动适应洪水，协调人与洪水的关系，又要积极采取必要的对策、措施，最大限度地减轻洪灾造成的损失，这是防洪减灾工作的基本指导思想。

§4.1 洪水灾害的分类

洪水灾害的分类方法很多。如按洪水灾害的灾情轻重，可以分为微灾、小灾、中灾、大灾和巨灾，或分为一般洪灾、大洪灾和特大洪灾；按洪水成因不同，可以分为暴雨洪水灾害，融雪洪水灾害，冰凌洪水灾害，暴潮洪水灾害，溃口洪水灾害以及山洪、泥石流灾害等；按洪水灾害发生范围，可以分为区域型洪灾和流域型洪灾两类，在长江流域，又进一步将区域型洪灾分为上游型和中、下游型两个亚类[38]。

这里按洪水灾害的形成机理和成灾环境特点，参考陈述彭教授的分类方法[38]，将常见洪水灾害概括为以下几种类型：溃决型、漫溢型、内涝型、蓄洪型、山地型、海岸型、城市型等。

4.1.1 溃决型

溃决型洪水灾害泛指水库大坝失事或河湖堤防溃口等造成的洪水灾害。溃决型洪水突发性强、来势凶猛、破坏力大。例如：1975 年 8 月河南大洪水，板桥、石漫滩水库大坝溃决，数十个村庄遭灭顶之灾，灾情震惊中外；1938 年国民党在黄河花园口扒口，致使黄河下游 44 个县 5.4 万 km^2 的土地一片汪洋；2003 年渭河洪水，渭河干支流堤防 8 处决口，56.25 万人受灾，29.22 万人迁移，受灾农田 137.8 万亩，倒塌房屋 18.72 万间。

我国北方的某些河流，如黄河、黑龙江、松花江等河流，每到冬季河面封冻，在春季河道解冻时，常因大量流冰下行受阻形成冰坝，一旦决口，造成严重的冰凌洪灾。如黄河下游，据 1855~1938 年的 84 年间统计，仅山东河段的凌汛决口就达 29 次。

4.1.2　漫溢型

漫溢型洪水灾害最为常见。这类洪灾是指洪水越过堤防或大坝顶部，造成堤内或坝下游地区淹没成灾的现象。漫溢型洪水易受地形控制，水流扩散速度较慢，洪水灾害损失程度与土地开发利用状况有关。洪泛平原与河口三角洲地区是漫溢型洪水灾害的多发地，我国七大江河的中、下游与河口地区常见这类洪灾。2005 年 6 月 22 日，西江洪水漫过广西梧州市河东城区防洪大堤，进入城区，造成重大灾害，就是一例。

4.1.3　内涝型

内涝型洪水灾害，是指地势低洼地区或江河两岸的湖群水网地区内发生暴雨洪水，由于区域排水不畅使大面积区域积水造成明涝，或由于长期积水使区域地下水水位升高造成区域渍涝灾害的现象。内涝型洪水灾害多发生于湖群分布广泛的地区，如我国的洞庭湖、鄱阳湖周边地区和太湖流域。1991 年太湖洪涝灾害就是典型的内涝型洪水灾害。太湖原有进出口 108 处，其中半数与长江相通，起着吞吐洪水的调节作用。近些年来，农民很少像过去那样每年掏挖河泥，垫田作肥，以致不少港汊逐年淤塞，泄流不畅；加之乡镇企业迅速增长，围湖修路，垫平沟渠，建厂造房，致使泄洪水道堵塞了近$\frac{2}{3}$。此外，苏州、上海等大城市在周边花巨资修建了防洪大堤，每当遇到大洪水时，只得炸堤放水出城。但这又因水流不畅，区域性积水无法及时排出而积涝成灾。

4.1.4　蓄洪型

河道水库的蓄水运用以及河道干流两侧的蓄滞洪区，在遇河道来水过大而泄流受限时往往需被迫蓄洪运用，从而造成一定的人为性洪水灾害，这类情况可以称为蓄洪型洪水灾害。这类洪灾是人为造成洪水自然规律的改变与空间转移所引起的。水库蓄水滞洪，抬高水位，势必对库区周边造成一定淹没损失。下游河道在遇超标准洪水时，往往需要从大局出发，启用两岸的蓄滞洪区，以确保河道的安全度汛和灾害损失的总体最小，这时需要以洪泛区做出局部损失为代价。蓄洪型洪水灾害是一种可控性洪水灾害，通过洪水的优化调度和管理，可以使其灾害损失尽可能地降到最小。例如淮河 2003 年的“大水小灾”就是例证。

4.1.5　山地型

山地型洪水灾害泛指山丘地区因暴雨引发山洪、滑坡和泥石流等突发性的灾害。山地型洪水灾害发生地区，大多沟壑纵横，河流源短流急，洪水暴涨暴落。其特点是：突发性强，洪流速度快，挟带泥石多，历时短暂，破坏力大，防御困难等。

山洪的发生，虽可能有多种因素，但以暴雨山洪最为多见。

暴雨山洪诱发山地型洪水灾害易造成重大人员伤亡和经济损失。1991～2001年，我国平均每年有1 000～1 500人死于山地型洪水灾害。例如，2002年6月8日，陕西省南部秦岭山区发生暴雨山洪并引发泥石流，造成455人死亡或失踪，7 000多人无家可归，房屋倒塌8万余间，造成直接经济损失21亿元。1999年9月，受台风影响，浙江省温州、台州、丽水等地区遭受特大暴雨袭击，因山洪和山体滑坡死亡84人。2002年湖南省郴州市发生暴雨山洪灾害，99人死亡。2004年7月5日，云南省德宏州盈江、陇川两县发生特大山洪、泥石流灾害，造成直接经济损失2.8亿元。2007年8月17日，山东新汶地区暴雨山洪，冲毁柴汶河堤防，造成山东华源有限公司（原张庄煤矿）发生严重溃水事故，172人被困井下。

4.1.6 海岸型

海岸型洪水灾害，是指天文大潮、台风（热带气旋）暴潮或海啸引发的海陆交接的海岸地带的洪水灾害现象。其表现是，汹涌的海浪扑向陆地，造成堤塘漫溢、溃决而成灾。

我国的海岸线长达1.8万km，台风平均每年在沿海登陆9次，风暴潮型洪水灾害最为常见，损失最为严重。例如，1992年特大风暴潮袭击南起福建北至辽宁长达数千公里的海岸，受灾人口达200多万，直接经济损失约占当年洪水灾害总损失的$\frac{1}{4}$。

1970年11月孟加拉湾风暴潮，夺去30万人的生命，100万人无家可归。1972年6月飓风使美国佛罗里达州及东部各州死亡122人，损失147亿美元。2004年12月26日，印度洋海域发生的特大地震海啸，造成27.3万人死亡或失踪，经济财产损失难以估计。

4.1.7 城市型

城市型洪水灾害是指发生在城市市区的洪水灾害。城市人口密集，经济发达，高楼林立，地下设施复杂，一旦遭受洪灾，损失惨重，影响深远。

城市型洪水灾害有其特殊性。城市地面不透水面积比大，径流系数大，汇流快、时间短、入渗少，天然、人工两套地下排水系统，暴雨季节常常不能满足地表径流的正常排泄而渍水成灾。2004年7月10日，北京遭遇十几年来罕见暴雨，部分城区严重渍水、交通一度瘫痪；2007年7月，重庆市遭受百年不遇特大暴雨，损失惨重。此外，一些傍水而建的城市，还存在河水溃堤入城成灾问题。

我国的城市大多处在江河下游两岸，随着城市化的发展，城市防洪遇到不少新情况、新问题。主要表现在：城市的洪水环境发生了变化，随着城市的发展，城市周边的湖泊、洼地、池塘、河沟不断被填平，原本具有的调蓄洪水的功能丧失殆尽；城市范围不断扩大，一些大城市郊区及开发区发展很快，防洪保护范围也不断扩大，原有的防洪排涝设施远远满足不了快速发展的城市的防洪要求；城市人口急剧上升，经济飞速发展，防洪保护的要求越来越强烈。因此，城市型洪水灾害的防治，是我国当前江河防洪工作的重中之重。

§4.2 洪水灾害的基本特性

4.2.1 自然属性与社会属性

人类赖以生存的自然环境的变异，极易导致各种自然灾害的发生。自然灾害源于自然界的变异，这是自然灾害的自然属性。但并非所有的自然变异都可以成为自然灾害。只有在自然变异超过一定的限度，对人类的生存环境造成危害时，才成为自然灾害。自然变异这一灾害源，当其施加于人类社会这一受灾体并造成不良后果时才成为灾害。这是自然灾害的社会属性。

洪水是一种自然现象，本身无所谓灾害可言，只有当其超过人们的正常抵御能力而威胁到人和财产的安全时，才可能出现灾害。可见，发生洪水不一定形成洪灾。倘若洪水出现在人迹罕至的荒地、戈壁或高寒深处，那只是洪水现象，而不能称为洪水灾害。洪水是造成洪灾的直接原因，而洪泛区（孕灾环境）内人的存在或社会财产的分布这一因素也不可缺少。因此，洪水及其孕灾环境是洪水灾害的自然属性。

人类及其活动构成洪水灾害的社会属性。人类在改造自然、改善环境的过程中，也在不同程度地损害人类的生存环境，甚至造成生态环境的破坏，最终酿成洪水灾害的发生。如伐林垦地，会加剧水土流失；围湖造田，与水争地，会加重洪涝灾害，等等。可以说，洪水成灾是人与大自然不相协调的结果。洪灾虽起因于自然，但其成灾及灾害损失的程度则在很大程度上与人为因素有关。

洪水灾害社会属性的另一方面，还在于人类社会对洪水灾害采取的应对措施是否适当。同样的洪水，人类社会应对失当，就可能成灾或灾情严重；反之，不一定形成灾害或灾情相对较轻。因此，发生洪水与人类应对的互动关系，使得洪水灾害具有较鲜明的社会属性。

4.2.2 不可避免性与可管理性

自然灾害是因自然现象的变异对人类生存环境造成的危害。由于自然界的运动和变异是必然的、不可抗拒的，因此自然灾害的发生是不可避免的，是不以人们的意志为转移的，是人们不愿发生的不幸事件。人类无法阻止自然灾害的产生，但可以通过预防减轻自然灾害的危害程度。

洪水灾害是常见的自然灾害之一，同样具有不可避免性。这里有两层含义：一是洪水这种自然现象不可避免，二是或多或少受到洪水的不良影响不可避免。受科学技术水平和财力、物力限制，从现阶段看来，人类抗御洪水的能力很难与洪水的自然破坏力相抗衡，通常所谓防洪也仅指针对某种量级的洪水而言。各项防洪工程的设计标准都是基于有限的历史资料和有限的经济投入，还无法达到根治或控制所有稀见洪水的能力。我国现行大多数江河堤防的防洪标准还很低，有的仅能对付 10～20 年一遇的洪水。因此，期望特大洪水不再发生，或仅依靠现有防洪工程就高枕无忧的想法都是不现实的。

洪水灾害风险是不可避免的。所谓“风险”一词，至今尚无统一说法，一般是指在一定时空条件下所发生的非期望事件。洪水灾害风险（或简称洪水风险），是指洪水对人类的生命财产安全所存在的威胁的可能性，洪水风险既有别于洪水现象本身，也不等同于洪水灾害损失。因此，洪水风险一旦变为现实，将对人类赖以生存的环境、利益、健康乃至生命构成极大伤害。洪水的风险是永恒的，因而治水减灾事业是长期的、复杂的、艰巨的。

通常所谓洪灾风险的降低，只是在有限的范围内有代价地被降低，实际上可能是洪水灾害风险形式发生了改变。风险形式的改变，可能是有利的，也可能是不利的；可能在短时期里是有利的，但在长时期里是不利的；可能对一个区域有利，而对另一个区域不利。

例如，人们为了阻挡洪水，修筑堤防以保田园免遭洪水威胁，并不断加高加固堤防来提高堤防的防洪标准，以减少洪水泛滥的机率。但这却使得洪水原有的天然调蓄场所丧失，且内涝矛盾由此突现。人们又需通过增建泵站来扩大排涝能力，以快速解除涝水淹没损失。这样一来，雨水、涝水被更为集中地排向河道，使得河道洪峰流量增大、洪峰水位抬高，反过来又增大了堤防漫溢和溃决的风险。再如，在河道上游修建水库，可以有效地拦蓄超额洪水，以确保下游地区的防洪安全，但同时也出现了水库应急泄洪甚至溃坝导致毁灭性灾难的风险，如果水库超蓄洪水，还会加重上游地区的淹没风险。中、下游安排的蓄滞洪区，虽可起调节河道洪水作用，但不少蓄滞洪区多年不用，区内经济发展、人口增长很快，分洪决策所面临的困难和风险极大。

洪水灾害风险是可以管理的。洪水管理泛指人类为协调人与洪水的关系，规范洪水调控行为与增强自适应能力的一系列活动。洪水灾害风险管理或简称为洪水风险管理，是洪水管理的模式之一。如以高投入确保防护区绝对的防洪安全为治水目标；或严格限制洪泛区的经济发展，即使淹了也损失甚小。这都是无风险管理模式的概念。洪水风险管理的基本目标是，追求“适度”与“有限”地承受风险。在我国，现阶段只能选择有风险的洪水管理模式，即通过采取各种措施设法将洪水风险控制在可承受的限度之内，以使人与大自然之间保持良性互动的发展关系。然而，有关洪水风险管理的基础理论和基本概念，在我国至今却处于探索研究阶段[41]。

4.2.3 普遍性与区域性

洪水无情，所淹之处，无论是人员还是禽畜，无论是生活设施、基础设施还是生产设备，无论是田园、作物还是农舍、厂房，无论是属于个人、集体或国有，除非有专门防护措施，都难逃厄运，严重时可能一片泽国，荡然无存。这就是洪水灾害的普遍性。

洪灾的发生总限于某个区域。大江大河发生洪水灾害，淹没范围较大，可能淹及数省、数县；小河堤防溃决，可能只殃及一县或一个乡。但这都只限于某个区域内。例如，假若长江荆江大堤溃口，只会威胁江汉平原和武汉市的安全，不会影响到湖南省洞庭湖区；荆江分蓄洪区的分洪运用，只会造成该分洪区内的灾害损失，不致损及其他地区。这都是洪水灾害的区域性的概念。

4.2.4 突发性与规律性

洪水是造成洪水灾害的直接原因。洪水的发生具有相当的突发性，因而洪水灾害也表现出一定的突发性。例如水库垮坝，堤防溃口，山洪、滑坡、泥石流的发生，台风暴潮袭击等。人们通常不易直观察觉，或者根本就没有意识到灾难会突然来临，有些情况可能有些先兆，人们也有所预感和预防，但发生时往往突如其来，措手不及，被动至极。

洪水灾害的发生并非无规律可循。人们可以通过观测预报掌握洪水的一些规律性，从而可以发现洪水灾害的发生、发展过程的某些规律。如某河段堤防的堤基较差，历史上曾多次出现管涌险情，那么该堤段大汛年份就有可能发生类似险情。从我国近百年的水文史料来看，各主要江河都可以找到成因及其分布极为相似的特大洪水。因此，洪水灾害不但具有突发性，而且具有一定规律性。

4.2.5 多样性与差异性

洪水灾害的多样性与洪水种类之多有关。我国地域辽阔，自然环境差异极大，多种洪水并存。北方的一些河流，几乎年年发生冰凌洪水。西北西藏、新疆、甘肃和青海等地，存在融雪、融冰洪水。西南地区，山洪、滑坡、泥石流多见。东南沿海地区，受风暴潮洪水威胁极大。七大江河中、下游地区，是暴雨洪水的高发地区。长江、钱塘江和珠江河口地区常遭潮汐洪水威胁。

洪水灾害差异性的表现是多方面的。从地域上讲，我国暴雨主要分布于24小时内50mm等雨量线以东，即从云南省腾冲往北至黑龙江省呼玛以东地区，特别是100 mm等雨量线以东，即从辽东半岛往西沿燕山、太行山、伏牛山、巫山东南山麓至云贵高原南缘以东地区[34]。西部地区气候干燥，极少发生暴雨。我国东部地区是人口密度最大和经济最发达的地区，其中只占国土面积8%的七大江河中、下游和滨海河流地区，有着全国40%的人口、35%的耕地和60%的工农业总产值。在同样洪水淹没条件下，东部地区比西部地区损失要大得多，从而在地理分布上成为我国防洪的重点地区。上述情况说明，我国暴雨洪水的区域差异性，决定着洪水灾害损失的地域差异性。

从时间上讲，我国地处欧亚大陆东南部，东临太平洋，西部深入亚洲内陆，地势西高东低，呈三级阶梯状；南北则跨热带、亚热带和温带三个气候带，具有大陆性季风气候特征。受季风活动影响，降雨具有明显的季节变化。全国大部分地区江河汛期一般在6~8月，而进入汛期的时间，随着雨带的由南向北移动，南方早于北方，华南地区暴雨洪水一般在5~6月就见发生，而北方河流的暴雨洪水则通常要到7~8月。可见洪水灾害发生的时间存在差异性。

此外，对于同一地区遭受的同次洪水，不同的受灾对象，蒙受损失的程度可能不一样，有的受灾较轻，有的可能受灾很重。所有这些，都是洪水灾害差异性的种种表现。

4.2.6 可测性与可防性

可测性即可预测性。洪水灾害的发生与影响并非完全不可预测，随着人类对洪水灾害的成因、成灾机制与规律的认识水平的提高，有可能对各次洪水灾害事件的发生作出及时的预测预报。

可防性即可防御性。人类目前虽不能对洪水灾害说永别，但可以通过采取工程与非工程的各种措施，把洪灾消灭在萌生阶段，或最大限度地减少其可能造成的损失，这总是可以做到的。我国所兴建的8万多座水库和27万km的堤防工程，在防洪减灾中发挥了巨大作用，就是人类抗御洪水的伟大功绩。

4.2.7 可变性与递增性

可变性是指变洪水水害为水利，科学利用洪水资源，让其为人类造福。如利用河道上游水库的调蓄功能，把危害下游地区防洪安全的超额洪水，转化为水库的兴利效益；在黄土高原地区大规模修建淤地坝，蓄纳洪水，既可拦沙淤地，又能有效减少危黄泥沙；黄河下游“束水攻沙、引洪淤滩”，让黄河洪水按人的意愿冲刷河床，使缺水断流的黄河“起死回生”，河滩淤积后，地肥堤固，对农业生产和防洪安全均为有利；“引江济汉”把长江洪水引入汉江，以解决南水北调工程实施后汉江下游河道生态环境的恶化问题，如此等等。所有这些，都是人类为扼杀洪灾，把洪水视为资源加以利用的良好举措。摆在我们面前的问题是，如何充分地利用洪水，科学地安排洪水，把洪水灾害变为洪水效益。

递增性是指随着社会财富的日益积累，洪灾绝对损失值有愈来愈大的趋势。中华人民共和国成立初期，我国经济发展水平很低，人民生活十分贫困。经过 50 多年的发展，尽管与世界发达国家人均财富水平相比仍较低下，但随着乡镇企业的兴起，农村已有明显的财富积累，城市化发展更是日新月异，总体上城乡人民群众的生活，较过去已有极大的改善。过去湖区农民每家一条小船，一旦受淹全家财产搬到船上就走了；现在则大不相同，每家还有房屋、财产。因此，现在同样的地区遭受同样的水灾，其损失就要比过去大许多倍。例如，在 20 世纪 80 年代末，对长江流域内各省亩均综合损失值统计时，发现 80 年代的数值较 50 年代的数值大数倍。改革开放后，经济发展速度进一步加快，上述亩均综合损失值增长更快。所以在三峡工程规划设计中，20 世纪 80 年代初期采用的亩均综合损失值约为 1 000 元，到 80 年代中期调查达到 2 200 元，而到 90 年代初期初步设计阶段约达到5 000元（包括物价因素）[39]。由此看来，不断加强防洪建设，提高保护区的防洪标准，已成为社会进步与经济发展的迫切需求。

4.2.8 利害两重性

洪水与洪灾是两个不同的概念。洪水是一种自然水文现象，并非总是“猛兽”。洪灾通常是指洪水的不利后果。人类防洪防的是“灾”，怕的也是“灾”。洪水泛滥固然会造成损失，这是其为害的一面。但任何事物都有其正反两面性。洪灾在一定的条件下，坏事可能变为好事。灾后必须重建，大灾之后必有大发展。1998 年大水后，“退田还湖、移民建镇”，对年年蒙受水灾之苦的湖区百姓来说，不能说不是发展的良好机遇。从上述意义讲，洪水灾害也潜在着“有利”的意义。人类在洪水灾害面前，关键在于如何减轻自身损失，灾后则应尽快振作起来，变受害为得利，变受灾之苦为发展之动力，重建美好家园。

§4.3 洪水灾害的成因

洪水致灾是一系列自然因素和社会因素综合作用的结果。自然因素是产生洪水和形成洪灾的主导因素；而洪水灾害的不断加重却是人口增多和社会经济发展的结果。因此研究洪灾成因，应在关注自然因素作用的同时，要着重分析人类活动对洪水成灾规律和防洪安全的影响，以便反思经验教训，寻求对策办法，为从根本上制止和减轻洪水灾害程度而努力。人类活动的影响主要表现在以下几方面[42]。

4.3.1　植被破坏，水土流失加剧，入河泥沙增多

地面植被起着拦截雨水、调蓄径流、固结土体、防止土壤侵蚀的作用。随着我国人口的不断增多，人口与土地、资源的矛盾日益突出。山地过垦、林木过伐、草原过牧，以及开矿、修路等人类社会经济活动，造成地面植被不断被破坏，水土流失加剧，大量雨水裹着泥沙直下江河，江河、湖泊、水库淤积，洪水位抬高，给周边地区的防洪造成很大危害。

我国是世界上水土流失最严重的国家之一。目前水土流失面积为367万km^2，占国土总面积的38%，每年流失土壤达50亿t。水土流失现象各大江河流域都不同程度地存在，其中以黄河、长江流域最为严重[28]。

黄河泥沙的主要来源区黄土高原，水土流失面积达43万km^2，占该区域总面积的70%以上，其严重程度居世界之首。黄土高原区每年进入黄河的泥沙多达16亿t，其中4亿t淤积在下游河道内，使黄河下游河床平均每年抬高8~10cm，形成著名的"地上悬河"，防洪难度大为增加。目前，黄河滩面比新乡地面高20m，比开封地面高13m，比济南高5m。

渭河是黄河中游的主要支流。2003年8~9月份，出现1981年以来的最大洪水，渭南境内多条支流倒灌，多处支流河堤决口，20多万人被迫撤离家园，大量农田、村庄被淹，直接经济损失超过10亿元。这次洪水渭南流量比1981年少2 000km^3/s，而水位却比1981年高出2m，最终酿成远比1981年严重的洪灾。渭河2003年为何"水小灾大"呢？其根本原因是上、中游地区生态恶化，水土流失严重，即泥沙惹的"祸"。据相关资料统计，近40多年来，渭河下游泥沙淤积达13亿m^3，已在渭河入黄河口处形成了高约5m的"拦门坎"，造成渭河入黄不畅，渭南市境内渭河成为地上悬河，部分河床比堤内村庄高出2~4m，一些城镇已失去自然排水能力。所有这些情况，又与三门峡工程的兴建与运用有重要关系。

长江流域年土壤流失总量24亿t，其中上游地区达15.6亿t。1998年长江发生全流域性特大洪水，就与中、上游地区植被被破坏、水土流失加剧、生态环境恶化、暴雨汇流过程加快等有重要关系。长江河床也有不断淤高迹象，荆江汛期水位已高出两岸地面8~10m，沙市洪水位高出市区2层楼有余。荆江洪水很不正常地高悬于江汉平原之上流淌，已构成荆楚大地人民的心病。

4.3.2　围湖造田，与河争地，河湖泄蓄洪能力降低

河流中、下游两岸的湖泊、洼地，自然情况下是江河洪水的天然"调节器"，起着自动调蓄江河洪水的作用。但随着社会发展和人口的增长，在一个时期内，受"以粮为纲"思想的影响，围湖造田、与河争地现象曾一度四起，"向湖泊要粮"、"要河水让路"、"山山水水听安排"、"人定胜天"等口号到处可见。在一些地区，江与湖的关系变复杂，人与水的和谐局面被破坏，人们居住和耕耘着原本就不属于自己的土地。由于天然调节器失灵，洪水反复无情地施以报复，湖区百姓不得不年年筑堤，年年防汛，防不胜防，居无宁日。

洞庭湖：20 世纪 50 年代初有面积 4 350km^2，近 40 多年来，因围垦、淤积减少面积 1 600 km^2，减少容积 100 多亿 m^3[28]。仅湖南省南县，从 20 世纪 60 年代起，用“人海战术”大量围湖造田，在短短一二十年间，全县围垦了大小圩垸 18 个，总面积达千余公倾。

鄱阳湖：20 世纪 50 年代初湖面面积约 5 100 km^2，蓄洪容积为 375 亿 m^3，20 世纪 50～60年代始大量围湖造田，而现状水面面积仅 3 900 km^2，蓄洪容积为 298 亿 m^3。滥围乱垦的直接后果，严重削弱了鄱阳湖对长江洪水的调蓄作用。

湖北省素有“千湖之省”之称。20 世纪 50 年代初，全省面积在 6.67hm^2 以上的湖泊有 1 332 个，中水位时的总面积为 85 282 km^2。其中面积 333hm^2 以上的湖泊有 322 个，面积为 76 406 km^2，有效调蓄容积 1 154 亿 m^3。到 20 世纪 80 年代，全省面积在 6.67hm^2 以上的湖泊只有 843 个，其中面积在 333hm^2 以上的湖泊仅 125 个，总面积 25 197 km^2，有效调蓄容积 307 亿 m^3，仅为 20 世纪 50 年代初的 26.6 %。

据相关资料统计，近 40 年来，仅湘、鄂、赣、皖、苏 5 省围垦湖泊的面积超过 12 000km^2[43]。围垦的结果，湖泊离解，大湖变小，小湖消亡。湖泊的萎缩和消失，湖泊调蓄洪水能力大为减弱。与以往相比，现在湖泊的洪水涨速要快得多，以致在同样来水情况下，现在的最高湖面水位要比过去显著抬高，从而使湖区周边的防汛抗洪形势愈来愈严峻。

与此同时，垦占河滩现象也很严重。河道滩地本是洪水季节或大洪水年的行洪空间，但不少河道的河滩，被人为垦殖和设障。例如，在河滩上擅自围堤；种植成片阻水林木或芦苇等高杆植物；筑台建房；修筑高路基、高渠堤；砖瓦厂、修船厂、拆船厂、桥梁、码头、临时仓库等，沿河两岸滩地上随处可见；煤渣、垃圾随意堆积，等等。黄河下游滩区曾一度被生产堤包围，致使一般洪水不能漫滩，滩地淤积速度减缓，而主槽淤积加重，形成“二级悬河”。人类与水争地的这些行为，减小了河道行洪断面，增大了水流阻力，影响了泄洪能力，加重了堤防的防洪压力。

4.3.3 防洪工程标准低，病险多，抗洪能力弱

堤防和水库是对付常遇洪水的两大主要防洪工程设施。堤防是平原地区的防洪保护屏障。目前全国已建江河堤防 27 万余 km[44]。尽管国家已投入大量资金进行整险加固，但主要江河堤防的防洪标准仍然偏低。黄河下游的防洪标准为 60 年一遇，长江中下游、淮河、海河、珠江、松花江、辽河、太湖等，一般只能防御 10～20 年一遇的洪水。全国 470 个有防洪任务的城市，防洪标准达到和超过百年一遇标准的只有少数城市，达到 50 年一遇标准的仅 93 个城市，约占$\frac{1}{5}$；达到 20 年一遇标准的 248 个，占$\frac{1}{2}$，还有$\frac{1}{5}$的城市低于 10 年一遇标准，有些城市基本没有防洪工程。

我国江河堤防历史悠久，主要江河堤防大部分是在老堤防基础上逐渐加高培厚形成的。由于种种原因，堤防存在的主要问题有：堤身内存在如古河道、老口门、残留建筑物、虚土层、透水层等隐患；施工质量较差，部分堤段堤顶高程不足，压实质量未达到设计要求；生物破坏，如南方的白蚁，北方的獾、狐、鼠类，对堤防的破坏作用很大；堤龄老化、年久失修，堤体长期浸润，易于产生液化、沉陷变形，而长期脱水则可能产生裂

缝；堤基地质复杂，没有处理或处理不当；重要堤防没有进行渗流稳定分析和采取抗震措施；穿堤建筑物设计施工方面的问题，等等。所有这些，都将严重影响堤防安全，遇到高洪水情，存在引发堤防失事酿灾的危险。

水库可有效地拦蓄洪水。全国已建成大、中、小型水库84 000多座，总库容4 717亿m^3，其中位于七大江河流域内的有67 533座，总库容3 637亿m^3。我国不少水库，是在20世纪50年代“大跃进”时期和70年代大搞农田基本建设时期建成的。有的“边勘测、边设计、边施工”；有的资料不全、设计匆匆、考虑不周、仓促开工，或施工追求速度，质量差、隐患多；有的“重建轻管”，年久失修,后遗症多。据相关普查,我国大型水库中,病险库占$\frac{1}{3}$,中小型水库比例更高。目前许多病险水库仍带病运行,一旦垮坝失事,将对下游造成灭顶之灾。我国的一些水库之所以失事酿灾,多因工程隐患与长期带病运行所致。

4.3.4 非工程防洪措施不完善，难以适应新时期防洪减灾的要求

非工程防洪措施是一种新的防洪减灾概念，其减灾效益可观，发展前景无量。我国引进非工程防洪措施观念相对发达国家较晚。从我国防洪减灾体系现状看，工程防洪措施与非工程防洪措施相比较说来，前者较“硬”，而后者则较“软”。非工程措施的防洪观念，尤其是其最本质的即调整社会发展以适应洪水方面的问题，至今尚未得到全社会的普遍认同，例如洪水保险就难以像其他保险险种那样易被人们所自愿接受和乐于参与。20世纪80年代中期，曾因仿照国外经验，尝试在淮河中游蓄滞洪区试行洪水保险计划，结果无功而返。

在非工程防洪措施中，现阶段我们所吸收的多只限于针对洪水的技术方面的措施，如建立水文气象测报系统、防汛通信系统、决策支持系统等。即使是这些项目，也还主要是基于为已建重要防洪工程的运行、调度、管理和防护等方面服务而建设的，同时还存在因起步较晚、投入不足，建设跟不上需要，以及设备效能的进一步开发等问题。当前需要统一认识的是，非工程防洪措施的建设不仅是水利部门的事，而是一项跨部门、跨行业、跨地区的工作，涉及到许多学科技术的交叉融合，需要多方面专业人员的协同努力，需要各级政府都将其摆上议事日程、综合协调和分工实施。

治水法制不健全。在社会主义市场经济条件下，用法律来规范、约束社会和个体行为尤为重要。值得注意的是，在我国不少地方，群众法律意识淡漠，执法部门有法不依或执法不严现象依然存在。如水利工程和防洪设施时常遭到破坏，河道人为设障司空见惯等，任其下去，极易滋生甚至加重洪水灾害。

综合看来，我国现阶段的非工程防洪措施，还很难满足新时期防洪减灾的要求。归纳起来，其主要表现在：思想认同和理论研究不够；资金投入不足；洪水保险机制未建立；法律、法规不尽完善；执法管理有待加强；建设速度缓慢，等等。因此，只有得到相关部门的高度重视和通过全社会的努力，才能加速跟上经济社会的发展步伐。

4.3.5 蓄滞洪区安全建设不能满足需要，运用难度大

蓄滞洪区是江河防洪体系中不可或缺的组成部分。全国现有重要蓄滞洪区97处，居住人口1 600多万。为解决蓄滞洪区内人员的分洪保安问题，已开展了一些蓄滞洪区群众

安全救生的规划与建设。但由于人口增加和盲目开发建设，蓄滞洪区内的安全建设设施远不能满足需要，已建成的安全救生设施仅能低标准解决18%的群众的临时避洪问题，大部分人员需要在分洪时临时转移，这就意味着一些名义上的蓄滞洪区，却实际上难以起到蓄滞洪水的作用。此外，大部分蓄滞洪区缺乏进洪设施，只得依靠临时爆堤分洪，能否及时、足额分滞洪水可想而知。因此，许多蓄滞洪区在紧要关头需要作出运用决策时，往往举棋难定，甚至被迫冒险行事。

就荆江分洪区而言，1954年区内共有人口17万，分洪时只需搬迁1万人即可。而今日的分洪区再也不是1954年的景象了。分洪区内到处是工厂、高效农业区。2002年，荆江分洪区工农业总产值为22.89亿元（现行价），是1954年的23倍；年末人口为55万多人，是1954年的3.3倍[45]。1998年长江大水，8月6日晚8时接上级分洪命令，分洪区内33万人在24小时内撤离转移到邻近四县去，道路车水马龙、拥挤不堪。后因国家防总在综合考虑各方面因素之后，最终决定不分洪，外迁人员重返家园，仅此造成直接经济损失20.12亿元；若是分洪，损失将更大。如果遇到1870年型洪水，其运用难度和后果不堪设想。

4.3.6 城市化发展加快，城市洪涝灾害频繁

城市化是现代社会发展的必然产物。改革开放以来，我国城市化进程发展迅猛。到2006年，全国城镇人口比例已上升到43.9%。

在城市化进程中，城市防洪遇到一些新情况、新问题。主要有：

城市人口急剧增加，经济发达，财富集中，各种生产、经营活动以及诸多配套设施高度集中，一旦受灾，损失严重，影响深远。

城市范围不断扩大，城市洪水环境发生变化。大量土地甚至河道被占用，众多湖泊、洼地、池塘等被填平，洪水调蓄功能下降。如上海市在城市化过程中，不少河道消失，南汇区7年中填埋河道321条，全长超过168km；20世纪50年代初期杨浦区有大小河流130多条，至今仅存26条，导致河道泄洪能力大为减弱。

城市化导致城市雨洪。城市路面大面积硬化，下垫面条件发生变化，不透水地面面积增多，地表雨水入渗率下降，暴雨洪水汇速加快，洪水入河时间提前，河道洪峰流量增大，内涝外洪矛盾突出，水灾频发，损失严重。如武汉市1998年7月21日暴雨，造成市区严重内涝，市内交通、电力、通讯等生命线工程几近瘫痪。2007年7月18日，济南降雨出现有气象记录以来的最高值；2007年7月16~21日，重庆市遭遇了115年来一遇的特大暴雨。

城市建设挤占河道滩地，河道行洪、泄洪能力下降，洪水位抬高。如武汉市江滩20世纪70年代以后被挤占184万m^2，大量阻水建筑物抬高了长江洪水位，1980年洪水最大流量比1969年小2 900m^3/s，而最高洪水位却比1969年高出0.57m，严重威胁到武汉市的防洪安全。直到1999年以后开始的两江四岸的综合整治，问题才得以彻底解决。

地下水开采，引起地面沉降。国内许多城市在城市化发展后，因地表水资源不足而超采地下水，引起地面下沉，涝渍问题突出。例如太湖流域，20世纪50~60年代，苏锡常地区基本上没有地面沉降问题，地面高程普遍高于海平面3~4m，20世纪80年代以来，地面沉降速率加快，年沉降速率一般在60~100mm。无锡市目前地面下降1m以上的地区

已达 $500km^2$，下降最严重处达 2m。常州市 1979～1983 年最大累计沉降量 558mm，1984～1994 年平均每年地面下沉 40～50mm。1991 年，常州市 95% 的受淹地区为地下水超采区。

§4.4 洪水灾害的对策

洪水灾害的成因多而复杂，因而防治对策与措施也很多。基于我国人类活动的上述影响与认识，现阶段应考虑采取的主要对策措施有以下几方面。

4.4.1 治水先治沙，必须从源头上控制泥沙入河

泥沙是“虎”，可养“虎”于山，但不得放“虎”入河。当前必须切实停止乱采滥伐，实行封山育林，大力植树造林种草，综合治理水土流失，改善生态环境，减少入河泥沙。从某种程度上讲，水土保持措施的防洪作用不可轻视。只有从源头上拒泥沙于河道大门之外，才能确保河床不再抬高，河道洪水风险不持续加重。

可喜的是，自 1998 年长江、松花江大洪水之后，中央和各级政府高度重视“封山植树、退耕还林”工作，近年来水土保持工作成绩显著。但应注意的是，各地发展不平衡，还存在治理速度偏慢，以及边治理、边破坏等现象。可以相信，只要各级政府及相关部门认真落实国家部署的水土保持生态建设战略目标*，山川秀美之日终会实现。可望到那时，河湖沙源基本切断，一江“清水”向东流，河床不再淤积抬高，江河防洪的紧张形势得到根本缓解。

4.4.2 还田于湖，还滩于河，逐步恢复洪水的天然蓄泄空间

数十年的防洪实践告诫我们，要彻底根除洪水是不可能的。人类在治理洪水时，必须适应洪水，给洪水以出路，人不犯水，水不犯人，人与洪水要同存共处。人类在求生存、求发展的同时，要随时注意调整自己的思路与行为，在必要时敢于做出牺牲，主动让地于水。因此，“平垸行洪、退田还湖”，以及清除河障、还地于河所采取的各种措施，都是人类主动退让于洪水的表现。前者的目的是恢复湖泊的自然调蓄洪功能，后者则是为确保洪水河槽在安全泄量时能“安全”通过。只有这样，滨河两岸的人民才能长治久安，确保经济社会的可持续发展。

1998 年大水后，党中央、国务院做出的“平垸行洪、退田还湖”决策，正是顺应自然规律、重塑人水和谐共处关系的重大历史举措。自该项工作开展以来，鄂、湘、赣、皖等省沿江滨湖水灾高发地区基本实现了水上战略大“撤退”，其做法大致分为“单退”与“双退”两类情况。“单退”方式退人不退耕，即平时处于空垸待蓄状态，一般年份或非汛期仍可进行农业生产，在汛期或大洪水年份则破圩滞留洪水；“双退”退人又退耕，即对严重影响行洪的洲滩民垸坚决平毁。目前该项工程已基本完成，共退圩垸 1460 个，迁移约 62 万户、242 万人。在工程实施地区，社会、经济和生态效益已经显现，新型人水和谐局面初见端倪，长期饱受洪灾之苦的群众基本摆脱水患之忧，过上安居乐业的日子。

应当肯定，从“围湖造田、与水争地”到“平垸行洪、退田还湖”，这种人水关系的

---

* 陈雷，中国的水土保持，第十二届国际水土保持大会论文（北京），2002 年 5 月 27 日。

重大调整，是人类治水理念的一大进步，是人类治水认识从误区走向光明的历史性跨越。

4.4.3 进一步加强防洪工程建设，病险工程要除险加固

防洪工程建设要进一步加强。不完善、不配套、不达标的要尽早解决，已达标而有条件的要提高其标准。

防洪工程的实际防洪标准并非等于其设计防洪标准。防洪建设不可忽视的任务之一是，对已建防洪工程进行经常性的管理维护与必要时的除险加固，确保其实际防洪标准和抗洪能力。

堤防工程除险加固的重点是，堤基防渗、堤身隐患处理以及欠高堤段的培厚加高。对于基本达标的大江大河的堤防，特别是临背高差悬殊的堤段，不宜持续单向加高，以控制堤防工程潜在的洪水风险。必须加高时，应审慎决策，且应除险、培厚优先。在新建堤防或对旧堤的除险加固时，要尽力推广使用新技术、新材料、新工艺，以确保工程质量。

河道整治要高度重视河势控制。河势控制工程常采用丁坝、矶头与平顺护岸等形式，其主要作用是调控河势与稳定河岸。在主流顶冲、河势多变河段，汛期极易造成工程根部淘刷、根石走失和岸坡滑坍。因此，加强监测是这类工程除险加固工作的重中之重，发现问题应及时补遗补强。

水库能有效地蓄纳河道的超额洪水。水库一旦出险，不但不能正常发挥其防洪作用，而且自身安全难保，使得下游河道防洪险上加险。水库有病要早医，不可拖至严重时再草率处置，更不能长期带病运行。近年来，国务院已分期分批对全国的病险水库进行除险加固，首先是大、中型重点病险水库，然后再逐步解决其他水利工程的“先天不足”问题。截至2008年11月底，国家已列入除险加固专项规划的大、中型和重点小型病险水库达6240座。可以相信，经过医治后的水库定能正常地发挥其所预期的防洪减灾效益。

4.4.4 加强非工程防洪措施的研究与建设，适应新时期防洪减灾的发展

努力学习国外经验，研究寻求适合于我国国情的非工程防洪措施项目的内容和实施方法。各级政府与相关部门要像搞工程防洪建设那样重视非工程防洪的建设，增加资金投入，尽早建立洪水保险运作机制。

防洪治水必须有法可依。1998年长江特大洪水，沿江各省在紧急防汛期，各级防汛指挥部门依据《防洪法》等相关法律，急事急办，特事特办，开通绿色通道，在征用急需物资和交通工具，打通防汛通道，清除河道行洪障碍，严惩有关失职人员等方面，充分发挥了法律在抗洪斗争中的重要作用。

在全社会进行普“水”教育和防洪减灾知识宣传。充分利用广播影视、报刊杂志、公益广告、网络信息等媒体，使广大民众知晓相关水利知识、政令法规，以及水情灾情信息，主动配合相关部门和专业人员落实各项措施，积极参与防洪减灾行动。

进一步补充完善相关法律法规，加强执法监管，对各种违法、违规行为，该罚则罚，该处则处，情节严重的，依法行事。

尽快建成现代化的全国防汛指挥系统；认真总结防汛抢险的传统技术经验，逐步改变人海战术的抗洪抢险模式，运用科技手段和先进技术装备，减轻抢险救灾的人力投入和体力消耗；加强抢险人员技术培训，组建一批专业化、现代化的抗洪抢险队伍，提高防洪现

代化技术水平。

4.4.5 蓄滞洪区安全建设要加大力度，落到实处

蓄滞洪区内人员和财产的安全是关系到其能否正常运用的关键。对于重要的蓄滞洪区，一定要有长期存在的建设安排，切不可到发生大洪水了再临时抱佛脚。

确保蓄滞洪区安全，一是要严格管理区内人口，鼓励外流，限制内迁，控制自然增长；二是要加大资金投入，切实把安全建设落到实处。

蓄滞洪区安全建设最重要的是就地避水设施的建设。避水设施的建设虽需一定资金，但从大局看，与“退田还湖”相比，毕竟划算许多。

在各类避水设施中，以村台和安全楼较为理想。村台虽容量有限，但住人有安全感，筑台所挖坑塘，平常年份还可以蓄水、养鱼。安全楼楼层以2~4层为宜，最好采用钢筋混凝土框架结构，费用虽高，但一劳永逸。在经济较宽裕的分蓄洪区，可利用国家所给予的少量资助建造，分洪时人住楼上度日，房屋不致因泡水而倒塌，人、物安全无恙。

在当前经济社会发展和蓄滞洪区人民脱贫致富的要求日益增强的情况下，要合理解决蓄滞洪区人民发展致富和在大洪水时能顺利分洪的矛盾，亟需探索蓄滞洪区安全建设的新思路、新模式。对此，文献［46］参照“移民建镇”思路，提出以长治久安为目标，将过去以转移为主，调整为以定居为主；将只保生命不保财产，调整为既保生命又保主要财产安全，尽量减少分洪损失的设想，是值得尝试推行的。

4.4.6 加强城市防洪建设，确保城市化发展安全

城市防洪是我国防洪的重中之重。我国大多数城市，都建在江河湖海水域附近，目前的防洪标准大部分都还低于国家规定的防洪标准。城市洪涝灾害一直是我国经济社会可持续发展的重要制约因素，特别是在城市化发展的今天，更显任重而道远。城市防洪建设应注意以下几点：

1. 防洪规划要统筹兼顾。城市防洪建设是一项复杂的系统工程。防洪规划要从城市发展实际出发，以人为本，因城制宜；要综合考虑防洪与城市交通、旅游、除涝、排污、供水和生态环境等方面建设的结合，处理好堤、路、景、水的关系；规划新建的防洪工程，不仅具有显著的防洪效益，还应兼顾交通、旅游、生态、环境等其他方面的效益。

2. 防洪标准要逐步提高。城市防洪标准要与城市化发展水平同步提高。特别是一些城市的新开发区，经济发展迅速，经济实力雄厚，高科技人才云集，是城市社会经济发展的重要组成部分。其防洪标准的拟定，应与城市总体发展相协调，且一般不应低于中心城区。

3. 城市建设不与水争地。严禁填湖和挤占河道空间，确保湖泊、洼地的蓄洪空间和河道的泄洪能力。对于在河滩上违规建设的码头、栈桥、房屋等各种阻水建筑物，要坚决依法拆除。有条件的城区，可以专辟一些雨洪调蓄空间，以减轻内涝灾害。如可以考虑利用操场、游乐场、绿地公园等低洼地为临时蓄洪场所。

4. 控制地面沉降。对于因过量抽取地下水而出现明显地面沉降的城市，要限采地下水，控制地面沉降，并采取积极措施，确保地下水水位逐步回升。如实施改水工程，即关闭小水厂，由自来水厂统一供水；或采取地下水回灌工程等补救措施等。

5. 重视非工程防洪建设。非工程防洪措施对于城市防洪尤为重要。要加强洪水测报、汛情会商，科学调度洪水，切实落实各级防洪安全责任制；广泛开展群众性宣传工作，提高广大市民的防洪意识和参与防洪行动的自觉性；多方筹措防洪建设资金，积极开拓资金渠道，资金来源除政府拨款外，还可以向银行贷款、向城市企、事业单位集资，以及通过金融市场等方法筹集；加强城市防洪问题研究，科学制定防洪预案，确保城市化发展安全。

§4.5 洪水灾害的影响

洪水灾害对人类造成的损失和不利影响是多方面的，概括起来主要是对经济发展、生态环境、社会生活和国家事务四个方面的影响。

4.5.1 洪水灾害对经济发展的影响

洪水一旦泛滥成灾，将给地区和国家的经济发展带来巨大的破坏作用和消极影响。主要表现为：严重的洪涝灾害，常常造成大面积农田受淹，粮、棉、油等作物和轻工原料严重减产，甚至绝收；铁路、公路的正常运输和行车安全受到威胁，运输中断可能影响到全国各地许多部门；各项市政建设和水利工程设施被毁坏；工厂、企业停产，机关、学校、医院、商店等单位关门，水、电、气、通信、道路等城市生命线告急，正常的生产、生活秩序被打乱；在抗洪抢险过程中，要投入大量人、财、物，对于像长江 1998 年这样的洪水，高水位持续时间长，数百万军民在漫漫长堤上严防死守，时间长达数月，这在人力、物力和资金上均是巨大的消耗；洪泛区大量人员的转移及生活安排，以及灾后重建和恢复生产、生活，也将耗费巨资。此外，洪灾造成的上述影响和经济损失，不只限于洪灾发生的地区，还可能影响到相邻地区甚至整个国家的经济稳定。

以长江流域来说，近百年来，发生特大洪灾的年份就有 1860 年、1870 年、1931 年、1935 年、1954 年、1998 年，每次都对国家的经济发展造成严重影响。其中 1954 年特大洪水，尽管经历了艰苦卓绝的防汛斗争，仍造成 317 万 hm^2 良田淹没、1 888 万人受灾和 3 万余人因水灾死亡的特大损失。据相关资料统计，在 1949~1983 年 35 年中，平均每年受灾良田达 191 万 hm^2，成灾良田达 119 万 hm^2。据相关理论计算，长江若再遇到 1954 年洪水，需分蓄洪水 500 亿 m^3，届时将淹没耕地 52 万 hm^2，临时转移人口约 480 万人，按 1990 年价格水平估算，直接经济损失达 300 多亿元。若考虑分蓄洪区运用的不正常因素，实际损失将远远大于上述数字[39]。

2003 年淮河大洪水。由于洪水调度科学合理，原有防洪工程充分发挥了作用，有效地减轻了灾害损失，但损失数值仍不为小数目。据初步统计，沿淮三省洪涝受灾面积 385 万 hm^2，其中成灾 259 万 hm^2，绝收 113 万 hm^2，受灾人口 3 728 万人，因水灾死亡 29 人，倒塌房屋 74 万间，直接经济损失 285 亿元。

由以上可见，洪水灾害严重威胁着人类社会经济的可持续发展，真可谓是经济发展的致命伤。

4.5.2 洪水灾害对生态环境的影响

洪水灾害发生后，将对自然生态环境造成严重危害。洪水所到之处，几乎荡然无存。

主要表现如下：

洪泛区内的居民住所、旅游胜地、自然景观、文物古迹、祠堂庙宇、古建筑等遭到毁坏。

暴雨洪水引起水土流失，造成大量土壤及其养分流失，致使植被遭到破坏，土地贫瘠，入河泥沙增加，湖泊萎缩失调，河流功能退化，洪水不能正常排泄。

洪水泛滥以后，耕地遭受水冲沙压，使土壤盐碱化，对农业生产和居民生活环境带来严重危害。

由于洪水的淹没与冲击，威胁到各种动、植物的生死存亡，影响动、植物种群的数量与多样性，尤其是对珍稀或濒危动、植物来说更为严重。

洪水冲毁堤坝，将改变天然的河渠网络关系和水利系统，造成排水不畅、取水不便、饮水不洁，生态环境和居住环境严重恶化，而河流一旦决口改道，原有水系格局彻底改变，则对诸多方面的影响将是深远的。如黄河历次决口改道，彻底改变了黄淮海平原的水系格局，特别是原独流入海的淮河尾闾被黄河泥沙淤废之后，严重破坏了淮河河道的排泄洪能力。

洪水泛滥引起水环境污染，包括病菌蔓延和有毒物质扩散，直接危及人民健康。

所有这些变化，都将对灾区人民的生产和生活带来严重的不良后果，并由此引发一系列社会问题。

4.5.3 洪水灾害对社会生活的影响

洪水灾害对社会的影响是多方面的。其中最主要的是人口死亡、灾民流离、疫病蔓延与流行等问题[39],[47]。

1. 人口死亡

据相关资料统计，全世界每年在自然灾害中死亡的人数约有$\frac{3}{4}$是死于洪灾。我国历史上发生的几次大水灾，都有严重的人口死亡。1931 年发生全国范围大水灾，灾情最重的湘、鄂、鲁、豫、皖、苏、浙等省，死亡人数达 40 万人；1935 年长江中游大水，淹死 14.2 万人；1932 年松花江大水，仅哈尔滨市就淹死 2 万多人，相当于当时全市总人口数的 7%；1938 年黄河花园口人为决口，死亡 89 万人。上述数字还不包括因水灾造成疫病、饥荒等间接死亡的人数。人口的大量死亡，不仅给人们心理上造成巨大创伤，而且给社会生产力带来严重的破坏。中华人民共和国成立以后，因水灾死亡的人数大幅度下降，但遇到特大暴雨洪水，人员死亡仍很严重。例如：1954 年长江特大洪水死亡 3 万余人；1975 年河南特大洪水，淹死 2.6 万余人。据相关资料统计，1950～1990 年全国累计洪灾死亡人数 22.55 万余人，平均每年死亡人数 5 500 人。1998 年全国有 29 个省（自治区、直辖市）受水灾，共死亡 4150 人，其中长江流域死亡 1562 人。

2. 灾民流离

洪泛平原地势一般较低，明朝万历二十一年（公元 1593 年），泛洪后原赖以生存的环境因被水淹没，大量人群不得不流离失所，转移他乡。例如，1593 年淮河流域特大水灾，洪水淹没广大淮北平原，经久不消，淹没范围约 11.7 万 km^2，受灾区域涉及河南、安徽、江苏、山东 4 省 120 个州县，水灾之后随之而来的是严重饥荒，大量灾民被迫逃往他乡，逃亡现象达两年之久。再如，我国20世纪以来几次大水灾，1915年珠江流域大水，两广灾民600余万；1939年海河流域大水，灾民900余万；1931年全国性大水灾，仅江淮8省灾民达5 100余万，农村人口流离失所的约占灾区总人口的40%，大量灾民成群结队逃荒流离，无所栖身，饥寒交迫，社会动荡不安；1991年淮河、太湖流域大水，156个县（市），6 858万人受灾；1994年我国南、北方同遭大水，受灾较重的辽宁、河北、浙江、福建、江西、湖南、广东、广西8省（自治区），受灾人口达1.39亿人，等等。

3. *疫病蔓延与流行*

水灾之后常易引发疫病蔓延与流行。即便在分蓄洪区或一些条件较好的洪泛地区，通常只有少数人可以转至附近的安全区或其他暂时避水之处，大多数人都得临时转移到堤上。堤上人员密集，饮水困难，人、畜、野生动物共居，粪便难以管理，生存环境恶劣，极易造成疫病暴发与流行。

例如1954年，荆江分洪区分洪后，大量人员转移至原先安排的安全区，区内人口密度高达9 000人/km^2，各种疾病流行，死亡率达15%。洞庭湖区圩垸大部溃决，圩垸内的人口不得不转移他处或住在堤上，条件十分恶劣，也造成一定的人员死亡。实际上，1954年因长江洪水死亡的3万余人中，真正淹死的比例并不大，大部分是间接死亡的。现在的荆江分洪区，人口已较1954年时增加2倍多，一旦分洪，安全区内每平方公里人口平均达2万人之多，还有大量的畜、禽也将与人争夺生存空间，病毒、细菌的传播暴发瘟疫的可能性很大。

再如汉江邓家湖、小江湖，1983年10月分洪后，大量村民上堤临时栖身，环境十分恶劣。据有关单位调查发现，分洪后由于黑线鼠出洞上岸，传播出血热病，马良镇40 720人口中，得出血热病者达3 600人，死亡210人。由于食物变质，互相交叉感染，整个分洪区急性痢疾发病率达83.9%，其中马良镇病人2.15万人，也造成一定的死亡率。由于饮水不合标准而引起肝病的人数亦属惊人。由此造成精神失常、家破人亡的家庭悲剧，为数不少。

洪水泛滥极易导致血吸虫疫区钉螺扩散和血吸虫病的传播。如汉江小江湖垸1983年分洪后，钉螺扩散39处，面积达1 020hm^2。1991年汛期，湖南省增加钉螺发生面积6574hm^2；由于参加疫区抗洪抢险、生产救灾、连同溃垸内涝，接触疫水者达132万人，估计当年发生急性感染病人7 000人左右。湖北省1991年接触疫水者达400万人左右，到当年9月底全省已发生急性感染病人2 000多人，还有一批新感染的慢性病人。随之而来的是，病人治疗和螺区土地的治理，都要付出很大的代价。

由上可见，水灾发生以后所造成瘟疫的暴发和蔓延，给社会带来的冲击和影响，有可能超过水灾本身。因此，灾后防疫工作万万不可轻视。

4.5.4 洪水灾害对国家事务的影响

洪灾影响国家的财政预算和经济生活。洪水灾害的发生，一方面导致国家经济收入减少，另一方面需要政府投入大量财政经费用于抗洪抢险和灾区的恢复生产与重建家园。这势必打乱整个国民经济的部署，迫使政府改变资金投向，影响国民的经济生活。

洪灾引起国家领导人费尽心机和举国上下的关注。洪灾期间，抗洪救灾成为一切工作的中心，无论是中央领导还是广大人民群众都心系灾区。例如江淮、太湖地区1991年发生洪灾，引起全国人民的广泛关注。一方有难，八方支援，全社会纷纷献爱心，捐款、捐物。1998年长江大洪水，全国各界纷纷相助，数百万军民参加抗洪抢险；党和国家领导人多次亲临抗洪前线，视察灾情，慰问军民，指导抗洪；党中央、国务院于当年10月专门下发了《关于灾后重建、整治江湖、兴修水利的若干意见》，对水利建设重新作出全面部署，并批转国家水利部提出的《关于加强长江近期防洪建设的若干意见》，解决了长江中、下游近期防洪建设中最紧迫的一些重大问题。设想长江若再遇到1954年这样的大洪水，因大量分洪要转移数百万人，除了巨大的经济耗费外，整个国家领导机构都将不得不耗出巨大精力来处理相关事务，这就必将影响到国民经济其他方面事务的处理。

洪灾可能导致政府的决策行为作出某些调整。如正是由于长江1998年大洪水的灾害教训，才引起人们对过去与自然抗争的无节制做法的深刻反思，引起防洪治水思路的战略调整，中央才制定出“封山植树，退耕还林，平垸行洪，退田还湖，以工代赈，移民建镇，加固干堤，疏浚河湖”的32字方针。

由上述分析可以看出，严重的洪水灾害的发生，会给整个国家的政治生活带来巨大影响。这种影响不仅花费国家大量人力、物力、财力，还极大地消耗各级政府领导的精力，打乱整个国民经济的战略部署，延误国家经济建设的发展步伐，影响外商的投资取向，严重时甚至影响到国家的声誉。

§4.6 洪水灾害的损失

4.6.1 洪灾损失的分类

洪灾损失按能否用货币计量分为经济损失和非经济损失两大类。经济损失可以用货币计量，因而又称有形损失；非经济损失难以用货币计量，故又称为无形损失。其中经济损失（有形损失）又可以分为直接经济损失和间接经济损失。直接经济损失是一个静态概念，是洪灾经济损失评估的中心内容；间接经济损失是受直接经济损失影响带来的或派生的损失，间接经济损失与直接经济损失相关联，是一个动态的概念。

1. 非经济损失

洪水灾害非经济损失是指洪水引起的难以或不便于用货币计量的损失。如生态环境的恶化，文物古迹的破坏，灾民生命伤亡与精神痛苦，灾区疾病流行及其对公众健康的影响，正常生活秩序与环境破坏造成的社会混乱，由于房屋、家产的冲毁或损失而使人们的日常生活水平骤然下降，人们恐灾心理的形成及其对灾区投资建设信心的影响，以及洪灾对国家的政治稳定、社会安定和国际声誉的不利影响，等等。

2. 直接经济损失

洪水灾害直接经济损失是指洪水直接淹没造成的可用货币计量的各类损失。主要包括：工业、农业、林业、牧业、副业、渔业、商业、交通、邮电、文教卫生、行政事业、粮油物资、工程设施、农业机械、居民房屋、家庭财产以及各种其他损失等。在具体计算时，应与社会经济资料及洪灾损失资料调查、洪灾损失率分析确定相对应，根据需要对每一类继续分解，从而对全社会各类损失建立一个完整的层次结构体系。例如，工业部门又可以分为冶金、电力、煤炭、石油、化工、机械、建材、木材加工、纺织、造纸等行业，而每个行业又可以按企业规模（大、中、小）、经营性质（国营、集体、个人等）或损失种类（固定资产、流动资产、利税管理费）再加以细分，据此来计算直接经济损失。

3. 间接经济损失

洪灾间接经挤损失是指直接经济损失以外的可用货币计量的损失。主要包括：(1) 由于采取各种措施，如防汛抢险，抢运物资，灾民救护、转移与安置，灾民生活救济，开辟临时交通、通信、供电与供水管线等而增加的费用；(2) 由于洪水淹没区内工商企业停产、农业减产、交通运输受阻或中断，造成其他地区相关工矿企业因原材料供应不足或中断而停工、停产及产品积压造成的经济损失，以及这些企业为解燃眉之急而被迫绕道运输所增加的费用；(3) 灾后重建恢复期间，淹没区农业净产值的减少，淹没区与影响区工商企业净产值的减少和年运行费用的增加，以及用于救灾与恢复生产、重建家园的各种费用支出，等等。

4.6.2 洪灾经济损失的指标

1. 洪灾损失率

洪灾损失率是洪灾直接经济损失评估的重要指标，通常是指各类承灾体遭洪灾损失的价值量与灾前或正常年份各类承灾体原有价值量之比。

影响洪灾损失率的因素很多，如地形、地貌，地区经济类型，淹没程度（水深、历时等），财产（承灾体）类别，成灾季节，抢救措施等。洪灾损失率主要取决于淹没程度、洪水间隔时间、财产种类及其耐淹性能。因此，可以按不同地形、地貌（山区、丘陵、平原）、地理环境（城市、农村）、洪灾发生年份，财产类别等，分别建立洪灾损失率与淹没程度（如淹没水深）的关系曲线或回归方程。

洪灾损失率分为各类承灾体的分项洪灾损失率和综合洪灾损失率两种。其中分项洪灾损失率包括农作物洪灾损失率、工商企业财产洪灾损失率、城乡居民财产洪灾损失率等。

分项洪灾损失率的确定，通常是在洪灾区（或近年受过洪灾的相似地区），选择一定数量、一定规模的典型区域进行实地调查，再结合成灾季节、范围、洪水预见期、抢救时间、抢救措施等，综合分析确定不同类型、各淹没等级、各类财产的洪灾损失率。

综合洪灾损失率，需根据典型调查分析确定的各类财产洪灾损失率与各类财产所占比重综合求得。其计算公式为

$$\beta_{综} = \frac{\sum_{i=1}^{n} W_i\beta_i}{\sum_{i=1}^{n} W_i} \quad 或\ \beta_{综} = \sum_{i=1}^{n} \beta_i\omega_i \tag{4-1}$$

式中：$\beta_{综}$——综合洪灾损失率（%）；β_i——第 i 类承灾体（经济部门）的洪灾损失率（%）；W_i——第 i 类经济部门财产损失值；ω_i——第 i 类经济部门财产损失值占全部财产损失值的权重（%）。

2. 综合经济损失指标

除洪灾损失率外，国内还广泛采用面上综合洪灾损失指标来表示洪灾直接经济损失。常见有以下三种：

(1) 亩均损失值(元/亩)指标:该指标等于洪灾区一次洪灾各承灾体总直接经济损失值除以洪灾区的总耕地面积。

(2) 单位面积损失值(万元/平方公里)指标:该指标等于洪灾区一次洪灾的总直接经济损失值除以洪灾区总淹没面积(km^2)。

(3) 人均(或户均)损失值(元/人或元/户)指标:该指标等于洪灾区一次洪灾的总直接经济损失值除以淹没区的总人数(或总户数)。

上述三种指标中,由于人口数字随时间变化较大,因此人均损失值指标用得相对较少,较常应用的是亩均损失值指标和单位面积损失值指标。

综合洪灾损失指标主要适用于以农业经济为主的农村地区的洪灾损失评估。对于经济门类较多、组成较复杂,包括骨干交通,大、中型工矿企业的地区以及大、中城市,一般不宜采用。

据相关资料分析,我国各地面上综合洪灾损失指标值(1985~1986年价格水平),亩均洪灾损失一般在500~1 000元/亩之间。其中长江中、下游分蓄洪区在500~2000元/亩之间;淮河流域洪泛区在300~1 500元/亩之间;松花江、辽河流域在300~1 200元/亩之间。

4.6.3 洪灾损失的计算

洪灾非经济损失一般只进行定性或某些定量的描述。因此,洪灾损失计算通常仅对直接或间接经济损失而言。

1. 洪灾直接经济损失计算

根据损失特征,有如下三种计算方法:

(1) 按损失率计算

该方法适用于各类社会固定资产和流动资产的洪灾直接经济损失计算。其计算公式为

$$S_1 = \sum_{i=1}^{n} S_{1i} = \sum_{i=1}^{n}\sum_{j=1}^{m}\sum_{k=1}^{l}\beta_{ijk}W_{ijk} \tag{4-2}$$

式中:S_1——按损失率计算的直接经济损失;S_{1i}——按损失率计算的第i类财产损失;β_{ijk}——第k种淹没程度下第i类第j种财产损失率;W_{ijk}——第k种淹没程度下第i类第j种财产值;n——财产类别数($i=1, 2, \cdots, n$);m——第j种财产种别数($j=1, 2, \cdots, m$);l——淹没程度等级数。

(2) 按经济活动中断时间计算

该方法适用于工业、商业、铁路、公路、航运、供电、供水、供气、供油、邮电等部门因经济活动中断所造成损失的计算。其计算公式为

$$S_2 = \sum_{i=1}^{n} S_{2i} = \sum_{i=1}^{n}\sum_{j=1}^{m}\sum_{k=1}^{l} t_{ijk}S_{ijk} \tag{4-3}$$

式中:S_2——按经济活动中断时间计算的直接经济损失;S_{2i}——第i部门损失;t_{ijk}——第i部门第j行业第k类经济活动中断时间,以小时或天为单位;S_{ijk}——第i部门第j行业第k类经济活动中断单位时间损失值;n——部门类别数;m——第i部门行业类别数;l——第i部门第j行业经济活动类别数。

(3) 按毁坏长度、面积等指标计算

该方法适用于铁路、公路、输油（气、水、煤）管道、高压电网、邮电通讯线路、水利工程（堤防、渠道）以及房屋等设施的修复费用的计算。其计算公式为

$$S_3 = \sum_{i=1}^{n} S_{3i} = \sum_{i=1}^{n} \sum_{j=1}^{m} \sum_{k=1}^{l} A_{ijk} f_{ijk} \tag{4-4}$$

式中：S_3——按毁坏长度、面积等指标计算的直接经济损失；S_{3i}——第 i 类设施损失；A_{ijk}——第 i 种毁坏程度下第 j 类第 k 种设施毁坏长度（或面积等）；f_{ijk}——第 k 种毁坏程度下第 i 类第 j 种设施单位长度（或面积等）修复费用；n——设施类别数；m——第 i 类设施种别数；l——毁坏程度等级数。

以上介绍的三种方法，在有些情况下，并不适宜用来计算其洪灾直接经济损失，这时应单独进行计算。例如，渔场遭受水灾淹没后所造成的损失，不仅损失当年的渔场收入，还损失重放鱼苗的费用和使幼鱼长为水灾前的成鱼期间的各项费用；防洪工程和市政工程设施的毁坏或报废造成的损失，应包括灾前价值、修复或更新所增加的费用，即恢复到原有工程效能所需的全部费用，等等。

直接经济损失计算的关键是，合理确定各类财产在不同淹没程度（水深、历时、流速等）下的洪灾损失参数，如洪灾损失率、单位时间损失、单位长度（面积）修复费用等。其中洪灾损失率是最为重要的参数。各地区各类财产的洪灾损失率，可以根据水文水利计算所估算的洪水淹没水深、历时、流速及地区自然经济情况，由相应的相关曲线图或回归方程得到。

2. 洪灾间接经济损失计算

洪灾间接经济损失涉及面广，项目多，内容杂，计算困难。现阶段可以采用如下两种方法。

（1）直接估算法

模拟或分析确定各种洪水的淹没范围与淹没程度，分析其对社会经济生活的影响，分类直接估算各种间接经济损失。主要包括：

① 各种费用的支出。如洪水发生后的各种紧急救护服务支出；交通、通信、供电、供水等临时工程的费用；防汛抢险费用，等等。按实际需要估算。

② 工矿企业停产、减产损失。诸如：农产品损失后造成相关工业企业（如烟酒生产、粮食加工、食品、纺织、造纸等）原料短缺引起的停产或增加的生产费用；交通、商业、供电（水、油、气、煤）、邮电中断时造成相关工业企业原材料短缺、产品积压和停产、减产的损失或增加的生产费用；乡村居民家庭农副产品加工业、养殖业停产、减产损失等。停产、减产损失可以按“有计划停产损失法”计算。

③ 系统运行费用的增加部分。这是由于洪水对工商业、交通、通信、公用事业、公共服务等部门的影响造成。

（2）经验系数法

鉴于洪灾间接经济损失计算复杂、困难，在目前洪灾经济损失基础统计资料甚少的情况下，宜采用经验系数法估算洪灾间接损失。这种方法假定洪灾给不同部门所造成的间接经济损失与直接经济损失之间成一定比例关系。可用下式表示

$$S_I = KS_D \tag{4-5}$$

式中：S_I、S_D——洪水给某部门造成的间接经济损失和直接经济损失；K——某部门洪灾

间接经济损失系数。

洪灾间接经济损失系数 *K*，可以通过对大量洪灾调查资料的统计分析求得。目前尚无法分析确定洪灾间接经济损失系数的地区性规律，而只能参考相关文献分析选用。美国陆军工程师团根据多年的调查统计，提出了不同部门的 *K* 值，如居民区 15%、商业 31%、工业 15%、公共服务业 10%、公共设施 34%、农业 10%、公路 10%，铁路 23%。澳大利亚曾提出城市间接经济损失计算的 *K* 值为：住宅区 15%，商业 37%，工业 45%。日本曾对 1982 年长崎县洪灾间接经济损失作了调查分析，结果 *K* 值为 14.5%。我国目前还缺少经过详细调查后确定的 *K* 值，多采用一些估计值，*K* 值取 10%~20% 不等，这是亟待研究解决的问题。

4.6.4 洪灾经济损失的变化

1. 洪灾经济损失的变化趋势

洪灾经济损失一般以单位面积综合损失值或洪灾财产损失率来度量。随着社会经济的发展和财富不断积累，单位面积损失值或洪灾损失率也在不断变化，同时对于不同地区，由于经济发展水平不同，其单位面积损失值或洪灾损失率也有差别。

从不同时期全国平均单位面积综合损失值的变化来看，20 世纪 60 年代全国单位面积综合损失值比 50 年代约增加了 50%，而到 80 年代单位面积综合损失值比 70 年代又提高了 80%。1979 年以前，我国物价基本稳定，价格上涨因素对洪灾经济损失增长的影响不大。1980 年以后，物价上涨幅度较大，物价上涨因素对 1980~1989 年洪灾经济损失值计算有较大影响，但是扣除物价上涨因素后，洪灾经济损失仍然呈明显上升趋势。

由此可见，随着人口的增加和经济的发展，我国洪水灾害造成的经济损失呈逐年增大之势。世界其他国家的情况也都如此。

2. 洪灾经济损失组成变化

洪灾经济损失之所以越来越大与国民经济各行业的比重变化有很大关系，20 世纪 50 年代我国工业基础薄弱，洪灾损失主要以农业为主。随着经济发展，工业比重增大，洪灾经济损失的组成也发生了变化。

从我国不同时期国民经济各行业比例关系数字的分析知，1952 年农业总产值在工农业总产值中占 56.9%，工业总产值占 43.1%，到 1985 年农业总产值占工农业总产值的比例下降到 34.3%，而工业总产值的比例则上升至 65.7%。下面列举的几次洪灾经济损失实例，可以明显反映出这种比例关系的变化对洪灾经济损失的影响。

（1）1954 年长江洪水。总经济损失 240 亿元，其中农业损失（包括个人和集体财产损失）200 亿元，占总损失的 83.3%；工商业、交通运输业损失 40 亿元，占总损失的 16.7%。

（2）1963 年海河洪水。总经济损失 59.3 亿元。其中农业损失占 81.8%，各类损失的比例分别是：种植业占 5.1%，林、牧、副、渔业占 8.2%，农村居民财产损失（主要是房屋倒毁）占 54.3%，集体财产损失占 5.4%，毁坏耕地损失占 8.8%。工业及其他损失占总损失的 18.2%，各类损失比例为城乡工业占 7.2%，工程设施损坏占 3.9%，其他损失占 7.1%。

（3）1985 年辽河洪水。据盘山县洪灾损失调查，总损失 2 046.3 万元。其中农业损失729.5万元，占总损失的35.6%，各类分项比例为：农业（包括个人、集体财产损失）占29.3%，林、牧、渔业占6.3%；工业损失占64.4%，各类分项比例：工业占39.5%，水利工程、公路、供电占18.9%，事业单位损失占6%。

（4）1991年太湖洪水。江苏省总经济损失84.25亿元，各类分项比例：农、林、牧、渔业占15.8%，农村财产损失占28.6%，工业损失占34.1%，事业单位损失占16.4%，防洪抢险、救灾、水毁工程恢复等占5.1%。

从以上数字可以看到，20世纪50~60年代，我国的洪灾经济损失中，农业损失约占总损失的60%~80%，其中个人财产损失中房屋倒毁占很大比重。至20世纪80~90年代，农业损失的比重下降，工业、交通、电力、通信、工程设施等项经济损失的比重上升。在经济发达地区，工业和农业经济损失的比重一般在35%~45%之间，其他诸如交通、电力、通信、事业单位等损失约占25%。

§4.7 我国主要江河的洪水灾害

洪水灾害历来是我国最严重的自然灾害之一。历史上有关水灾的记载可以追溯到4 000年之前。据相关资料统计，自公元前206年至公元1949年的2 155年中，我国共发生较大洪水灾害1 029次，平均每两年一次。

中华人民共和国成立以来，经过50多年的防洪建设，修建了大量堤防、水库、分蓄洪工程及河道整治工程，江河防洪标准有了很大提高，主要江河常遇洪水基本得到控制。但另一方面随着人口的增加，山区毁林垦荒，水土流失加剧，中、下游围湖造田、与水争地，每年这里或那里仍不免发生一定程度的水灾。据1950—2000年间共48年资料统计，全国年平均受灾面积973.5万hm^2，其中成灾面积542.4万hm^2，成灾率为55.7%。

下面就我国七大主要江河的洪水灾害情况扼要说明如下。

4.7.1 长江流域

长江流域洪水灾害，以荆江、皖北沿江、汉江中下游、洞庭湖和鄱阳湖区等地区最为严重。

据史料记载，从公元前206年至公元1911年的2117年中，长江共发生洪灾214次，平均每10年一次。19世纪中叶，连续发生了1860年和1870年两次特大洪水。20世纪，长江流域又发生了1931年、1935年、1954年和1998年等多次特大洪水，历次大洪水都造成了重大的灾害损失。几次典型历史大洪水的灾情如下：

1870年洪水。该年洪水主要来源于长江上游，宜昌、枝城江段的洪峰流量分别达105 000m^3/s及110 000m^3/s。荆江南岸堤防溃决形成松滋河；北岸监利以下堤防多处溃口。两湖平原一片汪洋，武汉及其周边地区大部分被淹，受淹面积3万多平方公里。

1931年洪水。该年洪水属全流域性特大洪水。洪灾殃及长江中、下游8省市的205个县，受灾面积达13万km^2，淹没农田339.3万hm^2，房屋180万间，灾民2 855万人，其中被淹死亡者达14.5万人，估计损失银元13.45亿元。湖北、湖南两省灾情最重。湖北省受灾人口7 918 423人，死亡67 854人，受灾农田134.9万hm^2。湖南省受灾县市66个，淹田50.6万hm^2，受灾人口1 600万人，死亡54 837人。洞庭湖区滨湖各县绝大部分沦为泽国，生者流离转徙，死者随波漂荡，惨不忍睹。沙市、汉口、南京等沿江城市均被水淹，汉口被淹3个月之久，街道行舟。

1935年洪水。湘、鄂、赣、皖4省淹没农田150.9万 hm^2，受灾人口1 000余万人，死亡14.2万人。澧水尾闾和汉江下游灾情最重。澧水尾闾死亡3万余人；汉江下游遥堤决口，汉北平原死亡8万余人。

1954年洪水。该年洪水属全流域性特大洪水。长江中、下游干流汉口至南京段，超警戒水位历时100~135d，中、下游洪水位全线突破当时的历史最高值。在荆江采取分洪措施后，沙市最高水位仍达44.67m；中游汉口站最高水位29.73m。长江干堤和汉江下游堤防溃口61处，扒口13处，支堤、民堤溃口无数。堤防圩垸溃决、扒口共分洪1 023亿 m^3，淹没农田317万 hm^2，受灾人口达1 800余万人，被淹房屋427.66万间，死亡33 169人，受灾县市123个。京广铁路100d不能正常运行。武汉市长时间被洪水围困，30万军民严防死守，通过采取临时加高加固堤防和及时扒口分洪措施，才得以安全度汛。

1983年汉江洪水。该年洪水发生在汉江上游，洪水位高出安康城堤顶1.5m，安康城遭到毁灭性的灾害，市区最大水深达11m，89 600人受灾，870人淹死。

1998年洪水。该年洪水仅次于1954年，为20世纪第二位全流域型洪水。长江中、下游干流、洞庭湖区累计4 909km水位超历史最高水位，其中干流沙市至螺山、武穴至九江达359km。修筑子堤长度达2 843km，其中长江干流堤防628km。中、下游干流和洞庭湖、鄱阳湖共溃垸1 975个，其中除湖南安造垸、湖北孟溪垸为较大民垸，湖南澧南垸、西官垸为蓄洪垸外，其余均属洲滩民垸。湘、鄂、赣、皖、苏5省共8 411万人受灾，农作物成灾面积652.5万 hm^2，倒塌房屋329万间，死亡1 562人，直接经济损失1 345亿元，其中因洪水溃口造成406万人受灾，农作物受灾面积32.4万 hm^2，倒塌房屋129万间，死亡241人，直接经济损失194亿元。主要集中在五省长江沿岸和洞庭湖、鄱阳湖地区[32]。

4.7.2 黄河流域

黄河流域洪水灾害以下游最为严重。据史料记载，自周定王五年（公元前602年）至1949年前的2 500多年中，黄河下游决口泛滥的年份共有543年，决溢次数多达1 590余次，较大的改道26次。黄河下游改道迁徙的范围，西起孟津，北抵天津，南达江淮，纵横25万 km^2。在广阔的黄淮海大平原上，冀、鲁、豫、皖、苏5省到处都留下了黄河改道迁徙的痕迹。黄河决溢，给下游人民生命财产带来重大灾难。其中几次历史大洪水灾害情况如下：

1761年洪水。该年洪水主要来源于三门峡至花园口区间。经调查估算，花园口洪峰流量为32 000 m^3/s，重现期至少是440年。黄河下游南北两岸漫决26处，洪水于中牟县杨桥夺溜南泛，河南、山东、安徽3省41县遭受严重灾害。

1843年洪水。发生于黄河干流潼关至孟津河段的罕见特大洪水。据调查测算，陕县洪峰流量36 000 m^3/s，花园口33 000 m^3/s，洪水重现期约1000年。洪水在中牟县溃口，主流经中牟口门向东南漫流，经贾鲁河人涡河、大沙河夺淮抵洪泽湖，河南、安徽等地40个州县受灾。

1933年洪水。该年洪水系河口镇至三门峡区间发生的最大洪水。陕县实测最大流量

22 000m^3/s，到达花园口为 20 400m^3/s。下游黄河南北两岸决口 50 余处，陕、冀、鲁、豫、苏 5 省 67 个县受灾，受灾人口 364 万，死亡 1.8 万余人，财产损失按当时银元计算约为 2.3 亿元。

1938 年郑州花园口扒口。国民党军队为阻止日军南下，1938 年 6 月 6 日在郑州花园口扒开黄河大堤，造成黄水泛滥，历时 9 年，直到 1947 年决口才堵合。河南、安徽、江苏 3 省 44 县市、5.4 万 km^2 土地、1 250 万人受灾，391 万人外逃，89 万余人死亡，各业财产损失和农业减收总计 10.9 亿银元。

1958 年洪水。花园口站洪峰流量 22 300m^3/s（7 月 17 日）。京广线老铁路桥被洪水冲断。东平湖蓄滞洪水。黄河下游不少堤段洪水位与黄河大堤堤顶相平，在豫、鲁 2 省 200 万防汛大军的奋力防守下才转危为安。据不完全统计，豫、鲁 2 省的黄河滩区和东平湖湖区，淹没耕地 20.3 万 hm^2，受灾人口 74.08 万人。

1982 年洪水。1982 年 8 月，黄河三门峡至花园口之间发生洪水，花园口站洪峰流量 15 300m^3/s。下游滩区除原阳、中牟、开封三处部分高滩外，其余全部被淹，共淹没滩区村庄 1 303 个，耕地 217.44 万亩，倒塌房屋 40.08 万间，受灾人口 93.27 万人。

2003 年渭河洪水。该年 8 月下旬至 10 月中旬，黄河中下游遭遇了罕见的“华西秋雨”天气，渭河流域先后出现了 6 次洪峰，8 月 30 日咸阳洪峰流量 5 340m^3/s，咸阳、临潼和华县站均出现历史最高洪水位。洪水造成渭河干支流堤防决口 8 处，56.25 万人受灾，转移人口 29.22 万人，受灾农田 137.8 万亩，倒塌房屋 18.72 万间。

4.7.3 淮河流域

历史上淮河流域的洪水灾害很严重。其中安徽、江苏 2 省因位居淮河中、下游，灾害最为频繁，其次为河南、山东。据史料统计，公元前 252 年至公元 1948 年的 2200 年中，淮河流域每 100 年平均发生水灾 27 次。在 1400～1855 年 456 年间，淮河流域大范围的洪涝灾年有 45 年，其间以 1593 年和 1730 年灾情最重；1855 年黄河北徙以后，在 1856～1911 年的 56 年中，黄河洪水仍向南决口成灾的有 9 年；1935 年和 1938 年黄河洪水两次造成淮河流域大水灾。

1949 年以来，淮河流域先后发生了 1950 年、1954 年、1991 年、2003 年全流域性大水。淮河水系发生过 1968 年淮河上游洪水；1969 年淮河中游淠史河洪水；1975 年洪汝河、沙颍河洪水；1965 年下游洪涝等。沂沭泗水系发生过 1957 年、1974 年洪水。这些洪水年均造成严重的洪涝灾害。数次历史大洪水灾害情况如下：

1931 年洪水。沿淮大堤自河南信阳至安徽五河主要决口 64 处，淮北平原一片汪洋，里运河东堤溃决 54 处，江苏里下河地区数县尽皆陆沉。灾情遍及流域内豫、皖、苏、鲁 4 省 100 多个县。据相关资料统计，全流域淹没农田 513.3 万 hm^2，受灾人口 2 100 余万，死亡 75 000 多人，且当年灾后瘟疫流行，急性传染病蔓延，仅江苏高邮县统计死于瘟疫者有数千人，经济损失约 5.64 亿银元。

1954 年洪水。淮北大堤禹山坝、毛滩决口，淮北平原颍河、涡河之间形成大片洪泛区。灾情遍及豫、皖、苏 3 省。河南省 85 个县市受灾，淹田 89.5 万 hm^2，33 970 处农田水利工程被冲坏，倒房 30 万间，其中淮滨县几乎全县淹没，沈丘县 80% 以上土地积水深 1～2m；安徽省 174.7 万 hm^2 农田受淹，倒房 168 万间，死亡 1 098 人，死畜 1 052 头；江苏省淹田70.9万 hm^2，死亡832人，冲坏桥梁1 071座、涵洞156个。

"75.8"洪水。1975年8月上旬，受台风影响淮河上游山丘区发生了历史罕见的特大暴雨（简称"75.8"暴雨），淮河支流洪汝河、沙颍河下游造成极为严重的洪灾。据相关资料统计，河南省有23个县市，820万人口，106.7万 hm^2 耕地遭受严重水灾，其中遭受毁灭性和特重灾害的地区约有耕地73.3万 hm^2，人口550万人，倒塌房屋560万间，死伤牲畜44万余头，冲走和水浸粮食近20亿斤，淹死2.6万人。板桥、石漫滩两座大型水库，两个滞洪区，两座中型水库和58座小型水库垮坝失事，冲毁涵洞416座，护岸47km，河堤决口2 180处，漫决总长810km。安徽省成灾面积60.8万 hm^2，受灾人口458万人，倒塌房屋99万间，损失粮食6亿斤，死亡399人，水毁堤防1 145km和其他水利工程600余处。京广铁路冲毁102km，中断行车18天，影响运输48天。这场水灾造成直接经济损失约100亿元。

1991年洪水。沿淮及里下河地区蒙受巨大损失。据相关资料统计，全流域受灾耕地551.7万 hm^2，成灾面积401.6万 hm^2，受灾人口5 423万人，倒塌房屋196万间，损失粮食132亿斤，减产粮食约316亿斤，直接经济损失达340亿元。此外，还因津浦、淮南、淮阜等铁路交通中断，不少公路干线被淹，数千家工厂企业被洪水围困，由此造成的间接经济损失也十分严重。

2003年洪水。该年洪水虽经科学调度、全力防守，取得了"大水小灾"的抗洪成果，但因洪水量级大、持续时间长，仍给河南、安徽、江苏3省沿淮地区造成较为严重的洪涝灾害。据初步统计，3省洪涝受灾面积384.7万 hm^2，其中成灾面积259.1万 hm^2，绝收面积112.8万 hm^2，受灾人口3 728万人，因洪灾死亡29人，倒塌房屋74万间，直接经济损失285亿元。①

2007年洪水。该年洪水仅次于1954年。据初步统计，截至7月31日，淮河流域四省农作物洪涝受灾面积3 748万亩，成灾面积2 379万亩，受灾人口2 474万，倒塌房屋11.53万间，因灾死亡4人，直接经济损失155.2亿元。②

4.7.4 海河流域

海河流域在1368~1948年的581年间共发生较大洪灾387次。17世纪以来就发生大水灾19次，其中有5次影响到北京，8次淹天津。几次历史大水灾情如下：

1801年洪水。海河流域范围内210个州县有170个受灾，92个州县减产7成以上。保定城内水深3m；北京宫门积水；天津水淹城墙砖26级。

1939年洪水。淹没面积4.9万 km^2，受灾耕地333.3万 hm^2，受灾人口886万人，死亡1.3万人，冲毁铁路160km，经济损失达11.69亿元（当年价格）。天津市区70%面积被淹，80万人受灾，长达1个半月。

1963年洪水。1963年8月上旬，海河流域南部地区发生罕见特大暴雨洪水（简称"63.8"洪水）。虽经科学调度和大力抗洪抢险，保住了天津市和津浦线安全，但洪灾造成的损失仍然十分严重。据相关资料统计，淹没农田440万 hm^2，受灾人口2 200余万，

① 淮河水利委员会，2003年淮河防汛抗洪总结，2003.10。

② 钱敏，2007年淮河洪水和防汛调度，中国水利学会2007年学术年会特邀报告，2007.10.30。

倒塌房屋1 265万间，约有1 000万人失去住所，死亡5 030人；5座中型水库、330座小型水库被冲垮，堤防决口2 396处；冲毁铁路822处，累计长度116.4km，干、支线中断行车372天，京广铁路27天不能通车；淹没公路里程长达6 700km；直接经济损失60亿元。

4.7.5 松花江流域

在1901—1985年的85年中，松花江流域有44次水灾记录，相当于每两年有一次。典型大水年灾情如下：

1932年洪水。该年洪水系松花江流域史无前例的特大洪水，干流哈尔滨站洪峰流量16 200m^3/s（还原），为1898年有实测资料以来的最大值。嫩江干流自齐齐哈尔市以下堤防多处决口，嫩江中、下游及松花江干流沿岸形成大范围洪泛区，64个县（旗）市受灾，淹没耕地约200万hm^2。哈尔滨市灾情最重，市区大堤20多处决口，水淹时间1月之久，最大水深达5m以上，全市30万居民中有23.8万人遭灾，12万人流离失所，死亡2万多人。

1957年洪水。该年洪水主要来自嫩江。黑龙江省52万人参加抗洪抢险，确保了哈尔滨市的安全。据相关资料统计，黑龙江全省受灾人口约370万，农田受灾面积93万hm^2，冲毁房屋22 878间，死亡75人，粮食减产12亿kg，直接经济损失约2.4亿元。吉林省第二松花江流域受灾农田10.2万hm^2，受灾人口36万，死亡6人，冲毁房屋1 980间。

4.7.6 辽河流域

辽河流域近百年来共发生洪水灾害50多次。主要有：1861年辽河下游决口，冲入双台子潮沟，遂形成双台子河；1894年西拉木伦河在台河口以上决口，形成了新开河，辽河水系发生了明显变化；以及1886年、1888年、1917年、1923年、1930年辽河干流东侧主要支流和大凌河等河流发生的大洪水，每次都造成10余州县水灾。1949年以来也发生过几次大洪水，情况如下：

1951年洪水。该年洪水相当于百年一遇。干流及主要支流决口419处。洪水波及38个县（市），受灾农田43.4万hm^2，受灾人口87.6万人，死亡3 100多人。沈山、长大铁路干线中断行车40多天。

1953年洪水。20多个县（市）受灾，受灾面积为50.7万hm^2，受灾人口98.5万人，沈山、长大铁路多处被冲毁，中断行车59天。

1960年洪水。该年洪水主要发生于辽河支流浑河、太子河。浑河、太子河及主要支流决口300多处，辽宁省7个地（市），22个县受灾，受灾耕地28.7万hm^2，受灾人口140万人，死亡730人。长大、沈吉、沈丹等铁路线一度中断。

1985年洪水。辽河铁岭站洪峰流量只有1 750m^3/s，仅相当于5年一遇，但由于河道严重阻水，泄洪不畅，洪水水位长时间居高不下，形成大范围内涝，辽宁省农田受灾面积达84.6万hm^2，受灾人口533万人。

4.7.7 珠江流域

据史料粗略统计，珠江流域自汉代以来2000年中发生较大范围的洪灾有408次。历史上主要水灾年份情况如下。

1915 年洪水。1915 年 7 月，西江、北江同时发生特大洪水，相当于 200 年一遇，西江梧州站洪峰流量 54 500 m^3/s，北江横石站洪峰流量 21 000m^3/s，东江、西江、北江三江洪水同时遭遇，又逢大潮顶托，三角洲堤圩绝大部分溃决。两广耕地受淹 93.3 万 hm^2，受灾人口约 600 万人。仅珠江三角洲受淹农田 43.2 万 hm^2，受灾人口 378 万人，死伤逾 10 万人。广州市区被淹 7 天，损失惨重。

1959 年洪水。东江中、下游发生百年一遇特大洪水，耕地受淹 10 万 hm^2。当年珠江全流域受淹耕地 52.9 万 hm^2。

1998 年洪水。该年洪水主要发生在西江。重现期约百年一遇。西江支流桂江上游桂江水文站最高水位达 147.70m，为历史实测最高值。西江干流梧州最大流量 52 900 m^3/s，水位 26.51m，超保证水位 8.51m，为 20 世纪第二位大洪水。

2005 年洪水。该年洪水主要来自西江。广东、广西两省均遭重大灾害。西江干流梧州站 6 月 22 日水位 26.08m，相应流量 53 300m^3/s，达到 100 年一遇，超过 1998 年 6 月的洪水流量。洪水漫过梧州市河东城区防洪大堤，进入城区，梧州告急，损失严重。

第五章 江河防洪减灾系统

防洪是指人类在与洪水作斗争的过程中，为防止洪水灾害的发生和最大限度地减轻洪灾损失，确保人民生命财产安全、生态环境不受损害以及经济社会可持续发展所采取的一切手段和措施。防洪的目的在于防灾减灾，故常称为防洪减灾。

江河防洪减灾系统（体系），是指针对某特定河流或区域，为控制或基本控制常遇洪水，并对超标准洪水有应急对策所采取的工程措施与非工程措施的综合防治体系。通过这两类措施的合理配置、协调互补，以及完善的防洪体制的科学运作，从而形成当代完整的防洪减灾体系。

§5.1 防洪减灾措施

5.1.1 工程防洪措施

工程防洪措施是指通过采取工程手段控制调节洪水，以达到防洪减灾的目的。主要包括水库工程、蓄滞洪工程、堤防工程、河道整治工程四大方面。通过这四个方面措施的合理配置与优化组合，从而形成完整的江河防洪工程体系。

1. 水库工程

在河道中、上游修建水库，特别是在干流上修建的控制性骨干水库，可以有效地拦蓄洪水，削减洪峰，减轻下游河道的洪水压力，确保重要防护区的防洪安全。水库有专门用于防洪的水库和综合利用的水库两类。在综合利用水库中，防洪任务往往位居一二。水库的防洪作用，主要是蓄洪和滞洪。由于支流水库对干流中、下游防洪保护区的作用，往往因距防护区较远和区间洪水的加入而不甚明显，因此，在流域性防洪规划中，统一部署干、支流水库群，相互配合，联合调度，常常可以获得较大的防洪效益。

水库的防洪效益巨大。目前我国已建水库 8 万多座，总库容达 4 717 亿 m^3。其中大型水库 374 座，库容 3 425 亿 m^3，中型水库 2 562 座，库容 709 亿 m^3。这些水库在历年防洪中发挥了重要作用[32]。

水库的主要优点是，修建技术难度不大，调度运用灵活，便于凑泄错峰，无愧为下游河道的安全“保险阀”。其主要问题是，投资较大，需要迁移人口、淹没土地以及对生态环境的影响等。

此外，水库还存在其他负面影响。如水库削峰坦化洪水过程，却拉长了下游持续高水位的历时，从而增加了堤防防守的时间；蓄洪必拦沙，库尾常因泥沙淤积而影响通航，或因淤积翘尾巴而抬高上游河道洪水位，从而对防洪不利；下游则因水库蓄水拦沙和下泄水沙条件的改变，而引起河床冲刷带来的河势变化问题。在多沙河流上修建水库，尤其应重视泥沙淤积对上、下游带来的一系列问题，既要防止库区因泥沙淤积产生的不利影响，又要注意在集中排沙期内，小水带大沙，而可能引起下游河道的逐年淤积萎缩。黄河下游自20世纪80年代以后，平滩流量逐渐减小，河床日趋萎缩，与上游水库滞蓄洪水不无一定关系。因此，在水库规划及管理运行中，应高度重视这些问题，力争做到既调水又调沙，科学调度运用水库。

2. 蓄滞洪工程

处理江河超标准洪水不外乎分、蓄、行、滞等手段。常见有如下几类情况：

(1) 分洪入海。如海河流域的子牙新河、独流减河，近年开挖的淮河入海水道等都是直接分洪入海，以减轻干流河道的洪水压力。

(2) 分洪入其他河流。当河流某河段的泄洪能力不足而邻近河流的泄洪能力有余时，则可以在该河段上游分洪，经分洪道将超量洪水转移到邻近河流。如沂河左岸彭道口开分洪道入沭河；规划中的“引江济汉”工程，从长江上荆江河段引流入汉江，除主要解决南水北调工程实施后引起的汉江下游生态环境问题外，还具有分减荆江洪水之功能。

(3) 分洪回归原河道。当河道某河段因狭窄泄洪能力受限时，可以将超额洪水通过分洪道绕过这一狭窄河段，再回归原河道下游。如淮河干流北岸的蒙洼分洪道，从洪河口分洪绕过蒙河洼地至南照集回归南河干流。

(4) 分洪入湖。如荆江在防洪形势需要时，扒开已封堵的调弦口通过华容河分洪入洞庭湖，以削减下荆江河道的洪水流量。

(5) 分洪入分蓄洪区。如当汉江下游河道遇超标准洪水时，则开启杜家台分洪闸，将汉江洪水引入杜家台分蓄洪区，经调蓄后泄入长江。此外，在汛期利用河道两侧的滩地或低凹圩垸，即所谓滞洪区行、滞洪水，均可以大大减轻主河道的泄洪压力。

通常所谓的蓄滞洪区，系指在河道周边辟为临时贮存洪水或扩大行洪泄洪的区域。相应的工程措施称为蓄滞洪工程。该工程是各类分（蓄、行、滞）洪工程的总称，是现阶段江河防洪工程体系的重要组成部分。

我国规划的蓄滞洪区，绝大部分在历史上是经常泛滥和自然调蓄洪水的湖泊、洼地。自然状态下，洪水自由进出，对江河洪水起到自然调节作用。大部分蓄滞洪区，平时不过水，运用机会不多，蓄洪、生产相结合，既有利于防洪，也照顾生产，潜在的防洪效益巨大。如长江两岸的分蓄洪区，大多数是原来的“蓄洪垦殖工程”，一般小水，挡在区外，区内发展生产；大水开放运用，相当于空库迎洪，其削减洪水的作用远大于天然湖泊。

在一些重要防护区上游，布置蓄滞洪工程设施，运用时主动灵活，易于控制，对于防止大堤决口、减轻毁灭性灾害，具有重要意义。全国主要江河现有蓄滞洪区100多处，总面积约3万km^2，总滞蓄量约1 200亿m^3，其中居民约1 500万人，耕地200万hm^2左右。

3. 堤防工程

修筑堤防技术上相对简单，可以就地取材，建设费用相对较低，因而筑堤防洪是古今中外广泛采用的一种工程防洪措施。在河道两岸修建堤防后，有利于洪水集中排泄。

堤防是江河防洪工程体系中的主力军，不论大水小水，年年都要工作，因此堤防的负担重、压力大。按长江水利委员会相关资料估计，长江中、下游河道防洪水位抬高1m，泄洪能力可以提高7 000m^3/s左右，汛期3个月就可以增加泄量500亿m^3，相当于1980年防洪规划安排分滞洪总量的70%。又据中国水利报统计，“98”大洪水截至1998年8

月10日，全国防洪效益约达7 000亿元，其中大堤占85%以上[50]。可见堤防工程的防洪效益不可低估。

需要注意的是，修筑堤防也可能带来一些负面影响。如河宽束窄后，水流归槽，河道槽蓄能力下降，河段同频率的洪水位抬高；筑堤后还可能引起河床逐年淤积使水位抬高，以致堤防需要经常加高，而堤防的持续加高又意味着风险的增大。例如当前荆江大堤临背河高差达到16m；黄河曹岗河段大堤临背河高差也达12～13m。这些情况，在堤防工程规划设计和除险加固时必须认真对待。

4. 河道整治工程

河道的泄洪能力受多种因素影响，诸如河道形态、断面尺度、河床比降、干支流相互顶托、河道成形淤积体以及人为障碍等。

从防洪方面讲，河道整治的目的是确保设计洪水流量能安全畅泄。通常所采取的工程措施，除修筑堤防外，主要是整治河槽与清除河障。

整治河槽包括拓宽河槽，裁弯取直，爆破、疏浚与河势控制等。拓宽河槽主要是消除卡口，降低束窄段的壅水高度，提高局部河段的泄量以及平衡上、下游河段的泄洪能力。裁弯取直可以缩短河道流程，增大河流比降与流速，提高河道的泄洪流量。爆破或利用挖泥船等机械，清除水下浅滩、暗礁等河床障碍，降低河床高程，改善流态，扩大断面，增加泄流能力。河势控制工程，包括修建丁坝、顺坝、矶头和平顺护岸等工程，以调整水流，归顺河道，防止岸滩坍蚀，控制河势，以利于行洪、泄洪。

清除河障即清除河道中影响行洪的障碍物。河道的滩地或洲滩，一般因季节性上水或只在特大洪水年才行洪，随着人口的增长和社会经济的发展，不少河道的滩地被任意垦殖和人为设障。例如，在河滩上修建各种套堤；种植成片阻水高杆植物；建码头、房舍；筑高路基、高渠堤；堆积垃圾，等等。所有这些，缩减了过流断面，增大了水流阻力，防碍了行洪、泄洪，必须依法清除。

除上面介绍的四项防洪工程措施以外，还应指出的是，在流域性防洪系统中，水土保持措施的作用不可忽视。水土保持是水土流失的逆向行为，能有效地控制进入江河的泥沙。因此，这项工作不仅关系到当地的农业生产、生态环境与经济发展，而且直接影响着水库、蓄滞洪区和河道堤防等防洪工程的防洪效益及其可持续利用。只有从源头上拒泥沙于河道之外，才能确保河床不持续淤积抬升和河道的防洪安全。

5.1.2 各类工程防洪措施的功能特点与优化组合

上述各类工程防洪措施各有特点与优势，但也各自存在一定的局限性。堤防工程相对简易，造价不高，但堤线长，需年年防守，防汛任务重，管理、岁修工作量大。随着河床的淤积抬高和防洪标准的提高，堤防需经常培厚加高，防洪风险和防汛压力越来越大。因而堤防工程只宜对付设计标准的常遇洪水，对于超标准洪水，必须有赖于水库或分蓄洪工程蓄纳。

水库防洪操作灵活，调控方便，效益可观。上游有库，下游无忧。但水库的位置及其规模受地形、地质、淹没迁移和工程造价等因素限制。对于综合利用水库，因防洪库容有限，仍有大量洪水排往下游需依靠河道和堤防排泄；此外，水库坝址至防护区的区间洪水，水库自身无能力防御。水库和河道的关系，好比“胃”和“肠”的关系，“胃”在上，拦洪削峰，蓄滞洪水，“肠”在下，起排泄洪水的作用。因此，水库与河道、堤防在工作时，需上下协调，相互照应。

设置蓄滞洪区是有效解决超标准洪水的减灾措施，一旦启用，可以快速降低河道洪水位，减轻河道堤防的防洪压力。蓄滞洪区既要为江河防洪服务，又要适应区内居民生存与发展的需要，因此不可轻易运用，更不宜频繁使用。遇到超量洪水，首先要动用水库蓄纳和加强堤防的防守并依靠河道下泄，蓄滞洪区“养兵千日，用兵一时”，只能在万不得已时才偶尔用之。

河道整治有利于洪水排泄，但整治建筑物如丁坝、矶头，可能激起局部水流紊乱，不利于岸坡稳定。修建控导工程和人工裁弯，可能引起上、下游河势的连锁变化，从而造成原有护岸工程失控和新的险情的产生。因此，希望通过河道整治途径解决上游来量与安全泄量不协调的矛盾是有限度的，必要时还需依靠分洪、蓄洪来解决。

综上看来，各类工程防洪措施，各有利弊得失，只有通过扬长避短，优化组合，既独立又协作，才能发挥江河防洪工程体系的整体作用。否则，若不注意发挥各项工程的群体作用，单枪匹马，各自为战，难有大的作为。

现阶段我国主要江河的洪水治理方针，一般是“拦、蓄、分、泄，综合治理”。如黄河的“上拦下排、两岸分滞”；松花江的“蓄泄兼施，堤库结合”；长江的“蓄泄兼筹，以泄为主”及“江湖两利，左右岸兼顾，上、中、下游协调”等原则。通过在上游地区干、支流修建水库拦蓄洪水，并配合采取水土保持措施控制泥沙入河，在中、下游修筑堤防和进行河道整治，充分发挥河道的排泄能力，并利用河道两岸的分蓄洪区分滞超额洪量，以减轻洪水压力与危害。具体规划时，不同河流、不同地区应根据其自然地理条件、水文泥沙特性、洪水洪灾特征、社会经济发展需要和防洪任务要求等有所侧重。

5.1.3　非工程防洪措施及其与工程防洪措施的关系

1. 非工程防洪的基本概念

非工程防洪是指通过行政、法律、经济等非工程手段而达到防洪减灾的目的。这是一项时新的防洪思路与措施。

非工程防洪措施的研究与发展在国外以美国为代表，其他国家多借鉴美国的经验，结合本国国情而因地制宜。在我国，虽然非工程防洪的某些思想自古就有，但正式引进这一概念并将其作为江河防洪建设的措施不过二三十年。因此，我国的非工程防洪事业，显得年轻而欠成熟，表现为理论研究不够，实践应用经验不足，社会共识尚未普遍形成。但其所显示的防洪减灾效益日益体现出来。

非工程防洪措施的基本内容详见第十章。大致包括以下方面：防洪区的科学规划与管理，公民防洪、防灾教育，防洪法律、法规建设，洪水预报、警报和防汛通信，推行洪水保险，征收防洪基金，防汛抢险，善后救灾与灾后重建等。

2. 工程防洪措施与非工程防洪措施的关系

工程防洪措施与非工程防洪措施的目的都是防洪减灾。两者的区别在于：工程防洪措施起直接减灾作用，该措施着眼于洪水本身，能直接调控洪水，改变洪水的自然特性（如延时削峰、调整洪量等），因而主要属于工程技术方面的问题；而非工程防洪措施，则不直接控制洪水，该措施主要着眼于洪泛区的合理使用和安全，以及在洪灾发生时尽量减轻其损失，因而具有间接防洪减灾的性质，主要属于规划管理方面的问题。

工程防洪措施与非工程防洪措施相比较而言，前者是古老的、传统的、习用的和投资较大、技术相对成熟的防洪措施；而非工程防洪措施，则是年轻的、新兴的，费省效宏，发展前景广阔的防洪措施。工程防洪措施技术性较强，其管理、维修与调度运行，主要靠专业部门和技术人员去做；非工程防洪措施的政策性较强，不仅需要政府部门领导和业务部门主管，还需要全社会各方面和广大民众的支持与配合。

综上看来，工程防洪措施和非工程防洪措施是江河防洪减灾系统的两个部分，两者的功能各不相同，相互不能替代。在我国未来的防洪减灾工作中，在重视工程防洪建设的同时，要大力增加非工程防洪建设的投入与实施力度，逐步将过去的以工程防洪措施为主、非工程防洪措施为辅的防洪建设思想，转变到工程防洪建设与非工程防洪建设同举并重、科学配置和联合运作方向上来。只有把这两种措施有机地结合起来，取长补短，相得益彰，才能形成完整的江河防洪减灾系统。

§5.2 防洪减灾规划

防洪减灾规划属江河流域总体规划的一个组成部分，是针对某一流域或地区的洪水灾害而制定的综合防治方案。其目的是，全面提高江河流域或地区抗御洪水的能力，保障人民生命财产安全，创造稳定安宁的生产、生活环境和良好的生态环境，促进社会经济可持续发展。其任务是，根据流域或地区的社会经济发展需要，并结合其自然地理条件，洪水与洪灾特性，依照相关法规、文件规定，提出包括工程措施和非工程措施相结合的整体防洪方案及其建设程序，作为安排水利建设计划，进行工程设计和从事防洪管理、防汛调度等各项水事活动的基本依据。

5.2.1 防洪减灾规划的基本原则

根据我国的社会经济发展情况和江河洪水特点，制定防洪减灾规划的基本原则，具体体现在正确处理好以下几方面的关系。

1. 人与洪水的关系

人与洪水要协调共处、长期共存。防洪建设应力争把水灾损失降至最低。但随着人口的增加和社会经济的发展，人类在控制洪水时不可有不切实际的过高要求。人类必须适应洪水，在控制洪水时要注意条件与可能，必要时应主动让地于水，为洪水提供足够的蓄泄空间，这样才能保全自身的安全与发展。

2. 局部与整体的关系

防洪规划要着眼于整体，从全局出发，上、下游，干、支流，左、右岸，以及地区与地区之间等均要统筹兼顾，必要时牺牲局部保全大局，确保重要地区的防洪安全。区际之间要团结治水，互谅互让。防止把洪水矛盾从一个地区转移给另一个地区，或将洪灾演化为局部涝灾。

3. 重点与一般的关系

所谓重点，一般是指重要城市、重要工矿企业、交通干线、大面积农业区以及洪水可能造成毁灭性灾害的地区等。例如，城市与乡村相比较而言，城市是重点，乡村为一般，因此乡村应让位于城市。原则上讲，一般应让位于重点，特别是在特大洪水时，首先要保重点。但也应充分注意到现实情况，如有些分蓄洪区，现已人口众多，经济繁荣，安全设施有限，一旦分洪，可能造成人员伤亡，而城市高楼林立，结构牢固，避水条件优越，受淹时经济损失虽大，但人身安全一般有保障。因此，人命关天，有时宁可经济损，不可人员亡。

4. 需要与可能的关系

防洪工程建设投资大、时间长。防洪规划要根据洪水特性与历史洪灾情况，研究国民经济各行业与社会各方面对防洪的要求，并据财力、物力与技术的现实可能性，拟定合理的防洪标准和可行的建设方案。防洪建设要尽可能地为全社会创造有利的环境和条件，同时社会各方面也要充分理解防治洪水的客观条件和实际可能。

5. 近期与远景的关系

对于大江、大河，在财力和技术受限情况下，应分别轻重缓急，分阶段选定近期与远景的防洪标准，有计划地实施相应的防洪建设项目，并通过对其投人与产出，经济效益、社会效益与生态环境效益的分析，在兼顾远景发展的前提下，重点解决近期最迫切的问题。

6. 蓄洪与泄洪的关系

防治洪水要因地制宜、蓄泄兼筹。山丘区一般以蓄为主，因此要开展水土保持工作，修建山谷水库，拦蓄洪水，削减洪峰；平原地区一般以泄为主，故需修筑堤防、整治河道，扩大河槽的泄洪能力，并辅以分蓄洪措施，合理安排洪水出路。对于某些易遭干旱地区的河流，对一定标准的洪水，可以采取蓄洪补枯，综合利用水资源。

7. 设计洪水与超标准洪水的关系

防洪建设不可能根除洪水，任何防洪工程的防洪能力总是有限的。对于设计标准洪水，应采取有效的防御措施；对于超标准洪水或可能最大洪水，则应根据实际情况预谋临时应急对策。

8. 工程措施与非工程措施的关系

工程防洪措施防洪效益巨大，但耗资很大，且需占用土地、迁移人口等；而非工程防洪措施则耗资相对较少，也能有效地减轻洪灾损失。因此，防洪减灾规划要研究两者的有机结合与合理配置，以达到防洪效益总体最优。

5.2.2　防洪减灾规划的编制方法与步骤

防洪减灾规划应在研究流域水文气象与洪水特性、历史洪灾及成因的基础上，分析干、支流现有的防洪能力，拟定防洪对象的防洪标准，研究拦、蓄、分、泄的关系，选定整体防洪方案，并阐明工程效益。其编制工作步骤大体上分为：问题辨析、方案拟定、论证评价和编写报告四个阶段。

1. 问题辨析

该阶段的主要任务是，根据河流防洪现状及存在的问题，在错综复杂的关系中抓住主要矛盾，理出解决矛盾的思路，明确防洪减灾规划的目标。其工作内容包括：广泛收集、整理和分析流域与保护区的自然地理、工程地质、水文气象与洪水特性资料；掌握历史洪灾的成因与损失；了解社会经济现状及其发展规划；征求社会各部门各方面对防洪的意见；确认现有防洪工程设施的防洪能力；计算河道的安全泄量（允许泄量）；确定规划水平年与防洪经济效益目标，等等。

2. 方案拟定

一个完整的防洪规划方案通常是由多种工程防洪措施与多种非工程防洪措施共同组成的综合防洪方案。一般大江、大河流域范围广，上、中、下游地形、地貌、洪水洪灾特征各不相同，因此，必须区别拟定防洪方案，在统筹考虑各种工程与非工程防洪措施基础上，结合水资源可持续利用与发展的需要，合理安排上、中、下游防洪总体布局。

一般而言，对于河道上游地区，防洪措施应以兴建调洪水库为主，配合封山植树、退耕还林、水土保持等工程与非工程措施相结合；对于中、下游地区，防洪建设则以堤防加高加固为基础，配合河道整治、蓄滞洪工程、调洪水库等工程措施以及非工程措施组成综合防洪方案。

拟定一个可行的防洪规划方案并非轻而易举。通常需对拟定的各种防洪工程及其不同规模，分别进行工程量、投资、淹没损失和防洪效益的计算与分析，结合非工程建设规划的考虑，采取归纳淘汰法，筛选出几个候选方案，待进一步通过综合影响评价后优选出最终方案。在所提出的规划方案中，应特别重视对流域防洪起控制性作用的骨干工程的重大部署，此外，还须考虑在遇超标准洪水时的应急对策措施。

3. 论证评价

对于规划中的各候选方案，都必须就经济、社会和生态环境等方面可能产生的有利与不利影响，依据相关规范进行分析、计算，作出定量或定性的评估；在此基础上，根据拟定的评价准则，对各候选方案进行综合评价论证；最后选出推荐方案，并根据轻重缓急，作出近、远期工程项目的实施安排。

4. 编写报告

防洪规划报告的编写内容，一般包括流域自然地理概况，社会经济情况，水文气象与洪水特性，历史洪灾损失，防洪工程现状，规划候选方案与选定方案的防洪效益、工程造价、施工安排、移民迁安计划及相关附图、附表等。

5.2.3 防洪减灾规划中的几个问题

1. 防洪标准

防洪标准是指在采取防洪措施后防护对象要达到的防洪能力。当实际发生的洪水不大于防洪标准洪水时，通过防洪系统的科学调度运用，能保证防护对象的防洪安全。具体体现为防洪控制点的最高水位不高于防汛保证水位，或流量不大于河道安全泄量。

防洪标准的高低关系到防洪安全与投资的矛盾。防洪标准定得高，安全度大，但工程规模大、投资多，甚至在工程寿命期内因不能充分发挥效益，以及可能增加维修管理费用而造成浪费；相反，标准定得低，工程规模小、投资少，但风险大。

防洪标准的确定方法，一般应根据防洪保护区的社会经济发展状况、历史洪灾情况及洪水泛滥可能造成的严重程度，通过对所选防洪标准可减免的洪灾损失（防洪效益）与所需费用（投资）的对比分析，并考虑政治、社会、生态环境等因素，在综合权衡各方面利益的基础上最终确定。国内外表示防洪标准的方式主要有三种：（1）以洪水的重现期或出现频率表示；（2）以调查、实测的某次大洪水或适当加成表示；（3）以可能最大洪水或其$\frac{3}{4}$、$\frac{2}{3}$、$\frac{1}{2}$表示。例如，长江中下游防洪规划中，多年来采用以某一实际发生的典型大洪水或适当加成作为防洪标准。目前长江中下游防洪规划设计采用的防洪标准是防御1954年洪水。1994年，我国正式颁布了中华人民共和国国家标准《防洪标准》（GB50201—94），这项标准中统一规定了不同重要程度的防护对象的防洪安全度，在防洪工程规划设计时可以参照选用。

2. 河道安全泄量

河道安全泄量是河道在正常情况下能够安全通过的最大流量，亦称允许泄量。它代表着河道宣泄洪水的能力。与之相应的水位，为堤防设计洪水位或防汛保证水位。河道安全泄量是防洪工程规划设计和防汛工作的重要指标，该指标在很大程度上决定上游水库的防洪库容及其调度运用，以及分蓄洪区的蓄洪容积及其运用决策，同时也是河道堤防工程设计和衡量堤防工程防洪能力的重要数据。因此，在河道防洪规划中，对安全泄量应认真分析确定。

影响河道安全泄量的因素很多，如断面尺度、河道比降、河床糙率、干支流相互顶托、河道冲淤变化等。河道的安全泄量沿程一般不等，有的上游小，下游逐渐增大，这种情况有利于防洪；但有的相反，上大下小，使防洪问题复杂化，这种情况常需采取适当措施以扩大安全泄量，或采用分流措施缓解下游防洪压力。

河道安全泄量的确定方法，一般情况下可以根据防洪控制站的保证水位由实测稳定水位与流量关系曲线上查得。但有些天然河道的实际水位与流量的关系，可能因某些因素影响而往往不是单一曲线。如长江干流各控制站，历年水位与流量关系曲线都有相当大的变幅，同一流量的水位，最大可能相差1~2m；同一水位的流量，最大可能相差数千甚至上万m^3/s。因此，应当综合考虑各种可能的影响因素，从偏于安全方面考虑确定河道安全泄量的数值。表5-1为长江、汉江部分河段的安全泄量[52]。

表5-1　　长江、汉江部分河段的安全泄量

河流	河段	代表站	安全泄量/（m^3/s）	备注
长江干流	荆江	枝城	60 000~68 000	荆江安全泄量与城陵矶水位有关，其中包括松滋口、太平口的分流流量。
	城陵矶	螺山	约60 000	
	武汉	汉口	约70 000	
	湖口	湖口	约75 000	
汉江干流	钟祥	皇庄	27 000~30 000	杜家台以下安全泄量与汉口水位有关，汉口水位达到29.73m时，只能通过约5 000m^3/s的流量。
	沙洋	沙洋	18 400~19 000	
	泽口以下		14 200	
	杜家台以下		9 000~5 000	

3. 规划水平年

编制防洪减灾规划需要明确近、远期规划水平年，不同的水平年有不同的规划目标。

所谓规划水平年，是指实现规划特定目标的年份。水平年的划分一般要与国家经济发展计划相一致。水平年划分越长，其不确定因素越多。规划中首先要设定规划的基准年份，以此再确定近期水平年与远景水平年。通常，以编制规划后的10~15年为近期水平年，20~30年为远景水平年。

例如，2008年7月国务院批复的新编《长江流域防洪规划》，同意确定长江防洪近远期目标：到2015年，荆江地区防洪标准达到100年一遇；到2025年，建成比较完整的防洪减灾体系，与流域经济社会发展状况相适应。

4. 防洪减灾效益

(1) 防洪效益的特点

防洪属于减灾除害事业。这项事业不同于其他兴利事业而直接创造社会经济财富，主要体现在能够提供社会安全保障，即保障社会各行各业的正常生产以及人民生命财产的安全。因此，防洪是一项社会公益性事业。防洪效益的特点如下：

① 防洪经济效益属除害效益。即以采取防洪措施后所减免的洪灾经济损失（包括减少受灾机会、减轻洪灾程度）视为防洪的经济效益。

② 防洪效益具有很大的随机性和不确定性。一般小洪水年份，防洪工程设施可能显示不出什么效益，但遇到大洪水则能产生巨大的效益。因此防洪效益不能按年计算，且多年平均效益也往往偏低。

③ 防洪效益具有广泛的社会性。防洪社会效益的表现，如减免人员伤亡、流离失所，防止疫病流行，避免停产、停课，减少需要救助的人员数量等，以减轻防洪保护区内居民的精神负担，避免洪灾引起的各种社会问题等。

④ 防洪效益具有动态递增性。随着防洪保护区内社会经济的发展和居民财产的增加，防洪工程的防洪效益也相应地逐年递增。如武汉市现在的经济建设远非昔比，因而武汉市的防洪工程今天的防洪效益远远大于以往。

⑤ 防洪工程具有一定的负效益。防洪工程除有正效益外，有些还可能存在一定的不利影响和消极作用即视为负效益。如建库防洪却又造成库区淹没和人口迁移；运用分蓄洪区，人为地造成一定的灾害即负效益以换取下游重点防护区的正效益等。

(2) 防洪经济效益的计算

防洪经济效益是指兴建防洪工程设施前后，洪灾造成的直接经济损失之差值。

在规划设计阶段，计算经济效益是预测未来，评价工程项目在技术可行的条件下经济上是否合理。如果经济投资过多、回报期长，效益不佳，即使技术可行也是不可行的。通常采用影子价格计算，其中社会折现率，一般采用12%。预测经济评价的方法之一是计算效益费用比。效益费用比大于1，说明经济效益好，即可行；小于1则不可行。

预测评价防洪经济效益计算，需分析确定洪水的类型、规模、洪水等级；确定洪水淹没范围、水深、历时、淹没程度；实地调查确定各类财产的损失率等。

计算内容包括：设计年的防洪经济效益；多年平均防洪经济效益；特大洪水年的防洪经济效益；以及负效益和衍生正效益等。

其计算公式为

$$B_F = (L_b - L_a) - B_n + B_d \tag{5-1}$$

式中：B_F——防洪经济效益；

L_b——防洪工程兴建前洪灾的直接经济损失；

L_a——防洪工程兴建后洪灾的直接经济损失；

B_n——防洪负效益；

B_d——洪灾衍生的正效益。

常用的计算方法有两种：即频率曲线分析法和实际典型年系列法，这里从略。

以上简要介绍的是防洪工程措施在规划设计阶段计算经济效益的预测评价方法。对于已建防洪工程，过去实际取得的防洪经济效益的计算，则应采用追溯还原法；至于防洪措施在抗御当年洪水中所取得的经济效益的计算，则可以采用现时调查法。这些方法的详细介绍可以参阅相关文献。

新近，由国家防汛抗旱总指挥部组织编写的《防洪减灾经济效益计算办法》，已开始投入实用。该办法为综合评价防洪措施在防汛抗洪中所产生的防洪减灾直接经济效益，提供了统一的量化标准。

§5.3　防洪减灾系统的调度运用

5.3.1　江河防洪系统洪水调度的原则与任务

洪水调度是运用已有防洪工程设施和非工程防洪措施，对汛期发生的洪水，有计划地进行调控和防御。我国的大江、大河，根据“蓄泄兼施”原则进行的江河洪水治理规划，现已基本形成了由各种工程防洪措施与非工程防洪措施相结合的防洪系统。但因我国江河洪水频发，峰高量大，时间相对集中，而江河防洪标准普遍偏低，同时由于社会经济的发展，各方面对防洪的要求和利害矛盾也在不断变化，使得防洪调度工作异常困难且复杂。

1. 洪水调度的原则

防洪调度是一项政策性、原则性和技术性很强的工作，不容许存在任何主观随意性、片面性和强调部门利益、地方主义之类的偏向。根据我国多年的实际经验，防洪调度必须坚持以下原则：

(1) 强化领导，统一指挥。下级服从上级，地方服从中央，各相关方面要密切配合，确保调度指令的顺利执行。

(2) 一般让位于重点，局部服从全局。遇到大洪水，需要破垸行洪或启用分蓄洪区时，任何人不得阻挠实施和延误时机，以牺牲局部利益为代价，确保重要地区的防洪安全。

(3) 兴利服从防洪。在防洪设施遇到防洪与兴利的矛盾时，兴利必须服从防洪。在保证防洪安全的前提下，要尽可能照顾兴利。

(4) 确保防洪工程自身安全。防洪工程如果自身安全不保，不仅直接影响防洪、兴利效益的发挥，而且会破坏既定调度计划的实施，从而带来更大的损失和不可挽回的影响。

(5) 留有安全余地。防洪系统运行调度方案一般是针对正常情况而编制的，但在实际运用中却可能遇到一些异常情况。如水、雨情预报失误，闸门启闭出现故障，工程意外出险，分蓄洪区群众不能按时撤离，等等。因此，在洪水调度过程中，在不违背事先编制的防洪调度预案的前提下，对随时发生的不测事件能随机应变，采取适当的补救措施，以确保防洪系统的安全运行。

2. 洪水调度的任务

江河洪水调度的任务是，合理调节洪水，确保防洪安全，最大限度地减轻洪水灾害损失。这项工作涉及面广，专业性很强，既要体现已有的防洪规划设计意图，发挥工程效益，保证工程安全，又要适应客观情况的变化，发挥调度人员的智慧，争取获得最佳调度效果。

为了充分发挥防洪系统的防洪效益，实现防洪系统的科学调度运行，应当运用系统分析的思想与方法，从系统中各项防洪措施的配合着眼寻求整体最优调度方案。如利用水库群的优化调度，科学且有效地调控洪水；利用河道与堤防所形成的过流能力，最大限度地排泄洪水；运用各类蓄滞洪区分（蓄、行、滞）洪水，等等。通过对各项防洪工程措施的统一调度，实现对流域洪水最为合理且有效地蓄、泄、滞、分，并结合非工程防洪措施，达到防洪系统总体灾害损失最小或防洪效益最大的调度效果。因而这是一项涉及因素众多且极为复杂的工作，目前在我国尚处研究探索阶段。

在实际工作中通常的作法是，根据防洪工程体系的布局，上、下游，左、右岸的防洪任务与防洪工程的防洪标准，以及非工程防洪建设情况等，拟定多种防洪工程联合调度方案，以此为基础，在汛期再根据汛情的发展和工程的实际状况，通过综合分析与决策制定出合理可行的防洪调度方案，并在实施过程中随时进行验证与调整。

防洪系统的联合调度，主要是在水库（群）和蓄滞洪区各自防洪调度方案的基础上，充分发挥河道堤防的安全泄洪能力，合理安排各种防洪工程的运用时机与次序。

5.3.2 水库群防洪系统联合调度

水库群有串联（或称梯级）水库群、并联水库群和混联水库群三种情况，如图 5-1 所示。关于水库防洪调度将在第八章作详细介绍，这里只简略述及水库群防洪系统联合调度

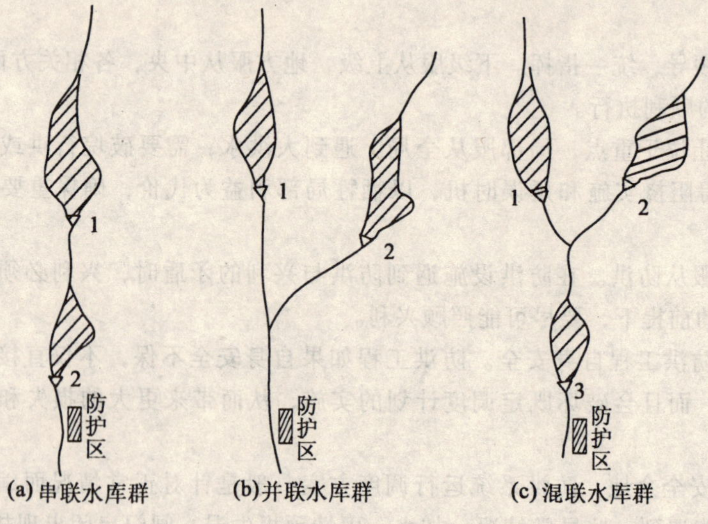

图 5-1 水库群示意图

的一般原则。

1. 串联水库群联合防洪调度

由于洪水的来源与组成往往很复杂，因此串联水库群在实际调度中，应根据洪水实际发生的地区及各水库的蓄洪情况确定运用程序。

在不考虑预报的情况下，各水库补偿调度的基本原则如下：

(1) 重叠库容（正常蓄水位至防洪限制水位之间的库容）先蓄，专用的防洪库容（防洪高水位至防洪限制水位间的库容）后蓄。

(2) 对于专用防洪库容，淹没损失小的水库先蓄，淹没损失大的水库后蓄。

(3) 在暴雨中心上游的水库先蓄，下游的水库后蓄。

(4) 按预先确定的运用次序先用第一个水库调洪，若不能满足下游防护区的防洪要求，仍按上述原则，再用第二个水库调洪，依次类推，直至满足下游防洪要求为止；水库泄洪次序，一般与蓄洪运用次序相反，并以最下一级水库的泄量加区间流量不大于防护区河道安全泄量为原则，尽快腾空各水库的防洪库容。

2. 并联水库群联合防洪调度

若并联水库群中各水库距干、支流汇合点不远，且水库特点有明显差异时，不考虑预报，水库运用程序可以按本河下游的防洪要求，先取调洪能力和淹没损失最小、有重叠库容的水库进行调洪，若不能满足汇合点以下防护区的防洪要求时，再顺次运用调洪能力和淹没损失次小的水库，在满足该水库下游防洪要求的前提下，对汇合点以下防护区进行防洪补偿调度。

3. 混联水库群联合防洪调度

混联水库群的情形调度更为复杂，可以参照串联水库群及并联水库群防洪调度的基本原则，根据各水库的特点及洪水分布特性，确定其防洪补偿调度方式及运用次序。

5.3.3 分蓄洪工程系统联合调度

分蓄洪区的启用条件一般以控制水文站的某一水位为准。核算分洪道的泄洪能力时，进口端用设计分洪水位，出口端不一定考虑最不利的洪水遭遇，而用较不利的洪水遭遇即可。

分蓄洪工程系统的运用程序通常以满足防洪要求为前提，以分蓄洪总损失最小为原则，根据各分蓄洪区的作用和特点，及其与上、下游，左、右岸防护区的关系制定运用程序。

(1) 分蓄洪运用：一般对于有闸控制的分蓄洪工程要最先运用。对于有重要工矿企业及交通干线，人口稠密，迁安困难，乡镇企业发达，淹没损失较大，泄洪时积水不能及时排出，离防护区较远并采取扒口进洪的分蓄洪工程最后运用。

(2) 泄洪运用：洪峰过后，各分蓄洪区要尽快开闸或扒口泄洪，腾空容积，以便重复利用。一般以有控制设施的分蓄洪工程最先泄洪，并以下游河道安全泄量为控制原则进行补偿泄洪。

(3) “上吞下吐”运用：分蓄洪区全部蓄满后，若洪水仍继续上涨而需继续分蓄洪时，可以打开下游泄洪闸或扒口，采取“上吞下吐”运用方式，此时的分蓄洪区起滞洪或分洪道作用。

5.3.4 水库群与分蓄洪工程系统联合调度

水库工程坝址一般位于河流上、中游干、支流，水库对各种重现期的洪水都在不同程度上起调控作用。分蓄洪工程位于河流中、下游两侧邻近于重点防洪区，一般只有在发生超常洪水时作为应急措施启用。水库蓄洪损失相对较小、控制运用灵活。分蓄洪工程的适时启用，有利于控制防洪区重要堤段水位不超过其安全保证水位。因此，一般应先用水库（群）对洪水进行调控，然后相机启用分蓄洪工程。

由上述可见，水库群与分蓄洪区工程联合运用时，原则上并不改变水库群自身的联合调洪规则，只是在启用分蓄洪区时，考虑在下游分蓄洪区分洪及其蓄滞洪水作用条件下，水库群应合理地进行补偿调节。例如在洪峰出现之后的退洪泄水阶段，一般以不超过河道安全泄量为控制条件，先泄分蓄洪工程的蓄洪量，而水库群则按洪水补偿调节方式控制泄量[53]。

5.3.5 防洪系统联合调度实例

这里以荆江地区防洪系统为例，说明其具体防洪调度与运用[46]。

1. 三峡水库建成以前的调度运用

三峡水库建成以前的调度运用原则是，充分发挥下游河道的泄洪能力和干、支流水库的拦洪错峰作用；当控制站沙市水位接近分洪水位时，首先扒开洲滩民垸扩大行洪能力；遇超过河道泄洪能力的洪水时，相机运用蓄滞洪区分蓄超额洪水，确保重点堤防、地区和城市的防洪安全；遇特殊情况，采取非常措施，最大限度地减轻洪灾损失。

当沙市水位达到44.67m，并预报继续上涨时，扒开荆江两岸干堤间洲滩民垸行洪。当沙市水位达到45.00m，并预报继续上涨时，视洪水情势及荆江堤防安全情况，决定是否开启北闸运用荆江分洪区，在荆江分洪区分洪已控制沙市水位后，视水情适时关闸，以保留部分蓄洪容积在下次洪峰到来时再度运用；当北闸全部开启进洪仍不能控制沙市水位上涨时，爆破腊林洲江堤口门分洪，接着爆破涴市扩大区江堤及虎渡河里甲口东、西堤，与荆江分洪区联合运用，并由虎渡河节制闸（南闸）控制泄量不超过3 800m^3/s。当预报荆江分洪区（黄金口）水位将超过42.00m时，爆破虎东堤和虎西堤，使虎西备蓄区与荆江分洪区联合运用，接着再爆破无量庵江堤吐洪入江。预计长江干流不能承泄时，爆破北岸人民大垸江堤分洪；当人民大垸仍不能蓄纳超额洪水时，炸开人民大垸中洲子江堤吐洪入江，同时爆破上车湾江堤分洪入洪湖分洪区。这项措施约可解决上游枝城洪峰流量为80 000m^3/s的洪水。

2. 三峡水库建成以后的调度运用

三峡水库完全建成后，防洪库容221.5亿m^3。为保证三峡工程防洪目标的实现，在规划设计阶段，针对荆江河段遇特大洪水如1870年洪水将会溃口，以及城陵矶附近地区超额洪量较大两个突出问题，分别拟定了对荆江河段和城陵矶地区补偿调度的两种方式。

对荆江河段的补偿调度方式是以控制沙市水位为标准。遇百年一遇及以下洪水（如1931年、1935年、1954年、1998年洪水），三峡水库按控制枝城流量一般不大于56 700m^3/s进行补偿调节，可以使沙市水位不超过44.50~45.00m，不启用荆江分洪区；遇千年一遇如1870年洪水，可以使枝城流量不超过80 000m^3/s，配合荆江地区的分洪区运用，可以使沙市水位不超过 45.00m，从而保证荆江两岸的防洪安全。

对城陵矶地区，三峡水库可以考虑按宜昌至城陵矶区间的来水进行补偿调度，即要求按城陵矶流量不超过 60 000m^3/s 来决定其泄水量。区间来水大，三峡水库少泄水，反之则多泄水。但这样调度若占的库容多了，万一上游又来大洪水，就有可能危及荆江防洪安全，故在规划中将三峡水库的防洪库容 221.5 亿 m^3 分为三部分：第一部分库容 100 亿 m^3 用作对城陵矶防洪补偿；第二部分库容 85.5 亿 m^3 仅用作对荆江防洪补偿；第三部分库容 36 亿 m^3 留作对荆江特大洪水进行调节。这种调度方式比较适应以长江中、下游来水为主的洪水类型及全流域型洪水，例如 1931 年、1954 年、1996 年、1998 年洪水，这种调度方案，对减少城陵矶地区分洪量的效果要显著优于荆江补偿方式。

三峡水库配合丹江口水库和武汉市附近地区的分蓄洪区，可以避免武汉水位失控，从而提高了武汉市防洪设施的可靠性和调度运用的灵活性。

第六章 河道防洪整治

为了充分发挥现有河工建筑物的作用与效益，满足沿河两岸国民经济各行业对河流的要求，必须在认真研究河道演变规律的基础上，制定并采取合理可行的工程措施以调整河势与稳定有利河槽，而这首先需要做好河道整治规划工作。

河道整治规划一般包括洪水、中水、枯水三种不同的整治方案。洪水整治的目的是为了防御洪水泛滥，确保人民生命财产安全；枯水整治则主要是保障通航和引水；中水整治对稳定河床，控制河势具有决定性意义。

从河床演变的理论和实践知，强烈的造床作用通常发生在中水时期。因此，从河道防洪整治角度讲，关键是控制与稳定中水河槽，故有时把中水河槽的整治规划称为河势规划。本章主要讲述中水河槽的整治。[25,54~56]

§6.1 河道防洪整治规划

6.1.1 防洪对河道整治的要求

防洪是我国平原地区江河治理的首要目标。防洪部门对河道整治的基本要求是：河槽有足够的过流断面，能安全通过设计洪水流量；河道较通畅，无过分弯曲或束窄段，以免汛期泄洪不畅，或在凌汛中，冰凌阻塞，形成冰坝，造成漫溢险情；在两岸修筑的堤防工程，应具有足够的强度和稳定性，能承受相应的洪水水位；河势稳定，河岸不因水流顶冲而崩塌，以免危及堤防、农田、村镇、交通的安全。

需要指出的是，河道具有行洪、航运、排涝、引水、旅游等多项功能，不同部门对河道的要求，虽有其共同的愿望即希望河道稳定不变，但在有些情况下出于部门利益考虑，常常存在相互矛盾、相互抵触之处。例如，防洪部门要求有足够的泄洪断面，不得擅占行洪滩地而违章建设，而市政部门总希望利用河道洲滩土地，进行房地产开发和扩展城市规模与工商业经营范围；引水部门为了保证取水，不恰当地修建的一些挑流工程，往往会影响到船舶航行的安全和河势的变化；航道部门不恰当地修建的枯水航道整治建筑物，可能引起洪水位的抬升和河道的泄洪。此外，上、下游，左、右岸不同行政区之间，时常因各自利益的需要而发生矛盾与冲突。如在滩地问题上，两岸居民间，上、下游之间，县际之间，甚至乡际之间，都可能有矛盾。因此，在进行河道防洪整治规划时，在满足河道防洪要求的前提下，应充分听取沿河各个部门的意见和要求，广泛照顾各方面的利益，发扬团结治河的精神，在技术经济论证和生态环境评价的基础上，最终提出能为各方面都可以接受的整治规划方案。

6.1.2　河道防洪整治规划的原则

河道防洪整治规划的原则是：全面规划，综合治理；因势利导，重点整治；因地制宜，就地取材。

1. 全面规划，综合治理

全面规划就是要有全局观点，对河道的上、下游，左、右岸，干、支流统盘考虑，照顾各地区、各部门的要求，使最终安排的整治工程措施代价最小而效益最大。切不可因考虑问题不周，后果估计不足，治好了本段，却损害了邻居；或整治了河道，却破坏了生态系统。

值得注意的是，随着经济社会的发展和人民生活质量的提高，治河工作在传承前人治河模式的同时，在有条件的情况下，应尽力营造人水和谐的河流环境，把河道治理成既能满足行洪、航运等基本功能的河道，又能适应生物多样性的生态型河道和适宜人居休闲亲水的景观型河道。

综合治理就是要结合具体情况，采取各种整治措施进行治理，如修建控导工程、护岸工程、裁弯、清障等。有些河段，河道由河槽与滩地共同组成，河槽是水流的主要通道，滩地具有滞洪沉沙的功能，两者相互依存。对于这类河道，治槽是治滩的基础，治滩有助于稳定河槽，因此必须滩、槽综合治理。此外，还应考虑各种工程措施与非工程措施的密切配合与互为补充。

2. 因势利导，重点整治

“因势”就是遵循河流总的规律性，总的趋势。“利导”就是朝着有利的方向、目标加以引导。然而，河道的“势”是动态可变的，而规划工作一般是依据当前河势而论，这就要求必须对河势变化做出正确判断，抓住有利时机，规划、设计、施工，连续进行。

河道防洪整治规划强调因势利导。只有顺应河势，才能在关键性控导工程完成之后，利用水流的力量与河道自身的演变规律，逐步实现规划意图，以达事半功倍之效。否则，逆其河性，强堵硬挑，将会引起河势走向恶化，从而造成人力、物力和财力的极大浪费以及不必要的治河纠纷。

在实际工作中，可能遇到三种河势情况：一是目前的河道形势对各方面均较为有利，此时应抓住时机，采取措施，稳定河势；二是目前的河势虽不理想，但正向有利方面发展，此时可略为等待或采取一些临时性工程措施，促使其发展，然后再进行固定；三是目前河势正向不利方向发展，并有进一步恶化的趋势，此时应在关键部位修建控导工程，控制其变化，进而引导河势向有利方向转化，待到时机成熟时，再进行全河段控制。

重点整治是由河道整治的战线长、工程量大、投资大、全线守控难等条件决定的。规划中应优先安排起关键作用的重点控导工程。这些关键点应当是靠流几率最大，对下游河势变化起重要控制作用的节点，可以是天然节点的利用和改造，也可以是通过修筑整治工程而形成的人工节点。这些节点工程必须上下呼应，左右配合，工程布设的范围、尺寸，要符合河势规划中总的控导意图。

3. 因地制宜，就地取材

治河工程量大面广，工期紧张，交通不便，因此，在工程材料及结构型式上，应尽量因地制宜，就地取材，降低造价，保证工程需要。在用材取料方面，过去是土、石、树、草，现在应注意吸纳各类新技术、新材料、新工艺，并应根据本地情况加以借鉴和改进。

与其他水利工程不同的是，治河工程建设通常难以一次建成、一劳永逸，即往往需要分阶段、分河段施工。有些工程如丁坝、护岸工程，在主体工程完成后，受来水、来沙条件和河势变化的影响，绝大多数还要进行续建与补强加固。因此，在规划中应充分考虑并留有余地，在施工时应根据经验与具体情况，作出适当的调整与修正。

6.1.3 河道防洪整治规划的编制

河道防洪整治规划包括较长河段的河势控导规划和重点部位的局部整治工程规划两个方面。前者主要从宏观上提出对上、下游，左、右岸各部门要求通盘考虑的整治线，把有利于各个方面的河势稳定下来；后者则是为保证前者意图实现而采取的具体措施，包括对河势控导及改造调整的整治工程设计。

编制河道防洪整治规划的步骤大体为：

(1) 了解国民经济各行业对河道的要求，明确河道现状、问题症结及整治目的。

(2) 收集资料，如社会经济资料、水文泥沙资料、地形地质资料、已建河道整治工程竣工图纸及运行资料，以及沿河桥渡、港埠码头、取水口等工程的主要技术指标等。

(3) 河势查勘，尤其是洪水期的查勘。查勘中，应注意调查访问和必要资料的补充观测。

(4) 分析整理资料，编制若干规划方案。

(5) 方案比较，论证择优最佳方案。

河道防洪整治规划的内容，包括以下几方面：

(1) 河道概况及其特性分析。其中河道特性分析包括水文泥沙，河道演变，河流地质、地貌特征等。在分析中要特别注意的是，大洪水的造床作用，河道两岸边界（特别是节点）及其变化对流路的影响，支流入汇、河湖关系以及上游大型水利枢纽工程对水、沙的调节等，对河道特性及演变带来的影响。在上述分析的基础上，找出影响本河段河势变化的关键因素，并对其河势发展趋势做出预估。

(2) 河道防洪整治的任务和要求。根据规划河段社会经济发展形势，充分考虑航运、城镇发展、工矿企业布局等方面的需要，结合江河除害兴利，论证对本河段进行防洪整治规划的必要性和可行性，提出本河段防洪整治规划的基本原则，分清主次与轻重缓急，明确近、远期治理目标，拟定调控河势与稳定河槽的主要措施，通过方案比较，合理确定防洪整治工程的总体布局和实施程序。

(3) 河道防洪整治设计标准。包括设计洪水位、设计洪水流量、治导线、河槽横断面等。其中治导线的确定最为重要，这项工作决定了整治水位下河势走向的格局。应在反复研究论证、多种方案比较的基础上，提出既符合河道自然演变规律，又能最大限度地照顾到各方利益的最佳方案。

(4) 河道防洪整治工程设计。根据已确定的治导线，提出整治工程的布局，具体工程的方位、尺寸，结构型式，施工顺序及工程概算。

(5) 生态环境影响与经济效益评价。河道防洪整治规划和工程建设，必须遵守我国环境保护相关法律、法规，对生态环境可能带来的影响作出评价。河道防洪整治工程的经济效益评价，应依据国家各部委颁发的相关评价方法和规范。一般采用影子价格法，对工程的投入费用（工程建设费和年运行费）和产出效益（工程可减免的洪灾损失费）进行动态计算，以便评价工程的经济合理性和可行性。

6.1.4 河道防洪整治规划设计

1. 设计流量和设计水位

洪水河槽整治的设计流量是指某一频率或重现期的洪峰流量，设计流量与防洪保护地区的防洪标准相对应，该流量也称为河道安全泄量或允许泄量；与之相应的水位称为设计洪水位，设计洪水位是堤防工程设计中确定堤顶高程的依据，该水位在汛期又称为防汛保证水位。

中水河槽整治的设计流量常采用造床流量或平滩流量，与其相应的水位称为整治水位，整治水位与整治工程建筑物如丁坝坝头高程大致齐平。

从河道防洪整治设计讲，主要是确定中水河槽的设计流量与整治水位。此外，在护岸工程设计中，还需确定护坡与护脚分界的设计枯水位，该水位相当于多年平均枯水位，与河道边滩滩面高程大致等高。

2. 整治线（治导线）

整治线是河道整治后在设计流量下的平面轮廓线，又称为治导线。平原河道整治线分洪水河槽、中水河槽和枯水河槽整治线。洪水河槽整治线即两岸堤防的平面轮廓线；枯水河槽整治线，主要限于控制枯水河床的发展，使其有利于航运和灌溉引水；中水河槽整治线，对基本河槽的河势格局起控制性作用，因此通常作为河道整治规划的重点。

确定规划整治线，主要是确定整治线的位置、线型和平面尺度。整治线的位置，应根据整治的目的，遵循因势利导原则，既要考虑上、下游河势和本河段的演变发展趋势，又要注意依托现有护岸工程、河道节点以及相关河道建筑物，力求整治后的河岸线能平顺衔接，顺应河势，适应水沙变化，满足各方面的要求。

整治线的线型一般设计为曲线，在曲线与曲线之间连接适当长度的直线过渡段。这是因为，在常见的平原河流中，适度弯曲的单一型河道相对较为稳定，这类河型河身归顺，水流平稳，主流线和深泓线的位置变化较小，水深沿程变化不大，能达到这种情况的弯曲河段，对防洪、航运、取水和城市建设等各个方面都较为有利。

整治线的平面尺度，主要是指弯曲段整治线的弯曲半径和直线段的长度，通常是参照邻近的优良河段确定。弯曲段最小弯曲半径一般为河道直线段平滩河宽的 4 ~ 9 倍；直线段长度一般为该段平滩河宽的 1 ~ 3 倍。通航河道还需在中水河槽整治线的基础上，根据航道和取水建筑物的要求，设计枯水河槽整治线。

河湾治导线的曲线形式，较常采用圆弧曲线和变半径的复合圆弧曲线。根据黄河、渭河的实践，复合圆弧曲线有利于进口迎流与出口送流，对主流线变化的适应性较强。在长江下荆江裁弯工程设计中，曾采用余弦曲线定其引河轴线。在埃及尼罗河整治设计中，曾采用曲率沿程变化的抛物线型的弯道形式[57]。

绘制治导线的一般步骤和方法是：从整治河段的第一个弯道开始逐湾拟定。第一个弯道作图前要分析来流方向和凹岸边界条件，若凹岸已有工程，则根据来流及导流方向选取能充分利用的工程段落进行规划。具体作图时，选取不同的弯道半径适线，绘出弯道处凹岸治导线，并使圆弧线尽量多地切于现有工程各坝头或滩岸线。按照设计河宽缩短弯曲半径，绘制与其平行的另一岸线。接着确定下一湾的弯顶位置，并绘出第二个弯道的治导线。再用公切线把上弯的凹（凸）岸治导线与下弯的凸（凹）岸治导线连接起来，该切线长度即为直河段长度。按此绘制第三个弯道的治导线，检查相邻弯道间的河湾要素关系，直至最后一个河湾。继而进行检查修改，分析各弯道形态、上下湾关系、导流能力、弯道位置与当地利益的关系等，发现问题及时调整，经历多次，最终得到合理可行的治导线[58]。

3. 河槽横断面

洪水河槽的形态并不决定于洪水流量，也就是说洪水河槽的宽度和深度之间没有一定的河相关系，洪水河槽的设计主要是从能够排泄一定标准的洪水的角度来考虑。

河道防洪整治中设计河槽横断面，主要是针对中水河槽。由于中水河槽的断面形态决定于来水、来沙条件及河床地质组成条件，即服从河相关系，因而在进行河道整治设计时，河槽宽度 B 与平均深度 h，可以通过联解相关公式求得。

经常采用的方法是，在本河道选择模范河段，求出其在设计流量下的断面河相关系，并依此控制规划河段的断面形式。所谓模范河段，是指在河床形态方面，河岸略呈弯曲，深槽较长而浅滩较短，水深沿程变化不大，过渡段沙埂方向与水流接近垂直，枯水时无分汊现象等；在水流方面，主流比较稳定，流态平顺，流速适中，洪水、中水、枯水流向交角较小。这样的河段在必要时亦可以借鉴其他相似河流的资料。

模范河段选定之后，则可以通过联解水流连续方程（1-51）、曼宁阻力公式（1-10）和河相关系式（1-49），得出

$$h = \left(\frac{Qn}{\zeta^2 J^{\frac{1}{2}}}\right)^{\frac{3}{11}} \tag{6-1}$$

$$B = h^2\zeta^2 \tag{6-2}$$

式中：Q——造床流量；n——糙率系数；J——河流比降；ζ——河相系数；其余符号见图 6-1。

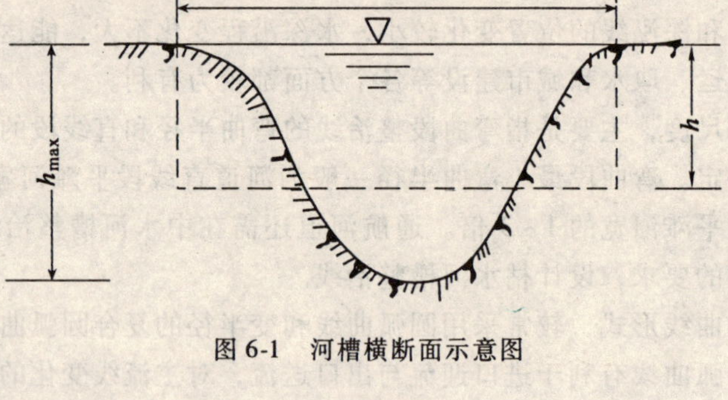

图 6-1　河槽横断面示意图

中水河槽的最大水深 $h_{\max}$ 可以由下式确定

$$h_{\max} = \varphi h \tag{6-3}$$

式中：φ——系数，φ 和 ζ 值均由模范河段实测资料定出。

求得 h、$h_{\max}$、B 后，即可以按断面积相等的原则，考虑河岸土质的稳定性，确定出设计断面的图形。

§6.2　典型河段的防洪整治

不同类型的河段具有不同的河道形态和演变特性。因此，河道整治措施及其工程布局也有所不同。下面就平原河道常见的四种河型情况分别介绍之。

6.2.1　蜿蜒型河段整治

蜿蜒型河段形态蜿蜒曲折，由于弯道环流的作用与横向输沙不平衡的影响，弯道凹岸不断冲刷崩退，凸岸则相应发生淤长，河湾在平面上不断发生位移，蜿蜒曲折的程度不断加剧，待发展至一定程度便会发生撇弯、切滩或自然裁弯。

就防洪而言，弯道水流所遇到的阻力比同样长度的顺直河段要大，这势必抬高弯道上游河段的水位，对排泄洪水不利。此外，曲率半径过小的弯道，汛期水流很不平顺，往往形成大溜顶冲凹岸的惊险局面，危及堤岸安全，增加防汛抢险的困难。

此外，蜿蜒型河段对航运、港埠和引水工程都在一定程度上存在不利影响。为了消除这些不利影响，有必要对其进行整治。

蜿蜒型河段的整治措施，根据河段形势可以分为两大类：一类为稳定现状，防止其向不利的方向发展；另一类为改变现状，使其朝有利的方向发展。

稳定现状措施：当河湾发展至适度弯曲时，对弯道凹岸及时加以保护，以防止弯道继续恶化。只要弯道的凹岸稳定了，过渡段也可随之稳定。

改变现状措施：因势利导，通过实施人工裁弯工程将迂回曲折的河道改变为有适度弯曲度的连续河湾，将河势稳定下来。

实践证明，单纯用弯道护岸工程难以控制蜿蜒型河段的河势，因为当蜿蜒型河段发生切滩、撇弯或自然裁弯后，护岸工程难起控制作用，河势将出现严重摆动。河势的变化有时甚至会发生连锁反应，改变蜿蜒型河段的整个河势格局，即俗称“一弯变，则弯弯变”。而当下游河段发生自然裁弯时，上游河段由于水位的降低，流速加大，水流趋直，顶冲位置下移，崩坍部位也随之下移，崩坍强度可能会增强。而原来护岸的河段，由于主流偏离，控制河势的作用将会减弱。因此，自然裁弯固然不一定会带来很坏的后果，但完全任其自然发生与发展，就难免要产生一些不利影响。而实施人工裁弯，可以运用河道发展的自然规律，掌握主动权，只要事前详细规划设计，周密研究，安排好工程措施，就能从根本上改善蜿蜒型河道的河势。有关人工裁弯设计的内容，将在后面专门介绍。

6.2.2　游荡型河段整治

游荡型河段在我国以黄河下游孟津至高村河段最为典型。该河段由于河道宽浅，两岸缺乏控制工程，河床组成物质松散，洪水暴涨陡落，泥沙淤积严重，洲滩密布，汊道众多，主流摆动频繁，且摆幅较大，摆动范围平均 3～4km，最大达 7km。

黄河下游游荡型河段河势急剧变化，所造成的主要问题是：

(1) 河势突变，常出现“横河”、“斜河”，大溜直接顶冲堤岸，危及黄河大堤安全。实践经验表明，凡是受横河、斜河顶冲的险工或滩岸，淘刷严重，往往易造成重大险情。

(2) 滩区滚河，主流直冲平工堤段，若抢守不及，就会造成大堤决口。黄河下游河道横断面面积的$\frac{1}{3}$为河槽，$\frac{2}{3}$为滩地。滩槽相依，槽定才能固滩，滩固大堤才能安全，高滩深槽有利于防洪排沙。但自1958年以来，沿河修筑了很多生产堤，使之漫滩机会减少，形成了新的临背差，出现了二级"悬河"，这样生产堤一旦溃决，水流直冲大堤，威胁堤防安全。加之沿河滩地横比降较大，以及沿堤串沟，很容易形成主流改道。

(3) 河势变化，造成滩地剧烈塌失，且此冲彼淤。据1967年前的相关统计，平均每年有近7 000hm^2耕地塌入河中，1949~1972年陶城埠以上塌入河中的村庄有256个，严重影响沿河人民生命财产安全和工农业生产。

(4) 沿河工农业引水困难，航运很不发达。因河势多变，很多引水口脱流，造成黄河下游两岸农业灌溉及城市引水困难。其次，因水浅及主泓多变不定，很难有固定航槽，航运事业无法发展。

黄河下游河道整治工程主要由险工和控导工程两部分组成。在经常临水的危险堤段，为防止水流淘刷堤防，依托大堤修建的丁坝、坝垛、护岸工程叫做险工。按平面外形，险工又可以分为凹入型、平顺型和凸出型三类。为了保护滩岸，控导有利河势，稳定中水河槽，在滩岸上修建的丁坝、坝垛和护岸工程称为控导护滩工程，简称控导工程[58]。险工和控导工程，相互配合，共同起到控导河势、固定险工位置、保护堤岸的作用，如图6-2所示。

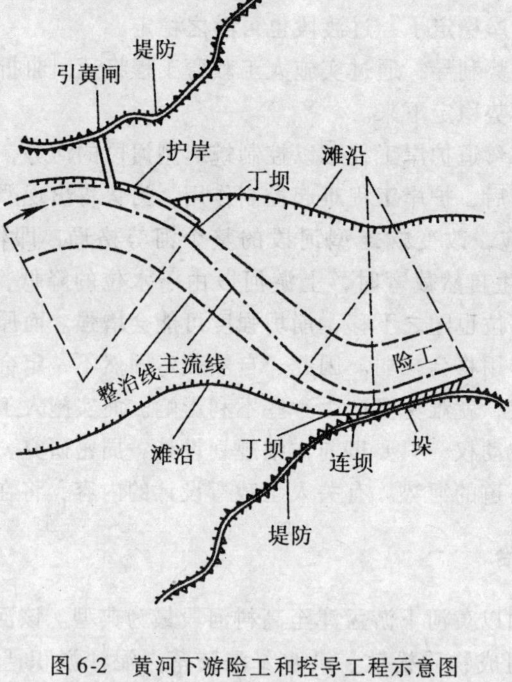

图6-2 黄河下游险工和控导工程示意图

黄河下游从19世纪末开始修建了一些险工，1960年前后，试修过一些控导工程，至1999年初，黄河下游共修建控导工程205处，坝垛3 887道，工程长度351km。这些工程发挥了控导河势，缩小主流游荡范围，减少"横河"、"斜河"发生的机遇等作用，减轻了冲决大堤的危险。

黄河下游的做法可以供一般游荡型河段参考借鉴。这是因为这类河道洪、枯流量相差悬殊，河床因主流摆动而形成宽滩窄槽，为了安全行洪，必须留有足够的过洪断面，所以堤距一般较大；为了控制主流的变迁，稳定主槽，则必须在滩区岸线修筑必要的控导河势工程，且不能影响正常行洪。前者可以说是洪水整治，后者则属中水整治。

黄河下游游荡型河段河势控制的做法如下：

（1）整治原则：以防洪为主，在确保大堤安全的前提下，兼顾护滩、护村，以及引水和航运的要求；稳定中水河槽，控导主流，以利于排洪、排沙入海。

（2）整治标准：黄河下游中水河槽的主要任务是排洪、排沙。其整治流量和整治宽度，采用实测多年平均平滩流量和平均的主河槽宽度。根据1990年以来下游来水的实际情况及小浪底水库建成后的来水、来沙条件，目前采用的中水河槽整治流量为4 000 m^3/s，直河段主槽整治河宽 B 如表6-1所示 。东坝头以上排洪河槽宽度为2 000～2 500m。

（3）工程措施：以坝护湾，以湾导溜。控导工程以短丁坝（或坝垛、护岸）、小间距为主，护岸工程结构采用缓坡型式，建筑材料的选择应根据黄河冲淤变化大的特点，以土、石、柳枝及土工织物为主，就地取材，且便于抢险加固。

（4）治导线形式：一类是连续均匀弯道；另一类是陡弯式，即开始的弯曲半径较小，后接一个较长的直线段，再接下一个河湾。河湾曲率半径 R 根据多年实测资料分析得出（见表6-1）。

表6-1　　黄河下游河道整治宽度及河湾要素表

河　　段	整治河宽 B/m	河湾曲率半径 R/m	中心角 φ°	直河段长度 L/m
孟津白鹤至花园镇	800	1 400～7 300	7°～112°	802～9 130
花园镇至高村	1 000			
高村至孙口	800	1 180～8 800	16°～128°	1 200～8 050
孙口至陶城埠	600			

注：本表引自《黄河流域（片）防洪规划纲要》（送审稿），黄河水利委员会勘测规划设计院，2001.6。

（5）治理效果：经过河势规划和整治后效果显著。其中东坝头至高村游荡型河段，仅在完成工程布点后，多年平均游荡范围由2 200m减到1 600m，年均主流摆动距离由670m减到410m。高村至陶城埠过渡性河段，过去主流摆动频繁，并且河湾顶部下移，弯曲程度增加，整治工程完成后，水流归顺，流路单一，主流位置趋于稳定（见图6-3），横向最大摆动范围由整治前的5 400m减到1 400m，平均摆动范围由1 800m减为560m，年均摆动强度由425m减为181m，同时河床断面变得较为窄深，河相关系 $\sqrt{B}/H$ 由12～45减到7～21。平滩流量的平均水深由1.47～2.77m增加为2.05～3.73m，弯曲系数由整治前的1.252～1.443，变为整治后的1.293～1.346，变化愈来愈小。该河段已显现出向弯曲型河段转变的趋势[59]。

最后有必要指出的是，游荡型河段的问题症结是泥沙。根据多年治黄经验，要彻底

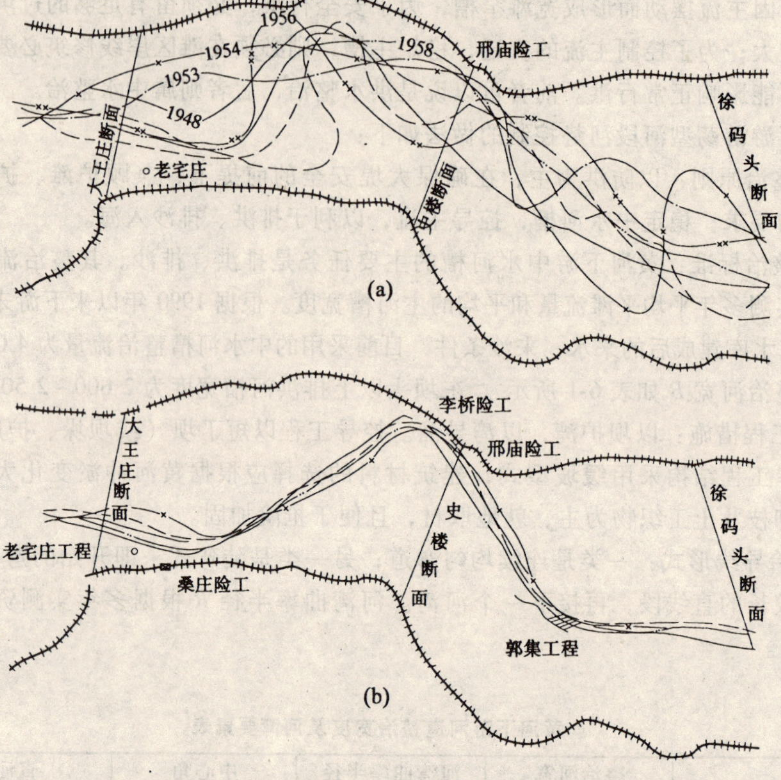

（a）整治前（1948～1965 年）；（b）整治后（1975～1982 年）

图6-3 黄河下游老宅庄至徐码头河段整治前后主流线套绘图

治理好黄河下游游荡型河段，应坚持标本兼治、综合治理的方针，即采取“上拦下排，两岸分滞”控制洪水，“拦、排、放、调、挖”处理和利用泥沙。“上拦”主要靠中、上游干流控制性骨干工程和水土保持工程拦截洪水和泥沙。“下排”就是通过河道整治工程的建设，将进入下游的洪水和泥沙，利用现行河道尽可能多地输送入海。“调”是利用修建在黄河中游的水库，拦截粗沙，排泄细沙，并针对黄河水沙异源的特点，调水调沙以增大下游的输沙能力，减少河床泥沙淤积。“放”、“挖”主要是通过放淤和挖河措施，在下游两岸处理和利用一部分泥沙，例如引洪淤灌、淤临淤背等，不仅减少了河道的泥沙，而且促进了农业生产，加固了堤防，变害为利，使黄河下游逐步形成“相对地下河”。只有走“多管齐下、综合治理”的道路，才有望从根本上改善和治理黄河下游游荡型河段。

6.2.3 分汊型河段整治

分汊型河段的整治措施主要有：汊道的固定、改善与堵塞。其中汊道的固定与改善，目的在于调整水流，维持与创造有利河势，从而对防洪有利。而汊道的堵塞（塞支强干），往往是从汊道通航要求考虑，有意淤废或堵死一汊，常见的工程措施是修建锁坝。值得指出的是，从河道泄洪讲，特别是大江、大河，堵塞汊道需慎之又慎。

1. 汊道的固定

当分汊型河段处于有利状态时，可以采取整治措施使其固定或稳定下来。固定或稳定汊道的工程措施。主要是在上游节点处、汊道入口处以及江心洲首尾修建工程建筑物。节点控导及稳定汊道常采用的工程措施是平顺护岸，如图6-4所示。

江心洲首、尾部位的工程措施，通常是分别修建上、下分水堤。其中上分水堤又名鱼嘴，其前端窄矮、浸入水下，顶部沿流程逐渐扩宽增高，与江心洲首部平顺衔接；下分水堤的外形与上分水堤恰好相反，其平面上的宽度沿流程逐渐收缩，上游部分与江心洲尾部平顺衔接。上、下分水堤的作用，分别是为了保证汊道进口和出口具有较好的水流条件和河床形式，以使汊道在各级水位能有相对稳定的分流、分沙比，从而固定江心洲和汊道。

上、下分水堤的结构按导流坝设计。其位置和尺寸一般应通过河工模型试验研究确定。

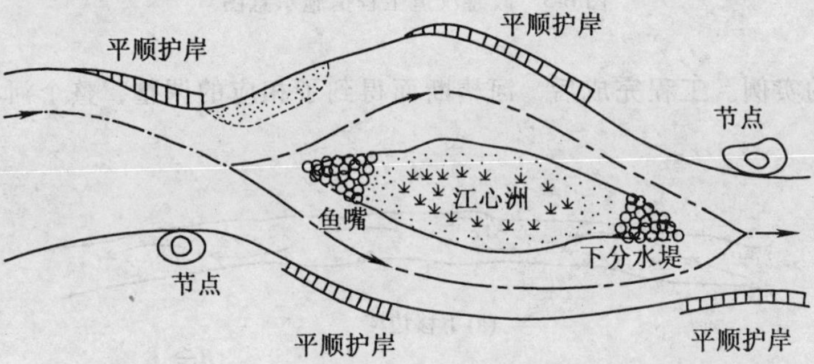

图6-4　固定汊道工程措施示意图

2. 汊道的改善

当分汊型河段的发展演变与国民经济各行业的要求不相适应时，则常采用改善汊道的工程措施。改善汊道包括调整水流与调整河床两方面。前者常常是修建顺坝或丁坝，后者则往往是采取疏浚或爆破等措施。在采取整治措施前，通常需分析汊道的分流、分沙变化趋势及河床演变规律，在此基础上再根据具体情况拟定相应工程方案。例如，为了改善上游河段的河势，可以在上游节点处修建控导工程，以控制汊道进流、进沙条件；为了改变两汊道的分流、分沙比，可以在汊道入口处修建顺坝或导流坝；为了改善江心洲尾部的水流流态，可在洲尾修建导流顺坝等。图6-5为改善汊道工程措施的示意图。

6.2.4　顺直型河段整治

顺直型河段，由于犬牙交错的边滩不断下移，使得河道处于不稳定状态，对防洪、航运、港埠和引水都不利。那种认为顺直单一河型较稳定，并希望把天然河道整治成顺直河型的做法，其实并不合乎实际，也难以实现。

顺直型河段的整治原则是，将边滩稳定下来，使其不向下游移动，从而达到稳定整个河段的目的。

稳定边滩的工程措施多采用淹没式丁坝群，坝顶高程均在枯水位以下，且一般为正挑式或上挑式，这样有利于坝档落淤，促使边滩的淤长。在多沙河流上，也可以采用编篱、网坝等简易措施或其他缓流助淤措施。当边滩个数较多时，施工程序应从最上游的边滩开始，然后视下游各边滩的变化情况逐步进行整治。图6-6为莱茵河一顺直型河段采用低丁

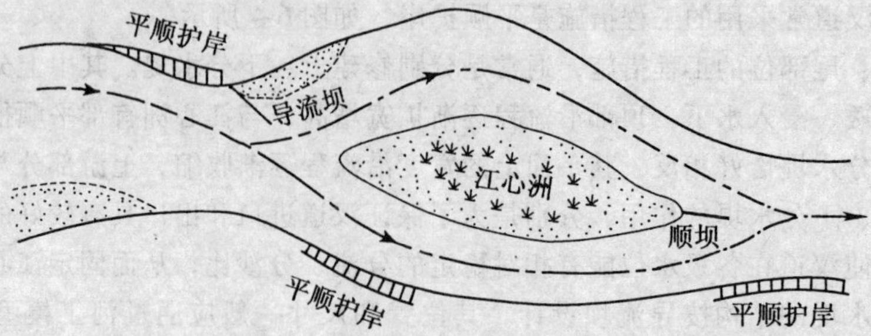

图 6-5 改善汊道工程措施示意图

坝群固定边滩的实例。工程完成后，河槽断面得到了相应的调整，整个河段逐步稳定下来。

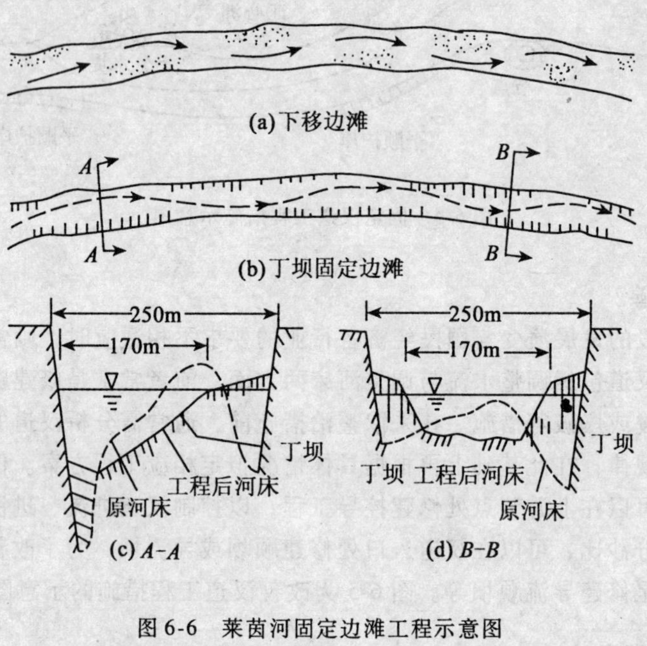

图 6-6 莱茵河固定边滩工程示意图

§6.3 河道裁弯工程

河道人工裁弯工程是改变蜿蜒型河段现状的措施，在国内外已有较长历史 *。欧洲早期的裁弯工程，多在选定的裁弯路线内，将新河断面一次开挖到通航标准，在老河的上、下游口门处筑坝封堵，致使全河流量骤然通过新河下泄，这种裁弯方法称为欧式裁弯法。例如，18 世纪末德国在奥德河上进行的人工裁弯，以及 19 世纪匈牙利蒂萨河上的裁弯。

* 程帧光、祖为德、梁中贤著，《国外河道裁弯工程综述》，长江水利水电科学研究院，1976 年。

实践证明，这种欧式裁弯法，常因新河冲刷剧烈，导致新河下游河势突变、泥沙淤积和水位抬高。

美国密西西比河在1870—1884年间，曾发生自然裁弯和半人工裁弯5处，缩短河长80余km，结果不但无益，反而使河势发生重大变化，破坏农田，妨碍交通，造成诸多不利。于是，密西西比河流域委员会采取不进行人工裁弯而大量实施阻止自然裁弯工程的政策达48年之久。直至1933年福格森（Ferguson）提出“引河法”，才又开始第一个人工裁弯工程（金刚咀）。所谓“引河法”，即在选定的河弯狭颈处，先开挖一较小断面的引河，利用水流自身的能量使引河逐渐冲刷发展，老河自行淤废，从而达到新河通过全部流量。之后，引河法在世界各地得到了广泛的运用。

开挖引河的裁弯方法在我国古代黄河治理中，已有所记载。20世纪50年代初在包头黄河上裁弯3处。1945—1948年，在南运河上为避免弯顶险工，裁弯22处，1958年又继续裁弯49处，共缩短河长71km。20世纪60年代后期，长江下荆江河段进行了中洲子、上车湾两处人工裁弯，1972年汛期又发生了沙滩子自然裁弯，如图6-7所示，三处裁弯合计缩短河长78km。荆江三处裁弯后，1981年大洪水（宜昌站流量72 000m^3/s），上荆江沙市河段因裁弯降低洪水位相当于扩大河道泄量4 500m^3/s。另据航运部门相关资料，由于裁弯后航程缩短，每年节省营运费207万元，同时减少了三处碍航浅滩，航道得以改善。1974年在渭河下游为解决防洪问题，进行了仁义裁弯，缩短河长9km。此外，各地为了治河造地，在中小河流上所进行的裁弯取直，更是多不胜举[3]。

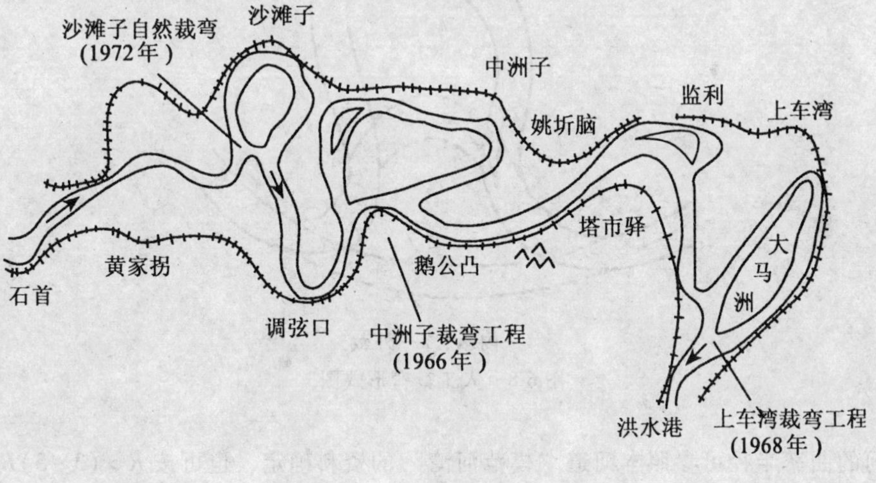

图6-7　长江下荆江裁弯工程位置图

人工裁弯存在的问题，主要是新河控制工程不能及时跟上，新河回弯迅速；其次是因对上、下游河势变化考虑欠周，以致出现新的险工，有时为了防护河岸而投入的护岸工程费用大大超过了裁弯工程，并形成被动局面。因此，有必要特别强调人工裁弯工程的全面规划，对新河、老河，上、下游，左、右岸，近期和远期可能产生的有利影响和不利影响，要予以充分研究，使所实施的裁弯工程更趋完善。至于为了与河争地，盲目地裁弯取直，违背河流自然规律的做法，多以失败而告终，应引以为戒。下面就人工裁弯的规划设计作一简要介绍。

6.3.1 引河定线

引河设计是裁弯工程成败的关键，必须十分谨慎。其基本要求是：引河能顺利冲开，并满足枯水通航的要求；引河与拟裁弯道的上、下游河段形成比较平顺而又顺乎自然发展趋势的河势；裁弯工程量小。

引河设计首先要分析人工裁弯的可行性。其主要依据是“裁弯比”，即老河与引河轴线长度的比值。根据实践经验，该比值以在 3~7 之间为宜。裁弯比太小，则因比降增加不多，引河不易冲开，并且工程量大，既不经济也失去裁弯的意义；裁弯比太大，因比降增加过大，新河冲刷剧烈、发展过快，难以控制，同时容易造成上、下游河势的急剧变化。

引河的平面形态，应设计成曲率适度的微弯曲线，并注意进、出口与老河的平顺衔接。引河的形式有内裁和外裁两种，如图 6-8 所示。外裁因引河线路较长，增加比降不多，不利于引河的冲深拓宽，同时上、下游衔接很难平顺，故很少采用。内裁一般在弯颈处，因引河线路短，容易冲开，且进口位于上游弯道凹岸的稍下方，出口位于下游弯道凹岸的上方，进口迎流，出口平顺，满足正面进水、侧面排沙的原则，因此普遍采用。

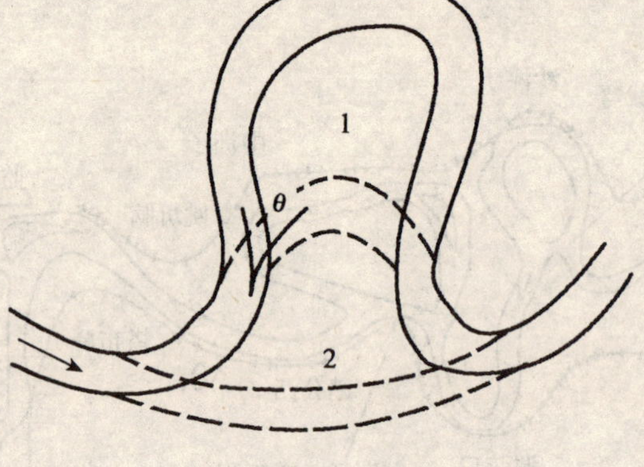

1—内裁；2—外裁

图 6-8 人工裁弯形式图

引河的曲率半径可参照本河道“模范河湾”的资料确定，也可按 $R>(3\sim5)B$ 来控制（B 为平滩水位时的河宽），一般采用变半径的复合圆弧曲线。设计时，可按 $R>(1.5\sim3.0)B$ 进行引河的定线，待冲刷发展后，逐渐达到上述最终的曲率半径 R 值。

引河进、出口交角 θ 不宜过大。原则上使进口在裁弯初期以控制引进低含沙量的表层水流，有利于引河冲刷为宜；出口要防止顶冲对岸，不致造成严重崩岸及河势较大的变化。根据我国人工裁弯工程实践，一般以控制在 30°以内为宜。

此外，引河定线中还需特别注意的是，摸清沿线地质条件，尽量避开难以冲刷的粘土、砾石地带或芦苇丛生地带。对于二元结构的土层，应使开挖断面穿透抗冲层，以保证引河的冲刷发展和按时冲开。

6.3.2 引河断面设计

引河开挖断面的设计原则是，在保证引河能够及时冲开，以满足各行业特别是航运部门要求的前提下，力求土方量最小。设计内容包括引河河底高程和横断面尺寸。

引河河底高程的确定，从水流方面讲，应使水流相对集中，使引河的流速大于河底土壤的起动流速，引河的水流挟沙力大于进口含沙量，以保证引河的不断冲刷，这样则要求断面宜深不宜宽，即引河河底高程宜低不宜高；就航运而言，要求引河开放后应满足通航标准，如果引河通过地区，表层为抗冲能力较强的粘土层，则应全部挖除表层粘土层，或至少开挖至通航所要求的高程。为此，通常需通过河工模型试验或河床变形计算来确定引河的开挖深度。

引河横断面一般设计成梯形，其边坡系数由土壤性质确定。在通航河道上进行人工裁弯，引河底宽及底部高程应根据水流条件及航道尺度确定。若不能保证引河开放后很快即可达到通航的尺度要求，则应一次性开挖到通航标准断面。

我国下荆江中洲子裁弯时，引河选用底宽 30m，开挖断面面积约为原河道的$\frac{1}{30}$；上车湾裁弯引河选用底宽 20～30m，开挖断面面积约为原河道的$\frac{1}{25}$～$\frac{1}{17}$。渭河仁义裁弯，引河设计断面底宽 30m，口宽 40m，挖深 5m 左右。施工中实际底宽仅 15m，口宽 20m，只有最终河宽的$\frac{1}{19}$。1974 年汛前小断面挖通，经过当年汛期洪水冲刷，发展迅速，至汛后引河深 8m 左右，宽 60～200m，分流比为 70%～80%，河道雏形基本形成，1975 年汛期继续冲深拓宽，10 月 2 日流量 4 230m^3/s 的洪峰，全部从引河通过，如图 6-9 所示。

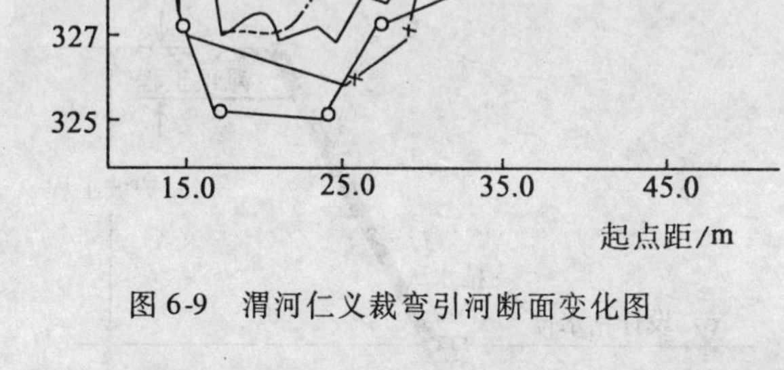

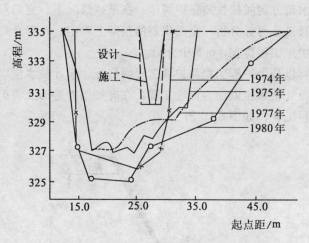

图 6-9 渭河仁义裁弯引河断面变化图

6.3.3 引河崩岸防护

这里就裁弯后引河发展过程中遇到的崩岸现象及其防护方法简述如下。

在引河过流初期，由于水面比降明显大于原河道，加之多引入含沙量较低的表层水流，水流挟沙能力很大，引河在冲深的同时，两岸不断崩塌拓宽，其崩退速率远远大于原河道河湾的崩岸。例如中洲子裁弯，引河在过水初期一个月崩宽达438m。根据一些工程的观测，这种崩退展宽在通水初期多沿轴线两侧同时进行，随后则主要表现为单向坍塌，引河逐步向微弯发展。为了防止继续回弯，进而再形成河环，当河岸崩塌到设计新河岸线附近时，就应及时进行护岸。在引河防护工程设计中，常采用设置预防石的办法，即事先在岸滩上备足石料，待岸线崩退到此处时，自行坍塌，形成抛石护岸。引河发展的这种特有崩岸现象及其防护工程的布设方法，应纳入裁弯工程规划设计的统一考虑之中。

河道实施裁弯工程之后，在上游河段，由于溯源冲刷，可能导致河床的纵向刷深，进而诱发河床的平面变形。但在上游河势得到基本控制的情况下，这种变化对河段原有的演变特点和趋势并无较大改变，只是演变速度有所提高，特别是一些护岸工程常因河床刷深而有所挫动下滑，应当及时补填整修。在下游河段，经常出现的问题是，引河出流顶冲河岸，引起崩岸甚至下游河势的变化，同时因上游河段溯源冲刷带来的泥沙，也可能在下游河段产生淤积，引起洪水位的抬高。在工程设计中应充分考虑这些变化，并采取相应的对策措施。

§6.4 平顺护岸工程

护岸工程是常见的河道整治建筑物（河工建筑物）之一。其作用是，保护河岸免遭水流的冲刷破坏，以及控制河势与稳定河槽。

护岸工程主要有平顺式和坝垛式等形式。平顺式即平顺的护脚护坡形式；坝垛式即丁坝、矶头或垛的形式。平顺式护岸属于单纯的防御性工程，对水流干扰较小；坝垛式护岸是通过改变和调整水流方向间接性的保护河岸。在某些情况下，它们可以结合使用。具体应用时，需要在认真进行河势分析与全面规划的基础上确定。这里介绍平顺式护岸工程的相关内容，坝垛式护岸工程将在§6.5中介绍。

平顺护岸工程可以分为护脚工程和护坡工程两部分。设计枯水位以下为护脚工程，又称护底护根工程；设计枯水位以上为护坡工程，在有些地方进而又将护坡工程的上部与滩唇结合部分称为滩顶工程，如图6-10所示。

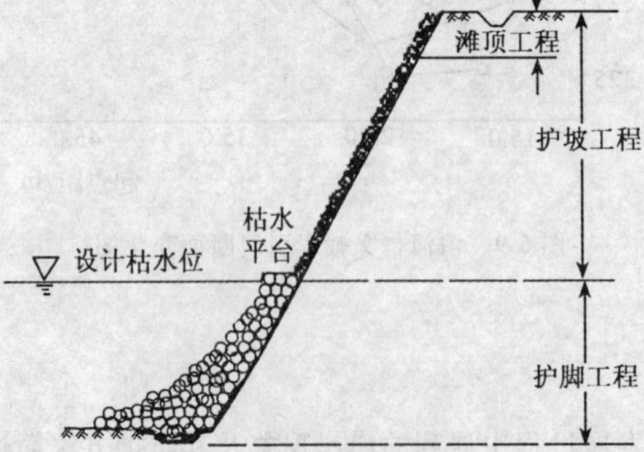

图6-10 平顺护岸示意图

6.4.1 护脚工程

护脚工程为护岸工程的根基，常年潜没水中，时刻都受到水流的冲击及浸蚀作用。其稳固与否，决定着护岸工程的成败，实践中所强调的“护脚为先”就是对其重要性的经验总结。

护脚工程及其建筑材料要求能抵御水流的长期冲刷，具有较好的整体性并能适应河床的变形，较好的水下防腐性能，便于水下施工等。经常采用的有抛石护脚、石笼护脚、沉枕护脚、沉排护脚等。

1. *抛石护脚* *

抛石护脚如图 6-11 所示。其设计内容主要有：抛石范围、抛石厚度、防冲备填石、抛石粒径及抛石位置等，现简要介绍如下：

（1）抛石范围：在横断面上的抛石范围，上端一般自设计枯水位水边开始，下端则要根据整治河段河床地形而定，若深泓逼岸，应抛至深泓；若深泓距岸较远，则应抛至河底坡度为 1∶4～1∶3 处为止。

（2）抛石厚度：抛石厚度应以保证块石层下的河床沙粒不被水流淘刷，并能防止坡脚冲深过程中块石间出现空档。在工程实践中，考虑到水下施工块石分布的不均匀性，在水深流急部位，抛石厚度往往要求达到块石直径 d 的 3～4 倍。具体到每个断面，可以视情况自上而下分成三种或两种不同厚度。如长江中、下游离岸较远的深泓部分抛石厚度控制在 0.8～1.5m，近岸部分为 0.4～0.8 m。

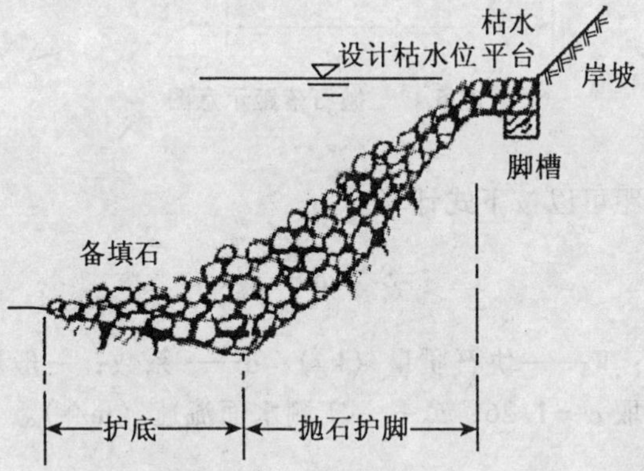

图 6-11　抛石护脚示意图

（3）防冲备填石：在近岸护底段，护脚后河床可能被冲刷加深，因此需加抛防冲备填石料。防冲备填石方量，根据长江中、下游工程实践，重点段为 15～25 m^3/m，一般段取 5～15 m^3/m。将其按宽度 10～20m 均匀分布在抛石前沿，不超出或略超出设计的抛石范围。

（4）抛石粒径：其选择原则是，防止块石因直接受水流的作用而移动，或者在坡脚冲深后，块石滚落到床面，在水流作用下继续滑动流失。在工程设计中，应满足抛石粒径

* 潘庆燊，曾静贤等，长江中下游的抛石护岸工程，长江科学院长江河道研究成果汇编，1987。

大于其抗冲粒径。抗冲粒径可以按下式计算

$$d = \frac{U^2}{C^2 \cdot 2g \frac{r_S - r}{r}} \tag{6-4}$$

式中：d——按球形折算的粒径，(m)；U——水流平均流速，(m/s)；C——石块运动的稳定系数，水平底坡 $C=0.9$，倾斜底坡 $C=1.2$；g——重力加速度，可取为 9.81m/s^2；r_S、r——石块和水的重度。

根据我国主要江河的工程实践，一般采用重 30～150kg（直径 0.2～0.4m）的块石即能满足要求。荆江大堤抛石护岸在垂线平均流速 3m/s、水深超过 20m 的情况下，常用的块石粒径为 0.2～0.45m。抛石应有一定的级配，最小粒径不得小于 0.1m。

（5）抛石位置：块石自水面落入水中，由于受水流的作用，将经过一段距离后着落到河底，自入水点至着底点的纵向水平距离称抛石落距，抛石船的定位就是根据施工水域的实际水流条件所估算的落距值为依据的，如图 6-12 所示。

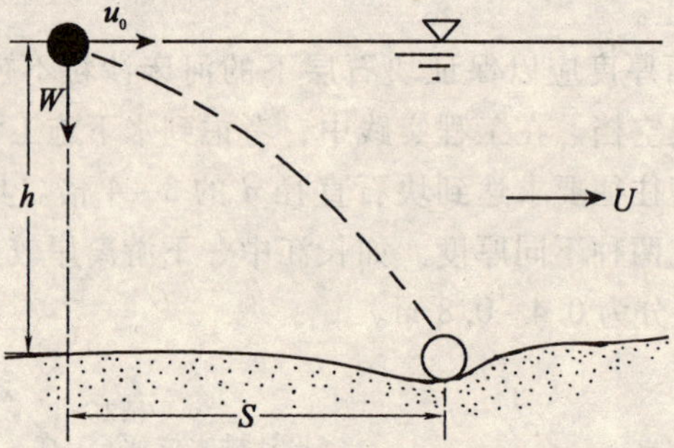

图 6-12　抛石落距示意图

在实际施工中，落距可以按下式计算

$$S = \alpha \frac{u_0 h}{W^{\frac{1}{6}}} \tag{6-5}$$

式中：h——水深（m）；W——块石质量（kg）；α——系数，一般取 0.8～0.9，根据荆江堤防工程多年实测资料取 $\alpha=1.26$；u_0——实测水面流速（m/s）。

2. *石笼护脚*

用铅丝、化纤、竹篾或荆条等材料做成各种网格的笼状物，内装块石、卵石或砾石，称为石笼。网格的大小以不漏失填充物为原则。利用石笼护脚或修筑丁坝护岸，在我国有着悠久的历史，近百年来在国外也得到广泛运用。图 6-13 为石笼护脚的几种常见形式。

铅丝石笼的主要优点是，可以充分利用较小粒径的石料，可以构造较大的体积与质量，整体性和柔韧性能均较好，用于岸坡防护时，能适应坡度较陡的河岸；这对于土地珍贵的城市防洪工程更具特殊意义。近年来，以土工织物网或土工格栅制成的石笼，也广泛运用于护岸防冲工程中，土工网长期在水下不锈蚀，耐久性更好。

3. *沉枕护脚*

常见枕为柳石枕。柳石枕是用柳枝裹块石捆成的圆柱体，如图 6-14 所示。若柳枝不足，可以掺杂其他梢料或苇料；石料不足，可以用碎砖、硬泥块代替。其结构是：先用柳

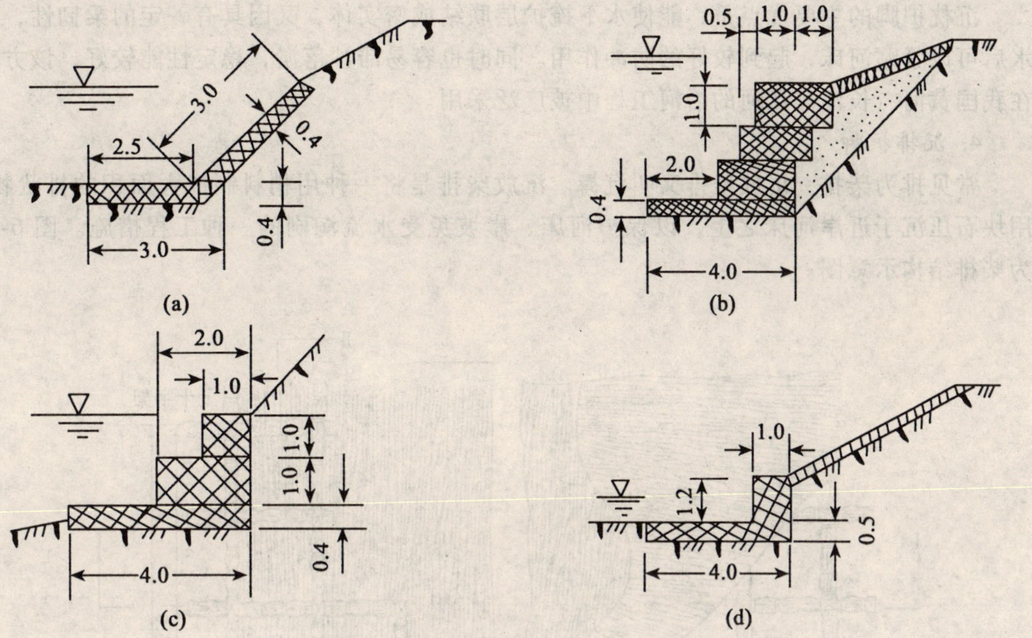

图 6-13　石笼护脚示意图（单位：m）

枝或芦苇、秸料等扎成直径 15cm、长 5～10m 的梢把（又称梢龙），每隔 0.5m 紧扎篾子一道（或用 16 号铅丝捆扎），然后将其铺在枕架上，上面堆置块石，间配密实，石块上再放梢把，最后用 14 号或 12 号铅丝捆紧成枕。枕体两端应装较大石块，并捆成布袋口形，以免枕石外漏。有时为了控制枕体沉放位置，在制作时加穿心绳（三股 8 号铅丝绞成）。

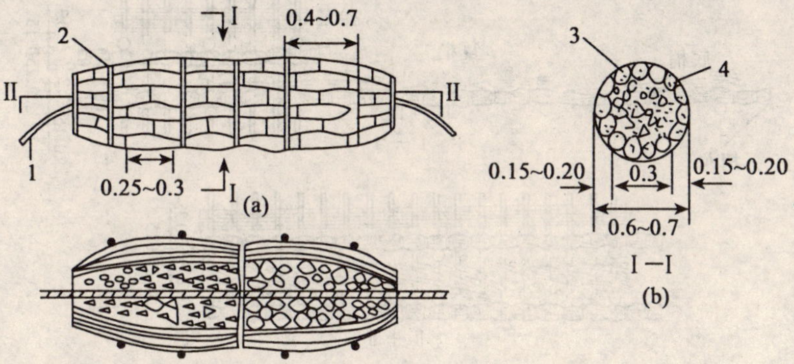

1-龙筋绳；2-铅丝；3-柳把；4-碎石

图 6-14　柳石枕示意图（单位：m）

沉枕施工一般设计成单层，对个别局部陡坡险段，也可以根据实际需要设计成双层或三层。沉枕上端应在常年枯水位下 1.0m，以防最枯水位时枕体外露而腐烂，其上端应加抛接坡石。沉枕外脚，为预防因河床刷深而使枕体下滚或悬空折断，需加抛压脚石。沉枕上部要加抛厚约0.5m的压枕石，以稳定枕体并延长其使用寿命。

沉枕护脚的主要优点是，能使水下掩护层联结成密实体，又因具有一定的柔韧性，入水后可以紧贴河床，起到较好的防冲作用。同时也容易滞沙落淤，稳定性能较好，该方法在我国黄河、长江等江河的治河工程中被广泛采用。

4. 沉排护脚

常见排为柴排，沉放柴排又叫沉褥。沉放柴排是将一种用梢料制成大面积的排状物，用块石压沉于近岸河床之上，以保护河床、岸坡免受水流淘刷的一种工程措施。图6-15为柴排结构示意图。

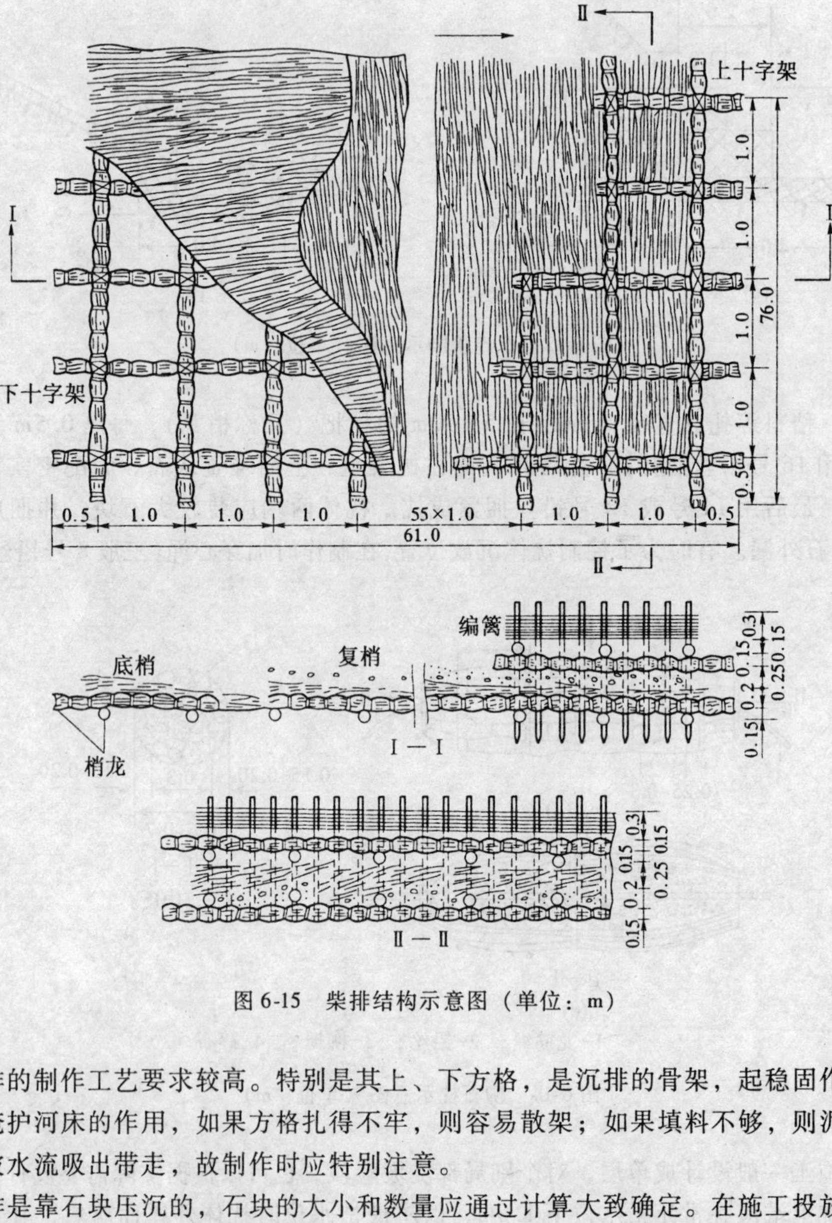

图6-15 柴排结构示意图（单位：m）

柴排的制作工艺要求较高。特别是其上、下方格，是沉排的骨架，起稳固作用，而填料则起掩护河床的作用，如果方格扎得不牢，则容易散架；如果填料不够，则泥沙容易从缝隙间被水流吸出带走，故制作时应特别注意。

柴排是靠石块压沉的，石块的大小和数量应通过计算大致确定。在施工投放时，其上端应在常年枯水位以下1.0m处，与上部护坡连接处应加抛护坡石，外脚应加抛压脚石块或石笼。

沉排护脚的主要优点是，整体性、柔韧性强，能适应河床变形，同时坚固耐用，具有较长的使用寿命。其缺点主要是，成本高，用料多，特别是树木梢料，制作技术和沉放要求较高，一旦散排上浮，器材损失严重。岸坡较陡，超过 1:2.5 时，不宜采用柴排。另外要及时抛石维护，防止因排脚局部淘刷而形成柴排折断破坏。鉴于上述原因，近年来，除用沉排作丁坝护底外，该方法已很少采用。国外也多用混凝土或其他新型材料所代替。

6.4.2　护坡工程

护坡工程除受水流冲刷作用外，还要承受波浪的袭击及地下水的反向侵蚀。其次，因护坡工程处于河道水位变动区，时干时湿，因此要求建筑材料坚硬、密实、耐淹、耐风化。护坡工程的型式与材料很多，其中块石护坡最为多见。这里着重介绍如下。

块石护坡有抛石护坡、干砌石护坡和浆砌石护坡等种类。其中抛石和干砌石能适应河床变形，施工简便，造价较低，故应用最为广泛。干砌石护坡相对而言，所需块石体积较小，石方也较为节省，外形整齐美观，但需手工劳动，要有技术熟练的施工队伍。抛石护坡可以采用机械化施工，其最大优点是当坡面局部损坏和块石走失时，可以自动调整弥合。因此，在我国一些地方，常常是先用抛石护坡，经过一段时间的沉陷变形，待其稳定后，再进行人工干砌整坡。图 6-16 为长江中、下游常用的块石护坡结构。

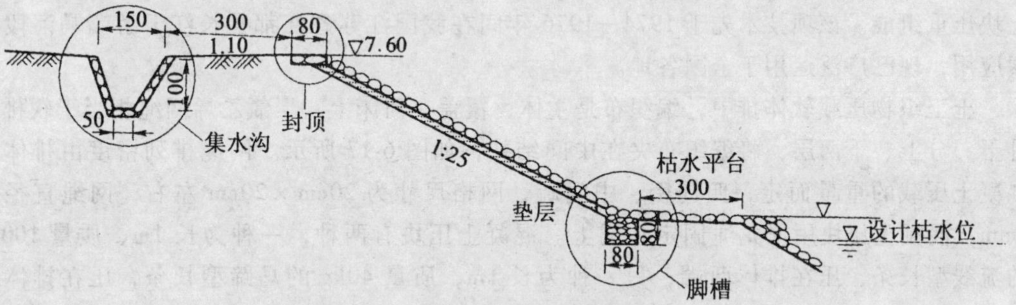

图 6-16　块石护坡示意图

护坡工程由枯水平台、脚槽、坡身、导滤沟、排水沟和滩顶工程等组成。枯水平台、脚槽或其他支承体等，位于护坡工程下部，起支承坡面不致坍塌的作用。

枯水平台在护脚与护坡的交接处，平台高出设计枯水位 0.5～1.0m，宽 2～4m，一般用干砌块石或浆砌块石铺护。

脚槽位于枯水平台内侧，槽顶面与枯水平台齐平，断面为矩形或梯形，结构为浆砌块石或干砌块石，断面面积为 0.4～1.0m^2。

块石护坡坡身由面层和垫层组成。面层块石的大小及厚度应能保证在水流和波浪作用下不被冲动，据相关工程设计规范计算确定。根据长江中、下游工程实践，采用 20～30kg 重的块石，铺砌 35cm 厚便可达到要求。块石护坡的边坡一般为 1:3.0～1:2.5，对于较陡河岸，或凸凹不平的河岸，应先行削坡，再行砌护，削坡范围从滩顶至脚槽内沿。

块石下面的垫层，起反滤作用，以防止边坡土粒被波浪吸出或渗流带出流失。经常采用的垫层有单层或双层，其粒配应满足一定的控制指标要求。长江中、下游的护坡垫层，多用碎石材料，厚10cm，粒径2~30cm，垫层下面铺设土工布。

导滤沟设在地下水出逸点以下坡面，下端连至脚槽，型式常见“Y”形或“T”形。其间距与断面尺寸视地下渗水量及岸坡土质条件而定，一般间距为10m，断面尺寸为0.6m×0.5m。沟内填筑反滤料。

坡面每隔一定距离设置一条排水沟，其间距和断面尺寸视当地暴雨强度而定。长江中、下游排水沟间距为50~100m，断面尺寸为0.4m×0.6m。

滩顶工程位于滩顶部位，为护坡工程上部与滩面岸缘部分所组成。在长江中、下游护岸工程中，一般都将块石护坡上延至滩顶，然后在护坡顶部与滩唇结合部位，用宽度为1.0m左右的浆砌块石或混凝土预制块封顶。封顶工程内侧设宽约3m的便道，便道与滩地之间设置纵向集水沟，并与坡面排水沟相通，其断面尺寸与坡面排水沟等同。

6.4.3 护岸工程新材料、新技术简介

随着科学技术的发展，护岸工程新材料、新技术不断涌现。这里择其几种主要的简介如下。

1. 土工织物软体排护岸

土工织物软体沉排是以土工织物为基本材料做成大片排体形式的防护结构。常见压载软体排和充砂管袋软体排两种形式。压载软体排由聚乙烯编织布、聚氯乙烯塑料绳和混凝土块压重组成。该项技术先于1974—1976年间在我国江苏省江都县长江下游嘶马河段摸索应用，现已广泛运用于全国各地。

土工织物压载软体排中，编织布是主体，覆盖在河床上，聚氯乙烯网绳相当于软排的骨干，分上、下两层，将编织布夹在中间结扎，如图6-17所示。网绳排列密度由排体受混凝土压载的重量而定，四周密、中间疏，网格尺寸为20cm×20cm左右，网绳直径为4mm，混凝土压块用尼龙绳固定在网上。混凝土压块有两种，一种为长1m、质量100kg的流线型长条，压在排体两端；另一种为长1m，质量40kg的马蹄型长条，压在排体中间，间隔2.5m压一条。流速过大情况下，迎流面块体下部每块加犁锚两只固定。排体尺寸已被采用的有50m ×10m，质量6.4 t；70m×10m，质量8.5 t；70m×15m，质量11.4 t等多种。

实践证明，这种沉排有较好的防渗作用，水下抗拉和耐腐蚀性能良好。其缺点是当流速大时，施工比较困难；沉排区禁止抛锚。

充砂管袋软体排是土工织物软体排的另一形式。这种排是以织造土工织物为基本材料制成管袋排体，管袋内充填砂土或水泥土形成大片防冲排体。国内主要有两种：一种是用两层织造土工织物按一定间距缝合形成相互成排的模袋，模袋预留灌砂口进行充灌；另一种是用织造土工织物缝制成长条形封底的管袋，再将管袋并排与大片织造土工织物连接一体，然后从袋口充灌砂土。充砂软体排制做简便，可以实现机械化充砂，利用排体自重沉放，不需另加压载，而且可以用河砂充灌。但若模袋内为砂土，一旦模袋破损则砂土就会流出，影响排体的稳定。为解决这一问题，可以充灌胶凝材料，如水泥土等。在实际应用中遇到的困难是，如何在水深流急情况下沉排，目前国内虽有专门的水下沉排船，但设备及施工工艺尚需进一步改进。

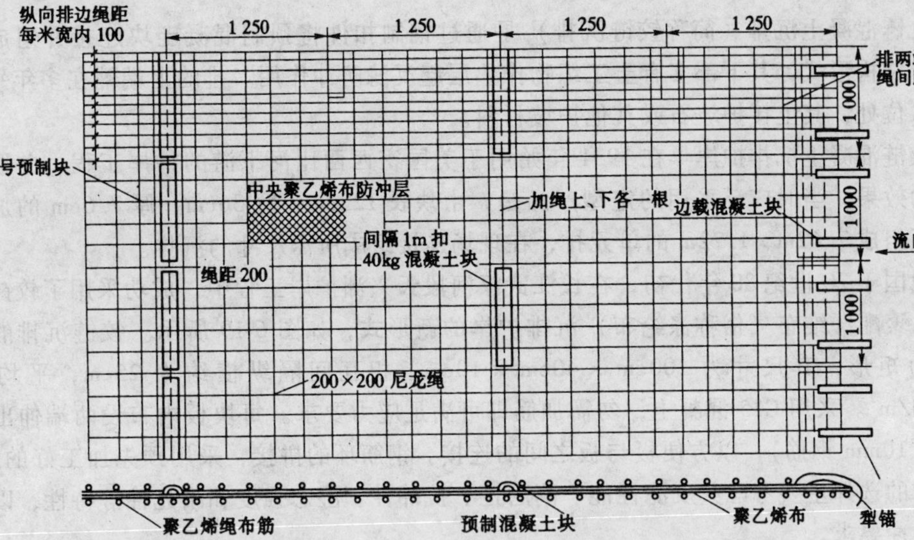

图 6-17　聚乙烯布软体沉排示意图（单位：mm）

2. 混凝土板和钢筋混凝土板护岸

混凝土板和钢筋混凝土板多用于城市或石料缺乏地区的河道护坡，有现场浇制与预制板安装两种形式。

现场浇制的混凝土板多不加钢筋，厚 15～30cm，尺寸为 5m×5m；接缝用沥青混凝土填塞。预制板一般需配置构造钢筋，以防止在运输、安装过程中开裂。预制板厚 8～12cm，尺寸一般为 1.5m×1.5m，主要视运输工具及起重设备而定，人工安装时，多为 0.5m×0.5m 左右，板与板之间也常用企口缝铰接，或用预埋的抗老化塑料系带连接，并用沥青混凝土灌缝。无论是现场浇制还是预制安装，在护面板下均应铺设砂石或土工织物反滤垫层。图 6-18 为钱塘江萧山围垦区所采用的装配式混凝土预制块护坡。

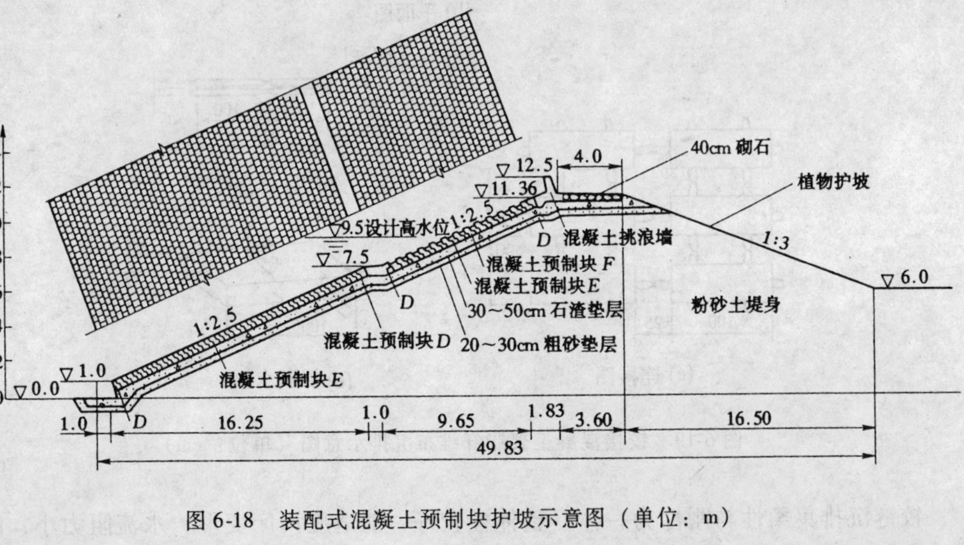

图 6-18　装配式混凝土预制块护坡示意图（单位：m）

3. 铰链混凝土沉排护岸

铰链混凝土沉排（简称铰链沉排）是通过钢制扣件将预制混凝土块连接并组成排体的护岸结构形式，其下部多有土工织物作垫层起反滤防冲作用。排的上端铺在多年平均最低枯水位处，其上接护坡石或其他护坡材料。

铰链混凝土沉排护岸早在1931年始用于美国密西西比河下游的护岸工程，并取得了较好的效果。当时广泛采用的定型产品是，由块长122cm、宽36cm、厚7.6cm的加筋混凝土板组成7.62m×1.22m的单元排，在现场连接组成所需尺寸的沉排。

我国于20世纪80年代初，在长江武汉河段天兴洲护岸工程中，成功采用了铰链混凝土板—聚酯纤维布（俗称涤纶布）沉排护岸的新形式，如图6-19所示。铰链沉排的混凝土板为矩形，其尺寸为100cm×40cm×10cm，相互间隔纵横约为25cm，平均压重1 334N/m^2。采用C15混凝土，勿需加筋即可满足应力要求。每块板内布设两端伸出的钢筋环（10mm钢筋），以方便板与板之间的连接。钢筋环的拼接，采用预先加工好的螺拴。纤维布的选择主要考虑其反滤性能、耐磨性、抗冲性、湿态强度和耐光性等特性，以满足反滤防冲要求。

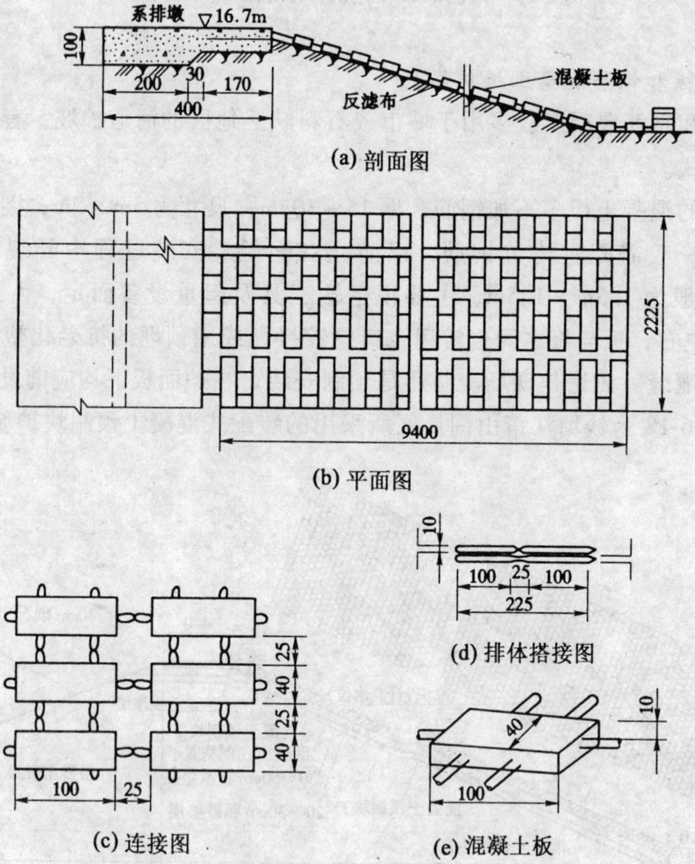

图6-19　铰接混凝土聚脂纤维布沉排示意图（单位：cm）

铰链沉排集柔性与刚性为一体，整体性较好，能适应河床变形，水流阻力小，能增强河岸的抗冲能力，并且基本上不需要维修。存在的问题是，在沉排河段不允许船舶抛锚，以防止刺破织布或钓着铰链牵动排体，而这在运行中往往难以做到。为此，设计单位后来提出了“改进Ⅰ型沉排”。改进后的沉排，在一定程度上克服了原沉排的弱点，同时降低了造价，施工更方便，适应性更广。这项技术现已推广至全国各地应用。长江1998年大水后，先后在武汉龙王庙险工段，以及黄冈、粑铺、同马、无为大堤等护岸工程中采用。

4. 模袋混凝土（沙）护岸

模袋混凝土护岸是将流动混凝土或沙浆，用泵灌入由合成纤维制成的模袋内形成混凝土护面层；而模袋沙是在模袋中灌入泥沙，形成模袋沙护岸，其柔性好于模袋混凝土。模袋混凝土根据模袋布间联结方式的不同，可以分为整体式模袋混凝土与铰链式模袋混凝土两种。铰链式模袋混凝土排是在整体式模袋混凝土基础上发展起来的，具有一定的柔性，与黄河上的长充沙管袋护岸相类似。

1966年美国首先将模袋混凝土应用于水利工程，而后日本、法国、西德、加拿大、比利时、澳大利亚等国也先后进行土工模袋的研究与应用。特别是20世纪80年代，日本采用高强度涤纶布制成各式各样的模袋亦称法布，如图6-20所示，其透水性好，易使混凝土的剩余水分受到灌注压力而排出，便于混凝土或沙浆快速凝固而形成高密度、高强度的混凝土或沙浆硬化体。

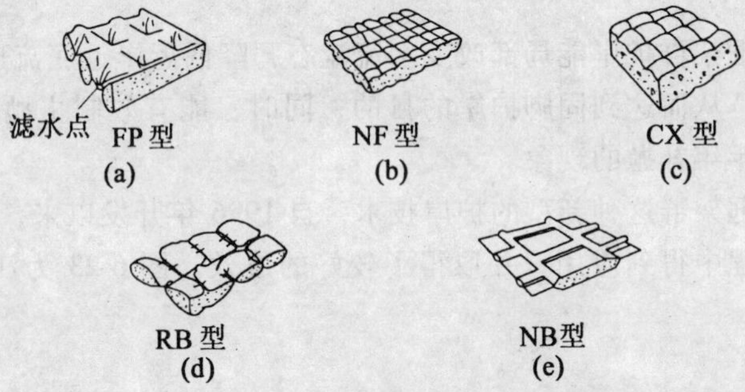

图6-20　日本法布示意图

近些年来，在我国辽河、黑龙江以及长江的江阴、九江、扬州、无为等地实施了模袋混凝土护岸试验工程，均取得一定的效果与经验[63]。图6-21为江西省长江干堤加固整治工程模袋护坡图景。

图6-21　江西省长江干堤加固整治工程模袋护坡图景

模袋混凝土护岸，可以将水流与岸坡泥沙完全隔开，使岸坡免遭水流的浸蚀，以保护河岸稳定。其优点是：整体性好，抗冲能力强，便于机械化施工，费用较省，尤为适用于水下铺设充灌施工。其缺点是：对河道岸坡整修的平整度要求高，适应河床变形能力差；施工坡面不平整处易造成模袋悬空、局部折断；岸坡一般不宜陡于1:2.5。

5. 四面六边透水框架群护岸

四面六边透水框架可以用钢筋混凝土构造，或简易地以毛竹、再生塑料内充砂石料并以混凝土封堵两头构成，如图6-22所示。[64]

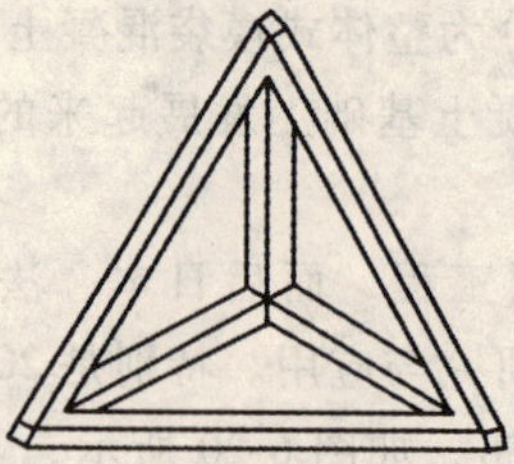
(a)立面图

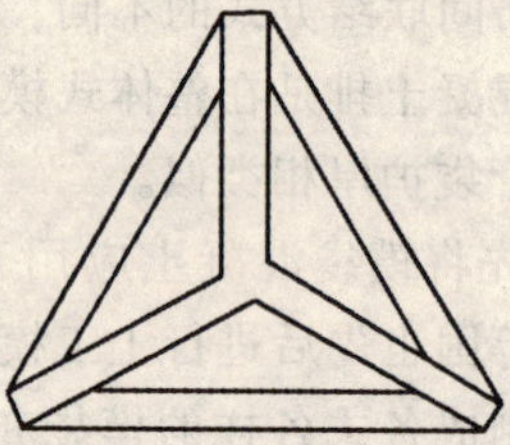
(b)俯视图

图6-22 四面六边透水框架结构示意图

四面六边透水框架群护岸能局部改变水流流态，降低近岸近底流速，达到抑制岸床冲刷和缓流落淤效果，从而达到固脚护岸的目的；同时，能有效制止抛石护岸的根石走失，避免块石护脚需要年年补抛的现象。

四面六边透水框架群这种新型的护岸技术，自1996年开发以来，先后在长江、赣江、黄河等河流护岸工程中得到应用，并取得了较好的成效。图6-23为江西省抚西堤楼下段框架群护岸图景。

图6-23 江西省抚西堤楼下段框架群护岸图景

6. 混凝土异形块及合金钢丝石笼护岸

混凝土异形块有不同形状，如六面体、四面体、柱体、混凝土预制框格等。块体具有尺寸较大、抗冲能力强的特点，一般用在流速较大或迎流顶冲的位置，但投资较大。近些年来，在湖南省下荆江迎流顶冲段、浙江省钱塘江海塘护岸，以及长江三峡导流明渠护岸和大江截流工程中均采用过这类材料，工程效果较好[63]。

合金钢丝石笼是选用特种不锈钢丝，具有较高的抗拉和耐磨强度，以“六角网”的形式编织而成，网石兜为圆筒状，装填块石后可以直接吊装实施抛投，具有较好的抗冲性和整体性，在水下网内块石与块石之间可以调整并可贴近床面。1999 年 8 月，在浙江省钱塘江强涌潮地段和衢州市三江等地的治理中，采用合金钢丝网石笼对河岸基础进行整治，有效地阻止了凹岸受顶冲。2001 年底，在长江干流湖北省石首市北门口水流顶冲强烈段使用这种护岸技术进行护岸实验工程。2002 年初，在湖北省黄石市长江堤防护岸工程中采用由合金钢丝与石料共同组成的格宾网材进行护岸，工程效果较好。

混凝土异形块与合金钢丝石笼属重型散颗粒体护岸防冲材料，与块石相比，主要是增强了护岸工程的抗冲能力及稳定性，其优点为抛投漂距小，虚方量少、数量足；其缺点是，施工难度大，抛投均匀性难以保证，且由于块体与石笼尺寸较大，适应河床变形能力较差。根据工程实践与室内实验研究，在流速较大或流态复杂位置的护岸工程中，可在块体间抛投适量块石，以增强其咬合程度与抗冲性，从而提高护岸工程的效果和稳定性。

7. 护坡砖护岸

护坡砖有铰接式与超强联锁式两种形式，分别如图 6-24、图 6-25 所示。铰接式护坡砖的特点是，可以整体铺设，施工快捷，不需围堰，节省时间，经济实用，以及抗冲击力强，不易侵蚀，若与土工织物配合使用，能有效控制泥沙流失与河岸坍塌。该产品可以用于紧急情况下的堤岸除险加固工程施工等。

超强联锁式护坡砖的特点是，其高开孔率渗水型柔性结构铺面，具有良好的整体稳定性，能够降低流速，减少液体压力和提高排水能力，其开孔部分能起到渗水、排水和种植植被、美化环境的作用。可以用于中小河流岸坡控制及城市景观河道的岸坡防护工程。该产品由南京优凝舒布洛克公司研发。

图 6-24　铰接式护坡砖

图 6-25　超强联锁式护坡砖

§6.5 丁坝、顺坝工程

6.5.1 丁坝工程

1. 丁坝的性能及布置

丁坝具有束窄河床，调整水流，保护河岸的性能。但丁坝也具有破坏河道原有水流结构、改变近岸流态的作用，常常在坝头附近形成一定规模的冲刷坑，危及丁坝自身安全。

丁坝由坝头、坝身和坝根三部分组成，坝根与河岸相连，坝头伸向河槽，在平面上呈丁字形，如图6-26所示。丁坝坝头位置以河道整治线为依据，即通过丁坝工程来实现所规划的河槽形态。

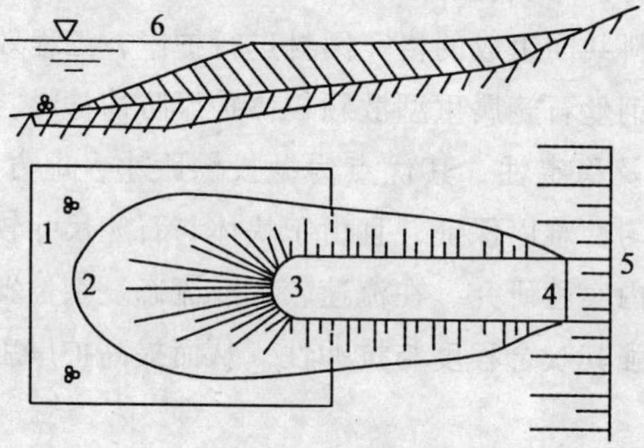

1-沉排；2-坝头；3-坝身；4-坝根；5-河岸；6-整治水位

图6-26 丁坝示意图

按照丁坝坝顶高程与水位的关系，丁坝可以分为淹没式和非淹没式两种。用于航道枯水整治的丁坝，经常处于水下，为淹没式丁坝；用于中水整治的丁坝，洪水一般不被淹没，或淹没历时很短，这类丁坝可以视为非淹没式丁坝。

根据丁坝对水流的影响程度，可以分为长丁坝和短丁坝。长丁坝有束窄河槽，改变主流线位置的功效；短丁坝则只起迎托主流，保护滩岸的作用，特别短的丁坝，又有矶头、垛、盘头之类名称。长、短丁坝的划分因河而异，难有统一标准。原则上应根据河流本身尺度及丁坝对水流的影响程度来具体确定。一般来讲，用于航道整治的淹没式丁坝，坝顶低矮，通常可长达数百米甚至上千米；而对于中水整治的非淹没式丁坝，其长度一般不宜超过100～200m，以免严重阻水，形成紊乱的水流流态，危及坝体安全，或因挑流过甚造成对岸的严重崩塌和下游的河势巨变。

按照坝轴线与水流方向的交角，可以将丁坝分为上挑、下挑、正挑三种，如图6-27所示。国内外常采用的坝轴线与水流的交角，上挑丁坝$\alpha=110°\sim120°$，下挑丁坝$\alpha=60°\sim70°$，甚至更小；正挑丁坝$\alpha=90°$。

由于交角的不同，丁坝对水流结构的影响也相异。对于淹没式丁坝，以上挑形式最好，因为水流漫过上挑丁坝后，形成沿坝身方向指向河岸的平轴环流，将泥沙带向河岸一侧，有利于坝档之间的落淤；而下挑丁坝则与此相反，平轴环流指向河心，造成坝档间冲

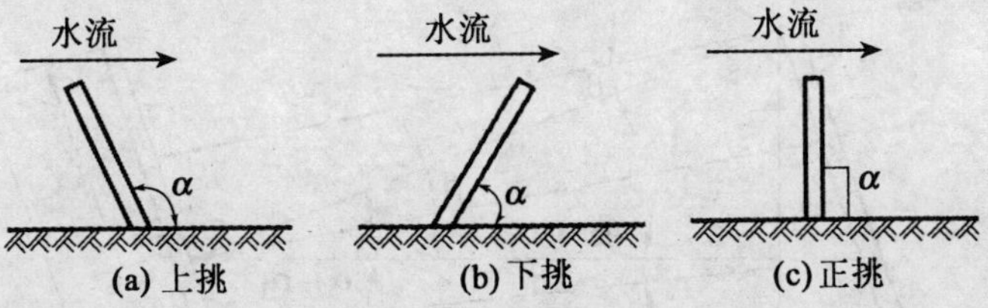

图 6-27 交角不同的丁坝布置示意图

刷，危及坝根安全，如图 6-28 所示。对于非淹没丁坝，则以下挑为好，其水流较平顺，绕流所引起的坝头冲刷较弱；相反，上挑将造成坝头水流紊乱和强烈的局部冲刷。因此，凡非淹没式丁坝，均应设计成下挑形式；而淹没式丁坝则与此相反，一般都设计成上挑形式。在河口感潮河段以及有顶托倒灌的支流河口段，为适应水流的正逆方向交替特性，故多修建成正挑形式。

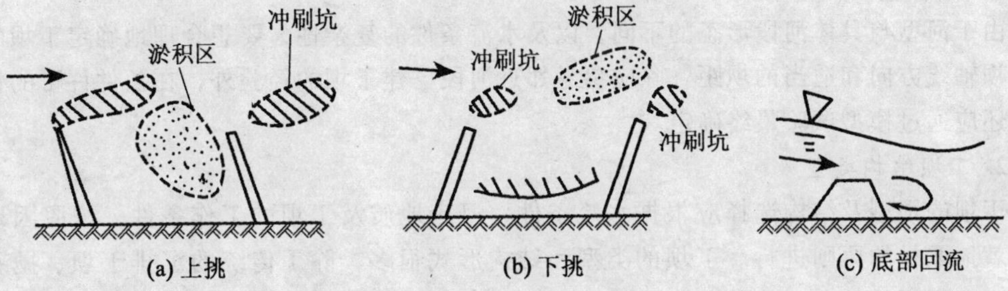

图 6-28 淹没式丁坝附近泥沙冲淤示意图

丁坝布置重要的是丁坝间距的确定。丁坝间距直接关系到丁坝间的淤积效果。间距过大，丁坝群就如单个丁坝一样，不能起到互相掩护的作用；间距过小，丁坝的数目过多，造成浪费。合理而又经济的丁坝间距应达到既充分发挥每个丁坝的作用，又能保证两坝档间不发生冲刷。为此，应使下一个丁坝的壅水刚好达到上一个丁坝的坝头，避免在上一个丁坝的下游发生水面跌落现象；同时应使绕过上一个丁坝之后形成的扩散水流的边界线大致达到下一个丁坝有效长度 L_p 的末端，以免冲刷坝根。如图 6-29 所示。

据此推导可以得直河段丁坝间距的如下简化关系式

$$l = L_p\cos\alpha_1 + L_p\sin\alpha_1\cot\beta = L_p(\cos\alpha_1 + 6\sin\alpha_1) \tag{6-6}$$

式中：L_p——丁坝有效长度，可取 $L_p=\frac{2}{3}L$；L——丁坝长度；β——水流扩散角，一般取 $\beta=7.5°\sim9.5°$，$\cot\beta\approx6$；α_1——丁坝与河岸夹角；α_2——丁坝与水流夹角。

如果取 $L_p=\frac{2}{3}L$，$\alpha_1>75°$，约去 $\cos\alpha_1$ 较小值，$\sin\alpha\approx l$ 则 $l\approx4L$。

上述丁坝间距，亦可以按照 $\beta=7.5°\sim9.5°$，$L_p=\frac{2}{3}L$ 作为控制条件，在平面布置图上，移动丁坝位置，用作图法直接确定。

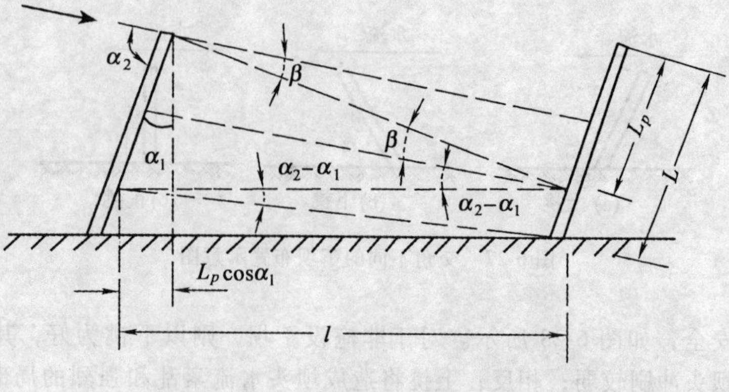

图 6-29 丁坝头扩散水流影响长度示意图

经验表明，丁坝间距的大小，还与丁坝所在河段的位置有关。一般凹岸较小，$l=(1.5\sim2.5)L$；凸岸较大，$l=(4\sim8)L$；顺直河段，$l=(3\sim4)L$；感潮河口段，$l=(1.5\sim3.0)L$。

由于河型与具体河段形态的不同，以及水流条件的复杂性，要想合理地确定丁坝的长度、坝轴线方向和适当的坝距，除应参考邻近河段已建丁坝的经验外，在条件许可的情况下，还应通过模型试验最终确定。

2. 丁坝结构类型

丁坝的坝型及结构选择应根据水流条件、河床地质及丁坝的工作条件，按照因地制宜、就地取材的原则进行。丁坝的类型和结构形式很多，除了传统的沉排丁坝、抛石丁坝、土心丁坝等外，近代还出现了一些轻型的丁坝，如井柱坝、网坝等。

(1) 沉排丁坝

沉排丁坝是用沉排叠成，最低水位以上用抛石覆盖，如图 6-30 所示。丁坝横断面呈梯形，边坡系数上游一般为 1.0，下游为 1.0～1.5，坝顶宽 2～4m，坝根部位要进行衔接处理。这类丁坝以往欧美各国及我国长江下游、黄浦江等地采用较多，近年来已逐渐被其他材料丁坝所代替。

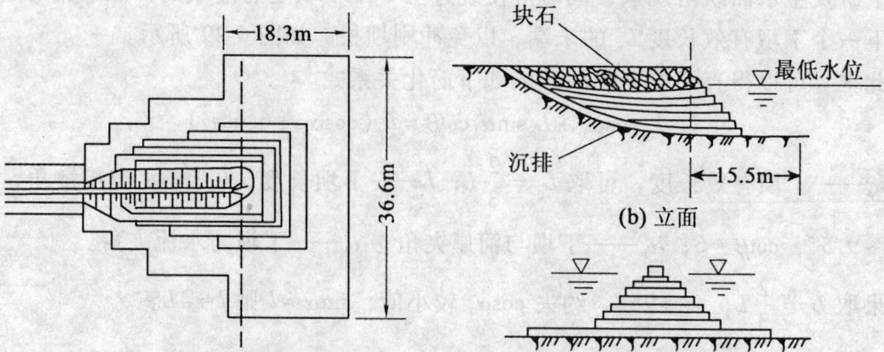

图 6-30 沉排丁坝示意图

(2) 抛石丁坝

抛石丁坝采用块石抛堆，表面也可以砌石整修。在我国山区河流也有用竹笼、铅丝笼装卵石堆筑的。若在沙质河床上修筑，一般都先用沉排护底。抛石丁坝断面较小，顶宽一般为1.5~2.0m，迎、背水面边坡系数为1.5~2.0，坝头部分可以放缓为3.0~5.0，坝根与河岸平接，也可以将根部断面扩大，如图6-31所示。丁坝上、下游河岸应修筑一段护岸，以防止回流淘刷而出现抄后路现象。护岸长度视河岸土质，近岸流速大小以及坝轴线与水流交角而定。我国山区河流，上游护砌5~10m，下游10~25m，并高出坝根1~3m，一些小河往往只需3~10m。长江界牌河段丁坝上游护砌30m，下游70m。抛石丁坝的优点是，坝体较牢固，施工简单方便，适用于水深流急、大溜顶冲和石料丰富的河段。

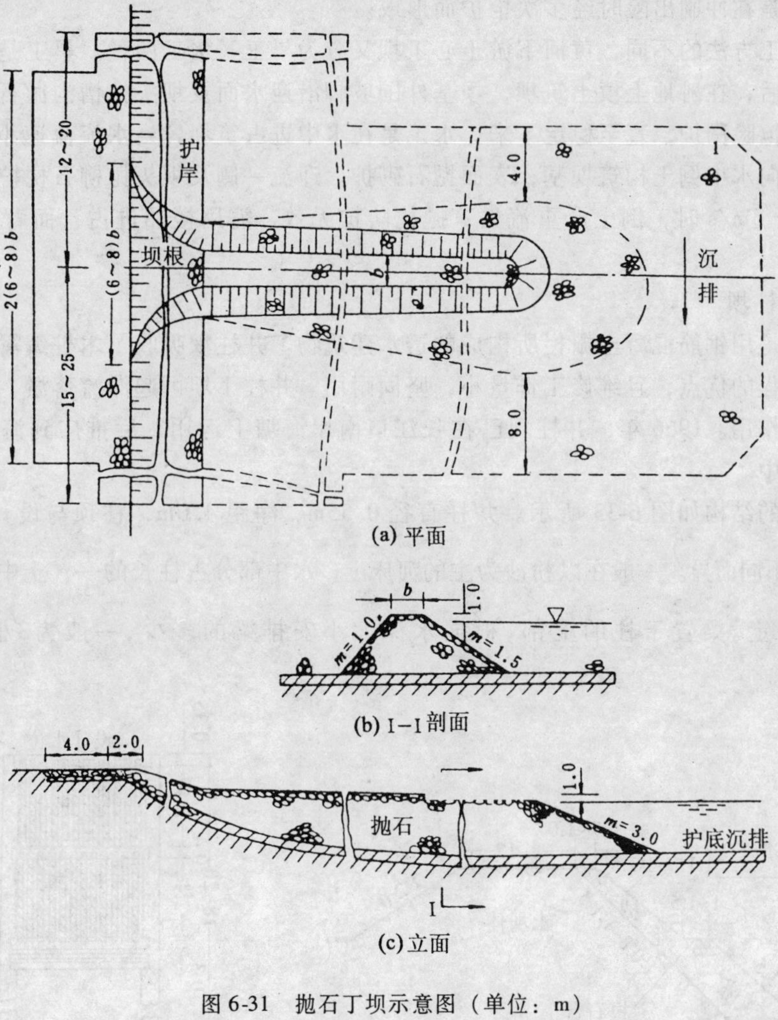

图6-31 抛石丁坝示意图（单位：m）

(3) 土心丁坝

土心丁坝采用土料填筑坝体，块石护脚护坡，沉排护底。对于石料缺乏的平原河流这种坝型较经济实用。同时这类坝型的坝心土料还可以利用水力冲填方法修筑。丁坝顶宽一般3~5m，险工河段的非淹没式丁坝，为留足堆放备防石的场地，有时也加宽至8~10m。

上、下游边坡系数一般为2.0~3.0，坝头大于3.0，且最好全用抛石堆筑。坝根与河岸的衔接长度一般为坝顶宽的6~8倍，丁坝上、下游坡面需护岸防冲，坝脚需抛足够的铅丝笼装块石或柳石枕防护。在填土与护坡之间应设砂石或土工织物反滤垫层。

土心丁坝因具有较好的护岸导溜作用，在我国黄河中、下游及北方中、小河流广泛使用。黄河下游常采用的土心丁坝如图6-32所示，由土坝体、护坡和护根三部分组成。其中护坡是为了保护土坝体，一般用块石将坝坡裹护起来。护坡的形式有乱石护坡、扣石护坡和砌石护坡三种类型，相应的丁坝称为乱石坝、扣石坝和砌石坝[58]。护根的作用是保护丁坝基础，一般用散抛块石、柳石枕和铅丝石笼抛筑，因其主要材料为石料，故习惯上称为根石。护根的顶部叫做根石台，宽1~2m，顶部高程高出设计枯水位2m左右。根石的水下部分是在冲刷出险时经多次抢护而形成。

按照施工方法的不同，黄河下游土心丁坝又分为旱工、水工两种。旱工是枯水季节工程位置脱溜后，在滩地上填土筑坝，坝基外围坡脚沿迎水面及坝头挖槽沟抛石裹护，汛期临水后继续抢险围护，直至稳定下来。水工是在水中进占筑坝，当水流流速小于0.5m/s时，可直接向水中倒土构筑坝基，表面抛石砌护，迎流一侧及坝头抛柳石枕护脚防冲；当流速大于0.5m/s时，倒土严重流失，抛枕防护无效，需用楼厢进占，而背流面仍可倒土填筑。

（4）井柱坝

井柱坝是用钢筋混凝土栅栏所构成的透水建筑物。井柱坝吸收了木桩编篱坝、厢埽和透水石笼工程的优点，且维修工作量小，坚固耐用。井柱丁坝可起滞流落淤、护滩保堤和控导流势的作用。1966年，井柱坝已在长江口南岸海塘上运用，后推广到海河、黄河护滩护堤工程中。

井柱坝的结构如图6-33所示。井柱直径0.55m，净距4.0m，柱顶与设计水位相当，柱长随水深不同而异。一般在以粉沙为主的河床上，水中部分占柱长的$\frac{1}{3}$，土中占柱长的$\frac{2}{3}$即可保持稳定。梁置于柱的上部，根据水深大小安排梁的多少，一般为3根（顶梁、中

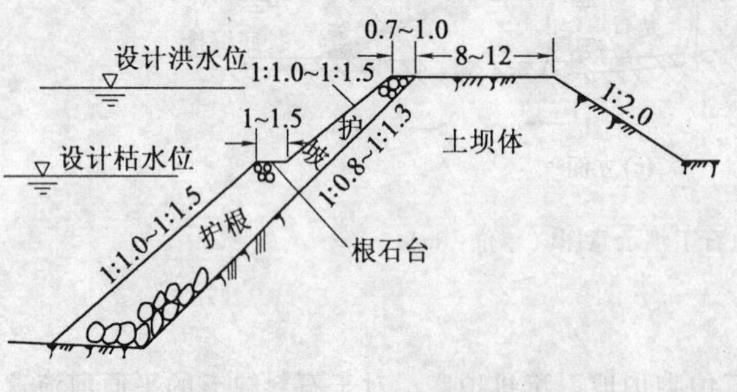

图6-32 黄河下游土心丁坝示意图（单位：m）

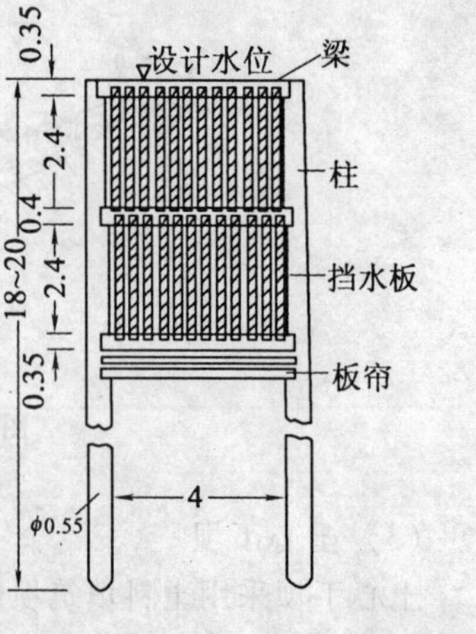

图6-33 井柱坝结构图（单位：m）

梁、底梁)，每2根间净距2.4m，梁端与井柱固结。在浇筑梁时应预留凹槽，以便安装挡水板。挡水板为工字形，高2.68m，翼宽0.32m，腹宽0.2m，厚0.1m。两块挡水板间缝宽0.12m，以便透水。在底梁的下边悬挂板帘，板帘的板条尺寸为4.5m×0.1m×0.2m，板条之间用预埋吊环连接，如同竹帘，修建时埋在滩上。如果大水将滩地冲深超过底梁，板帘便随之落下，抗御冲刷。

为了加强井柱丁坝的坝头稳定，可以在最外端的一跨井柱坝之后增加一根支撑柱，与外端的两根柱构成一等边三角形，并且与横梁连接。坝根与堤岸接头处用浆砌石护坡，并砌一段浆砌石坝，将第一根井柱包在其中。若井坝用于护滩工程，可使第一根井柱伸入滩内，第二根井柱打在滩沿。另外，为防止河势摆动引起抄后路，需在丁坝群的上游修筑一些导流工程。

工程实践表明，在一些多沙河流利用井柱坝缓流落淤，往往是经济可行的。如海河修建的井柱丁坝，长27.3m，只需投资2.2万元，且不需维修。黄河下游一般每道坝需投资4万~6万元，且一座工程从建成到基本稳定，维修用料及投资约为原修建费用的1.5倍。

(5) 网坝[56]

网坝属于轻型河工建筑物，网坝是用铁丝或塑料、尼龙绳编成网屏，将网屏系挂在桩上所建成的活动透水建筑物。按照网屏固定方式的不同，可以分为桩网坝和浮网坝两种。桩网坝与我国古代使用的木桩编篱坝或篱屏坝相似，先在河床上打一排木桩或混凝土桩，桩头露出水面，网屏挂在桩上。浮网坝只将桩头露出河底，或用坠体代替，把网屏下缘挂在其上，网屏上缘悬挂浮物，使网体漂浮在水中，如图6-34所示。

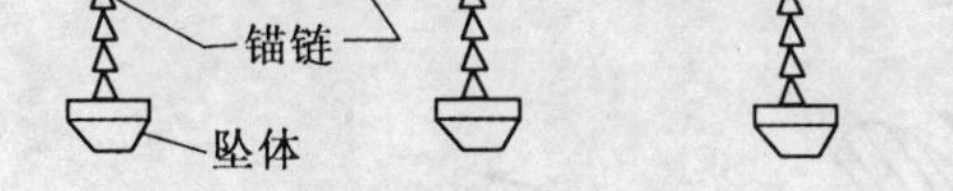

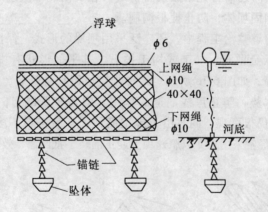

图6-34　网坝示意图

浮网坝的作用主要是缓流促淤，多用于固滩促淤、围垦和护岸，也能引导水流，刷深航槽，同时在海岸工程中，具有消波消能作用。根据国内已建工程的调查，网坝对水流的壅滞作用，坝上游壅水距离可达坝高的14倍，流速减小30%以上；在坝下游，沿水深流速变化较大，上半部流速增大，下半部流速降低，影响距离为坝高的600~1 000倍。网坝影响流速的程度与透水系数(孔隙面积与坝体总面积之比)有关，一般采用的透水系数为0.35~0.80，当透水系数小于0.30时，网坝的作用就接近实体整治建筑物。根据我国几处已建工程的统计，网坝造价相当于堆石坝的1/10，平均造价21.5~141.0元/m^2不等。

6.5.2 顺坝工程

顺坝是一种纵向整治建筑物，由坝头、坝身和坝根三部分组成，如图 6-35 所示。坝身一般较长，与水流方向大致平行或有很小交角，沿整治线布置。顺坝具有束窄河槽、引导水流、调整岸线的作用，因此又称导流坝。其顺导效能主要决定于顺坝的位置、坝高、轴线方向与形状。较长的顺坝，在平面上多呈微曲状。顺坝常布置在河道的过渡段、分汊河段、急弯以及河口段。

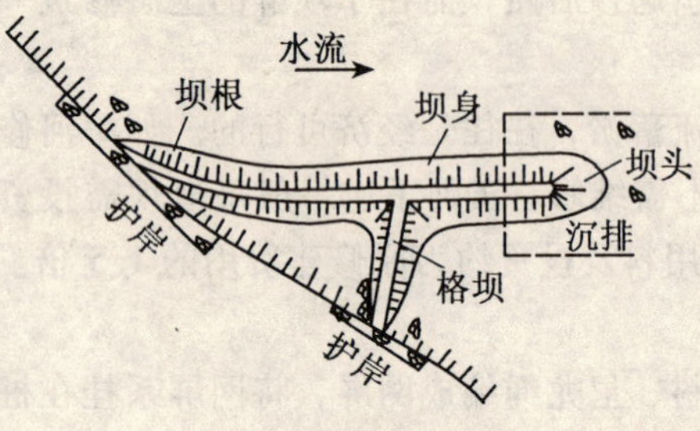

图 6-35 顺坝示意图

顺坝也有淹没式、非淹没式两种形式。淹没式顺坝多用于枯水航道整治，其坝顶高程由整治水位决定，并且自坝根至坝头逐渐降低成一缓坡，坡度可以略大于水面比降。为了促淤防冲，顺坝与堤岸之间可以加筑若干格坝，格坝的间距可为其长度的 1~3 倍，过流格坝的坝顶高程略低于顺坝。对非淹没式顺坝，一般多在下端留有缺口，以便洪水倒灌落淤。

顺坝结构大体上与丁坝相同。淹没式顺坝需用抛石填筑。非淹没式顺坝则多用土心抛石砌护的形式，且因背水面处于淤积状态，在一般洪水不漫顶溢流的情形下，抛石护坡在绕过坝头适当长度后亦可省去，而迎流面及坝头除抛石护坡外，尚需用柳石枕或铅丝石笼围裹护脚，对于细沙河床必要时还需首先下放沉排护底。在黄河北干流，对一些较长的顺坝，多采用顺坝加垛的形式加固坝体，防止搜根淘刷。

在黄河中、下游河道整治工程中，还广泛采用坝垛的形式，保护河岸或堤防免遭水流冲刷。坝垛的材料可以是抛石、埽工或埽工护石。其平面形状有挑水坝、人字坝、月牙坝、雁翅坝、磨盘坝等，如图 6-36 所示。这种坝工虽因坝身较短，一般无挑移主流作用，只起迎托水流，消杀水势，防止岸线崩退的作用。但若布置得当，且坝头能联成一平顺河湾，则整体导流作用仍很可观。同时由于施工简便，耗费工料不多，防塌效果迅速，在稳定河湾和汛期抢险中经常采用，尤以雁翅坝上迎正溜、下抵回溜、效能较大而使用最多。

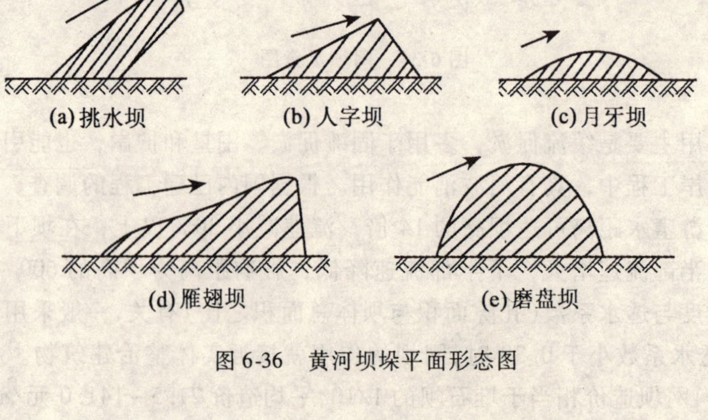

图 6-36 黄河坝垛平面形态图

§6.6 黄河埽工

埽工是我国黄河下游劳动人民创造的、以薪柴（秸、苇、柳枝等）、土石为主体，以桩绳为联系的一种河道整治建筑物，如图 6-37 所示[65]。埽工的作用是抗御水溜对河岸的冲刷，防止堤岸坍塌。两千多年来，埽工在防汛抢险、堵覆溃堤决口中，曾发挥过重大作用。

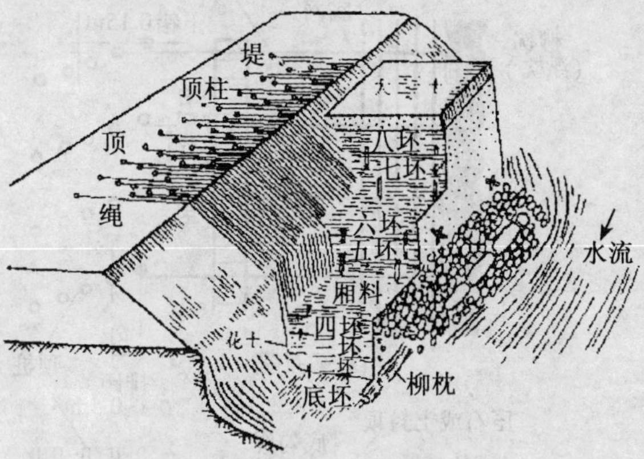

图 6-37 埽工透视图

由于埽工所用的梢秸料本身是弹性材料，所以修成的整体埽工具有较好的柔韧性，适应河床变形。若用来护岸，可以减低纵向流速，缓和大溜的冲击。若用来堵覆决口，因能阻塞水流，且能与河底自然吻合，尤其在软基上堵口，比用石料更容易闭气。

梢秸料在水中易漂浮，所以必须借助土料增加重量，才能逐渐沉蛰，而土料又需靠秸料来防止水流的冲失，因此二者互为依附，再加上桩绳的联系，就成为一个整体。人民群众总结其特点为："土为肉、料为皮、桩是骨头、绳是筋"，形象生动地说明了埽工组成的关系和相互作用。经验证明，经常处于水下的埽工，其寿命可以达 7~8 年，甚至更长时间。同时由于埽工具有体大质松而韧，取材方便，造价低廉，施工简便，见效迅速等优点，当河势突然发生变化，堤岸受到大溜顶冲，而其他防御工事不能立即生效时，用埽工来抢险，可以在很短时间内发挥效能。

埽工的施工与一般水下工程不同。一般水下工程的施工，多以水浅流缓时进行为宜，而且必须先修好基础，由下而上进行。而埽工则相反，往往是在水深流急的情况下施工，水浅时修成的反而不牢固。施工程序是从上而下的分坯进行，直到下压至河底。一般建筑物若基础沉陷，则必使整体遭受破坏，但对埽工来说，埽体愈下沉，桩绳的受力就愈大（在允许抗拉强度以内），埽体也就愈结实。但由于埽体基本上是上宽下窄，上重下轻，重心靠近上部，建成后不可避免地要发生下蛰，故必须及时维修补充。

黄河埽工，一般按作法、形状、作用、位置和使用料物等不同而有众多命名。例如在滩地上用干料修筑的一座半圆形埽，按施工作法叫丁厢，按形状叫磨盘埽，按位置叫旱埽，按使用料物叫秸埽。

埽工的结构形式很多，其中柳石楼厢是最简易的一种，在黄河下游广泛使用。柳石楼厢以柳石为主体，依靠桩绳联结，层柳、层石，依靠柳石自重下沉，逐层修筑直至达到河底，占体高出水面0.5～1.0m。这样逐占前进，直至达到设计长度。每完成一占，随即在占体迎水面抛柳石枕、铅丝石笼、散石等保护占体，防止占体倾覆。柳石楼厢的结构形式如图6-38所示。

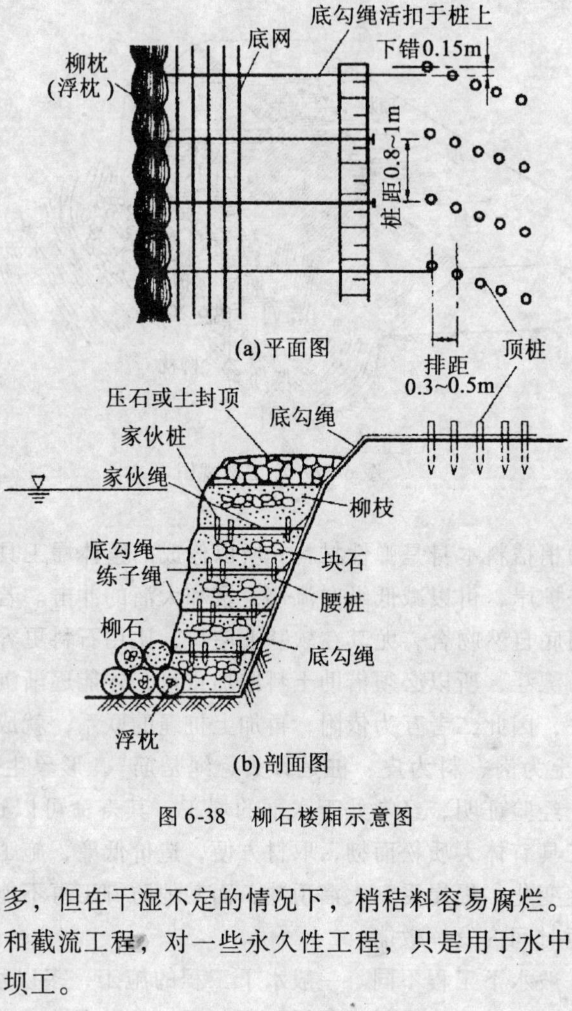

图6-38 柳石楼厢示意图

埽工尽管优点很多，但在干湿不定的情况下，梢秸料容易腐烂。因此，近年来，埽工主要用于临时性抢护和截流工程，对一些永久性工程，只是用于水中进占，然后抛石护坡护根，形成土心抛石坝工。

§6.7 河道生态护岸技术

6.7.1 传统河道护岸工程存在的问题

前面介绍的传统型河道护岸工程，大多局限于防洪、排涝、引水和航运等河道的基本功能。在设计中，为了稳定河势和强调河道的防洪安全，着力于运用块石、混凝土等硬质材料的结构，而很少考虑河道的生态、景观、休闲、娱乐等其他功能。现行城市防洪工程设计规范，也未对护岸在生态学等方面提出要求，致使不少地方的河道，被人为渠化并对河岸实施强行硬化。这样一来，对河道的自然环境、生态平衡以及城市景观等方面造成了诸多的负面影响。主要表现如下[67]：

(1) 对生态环境的影响

河岸严重硬化之后，原始河岸表面被封闭，土壤与水体的关系割裂开来，隔绝了河道中的生物、微生物与大地的接触，并引起其自然生存环境发生变化，河流的天然自净能力因此下降。同时各种水生植物难以在坚硬的岸坡上生长，各种水生动物也因生存环境改变而无法生存，整个生态系统的食物链就因坚硬的护岸结构而断开，河流生态廊道的作用因此失去，河流生态系统的整体平衡遭到破坏，由此带来的生态环境问题日趋严重。

(2) 对人类生存环境的影响

河道两岸修筑人工硬质防洪堤岸之后，河流基本失去了原生态功能，过去的水边环境和水环境功能发生改变，人们没有了往日的娱乐、休闲和亲水的好去处，一些城市的灵气甚至人文精神也可能因之而失去，继而对人们的身心健康和精神生活带来一定影响。

(3) 对自然景观的影响

经过整治后的河道，河槽渠化，河岸坚固，边界整齐，走向笔直，虽然洁美且有现代气息，但这种河道与现代人追求回归自然，以及与自然和谐相处的景观需求和心理需要完全相背。修建成的防洪堤岸，与其周围的环境很不协调，原始河流的河势河貌特征消失不见，昔日的碧水蓝天和白帆点点的河流景象不能尽收眼底，人们只能越过灰白高耸的混凝土防洪大堤，才能看到已变态失真了的河流景象。

6.7.2 生态护岸概念的提出及其与传统护岸的区别

随着社会与经济的发展，人们环境意识的提高和对高质量环境的需求，河道生态护岸的概念应运而出，并逐渐成为国内外护岸型式的发展方向。

早在20世纪50年代，在莱茵河的治理工程中就提出了“近自然河道治理工程”，认为河道的整治要符合植物化和生命化的原理。护岸工程作为河道治理的重要手段，也应该注重河流生态技术。美国新泽西州曾采用生物护岸工程，用可降解生物纤维编织袋装土，形成台阶岸坡并种植植被，历经实际洪水考验证实了其可靠性。加拿大、日本曾采用草芦苇进行生物护坡，均取得了较好的效果。

在我国，近10~20年以来，人们越来越关注与自己休戚相关的环境问题。以生态学为基础，要求回归自然，追求人与自然和谐发展的愿景日益突出。在城市河道治理中，防洪、生态、亲水、景观与文化等综合建设的新思想、新方法不断涌现。河道生态护岸也见不少运用，如武汉市汉口江滩防洪及环境综合整治工程；上海市的河道生态绿化护坡将岸坡防护和景观设计有机结合；永定河、潮白河等进行了生态护坡示范工程研究；广西漓江进行了生态护坡试验等。但总的来看，我国河道生态护岸的应用目前尚处于起步阶段，仍需要进一步的研究和推广。

关于河道生态护岸定义的说法很多。我们认为，所谓河道生态护岸，应是指以治河工程学为基础，融生物学、生态学、环境学、园林学、景观学和建筑艺术等学科为一体的新型河道护岸技术。

生态护岸与传统护岸的区别在于：从设计理念上讲，传统护岸强调的是“兴利除害”，尤其是防洪安全这一基本功能；而生态型护岸，则除重点考虑堤岸安全性之外，还须重视人与自然和谐相处，保护生态环境，即还要考虑亲水、休闲、娱乐、景观和生态等河道的其他功能。

从河道形态讲，传统护岸规划的河道，岸线笔直，断面规则化、渠道化，河床河岸硬质化；而生态型护岸，岸线蜿蜒自如，断面多样化、自然化、生态化。

从所用材料看，传统护岸工程主要采用抛石、浆砌或干砌块石、混凝土块体、现浇混凝土、铰链混凝土排及土工模袋等硬质材料；而生态型护岸，所用材料一般为天然石块、木材、植物、多孔渗透性混凝土及土工材料等。

从工程效果看，传统护岸工程的造价往往较高，工程完建后生态环境一般变恶化，可持续发展条件脆弱，尤其在人口高密区，工程措施往往不能满足生态和景观的要求；而生态型护岸，在满足护岸功能有效性的前提下，造价比传统护岸低，且长期维护费用相对较少，生态环境得以改善，与常规的抛石或混凝土结构相比较，外观更接近自然态，因而更能满足生态和环境要求与实现可持续发展。

可以认为，生态型护岸是传统型护岸的改进，是护岸基本功能的延伸。生态型护岸不单纯局限于新型环保材料或技术的应用，也同样重视发掘传统人工材料和技术的生态功能和改进传统的护岸方法，在设计或施工中更多地顾及环境及生物的需求。因此，生态型护岸既源于传统型护岸，也有别于传统型护岸，生态型护岸的出现是护岸工程发展与进步的结果。随着社会生态环保理念的深入，人们将不断地提高对护岸工程环境效益的要求，因而传统型护岸必然要向生态型护岸转变。

6.7.3 生态护岸技术措施

随着新材料、新技术的不断涌现，国内外河道生态护岸的做法很多。现择其主要几种介绍如下[68]。

1. 固土植物护坡

利用发达根系植物进行护坡固土，既可以达到固土保沙，防止水土流失，又可以满足生态环境需要及塑造景观。

国内许多河道治理中都应用植物护坡技术。选择固土植物，主要要求：气候适应性强；根系发达，茎干低矮、枝叶茂盛、生长快、绿期长，能迅速覆盖地表；成活率高，能够吸收深层水分和养分；价格低廉，无须特殊养护，抗病虫害能力和抵御杂草的能力较强。

固土植物的选择，各地可以根据当地的气候条件选择适宜的植物品种。在我国，主要有沙棘林、刺槐林、墨穗醋栗、黄檀、胡枝子、池杉、龙须草、金银花、紫穗槐、油松、黄花、常青藤、蔓草等物种。

播种方法主要有：①人工种植或移植法；②草皮卷护坡法；③水力喷播法等。近年来，在一些发达国家，利用水力喷播的方法在人们常规方法难以施工的坡面上种植草坪。所谓水力喷播植草技术，是指以水为载体，将经过技术处理的植物种子、木纤维、粘合剂、保水剂、复合肥等材料混合后，经过喷播机的搅拌，喷洒在需要种植草坪的地方，从而形成初级生态植被的绿化技术。与传统植草方法相比较，其优点是：可以全天候施工，速度快，工期短；成坪快，节省养护费用；不受土壤条件差和气象环境恶劣等影响。

2. 网石笼结构生态护岸

网石笼护岸，即利用铁丝制作成网笼，内装石块，利用其挠性大，抗冲能力强等特点，广泛用于河道护岸中的护坡或护底。网笼可以做成不同形状，除可以用做护岸外，还可以做成砌体挡土墙。常用的网石笼是铁丝网石笼。

在生态型护岸中，可以构造铁丝网与碎石复合种植基。即由镀锌或喷塑铁丝网笼装碎石、肥料及种植土组成。在河道护坡中，一般不宜选用易锈蚀的镀锌铁丝网笼，而应选用耐锈蚀的喷塑铁丝网笼。

铁丝网与碎石复合种植基的最大优点是，抗冲刷能力强、整体性好、适应地基变形能力强，避免了预制的混凝土块体护坡的整体性差，以及现浇混凝土护坡与模袋混凝土护坡适应地基变形能力差的弱点，同时又能满足生态型护坡的要求，即使进行全断面护砌，生物与微生物都能照样生存。因此，这项技术适合于用做河道护坡。国外在这方面已有较多工程实例。铁丝网笼的施工如图 6-39 所示。

图 6-39 施工中的铁丝网与碎石复合种植基

3. 土工材料复合种植技术

(1) 土工网复合植被

土工网是一种新型土工合成材料。土工网复合植被技术，也称为草皮加筋技术，是近年来随着土工材料向高强度、长寿命方向研究发展的产物。

土工网复合植被的构造方法是，先在土质坡面上覆盖一层三维高强度土工塑料网，并用 U 形钉固定，然后种植草籽或草皮，当植物生长茂盛后，高强度土工网可以使草更均匀且紧密地生长在一起，形成牢固的网、草、土整体铺盖，对坡面起到浅层加筋的作用。

土工网因其材料为黑色的聚乙烯，具有吸热保温作用，能有效地减少岸坡土壤的水分蒸发和增加入渗量，因而可以促进种子发芽，有利于植物生长。坡面上生成的茂密的植被覆盖，在表土层形成盘根错节的根系，可以有效抑制雨水对坡面的侵蚀，增加土体的抗剪强度，并阻止坡面表层土体滑动。由于密集植被根系和高强土工网紧密交织、共同作用，加筋草皮能够抵抗 4m/s 的坡面流速冲刷达 50h 之久。

(2) 土工网垫固土种植基

土工网垫固土种植基，主要由聚乙烯、聚丙烯等高分子材料制成的网垫和种植土、草籽等组成。固土网垫由多层非拉伸网和双向拉伸平面网组成，在多层网的交接点经热熔后粘结，形成稳定的空间网垫。该网垫质地疏松、柔韧，有合适的高度和空间，可以充填并存储土壤和沙粒。植物的根系可以穿过网孔均衡生长，长成后的草皮可以使网垫、草皮、泥土表层牢固地结合在一起。固土网垫可以由人工铺设，植物种植一般采用草籽加水力喷草技术完成。这种护坡结构目前运用较广，如上海浦东国际机场围海大堤工程、上海化学工业区围海造地工程的护坡均采用了这种形式。

(3) 土工格栅固土种植基

土工格栅固土种植基，是利用土工格栅进行土体加固，并在边坡上植草固土。土工格栅是以聚丙烯、高密度聚乙烯为原料，经挤压、拉伸而成，有单向、双向土工格栅之分。设置土工格栅，增加了土体摩阻力，同时土体中的孔隙水压力也迅速消散，所以增加了土体整体稳定和承载力。由于格栅的锚固作用，抗滑力矩增加，草皮生根后草、土、格栅形成一体，更加提高了边坡的稳定性。一般的土工格栅固土种植基结构如图 6-40 所示。

(4) 土工单元固土种植基

利用聚丙烯、高密度聚乙烯等片状材料，经热熔粘结成蜂窝状的网片整体，在蜂窝状单元中填土植草，实现固土护坡的作用。如图 6-41 所示。

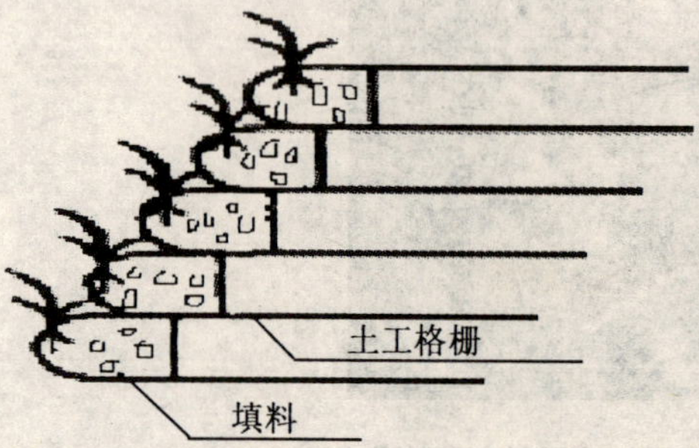

图 6-40 土工格栅固土结构

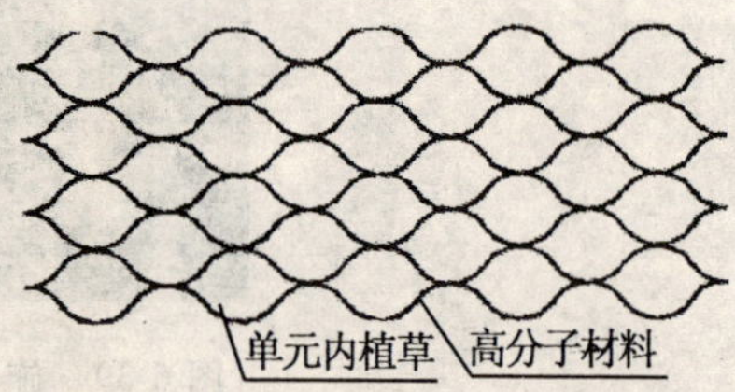

图 6-41 土工单元固土结构

4. 植被型生态混凝土护坡

植被型生态混凝土亦称为绿化混凝土。主要由多孔混凝土、保水材料、表层土和缓释肥料组成。其结构如图 6-42 所示。

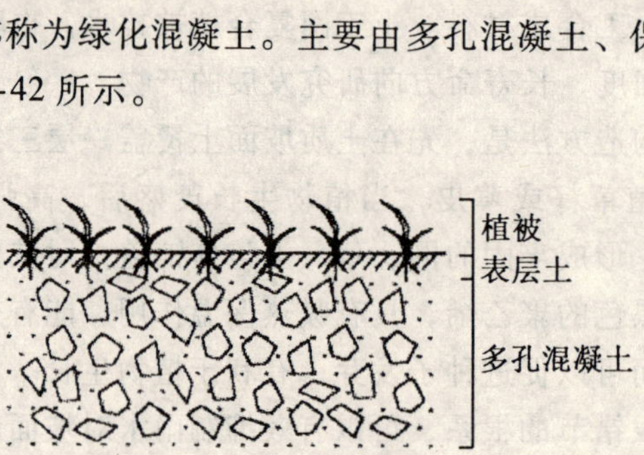

图 6-42 植被型生态混凝土的结构

多孔混凝土由粗骨料、水泥和适量的细掺和料组成，是植被型生态混凝土的骨架。保水材料以有机质保水剂为主，并掺入无机保水剂混合使用，为植物提供必需的水分。表层土铺设于多孔混凝土表面，形成植被发芽空间，减少土中水分蒸发，提供植被发芽初期的养分和防止草生长初期混凝土表面过热。许多植被草都能在植被型生态混凝土中很好生长，其中，紫羊毛、无芒雀麦表现出优异的耐寒性能。

在城市河道护岸结构中，可以利用生态混凝土预制块体进行铺设，或直接作为护坡结构，既实现了混凝土护坡，又能在坡上种植花草，美化环境，使江河防洪与城市绿化完美结合。

植被型生态混凝土具有较好的抗冲刷性能，上面的覆草可以起缓冲作用。由于草根的“锚固”作用，抗滑力增加，草生根后，草、土、混凝土形成一体，从而大大提高了堤岸边坡的稳定性。

5. 多孔质结构生态护岸

所谓多孔质护岸，是指用自然石、混凝土预制件等材料构成的带有孔状的适合动植物生存的护岸结构形式。其施工简单快捷，不仅能抗冲刷，还为动植物生长提供有利条件，此外还可以净化水质，因而是现阶段生态护岸中较有代表性的一类形式。这种形式的护岸，可以同时兼顾生态型护岸和景观型护岸的要求，从而成为值得推广的新型护岸技术，如图 6-43 所示。

图 6-43 多孔质护岸结构

可将河岸分为陡坡和缓坡两种情况。对于陡坡河岸，可以采用多孔质混凝土预制件护岸，如图 6-44 所示；对于缓坡河岸，可以采用盒式结构的护岸，如图 6-45 所示。

图 6-44 多孔质混凝土预制件护岸

图 6-45 盒式结构护岸

关于多孔质结构生态护岸，近年来国内外一些单位在这方面做了不少研究工作。例如，日本静冈市阿多古川、浅烟川河岸采用松木护岸，如图 6-46 所示，这种护岸工程既能稳定河床，又能改善生态和美化环境，并可以避免混凝土工程带来的负面作用。

图 6-46　日本静冈市浅烟川松木护岸

6. 自然型护岸

目前，在国内外一些中小河流治理中，护岸工程有一种趋向，即以自然的植被、原石、木材等材料来替代混凝土，尽量创造自然型的河道。在日本和中国台湾，这种河道治理方法比较普遍，并称为“近自然工法”和“生态工法”。

自然型护岸工程的型式，可以分为自然原形型、准自然型和多自然型三种。自然原形型护岸，只种植植被保护河岸，以保持河流的原生态特性，但这种型式的护岸，抵抗洪水的能力较差。准自然型护岸，除种植植被外，还采用石材、木材等天然材料，以增强护岸工程的抗洪能力。多自然型护岸，即在准自然型护岸的基础上，再巧妙地使用混凝土、钢筋混凝土等硬质材料，既不改变河岸的自然特性，又可以确保护岸工程的稳定性。

自然型护岸在国内外已有不少例子。1994 年，日本熊本县绿川河津志田河段建成的丁坝工程，在经历几年的自然恢复后，已经完全被其周边生长出的植物覆盖，就是典型范例。

6.7.4　国内外生态护岸建设情况

在河道治理特别是城市河道建设中，通常遇到的问题是，如何解决防洪与生态需求的矛盾。而进行河道生态护岸，不仅能满足城市的防洪安全，又能照顾到城市生态系统的景观和资源要求，因而是现阶段解决这一矛盾的有效方法。下面扼要介绍国外生态护岸概况和国内几座城市的河道治理建设情况。

1. 国外生态护岸建设概况[67]~[69]

20 世纪 80 年代末，瑞士、德国等国提出了全新的“亲近自然河流”概念和“自然型护岸”技术。欧洲的 Melk 河流域经过近自然治理后，河流中鱼类数量、生物量有了显著增加。德国莱茵河 1993 年和 1995 年两次洪灾，主要原因是由于莱茵河流域生态遭到破坏后，莱茵河的水泥堤岸限制了水向沿河堤岸渗透所致。因此，德国进行了河流回归自然的改造，将水泥堤岸改为生态河堤，重新恢复河流两岸储水湿润带，并对流域内支流实施裁直变弯的措施，延长洪水在支流的停留时间，减低主河道洪峰流量。美国新泽西州曾采用生物护岸工程，用可降解生物纤维编织袋装土，形成台阶岸坡并种植植被，历经实际洪水考验证实了其可靠性。

日本在20世纪90年代初就开展了“创造多自然型河川计划”，1991年开始推行重视创造变化水边环境的河道施工方法，即“多自然型河道建设”。仅在1991年，全国就有600多处试验工程。日本建设省推进的第九次治水五年计划中，将对5 700 km河流采用多自然型河流治理方法，其中2 300 km为植物堤岸，1 400 km为石头及木材护底的自然河堤；不得已使用的混凝土的2 000 km河段，都按“多自然型护堤法”进行改造，覆盖土壤，并种植植被。实践表明，该技术有效地促进了地下水的渗透和水的良性循环，提高了水环境的自然净化功能。

韩国近年来在生态护岸研究方面也做了许多工作，比如韩国生态植草砖系列的植物生长护岸砖、植物生长鱼巢砖和植物生长墙砖三大类，是由碎石、高炉水泥和混合制剂制成的多孔植物生长混凝土块，植物的根须可以扎透混凝土块的孔隙且生长良好，这种砖透水透气，不影响水的自然循环，可以用于河道生态护岸。

2. 北京市转河的恢复性整治[68]

转河是北京市环城水系中最重要的一段。由于历史原因，被长期填埋，其应有的功能没有显现出来。随着城市建设的发展和人口的急增，北京市政府为顺应民意，决定重新开挖已填埋的河道，使长河至北护城河成为明河，并恢复这段古河道的历史风貌，实现北环水系全线沟通和通航的要求，为此开展了转河的恢复性整治工作。

恢复转河工程要新挖河道3300m，新建11座桥梁、1座船闸、两座码头和一处补水口。转河工程完成后新增水面5.7万m^2，新增绿地4万m^2，实现全线通航。两岸建成适宜人们休闲娱乐的场所，形成一道新的风景线，使城西北部环境得到根本改观。转河主体工程于2003年竣工。转河整治基本满足了人们对生态功能与生态景观并存的要求。其成功经验，主要体现在坚持生态护岸的设计原则上。主要表现在以下几点：

(1) 有条件的河段，尽量采用生物固堤，减少堤防硬化，使河岸趋于自然形态，增加水生生物生存空间，使鱼、青蛙、大蚌等可以栖息、产卵、繁衍、避难，从而更好地形成河流生物链。

(2) 在设计直立式护岸时，根据不同的地形、地势，考虑挡土墙与河岸景观相结合，采用不同形式和造型的挡土墙，突出水景设计，掩盖堤防特征，用景观缓解堤岸给视觉上造成的压迫。

(3) 通过开发景观来体现历史文化古迹的内涵韵味，用碑记、雕塑等展示特色文化个性。将历史文化的延续性与都市生活的现代性有机结合起来，创造出都市景观新文化。

3. 上海市河道生态护岸建设[69]

上海市内河道众多，黄浦江、苏州河、淀浦河、虬江等以及其他无名小河、浜渠纵横交错，河网关系复杂。多年来，上海市在河道治理中，护岸工程的岸墙大多为直立式石驳或混凝土堤岸，岸坡种植形式较为简单，不仅影响了河道生态效果与河道景观，而且有些岸坡因缺少植物保护而滑动损坏，导致水土流失、河道淤塞。2003年起，上海市斥资500亿元打造“水清、岸绿、景美、游畅”的“东方水都”规划，其中，生态河道建设便成为其中的重要内容。

以浦东新区为例，继中心区域骨干河道张家浜成为上海首条生态景观河道，并获得“中国人居环境范例奖”后，新区政府自2004年又投巨资在机场镇建设首个生态河道示范区，涉及大小河道30多条，并对畅塘港、八一河等6条河道进行护坡拆除、拆直取弯，同时进行生态护岸建设，以尽可能恢复河道特有的自然生态景观。机场镇生态河道示范区中，不同类型的植被，呈阶梯状生长，从坡脚到坡顶，坡岸依次分成若干区域，取得了显著的景观和生态效果。这项生态护岸示范工程，是我国对河道护岸进行生态修复与建设的范例。

4. 武汉市汉口江滩防洪及环境综合整治工程[70]

武汉市汉口江滩位于汉口主城核心区，紧邻闻名全国的江汉路商业步行街，周边聚集了武汉市大量的优秀历史建筑，拥有宽阔的滨水滩地和长达 9.8 km 的滨水岸线。

武汉市汉口江滩防洪及环境综合工程的建设目标是：集防洪屏障、景观游憩、绿化生态和娱乐休闲等功能于一体，凸显汉口江滩位于长江之滨的恢弘气势，力求整体、亲水、生态、休闲的特色，在确保防洪安全的前提下，建设成为全面展现 21 世纪城市形象的，具有文化历史内涵和城市标志性特色的滨水景观区；建设成为具有恢弘气势的滨江景观特色、树茂荫浓的生态绿化特色和开敞舒适的亲水休闲特色的绿色滨江长廊，形成具有现代文化艺术风貌，满足公共休闲活动，充满人文关怀的城市绿色客厅。

这项工程的建成，综合解决了武汉市城市防洪、生态保护、文化挖掘、绿地重建等问题，在满足防洪安全的前提下，使汉口江滩成为生态江滩、活力江滩、文化江滩和炫彩江滩，满足了城市展示、市民需求的多种功能，是现阶段我国城市防洪与生态环境综合治理的典范。

5. 上虞市城市防洪工程[71]

上虞市位于浙江省东北部，东临余姚、南接嵊州、西连绍兴、北濒杭州湾，与海盐隔江相望。上虞市是国务院批准的首批沿海开放城市和杭嘉湖高科技区域成员单位。曹娥江自南而北贯穿上虞境内，两岸群山逶迤，风景优美，上虞市市中心就位于曹娥江下游。城区百官和曹娥经济开发区隔江而望，当地水运发达，渔业兴旺，但水害频繁。

上虞市城市防洪工程，是集防洪、生态、景观、绿化等为一体的城市防洪模式。工程完建后，右岸防洪堤已经建设成为“十八里亲水型绿色文化走廊”，新增绿化面积 34 万 m^2。左岸防洪堤已经建设成为“十二里亲水型绿色体育长廊”，即设有滨江体育公园，新增绿化面积 25 万 m^2，防洪标准达到 100 年一遇。

上虞市城市防洪工程已经有效构筑了生态水利体系。工程在满足防洪要求的条件下，构建城市绿化景观，从而实现“以堤防洪、以园美景”的目标，达到“似堤非堤、似园非园”的人水和谐的美妙境界，成为名副其实的上虞“外滩”，为上虞旅游业带来了生机。上虞曹娥江景观带，不仅在绍兴市和浙江省，乃至全国也是首屈一指的绿色文化体育景观带。

上虞市“亲水型绿色文化长廊”，被列为浙江省水利厅亮点科研项目，是上虞市防洪建设结合城市园林绿化建设的一大创举，是上虞市经济发展中的益民工程，以及上虞水利史上一个新的里程碑。

第七章　河道堤防工程

堤防是沿河流、湖泊、海洋以及蓄滞洪区、水库库区的周边修筑的挡水建筑物。堤防是古今中外普遍采用的防洪工程，也是我国各大江河防洪工程体系的重要组成部分。

中华人民共和国成立以来，党和政府十分重视江河堤防工程建设，一方面修建了大量的新堤坊，另一方面，对原有破烂不堪、标准极低的堤防进行了大规模的整修与加高加固。我国七大江河中、下游两岸，现已形成完整的堤防网络。全国各类堤防的长度已达到27 万 km。

§7.1　堤防的种类与作用

堤防按其所在位置不同，可以分为河堤、湖堤、海堤、围堤和水库堤防五种。因各自工作条件不同，故其规划设计要求略有差别。

河堤位于河道两岸，用于保护两岸田园和城镇不受洪水侵犯。因河水涨落相对较快，高水位持续历时一般不长，堤内浸润线往往难以发展到最高洪水位的位置，故其断面尺寸相对较小。

湖堤位于湖泊四周，由于湖水水位涨落缓慢，高水位持续时间相对较长，且水域辽阔，风浪较大，故其断面尺寸应较河堤为大。此外，湖堤还要求临水面有较好的防浪护面，背水面须有一定的排渗措施。

海堤又称海塘，位于河口附近或沿海海岸，用以保护沿海地区坦荡平衍的田野和城镇乡村免遭潮水海浪袭击。海堤主要在起潮或风暴激起海浪袭击时着水，高位水作用时间虽不长，但潮浪的破坏力较大，特别是强潮河口或台风经常登陆地区，因受海流、风浪和增水的影响，故其断面应远较河堤为大。海堤临水面一般应设有较好的防浪、消浪设施，或采取生物与工程相结合的保滩护堤措施。

围堤修建在蓄滞洪区的周边，在蓄滞洪运用时起临时挡水之用，其实际工作机会虽远不及河堤、湖堤那样频繁，但其修建标准一般应与河流干堤相同。此外，当地群众为了争取耕地而在沿河洲滩上自发修筑的堤埝也属围堤，这类围堤修筑简陋，标准较低，易于溃决。

水库堤防位于水库回水末端及库区局部地段，用于限制库区的淹没范围和减少淹没损失。库尾堤防常需根据水库淤积引起翘尾巴的范围和防洪要求适当向上游延伸。水库堤防的断面尺寸应略大于一般河堤。

本章主要介绍河道堤防。河堤按其所在位置和重要性，又有干堤、支堤和民堤之分。

干堤修建在大江、大河的两岸，标准较高，保护重要城镇、大型企业和大范围地区，由国家或地方专设机构管理。支堤沿支流两岸修建，防洪标准一般低于同流域的干堤。但有的堤段因保护对象重要，设计标准接近甚至高于一般干堤，如汉江遥堤，黄河支流渭河、沁河等河的堤防，等等。重要支流堤防多由流域部门负责修建，一般支堤则由地方修建、管理。民堤又称民埝，民修民守，保护范围小，抗洪能力低，如黄河滩的生产堤，长江中、下游洲滩民垸的围堤等。

在黄河上，河堤常分为遥堤、缕堤、格堤、越堤和月堤五种，如图 7-1 所示。遥堤即干堤，距河较远，堤身高厚，用以防御特大洪水，是防洪的最后一道防线。缕堤即民堤、民埝，距河较近，堤身低薄，保护范围较小，多用于保护滩地生产，洪水较大时可能漫溢溃决。格堤为横向堤防，连接遥堤和缕堤，形成格状。缕堤一旦溃决，水遇格堤即止，受淹范围限于一格。越堤和月堤皆依缕堤修筑，成月牙形，其作用之差异是，当河滩淤长远离缕堤时，为争取耕地修筑越堤；当河岸崩退逼近缕堤时，则筑建月堤退守新线。

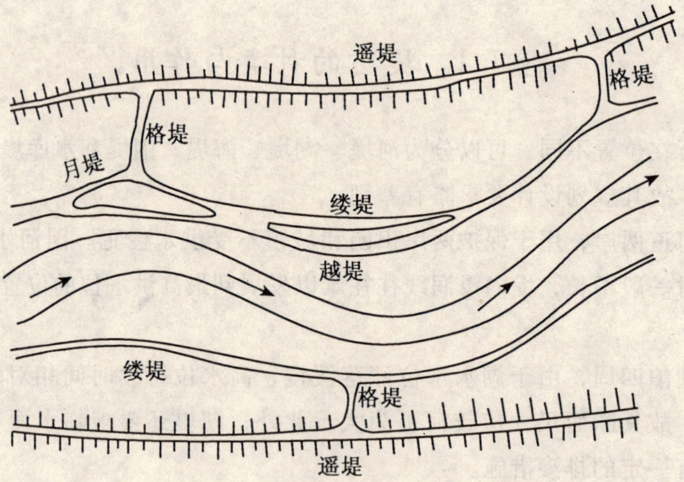

图 7-1 黄河堤防示意图

§7.2 河道堤防工程规划设计

7.2.1 河道堤防工程的防洪标准及其级别

河道堤防工程防护对象的防洪标准，应根据国家标准《防洪标准》（GB50201-94）确定。堤防工程的防洪标准，又称堤防工程设计洪水标准，应根据防护区内防洪标准较高的防护对象的防洪标准确定。河道堤防工程的级别，应按我国现行《堤防工程设计规范》（GB50286-98）确定[72]，如表 7-1 所示。

表 7-1　堤防工程的级别

防洪标准[重现期/年]	≥100	<100，且≥50	<50，且≥30	<30，且≥20	<20，且≥10
堤防级别	1	2	3	4	5

例如，根据1990年国务院批准的《长江流域综合利用规划要点报告》，长江中、下游堤防分为三类：第一类是荆江大堤、南线大堤、汉江遥堤、无为大堤以及沿江防洪重点城市堤防等，为1级堤防；其他大部长江干堤，洞庭湖、鄱阳湖重点垸堤以及汉江下游堤防为2级堤防；其他堤防，洞庭湖、鄱阳湖等蓄洪区堤防为3～4级堤防。不同级别的堤防其建设标准不同。

7.2.2　堤防规划与堤线布置

1. 堤防规划

无论是新建或改建堤防，规划时都必须遵守如下原则：

(1) 堤防规划应与水库、分蓄洪工程等其他工程防洪措施协同配合，以形成最合理、最有效的防洪工程体系。城市堤防规划应考虑城市总体规划与布局，尽可能地与交通、环保、城市景观和亲水休闲等结合起来。

(2) 河道上下游、左右岸、各地区、各部门要统筹兼顾。根据河流、河段及其防护对象的不同，选定不同的防洪标准、等级和不同的堤型、堤身断面，并可视条件和时机分期、分段实施。

(3) 当堤防遭遇超标准特大洪水袭击时应有对策措施，以保证主要堤防重要堤段不发生改道性决口。

(4) 尽量节省投资，便于施工，确保质量和按期完成。

2. 堤线布置

堤线布置应遵守下列原则：

(1) 堤线走向应与洪水流向大致平行，照顾中水河槽岸线走向。堤线随中水岸线的弯曲而弯曲，避免急弯或局部突出。两岸堤线应尽量平行，不可突然收缩与扩大。

(2) 堤外应留一定范围的外滩。蜿蜒型河段，堤线位置应选在蜿蜒带以外。

(3) 堤线宜选经高阜地形，尽量避开湖塘沟壑、软弱地基和透水性较强的沙质地带，否则应对堤基进行专门处理。

(4) 堤线选定应尽量少占耕地、少迁房屋，避开重要设施和文物遗址，注意与已建水工建筑物、交通路桥、港口码头的妥善衔接。

(5) 越建堤防不能使过流断面显著减小，妨碍水流畅泄；退建堤防切忌形成袋状，造成水流入袖之势，引发新的险情。

7.2.3　堤距与堤顶高程的确定

根据选定的堤防保护区的防洪标准及其相应的设计洪水流量，可以进行堤防间距和堤顶高程的设计。

堤距和堤顶高程是紧密相关的。同一设计洪水流量下，若两岸堤距窄，则放弃的土地面积小，但洪水位高，堤身高，工程量大，投资多，汛期防守难度大；若两岸堤距宽，则洪水位低，堤身矮，工程量小，投资少，汛期防守任务轻，但放弃的土地面积大。因此，堤距与堤顶高程应根据被保护地区的经济、环境等具体情况，并经不同方案的技术经济比较来决定。

堤距与洪水位的关系可以由水力学中推算非均匀流水面线的方法确定。在堤防规划或初步设计阶段，可以先近似按均匀流公式采取试算法，得出各断面堤距与洪水位的关系，再根据当地实际情况，最终确定堤距并推算水面线，得到沿程设计洪水位 Y[73]。

各代表断面的堤顶高程 Z，由设计洪水位 Y 加堤顶超高 Δ 而得，如图 7-2 所示。其计算公式为

$$Z = Y + \Delta \tag{7-1}$$

其中

$$\Delta = a + \delta \tag{7-2}$$

$$a = R + e$$

式中：R——波浪爬高（m），e——风壅增水高度（m）；δ——安全加高（m）。

堤顶超高 Δ 的数值，原则上应按相关公式计算得出。但我国《堤防工程设计规范》要求：1、2 级堤防一般不应小于 2.0m。如黄河下游艾山以上干堤超高为 2.5～3.0m；长江中、下游干流 1 级堤防为 2m，2、3 级堤防为 1.5m，其他堤防为 1.0m。

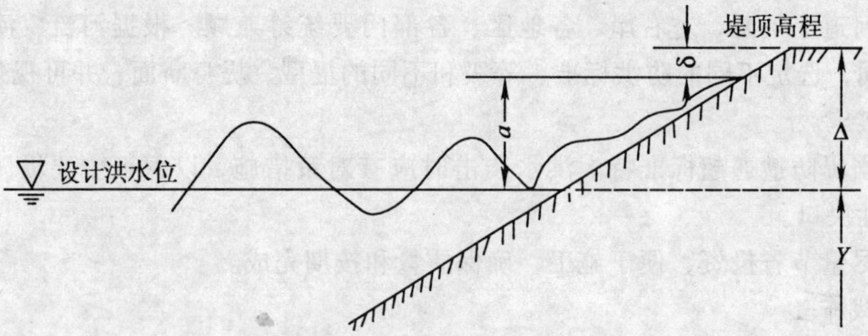

图 7-2 堤顶高程确定示意图

7.2.4 堤型选择与堤身断面设计

1. 堤型选择

堤防工程的型式应按照因地制宜、就地取材的原则，根据堤段所在的地理位置、重要程度、堤基地质、筑堤材料、水流及风浪特性、施工条件、运用与管理要求、环境景观、工程造价等诸多因素，在技术经济比较的基础上综合确定。

根据筑堤材料，可以选择土堤、石堤、混凝土或钢筋混凝土防洪墙，或以不同材料填筑的非均质堤等；根据堤身断面型式，可以选择斜坡式堤、直墙式堤或直斜复合式堤等；根据防渗体设计，可以选择均质土堤、斜墙式或心墙式土堤等。

同一堤线的各堤段，也可以根据具体条件采用不同的堤型。但在堤型变换处应做好连接处理，必要时应设过渡段。

2. 堤身断面设计

对于均质土堤，堤身断面一般为梯形。堤身较高时应加设戗台，断面呈复式梯形。河道堤防戗台有内、外戗之分，内戗又叫后戗，紧靠背水坡；外戗又叫前戗，位于临水坡外侧。其中尤以单戗（背水坡）形式为多见。

断面设计主要是确定堤身顶宽和内、外边坡。堤顶宽度的确定应考虑洪水渗径、交通运输及防汛物料堆放的方便。汛期水位较高，若堤面较窄，渗径短，渗透流速大，渗透水流易从背水坡逸出，造成险情。《堤防工程设计规范》要求：1 级堤防的堤顶宽度不宜小于 8m；2 级堤防不宜小于 6m；3 级及以下堤防不宜小于 3m。

边坡设计重点考虑的是边坡的稳定。影响边坡稳定的因素主要有筑堤土质、洪水涨落频度及其持续时间、流速和风浪等。土质堤防的坡度，一般为 1∶3.0～1∶2.5，且临水坡较背水坡为陡。《堤防工程设计规范》要求，1、2 级土堤的堤坡不宜陡于 1∶3.0。堤高超过 6m 的堤防，为增加其稳定性和利于排渗，背水坡应加设戗台（压浸台），其宽度一般不小于 1.5m；或将背水坡设计成变坡形式。

7.2.5 渗流计算与渗透稳定验算

平原地区的江河堤防多为均质土堤，堤基表层一般为透水性较弱、较薄且厚度不均的粘性土覆盖层，其下为透水性较强、较厚的沙层、砂砾石层。汛期外江水位较高或堤防着水时间较长时，水流渗入堤身或穿过堤基透水层，从背水面堤坡或堤脚附近地面逸出，这种现象叫做渗流。渗流严重时将引发散浸或翻沙鼓水险情，威胁堤防安全。渗透稳定是指堤防在渗流作用下发生渗透变形而不致影响堤防的安全要求。因此，重要堤防的设计必须进行渗流计算与渗透稳定验算，必要时应采取有效的渗流控制措施。

1. 渗流计算

堤防渗流计算的任务是，确定堤身浸润线的位置、渗流场内的水头、压力、坡降和渗流量等水力要素。

渗流计算方法很多，常见有数值计算法、模型试验法和水力学法三类。各类方法计算的繁简程度及精度有别，应视计算堤段的重要性和需要选用。具体计算时，通常是选择有代表性的横剖面，并对复杂的地层剖面作出适当的简化处理。

堤防挡水季节一般不长，挡水期间不一定能形成稳定渗流的浸润线。因此，堤防渗流计算可以根据实际情况考虑按不稳定渗流计算。对于重要堤防，从强调安全考虑，应按稳定渗流计算。渗流计算的方法与要求可以参阅相关文献与规范。[74]

2. 渗透稳定验算

(1) 渗透变形的形式

堤身及堤基在渗流作用下，土体产生的局部破坏称为渗透变形或渗透破坏。渗透变形的形式与土料性质、水流条件以及防、排渗设施等因素有关，通常可以归结为管涌、流土、接触冲刷和接触流土四类。

管涌是在渗流作用下，土体中的细颗粒沿着粗颗粒间的孔道移动并被带出，形成渗流通道的现象。该现象可以发生在渗流逸出处，也可以发生在土体内部。

流土是在渗流作用下，土体中的颗粒群体移动而流失的现象。流土发生在渗流逸出处，不可能发生在土体内部。粘性土发生流土破坏时，外观表现为土体隆起、鼓胀、浮动或暴裂等；无粘性土发生流土破坏时，外观表现为泉眼（群）、沙沸、土体翻滚而被渗流托起等。

接触冲刷是渗流沿着两种不同介质的接触面流动并带走细颗粒的现象。接触流土是渗流沿着两种不同介质的接触面的法向运动，并将一土层的颗粒带入到另一土层中去的现象。

一般认为，粘性土可能发生流土、接触冲刷和接触流土三种破坏形式，不可能发生管涌破坏；而无粘性土，则四种破坏形式均有可能发生。

（2）渗透稳定验算

土体抵抗渗透破坏的能力称为土的抗渗强度。土的抗渗强度与土的性质和渗透破坏形式有关。通常以允许渗透比降 J_B 和临界渗透比降 J_C 表示。J_B 与 J_C 的关系为：$J_B=\dfrac{J_C}{K_f}$。K_f 为抗浮稳定安全系数，一般取 1.5～2.0。

对于土质堤防，当背水坡面或地表渗流逸出处的实际渗透比降 J 大于土的临界渗透比降 J_C 时，土体将产生渗透破坏。因此，在堤防工程设计中，渗透稳定的安全控制标准应是：实际渗透比降 J 必须小于允许渗透比降 J_B，即 $J<J_B$。否则，应考虑采取防、排渗措施。这里之所以用允许渗透比降 J_B 而不是临界渗透比降 J_C，是出于工程安全考虑。其中实际渗透比降 J 由渗流计算得出，临界渗透比降 J_C 的确定方法如下。

临界渗透比降与渗透变形的形式有关。接触冲刷与接触流土的临界渗透比降，一般是通过室内实验获得或参考实际资料确定。下面给出管涌和流土的临界比降的计算公式。

管涌临界比降的计算：对于自下向上的渗流，在无粘性土中发生管涌的临界比降 J_C，可以按下式计算

$$J_C=\frac{42d}{\sqrt{\dfrac{K}{n^3}}} \tag{7-3}$$

式中：d——土粒粒径，一般小于 $d_5 \sim d_3$ 的值（cm）；K——土的渗透系数（cm/s）；

n——土体孔隙率。

式（7-3）为经验公式，可供计算参考。但在实际工程设计时，目前管涌临界比降一般是通过室内实验确定。根据经验，对于向上流动的垂直管涌，其允许比降 J_B 一般为 0.1～0.25；水平管涌的允许比降取为垂直管涌的允许比降乘以摩擦系数 $\tan\varphi$。无粘性土抵抗管涌破坏的允许比降 J_B 的经验值，参见表 7-2。

表 7-2 无粘性土的允许比降

渗透变形型式	管涌型		过渡型	流土型		
	级配不连续	级配连续		$C_u<3$	$3\le C_u\le 5$	$C_u>5$
允许比降 J_B	0.10～0.15	0.15～0.25	0.25～0.40	0.25～0.35	0.35～0.50	0.50～0.80

流土临界比降的计算：对于自下向上的渗流，流土的临界比降 J_C，可由以下太沙基公式计算

$$J_C=(G-1)(1-n) \tag{7-4}$$

式中：G——土粒比重，即土的容重与水的容重之比，$G=r_s/r_\omega$；n——土的孔隙率。

［算例］　某堤防的堤基为沙性土，经初步估计可能会发生流土渗透破坏。现通过渗流计算已得知堤内地基某处的渗透比降 $J=0.65$。另据土料分析，得知该处土料土粒比重 $G=2.65$，孔隙率 $n=30\%$。若取安全系数 $K_f=2.0$，试判断该处是否需要采取渗流处理措施。

解：已知　$J=0.65$，$G=2.65$，$n=30\%$，$K_f=2.0$

由式(7-4)，　$J_C=(G-1)(1-n)=(2.65-1)(1-30\%)=1.16$

故

$$J_B=\frac{J_C}{K_f}=\frac{1.16}{2.0}=0.578<J=0.65$$

故知，该处不满足渗透稳定要求。因此，应当采取相应渗流控制措施，如加设压渗益重或增设排水槽等。

实际经验表明，由式（7-4）计算的 J_C 约小于实验值的 15%~25%，故偏于安全。因此在实际工作中，对于无粘性土，不发生流土破坏的允许比降 J_B 的经验值，可以参照表 7-2 应用，应用时细沙取小值，粗沙取大值。至于粘性土，则因其渗透破坏特性远较无粘性土复杂，现阶段研究尚不成熟。

7.2.6　渗流控制措施设计

渗透变形是堤防溃决失事的致命伤。因此，当堤防渗透稳定验算不满足要求时，必须采取相应的渗流控制措施。其基本原则是“外截内导”，即临河截渗、背河滤水导渗，以降低渗透比降或增加渗流出口处土体的抗渗能力。主要措施如下。

1. 临河截渗措施

（1）防渗铺盖

在堤防临水面堤脚外滩修筑连续的粘土铺盖，以增加渗径长度，减小渗流的水力坡降和渗透流速。铺盖的防渗效果取决于所用土料的不透水性及其厚度。据实践经验，铺盖的宽度约为临河水深的 15~20 倍，厚度视土料的透水性和干容重而定，一般不小于 1.0m，如图 7-3 所示。

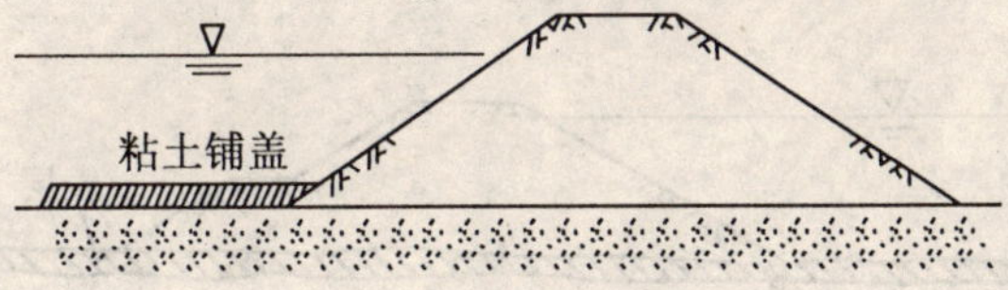

图 7-3　粘土防渗铺盖示意图

防渗铺盖也可以用土工膜构造。土工膜具有极大的柔性，能和地面密切结合，铺设方便，施工快。施工时，先清理整平滩面，再铺土工膜，并注意铺盖与堤坡及其他结构物的有效连接，以形成完整的封闭防渗系统，最后在其上面小心铺垫层，上压混凝土板或块石保护即可。

（2）防渗斜墙

防渗斜墙构造在堤防临河侧坡面，用于阻止渗水从堤坡进入堤身，如图 7-4 所示。其材料一般为粘土或土工膜。粘土防渗斜墙，土料应选择亚粘土或粘粒含量小于30%的粘土；墙顶部应高出设计洪水位0.5m，顶宽不小于1.0m；底部应与地基防渗土层或防渗铺盖紧密相连，且有足够的接触渗径。

构造土工膜防渗斜墙，应优先选择两布一膜的复合土工膜。施工时先清理好堤坡，直接铺设在坡面上，其上先铺垫层，再盖混凝土板或块石护坡。施工中要注意土工膜拼接技术及其上、下端的固定。其上端可以高于设计洪水位0.5m，并向背水面平铺50cm作封顶，其上加保护层保护；其下端埋在脚槽中与粘土紧密贴合。若地基设置混凝土垂直防渗墙，土工膜应与墙体牢固相锚，锚固连接处应填盖粘土或浇筑混凝土，以延长接触渗径和防止锚固件的锈蚀。

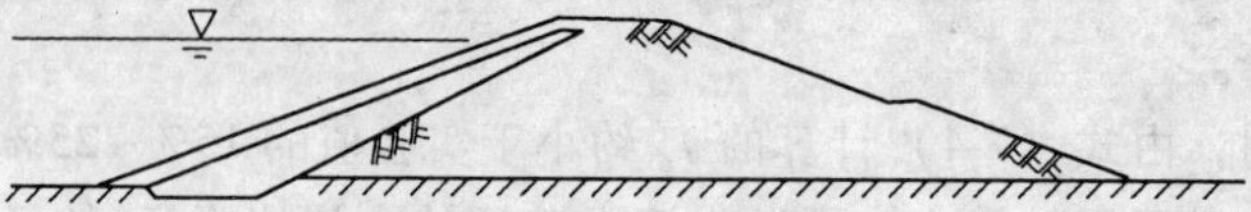

(a)粘土斜墙

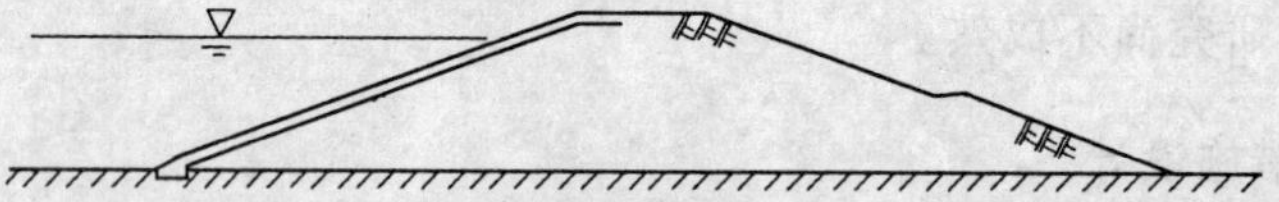

(b)土工膜斜墙

图7-4 防渗斜墙示意图

(3) 堤基截渗墙

堤基截渗墙一般布置在临河坡脚地层中，用于拦截透水地基的渗流，如图7-5所示。对于浅层透水地基，可以采取挖槽方式回填不透水土料或施放土工膜形成防渗幕墙。若用土工膜构造，其施工步骤是，先用高压水冲，或链斗、或液压式锯槽机开槽，以泥浆护槽壁，将整卷土工膜铺入槽内，倒转卷轴展开土工膜，做好相邻两幅之间的搭接、连接；然后回填土料，逐层压实；最后封顶固端，待土工膜出槽后，与建筑物连接，不得外露，并注意膜端留出富裕，以防建筑物变形拉断土工膜。

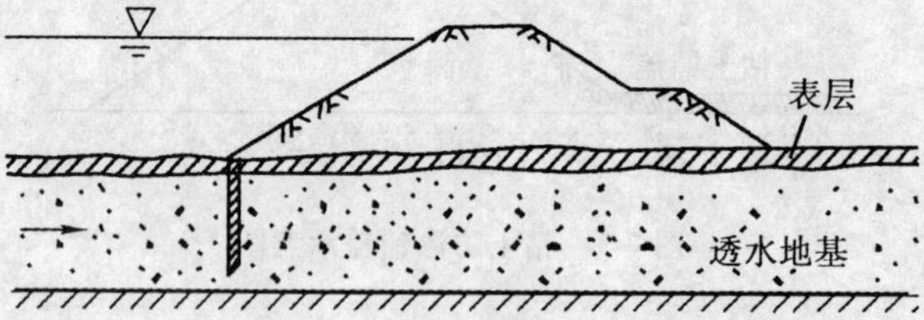

图7-5 垂直防渗墙示意图

当透水层较深厚时，可以采用高压喷射灌浆技术，在透水地基上构造防渗板墙，或用射水法建造地下混凝土连续防渗墙，或打入钢板桩防渗墙。建造这类防渗墙需要一定的设备和专用机具，施工技术要求较高。

2. 背河导渗措施

当堤防背水坡脚渗流逸出坡降超出安全允许坡降时，可在渗水逸出处采取以下措施：

（1）压渗盖重

压渗盖重紧靠背河堤脚，如图 7-6 所示。在堤基透水层的扬压力大于其上部弱透水层的有效压重情况下，采取填土加压法增加覆盖层的厚度和重量，并通过延长渗径降低渗透压力，可以有效防止堤背地表的渗透破坏。盖重的厚度和宽度可以依盖重末端的扬压力降至允许值为要求。

盖重的填料最好采用透水材料，如用砂砾石等强透水材料，这种盖重主要起自由排渗作用；也可以用弱透水材料构造，这种盖重主要起增强地表的抗渗能力作用。因而压渗盖重具有压渗和导渗的两种功用。

构造压渗盖重，方法简单易行，且可一举多得。因此，近些年来，在长江、黄河上广泛应用吹填法和自流放淤法，不仅能填塘固基，构造堤背盖重，起到固堤除险作用，而且充分利用了水沙资源，变害为利，在淤地上种草植树，改良农田，改善环境。

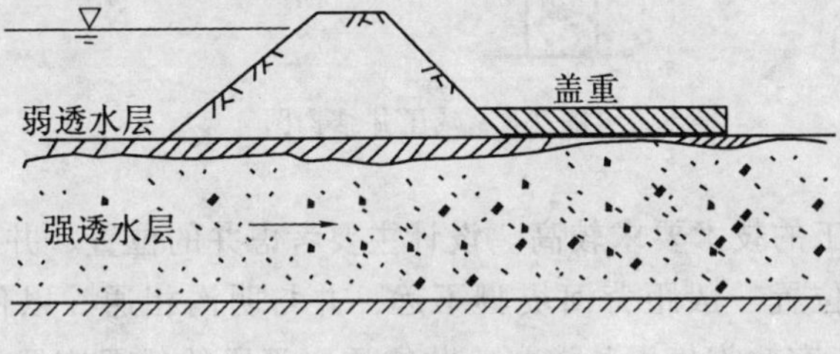

图 7-6　压渗盖重示意图

（2）反滤排水槽

反滤排水槽的作用是排走堤基渗水。反滤排水槽适用于覆盖层较薄、下卧透水层不太厚的堤基。排水槽的位置应尽量靠近堤脚，当有堤背压渗盖重时，应布置在盖重的外端。排水槽的中央设带孔集水管，周边铺填反滤料，上部回填不透水土料。排水槽如图 7-7 所示。

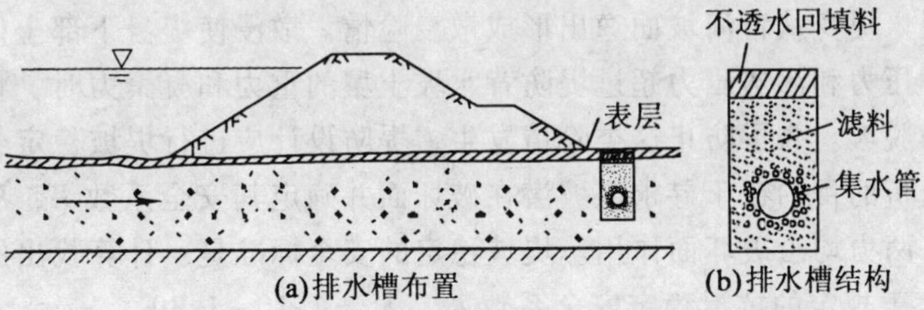

图 7-7　排水槽示意图

（3）减压井

当透水地基深厚或透水地基为层状时，可以在堤防背河侧地基设置排水减压井，为渗流提供出路，减小渗压，防止管涌发生。减压井的结构如图 7-8 所示。

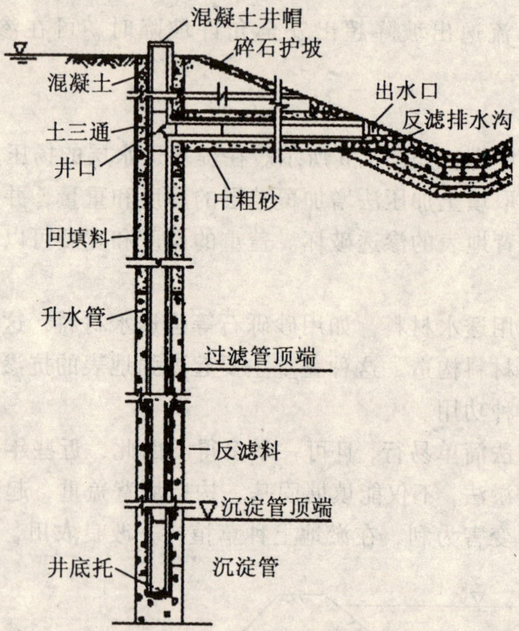

图 7-8　减压井结构图

减压井设计与施工的技术要求较高。设计主要考虑井的位置、井距、井深、井径、井口高程等因素。井的位置一般距背河堤脚不远，并与明沟相通，以便排走渗水；井距为15~20m；井深要求能有效收集堤基渗水，井的透水管段的位置应置于透水层，其长度应大于透水层厚度的50%~75%；井径不小于15cm；井口高程原则上宜低不宜高，但不应低于减压井不排水时排水沟可能的最高水位。施工内容包括造孔、下井管、回填反滤料、鼓水冲井、抽水洗井、抽水实验和实施井口工程等工序。此外，从管理上讲，为防止井管和过滤器的淤堵，应定期洗井。

7.2.7　堤坡稳定分析

汛期渗流浸入堤身从背河坡面逸出形成散浸险情。散浸使堤身下部土体软化、抗剪力降低，当水的静压力和渗透压力超过堤防背水坡土壤的重力和凝聚力时，将造成背水边坡滑脱，通常称为脱坡。为了防止这类险情发生，堤防设计应进行堤坡稳定分析。

堤坡稳定分析的目的在于寻求堤坡潜在破坏面并确定其安全系数 K，K 值等于抗滑力与滑动力之比，两力均沿破坏面作用。堤坡稳定的安全标准是：计算找出的潜在破坏面的安全系数 K 应大于规定的抗滑稳定安全系数 K_h，$K_h = 1.10 \sim 1.30$。

试验与实践证明，均质土堤脱坡断裂面接近圆弧状。因为对单位质量材料来说，圆弧表面积最小，而表面积与抗滑力有关，单位质量则与滑动力相联系。所以，《堤防工程设计规范》规定在抗滑稳定计算中，采用圆弧滑动法。圆弧滑动法不考虑土条之间的相互作用力，在大量假设滑弧计算的基础上，找出最小安全系数 K，其相应的滑弧即为最危险的滑动面。图 7-9 代表众多假设滑弧中的一个。将滑动体划分为若干土条，计算每一土条的高度、重量、坡角等，代入相关公式求得 K 值。计算公式详见文献［72］，此略。

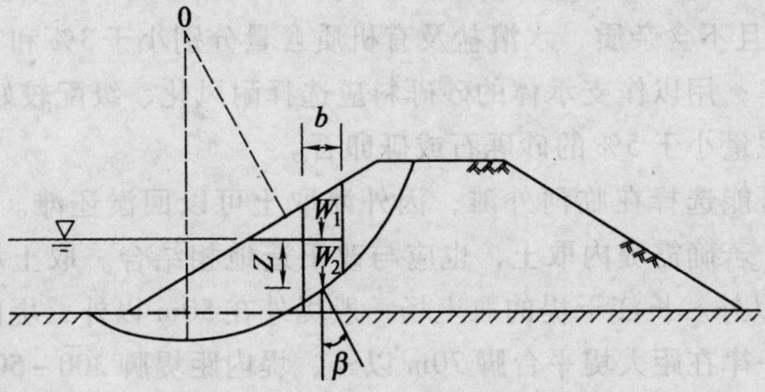

图 7-9　圆弧滑动法计算示意图

当堤基存在软弱夹层，或堤基表面为淤泥层，或新、老堤接触面未处理好时，有可能出现圆弧与直线相组合形成的复式滑动面。对于这种情况的土堤，抗滑稳定计算宜采用改良圆弧法或称复式滑动面法，如图 7-10 所示。其计算公式此略。

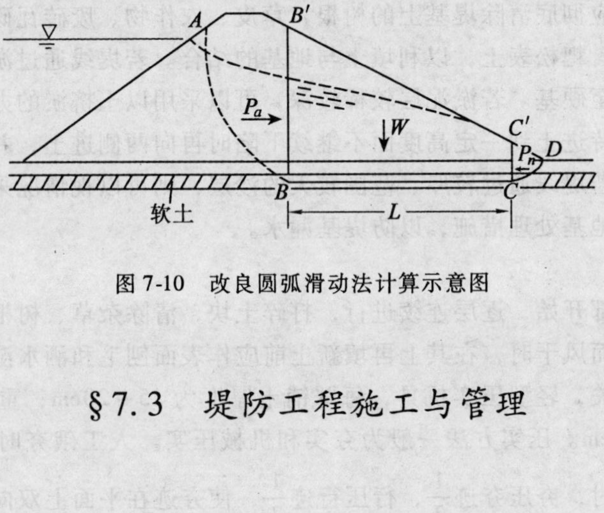

图 7-10　改良圆弧滑动法计算示意图

§7.3　堤防工程施工与管理

7.3.1　堤防施工

对于重要堤防的施工，应积极推行项目法人责任制、招标投标制和建设监理制三项制度，严格按照相关设计文件和规范要求执行。施工中应注意的事项主要有：土料与土场选择、放样与清基、铺土压实及竣工验收等。

1. 土料与土场选择

均质土堤土料的选择应满足防渗要求和就地取材的原则。从各类土壤的物理性质看，壤土和沙壤土透水性较砂土小，且有一定粘性，易压实或碾实，作筑堤土料较好；沙土透水性较大，不宜单独用于筑堤；粘土有较好的不透水性，缺点是遇干易裂，遇湿易滑，遇冻易膨胀；最好选用粘粒含量为 15%~30%，塑性指数为 10~20，天然含水率与最优含水率不超过 ±3%，且不含杂质的亚粘土。若当地只有砂土，用以筑堤时应在临水侧外帮透水性较小的土料形成防渗斜墙，用于防渗；若附近只有粘土，用来筑堤时可用粘土作防渗心墙，在其外表覆盖一层透水性较大的土料，以防干裂和变形；若因当地无充足的粘土、亚粘土等透水性较小的土源，也可以用透水性较大的砂砾料作为支承体，以复合土工膜为防渗体构成复式断面堤防。用作防渗体的粘土，要求粘粒含量不大于30%~40%，渗透系数不大于1×10^{-5}，且不含杂质，水溶盐及有机质含量分别小于3%和5%，天然含水率应接近填筑最优含水率；用以作支承体的砂砾料应选择耐风化、级配较好、透水性好、不易发生渗透变形、含泥量小于5%的砂砾石或砾卵石。

土场位置应尽可能选择在临河外滩，因外滩取土可以回淤还滩。堤内取土既挖弃耕地，又易滋生险情。若确需堤内取土，也应与改田造地相结合。取土场不宜距堤脚太近，一般应在堤脚30m以外。长江干堤的取土场一般堤外在50m以外，堤内在150m以外。荆江大堤要求，堤外一律在距大堤平台脚70m以外，堤内距堤脚300~500m以外。

取土坑不宜太深，以防地表覆盖层被严重破坏。堤外一般不超过2.0m；堤内不超过1.0m。堤外取土坑每隔30~50m应留一条垂直堤线的土埂，以便作运土通道和避免在洪水期形成顺堤串沟，危及堤身安全，同时也有利于土坑的回淤。

2. 放样与清基

堤防施工放样，先沿纵向定好堤防中心线和内、外堤脚线，并分别钉好桩标；如果施工队伍经验不足，可以每隔100~200m用竹竿和麻绳设置一个堤身横断面样架。

堤防施工前，应彻底清除堤基上的树根、草皮、农作物、废砖瓦砾等各种杂物，以免留下隐患。进土前，耙松表土，以利填土与地基的结合。若堤线通过淤泥池塘，应排干积水，清除淤泥，挖至硬基。若淤泥层较稀较深，可以采用以土挤淤的办法，即沿堤中心线进土向两侧挤淤，待进土到一定高度而不继续下陷时再向两侧进土，并适当加大断面，以防堤身后来沉陷。若堤线通过较厚、范围较大的沙层，则可以视情况采取抽槽截渗、铺设粘土铺盖层或其他地基处理措施，以防堤基漏水。

3. 铺土压实

铺土压实从底部开始，逐层连续进行，打碎土块，清除杂草、树根等杂物。当土层表部因间隔时间较长而风干时，在其上再填新土前应作表面刨毛和洒水湿润。每踩铺土厚度与压实机具类型有关，轻型压实机具，每踩铺土厚度为15~20cm；重型压实机具，每踩铺土厚度为30~35cm。压实方法一般为夯实和机械压实。人工硪夯时，应采用连环套打法夯实；机械夯压时，夯压夯迹$\frac{1}{3}$，行压行迹$\frac{1}{3}$，使夯迹在平面上双向套压。分段、分片夯压时，夯迹搭接的宽度应不小于10cm。碾压机压实时，应平行于堤轴线行进。若用履带式拖拉机或拖拉机带滚碾压，则可采用进退错距法压实，碾迹套压宽度应大于10cm；若用铲运车、自卸汽车等机械碾压，可采用轮迹排压法压实，轮迹套压宽度宜为3~5m。分段、分片碾压时，相邻两个工作面碾迹的搭接宽度，平行堤轴线的纵向应大于0.5m，横向宜为3~5m。相邻工作面有高差时应以斜坡相接，坡比1:3，且应刨毛、湿润，对机械碾压不到的死角，应辅以夯实。碾压过程中，应跟踪监测堤土的压实干密度及含水率，对不合要求处应增加碾压遍数。堤防工程施工应尽量避免在雨季或在负温下进行，必要时，应采取特殊措施。

4. 竣工验收

修筑堤防关系到沿河人民生命财产安全和国家经济建设的大局，应切实把好质量关。否则，即使有少量的工程质量问题或隐患，都有可能酿成“千里金堤，溃于蚁穴”的大祸。

堤防工程验收一般分为分部工程验收、阶段验收、单位工程验收和竣工验收四个阶段[58]。其中竣工验收最为重要，这项工作是在全部工程已完成，历次验收所发现的问题已处理，水行政主管部门认定的工程质量检测合格的基础上进行的。竣工验收要严格按《堤防施工质量评定与验收规程》[60]和相关规定组织安排，认真填报施工图表和进行施工技术总结。

7.3.2　堤防管理

为了确保堤防长期安全地挡御洪水，我国的主要江河堤防均设有专门的管理机构，平时负责对堤防进行例行检查、维护和管理，汛后根据当年汛期堤岸出现的险情，负责组织进行除险加固。除险加固工作因需年年进行，故常称为岁修。堤防管理工作主要有以下几方面。

1. 工程管养

河道堤防堤线长、范围广，管理养护的对象多。主要有：水沟浪窝的填垫，辅道、戗台、堤身的补残，堤顶的平整夯实，备积“土牛”，防汛器材、通信设备管理，排水沟、护堤地、护岸工程及导渗沟、减压井等排渗设施，以及涵闸、虹吸、道路、桥梁穿（跨）堤建筑物的维护与管理等。同时，还需经常向群众进行相关政策法规的宣传教育，严禁在河道内违章设障和在堤坡上放牧种植，制止各种有损堤防行为的发生。

2. 隐患查除

堤防常见隐患有：人为洞穴，动物洞穴，腐木空穴等；此外，还可能因修堤质量不合要求而留下的界缝、裂隙等。对此均应通过锥探方法或隐患探测仪探明堤身隐患部位。对于较小的隐患，可以进行灌浆处理；范围较大的，则应翻筑回填。

汛期凡堤防渗漏严重的地段或地下透水层因横贯堤基、产生翻沙鼓水险情处，均做过临时性的抢护处理，但质量往往难以保证，有的堤段在抢险中曾用粮食、芦草、棉絮、草袋等易腐材料，岁修中应彻底挖除，并按防渗设计要求重新处理。

3. 植树种草

堤坡种草，可以保护堤防免遭雨蚀和浪击；外滩营造防浪林，可以缓溜消浪；堤内护堤地种植经济林、果木林，既可以增加经济收入，又可以绿化堤防和美化环境。

植树种草的种类与方法应因地制宜。如黄河堤防，堤坡广种葛芭草，“堤上种了葛芭草，不怕雨冲浪来扫”；堤防两侧植树，其原则是“临河防浪，背河取材，速生根浅，乔灌结合”。临河柳荫地种植卧柳以缓溜消浪；背河护堤地以种柳为主，间植其他成材林，淤背区多以果树等经济林、农作物为主，林粮或药用作物等间作[77]。

4. 综合经营

在当前市场经济形势下，堤防管理部门可以利用堤防两侧的土地资源，开展相关产业和多种经营活动，以改善环境，增加经济收入，降低管理费用。在这方面，一些地方河道堤防管理部门逐步将过去的消费型管理转制成管理与生产经营相结合的堤防管理模式，从而走上良性循环的新路。值得指出的是，任何生产经营活动，都应以不影响河道管理和有利于防洪安全为原则。

§7.4 堤防工程除险加固新技术

7.4.1 堤身除险加固新技术

堤身除险加固的传统方法，主要有抽槽回填、锥探灌浆和加帮边坡等，近年来应用了劈裂灌浆和垂直铺塑等新型实用技术[78]~[82]。

1. 劈裂灌浆技术

堤身劈裂灌浆可以有效地消除堤内隐患，强化堤身安全。该技术是在较大的灌浆压力作用下，先将堤身劈裂成缝，再强制性注入水泥浆或水泥粘土浆浆液，以形成一定厚度的竖直、连续、密实的浆液防渗固结体，同时充填密实所有与浆脉连通的裂缝、洞穴等隐患。与传统的锥探灌浆方法相比较，该方法造价低廉，功效要高，尤为适用于堤身有散浸、裂缝和洞穴的堤防的防渗加固。

2. 垂直铺塑技术

垂直铺塑是用土工防渗膜作为防渗材料的一种垂直防渗技术。该技术包括机械开槽、铺膜和沟槽回填三个工序。目前有刮板式、旋转式、往复式、高压水冲式等多种开槽铺塑机械。该项技术已在黄河、长江等堤防工程中得到成功应用，对解决堤身散浸、集中渗流、堤脚附近的渗透破坏等效果显著。垂直铺塑工程造价不高，且施工速度快，是一项值得推广的新技术。

7.4.2 堤基除险加固新技术

堤基除险加固技术很多，主要是在堤基下部建造垂直连续墙防渗体。成墙方法有：锯槽法、射水法、高压喷射法、深层搅拌法、振孔高喷法、振动沉模法、振动切槽法、液压开槽法、薄壁抓斗法等。墙体材料一般为：普通混凝土、塑性混凝土、自凝灰浆等。此外，钢板桩防渗技术、机械吹填技术也见用于堤基除险加固工程中。

1. 锯槽法

锯槽法成墙技术是1991年投入使用的一种新技术。成槽由专门锯槽机完成，锯槽机的移动速度在0.4m/min以内，锯进速度可以根据地层地质条件调整。锯槽法适用于颗粒直径小于10cm的松散地层，不适合墙体需要嵌入基岩的情况。目前采用锯槽法成墙的最大深度已达到47m，成墙厚度0.15~0.40m，平均工效大于100平方米/台班，造价一般小于200元/平方米。

2. 射水法

射水法成槽造墙技术，由福建省水利科学研究所研制成功。射水造墙机是其主要机械，工作原理是利用成形器中的射水喷嘴形成高速泥浆射流来切割破坏地层结构，采用正循环或反循环出渣，同时利用卷扬机带动成形器上下往复运动，进一步破坏地层并由成形器下沿刀具切割修整孔壁，形成具有一定规格尺寸的槽孔，槽孔用泥浆进行固壁，然后用导管在水下进行混凝土浇筑，采用平接技术使各槽孔连接形成连续墙。主要适用于土层、沙层和砂砾层。现已在长江、黄河、闽江、赣江等堤防工程中得到成功应用。

3. 高压喷射法

高压喷射灌浆技术是近二三十年来用于地基防渗加固的一项新技术。主要施工设备有高压泥浆泵、高压水泵、钻机、空压机等。该技术将特殊喷头安装在钻杆（喷杆）的底部，置入钻机成孔的设计土层深度，利用高压喷射固化浆液（如水泥浆液），冲击、破坏土体结构，使浆液与土粒在所形成的穴槽内搅拌混合，凝固成固结体。

利用高喷（如三管高喷）灌浆技术，构造桩、板、墙等固结体以加固地基，主要适用于冲积层、残积层、人工填土地层，以及沙类土、粘性土和淤泥层等。对于砾石粒径过大、含量过多的地层，以及含有大量纤维质的腐植土层，高喷质量可能不及静压灌浆。

4. 深层搅拌法

深层搅拌法又称水泥土加固法。该项技术由淮河水利委员会设计院研究开发。该技术是用特制的多头小直径深层搅拌机械将水泥浆喷入土体并搅拌形成水泥土防渗墙，从而达到防渗的目的。成墙方法是：多头小直径双层搅拌桩机械定位、调平，主机动力装置带动多个并列的钻杆转动，并以一定的推进力使钻头向土层推进至设计深度，然后进行控制性提升，提升过程中进行搅拌并高压喷射水泥浆，使土体和水泥浆充分混合。机械移位并重复上述过程，最终形成一道防渗墙。成墙最大深度 18m，厚度 20～30cm，成墙速度 13～20 平方米/台时，成墙造价 70～100 元/ 平方米。适用于土层、沙层、砂砾层等地层的地基防渗与加固。

5. 振孔高喷法

振孔高喷技术是 1991 年开发的一项新技术。其主要工艺是采用大功率振动器将高喷管直接送到设计深度。振孔高喷法适用于砂卵石地层，含粒径 500mm 左右的漂石、碎石地层，也可以嵌入岩石一定深度。在含漂石地层中先喷水泥沙浆，再喷水泥浆。成孔时间小于 5min，孔距多采用 0.5～0.8m，串浆可达 3～4 孔，成墙后连续性较好，目前成孔深度一般为 18m，成孔效率一般为 200 平方米/台班。

6. 振动沉模法

振动沉模成墙技术，是用高频振动锤将钢模打入地层至设计深度，在抽拔钢模的同时用导管在槽内灌浆，浆体凝固即形成防渗墙体。钢模形状有“H”形、“I”形等，墙体厚度为 0.075～0.2m，适用于土层、沙层和砂砾石层，深度在 20m 以内，功效可达到 1 000～2 000 m^2/d。但设备造价相对较高，国产设备每套为 170 万～180 万元，德国宝峨（Baue）公司生产的设备每套为 1 500 万元，法国威宝（PIC）公司生产的设备每套为 1400 万法郎。

7. 振动切槽法

振动切槽技术是最近开发的成墙技术，采用振动锤施工。其基本原理是，采用大功率振动器将切头送至设计深度。该技术适用于壤土、沙、砂砾等地层，槽宽 0.15～0.30m，单次成槽长度 0.4～0.8m。每台设备的成墙效率 150～400 m^2/ d，综合成本 100 元 / 平方米左右。施工平台大于 5 m^2。实践证明，该项技术具有质量可靠，墙体整体性好，施工进度快等优点，值得推广。

8. 液压开槽法

利用 YK90 型液压开槽机开槽成墙技术是由河南省黄河河务局研制成功的。其工作原理是：液压系统提供动力，使液压缸的活塞杆垂直运动，带动工作装置刀杆做上、下往复运动，刀杆上的刀排紧贴工作面切削和剥离土体，被切削和剥离的土体由反循环排渣系统排出槽孔，开槽机沿墙体轴线方向全断面连续切削，不断前进，从而形成一个连续规则的长形槽孔，作业中用泥浆固壁。开槽到一定长度，用隔离体进行隔离，分段用导管法进行水下浇筑混凝土或水泥土，逐段浇筑，最后形成连续墙。该方法可以连续开槽，连续浇筑，无接头，保证了墙体的完整性和连续性。另外，该套设备还可以用于垂直铺塑。该方法仅适用于土层和沙层，墙体厚度为0.18~0.40m，工程造价约150元/平方米，施工速度为160m²/d。该项技术已在黄河上得到成功应用。

9. 薄壁抓斗法

射水法、高压定喷、锯槽法等都不能适用于有较大粒径的砂卵石地层、密实的沙土层等。但抓斗施工完全适用于这些地层。抓斗法施工技术一般采取分段抓取成墙，槽孔长度一般为7.5~8.0m。各槽段之间采用接头管连接。在成槽时，一般用膨润土或粘土浆护壁以防槽孔崩塌。抓斗机械采用柴油机驱动，尤其适用于电力供应不便的堤防工程施工。抓斗法成墙深度目前在40 m以上，施工效率可以达到80~100平方米/台班，工程造价为200~400元/平方米，墙深在20m以内时可在200元/平方米以下，如成墙后采用垂直铺塑，还可以降低单价。因此，该项技术值得推广应用。

10. 钢板桩防渗法

钢板桩防渗技术是将钢板桩打入堤基透水层下部，形成半封闭或全封闭的防渗墙，从而起到拦截堤基渗水作用。1998年该技术首先应用于荆江大堤观音闸堤段和洪湖长江干堤燕窝堤段。施工工序为：先开挖施工平台，安装施工墙架，再将20m长的FSP-ⅢA型和FSP-ⅣA型钢板桩按槽型钢板的套接顺序逐一打入地基，形成完整的钢板桩防渗墙。

采用钢板桩进行堤基防渗加固，具有处理深度大、防渗效果好、施工对相邻建筑物影响小、施工速度快等优点，但工程总体造价较高。此外，钢板桩施工技术性要求高，只有严格控制轴向和法向倾斜偏差，才能使钢板桩顺利打入，保证防渗墙顺利合龙。

11. 机械吹填法

机械吹填技术是利用冲吸式简易吸泥船、挖塘机组与泥浆泵组合或泥浆泵接力等，对河床泥沙进行远距离管道输送，泥沙排水固结后，即可达到填塘、淤背和防渗固堤效果。机械吹填（黄河上称放淤固堤）法是压盖施工的一种好方法，既能加固大堤、改良土壤，又可清除河床淤沙，造价也相对较低。近年来，该技术得到了进一步更新改造，可以进行远距离（5 000m）、高浓度、大流量输送，适应性更强。现已在长江、黄河等河流两岸广泛应用，并取得良好效果，在有条件的地方应当大力推广。

以上介绍的各种堤基除险加固技术，在实际中可以根据堤防的重要性、堤基特征、机械设备以及费用情况等选择应用。对重要堤防和地层复杂的地基，宜选择抓斗法成墙，成墙材料可以根据要求采用自凝灰浆、垂直铺塑、混凝土等；对隐患地层较浅的堤基，可以采用劈裂灌浆法以节约投资；对软土地基，可以结合提高其承载力和减少其沉降量的要求，采用深层搅拌法；对沙性土地基，宜采用高喷法；在堤背存在渊塘和险情易发堤段，采用机械吹填法，填塘固基，可以一举多得，功在长远。

§7.5 堤防工程隐患探测新技术新仪器

我国大江大河的堤防，绝大部分是经历代加高培厚逐渐形成的，堤基复杂，堤身填筑质量差，堤防潜在隐患多，一遇高洪水位，常常是险象环生，严重时则酿险成灾。

传统的堤防隐患探测方法，主要是人工锥探和机械钻探等。这类方法虽然具有直观的优点，但费时、功效低，且仅局限在探测点上，难以全面评价堤防质量，效果也不尽理想。此外，因这类方法会对堤身造成一定伤害，一般只能用在非汛期，故在堤防挡水后则不宜使用。在汛期，采用较多的是人工巡堤查险，即通过防汛人员眼看、耳听、手脚探摸等手段，发现堤防险情。所谓“拉网式”巡查的方法，虽不失为现阶段防汛期间发现险情的一种常规方法，但人力消耗大，查险效率低，只能被动地出险查险，而不能早期发现险情隐患。为了彻底改变这种被动局面，避免盲目性，增加主动性，近些年来，在堤防隐患探测技术与仪器方面，通过相关研究取得了一些新进展。简要介绍如下[28],[49],[83],[84]。

7.5.1 堤防工程隐患探测新技术

现阶段看来，国内外堤防隐患探测技术的水平还不高，还很少有特别适用、效果理想的技术方法与探测仪器。在我国，主要的技术方法有以下几种：

1. 微波探测法

微波探测法又称为探地雷达法。该方法是利用超高频脉冲电磁波探测地下介质分布的一种地球物理勘探方法。可以根据地质雷达图像的动力学特征，对堤防土体予以定性的异常划分并推断其地质成因。这种方法在探测小于10m的堤身隐患时，效果较好，图像反映比较直观，但对深部隐患反映不明显。探地雷达用于探测介质分布效果较好。目前探地雷达受两方面的影响：一是堤防土体的含水性，二是探测深度与分辨率的矛盾。

2. 高密度电阻率法

高密度电阻率法是集电剖面和电测深为一体，采用高密度布点，进行二维地电断面测量的一种电阻率法勘查技术，以研究地下介质体的电阻率差异为基础的物探方法。该方法较适用于探测堤身的裂缝、洞穴、土质不均等异常情况。探测时，为了获得足够多的有关堤坝结构和隐患信息，布置了大量电极，通过人工或仪器控制不断改变供电和测量电极，以获得不同极距（深度）和不同水平位置的电导率（或电阻率）数据，并通过对后续资料的处理和解译，获得重要而客观的隐患图像信息。该方法是目前使用较多的一种堤坝隐患探测方法。

3. 瞬变电磁法

瞬变电磁法的基本原理是电磁感应原理，该方法以土体的电性及磁性差异为基础，通过向地下发射垂直方向的磁场波，然后断电，观测断电后的磁场随时间的变化，研究磁场的空间、时间分布特征，达到了解解决地质问题的目的。该方法用于堤防隐患探测时，对浅部不均匀体的异常物性反映不够明显，但对深部地层划分具有一定效果。

4. 面波法

面波法利用冲击震源激发地震波，多通道采集地震记录，通过面波分析软件提取面波频散特性，分析地下介质的结构和物性。探测时，当介质层呈现层状具有波速差异时，其效果反映明显。因此，可以利用频散曲线，解决堤段不均匀的问题。在开展洞穴及裂缝等隐患探测时，要加强频散曲线特征正演分析与反演解释研究，同时，新震源的研究和野外观测方法的改进也是很重要的。

除此以外，还有自然电场法、放射性同位素示踪法和测温法等。这些方法各有特点，一种方法不可能对所有隐患类型都适用，不同方法联合使用可以取长补短，从而可能取得更好的效果。

7.5.2 堤防工程隐患探测新仪器

1. MIR-IC 覆盖式高密度电测仪

MIR-IC 覆盖式高密度电测仪利用高密度电阻率探测堤坝裂缝、洞穴和软弱层等。裂缝探测深度可达 10m，并能确定其位置、埋深和产状。洞穴探测分辨率超过 1:10（洞径与中心深度之比）。对不同隐患可以进行二维电阻率成像。

MIR-IC 覆盖式高密度电测仪是黄河水利委员会开展黄河堤防隐患探测普查的首选仪器之一。现已分别在河南、山东黄河沿岸地市推广应用，累计探测堤防长度 400km。应用表明，该仪器可以准确、快速地探测出堤坝内部的裂缝、洞穴、松散土层、渗水、漏洞等隐患，经开挖验证，探测结果与实际隐患吻合较好。黄河水利委员会勘测规划设计研究院物探总队研制。

2. ZDT-Ⅰ型智能堤坝隐患探测仪

ZDT-Ⅰ型智能堤坝隐患探测仪是在电法探测堤坝隐患技术的基础上，依据“直流电阻率法”、“自然电场法”、“激发极化法” 等电法勘探原理，结合现代电子和计算机技术开发研制的新一代智能堤坝隐患探测仪。黄河水利委员会山东河务局研制。

该仪器集单片计算机、发射机、接收机和多电极切换器于一体，具有汉字提示、人机对话、数据存储、数据查询、与微机通讯等功能，既适应堤坝隐患探测的特点和技术要求，又完善并提高了常规电测仪的性能和技术指标。通过在东平湖围坝、长垣临黄堤、武陟沁河新左堤及齐河临黄堤大量的堤坝隐患探测试验，表明 ZDT-Ⅰ型智能堤坝隐患探测仪，可以准确地探测出裂缝、洞穴、松散土层等堤坝隐患的部位、性质、走向、发育状况和埋藏深度，同时在堤坝总体质量探测分析、堤坝渗水段探测分析、压力灌浆验证等方面也取得了较好的应用效果。

在 1998 年长江抗洪抢险期间，山东黄河河务局技术人员曾携带 ZDT-1 型智能堤坝隐患探测仪，主动赶赴长江堤防进行探测作业，在关键堤段迅速准确地查找出堤内漏洞、管涌、蚁穴、泡泉等隐患十余处，为险情的及时处理提供了重要科学依据。

3. 97.7 LT-A 型自动报警器

97.7 LT-A 型自动报警器主要适用于漏洞洞口的探摸。其设计原理先进，构造新颖。该报警器的特点是：探洞快，准确性强，灵敏度高，水深不限；白天报警提示，夜间报警加灯光提示；一人操作，携带方便。

97.7 LT-A 型自动报警器采用多节式轻质玻璃钢管，一端安装一个特制的探头，另一端安装一个报警系统制造而成。玻璃钢管可以根据水深加长或缩短，探头是用直径为 40～60cm 钢镀锌圈附加一层高弹性布幕而制成，布幕与钢圈设有若干个触点。若发现洞口，利用流水动力，即可引发报警器或灯光闪烁。使用方法：若发现背河有漏洞，可以在临河大堤偎水处的堤坡（岸边）水下部位，用该报警器探摸，只要前推后拉、左右移动，即可发现洞口。与传统的糠皮法、鸡毛探测法、夜间碎草法、竹竿钓球法、撒石灰或墨水法对比，探洞率达 95% 以上。

4. 堤防渗漏探测仪

堤防渗漏探测仪的基本原理是，利用水流场与电流场在一定条件下数学物理上的某些相似性，建立一个人工特殊波形编码电流场去拟合于渗漏水流场，通过测定电流场的分布来查明水流场的流向和相对流速。这是一种全新的物理探测技术，适应快速查找渗漏等险情的入口部位，为及时抢险和工程隐患处理提供决策依据。中南大学研制。

5. YS-1 型压实计

YS-1 型压实计主要用于堤防填筑施工质量的快速检测。将压实计安装在振动碾上，可以对整个碾压面的压实质量进行全面实时控制。若与挖坑取样法相结合使用，不仅能提高施工速度，还可以确保整个碾压工作面的压实质量。

YS-1 型压实计适用于各种型号的自行式、牵引式和手扶式振动碾，及不同级配的堆石体、砂砾料、填土和碾压混凝土等多种填料，其读数与填料的干密度、沉降率、孔隙率等工程参数之间存在着良好的相关关系。已在鲁布革水电站、梧州机场、北京亚运村场地等 50 多个工程中得到应用，均获得令人满意的效果。中国水利水电科学研究院研制。

6. GMD-1 型高密度电法仪

GMD-1 型高密度电法仪技术核心是智能电极，全部操作在计算机上进行，界面简洁，操作方便，还能适时显示仪器的工作状态和所测参数，并以图形方式显示测试结果。其功能包括了直流电法的各种方法，特别适用于堤防工程的质量检测和隐患探测。长江勘测技术研究所工程物探测试中心研制。

7. 电动根石探测机

电动根石探测机的工作原理是，模仿人工探测根石的提升、下压、脉冲进给的工作原理设计的。采用双驱动的两个同步旋转滚轮，靠一端能自锁的偏心套挤压探杆，两滚轮驱动探杆向下探测，人工可以随时操纵偏心套杠杆结合、分离，使探杆工作或停止。为使探杆产生脉冲下进给，探测机两端设计两个偏心曲柄构件，带动箱体及探杆同时上下振动。当探杆碰到石块时，探杆不能继续下进，会将整个机器顶起，此时操作者应立即松开操纵杆，两滚轮与探杆即可自行分离，停止下进给，然后操纵反转开关，使探杆拔出地面，即可完成根石探测工作。

电动探测根石机由电机、变速箱、探石箱体总成、底盘、地轮组成。配用 220V 的供电设施。探杆下进速度为 8～12m/min，脉冲行程 50mm，脉冲次数 80 次/min，功率为 1.1kW。

电动根石探测机设有两个喇叭状的导向，从而使探杆插进容易，定位导向较准确。该机结构紧凑，体积小，重量轻，搬运方便。根据实地试验，5～10min 可以完成一个测点（含移位、接杆等）的作业。劳动强度较人力探测大为减轻，且准确性高。

第八章　水库防洪工程

§8.1　概　　述

8.1.1　水库的类型

水库可以根据其用途、所在位置和库容大小的不同进行分类。[85]

1. 按用途不同分类

按用途不同，水库可以分为单目标水库和多目标水库两类。单目标水库是为某一种目的而修建的水库，如防洪水库的目的是防洪；发电水库的目的是发电；灌溉水库的目的是灌溉；航运水库的目的是通航，等等。

多目标水库又称为综合利用水库，这类水库是为防洪、发电、灌溉、供水、航运、旅游和渔业等多种目的或其中某几种目的而修建的水库。我国的大、中型水库，多数为这类水库。对于这类水库，防洪任务往往位居一二。因此，协调处理好防洪与其他目标之间的关系，通常是这类水库规划设计与调度运用中的关键。

2. 按位置不同分类

按水库所处位置的不同，水库可以分为山谷水库、丘陵水库和平原水库三类。

山谷水库位于高山峡谷中，其特点是拦河坝较短，水库呈狭长形（河道型），回水范围较长。

丘陵水库位于丘陵地区，这类水库的特点是，水面比较开阔，库容较山谷水库要大。

平原水库位于平原地区，通常是利用天然湖泊、洼地修建而成，因而又称湖泊水库。这类水库的特点是，大坝高度相对较低，水面开阔，淹没范围较大。

在流域性防洪中，在河流上、中游山区、丘陵区理想的地理位置修建控制性水库，可以大大提高下游河道的防洪标准。

3. 按水库总库容分类

根据水库总库容的大小，水库有大、中、小型水库之分。其中大型水库又分大（1）型水库、大（2）型水库，小型水库又分小（1）型水库和小（2）型水库等类。如表8-1所示。

8.1.2　水库的特征水位和特征库容

反映水库工作状况的水位称为特征水位，主要有：设计死水位、正常蓄水位、防洪限

表 8-1　　水利水电枢纽工程的分等指标（山区、丘陵区）（SDJ12-78）

工程等别	工程规模	分等指标				
		水库总库容/（亿 m^3）	防洪		灌溉面积/(万 hm^2)	水电站装机容量/（万 kW）
			保护城镇及工矿区	保护农田面积/（万 hm^2）		
一	大（1）型	>10	特别重要城市、工矿区	>33.3	>10	>75
二	大（2）型	1~10	重要城市、工矿区	6.7~33.3	3.3~10	25~75
三	中　型	0.1~1	中等城市、工矿区	2~6.7	0.3~3.3	2.5~25
四	小（1）型	0.01~0.1	一般城市、工矿区	<2	0.03~0.3	0.05~2.5
五	小（2）型	0.001~0.01			<0.03	<0.05

制水位、防洪高水位、设计洪水位和校核洪水位等。相应的特征库容，主要有死库容、兴利库容、防洪库容、调洪库容、重叠库容、总库容等，各项含义如图 8-1 所示。

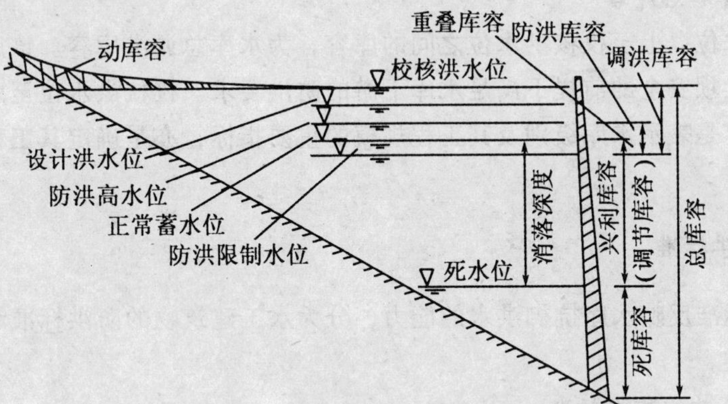

图 8-1　水库特征水位和特征库容划分示意图

1. 设计死水位和死库容

水库在正常运用情况下，允许消落到的最低水位，称为设计死水位，或称设计最低水位。该水位以下的库容为死库容或称垫底库容。除遇到特殊干旱年份以外，一般不动用死库容的蓄水。只有因特殊原因，如排沙、检修和备战等，才考虑泄放这部分水体。

2. 正常蓄水位和兴利库容

正常蓄水位是水库在正常运用情况下，为满足兴利要求在起始供水时的蓄水位，又称正常高水位、设计兴利水位或设计蓄水位。正常蓄水位与死水位之间的库容称为兴利库容（调节库容）。其间的深度称为水库的消落深度或称工作深度。

3. 防洪限制水位和重叠库容

水库在汛前和汛中允许蓄水的上限水位称为防洪限制水位。该水位是水库在汛期防洪运用时的起调水位。该水位以上的库容为滞蓄洪水的库容，在发生洪水时，库水位允许超过防洪限制水位。当洪水消退后，水库应尽快地泄洪，使其水位迅速回降到防洪限制水位，以迎接下一次洪水。防洪限制水位一般低于正常蓄水位。防洪限制水位与正常蓄水位之间的库容称为重叠库容，防洪与兴利共用。

4. 防洪高水位和防洪库容

当洪水经水库调节后，达到下游防护对象的设计标准洪水时，坝前达到的最高库水位称为防洪高水位。该水位与防洪限制水位之间的库容称为防洪库容。防洪库容是衡量水库防洪能力的重要指标。

5. 设计洪水位和校核洪水位

设计洪水位和校核洪水位分别是挡水建筑物稳定计算和安全校核的主要依据，这两类水位分别对应于大坝的设计标准和校核标准。当发生大坝设计标准洪水时，坝前达到的最高库水位称为设计洪水位。因大坝设计洪水标准通常高于下游防护对象的防洪标准，故设计洪水位一般高于防洪高水位。当遇到比设计洪水更大的校核标准洪水时，受水库泄洪能力限制，水库水位将超过设计洪水位所达到的坝前最高水位，称为校核洪水位。该水位是水库在非常情况下允许临时达到的坝前水位。

6. 调洪库容和总库容

防洪限制水位以上至校核洪水位之间的库容，为水库总调洪库容。该库容用于拦蓄洪水，以在保证大坝安全的前提下满足水库下游的防洪要求。校核洪水位至库底的库容称为总库容，总库容是表示水库级别及其工程规模的重要指标，亦是确定其工程安全标准的重要依据。

8.1.3 水库防洪标准

水库防洪标准反映水库抗御洪水的能力，分为水工建筑物的防洪标准和下游防护对象的防洪标准两类。

1. 水工建筑物的防洪标准

水工建筑物的防洪标准是为确保大坝等水工建筑物安全的防洪设计标准。对于永久性水工建筑物，按其运用条件，分为设计标准与校核标准两种情况：设计标准又称正常标准，用来决定水库的设计洪水位，当这种洪水发生时，水库枢纽的一切工作要维持正常状态；校核标准用来决定校核洪水位，在这种标准洪水发生时，可以允许水库枢纽的某些正常工作和次要建筑物暂时遭到破坏，但主要建筑物（如大坝、溢洪道等）必须确保安全。

永久性水工建筑物的设计洪水标准，应参照国家水利部颁发的《水利水电枢纽工程等级划分及设计标准》（山区、丘陵区部分 SDJ12-78）中的规定，按水利水电枢纽工程的“等别”（见表 8-1）及建筑物的“级别”（见表 8-2）确定。表 8-3 给出了永久性水工建筑物正常运用的设计洪水和非常运用的校核洪水相应的洪水重现期。

表 8-2　　水工建筑物级别的划分

工程等别	永久性建筑物级别		临时性建筑物级别
	主要建筑物	次要建筑物	
一	1	3	4
二	2	3	4
三	3	4	5
四	4	5	5
五	5	5	

表 8-3　　永久性水工建筑物洪水标准　　单位：年（重现期）

建筑物级别		1	2	3	4	5
正常运用（设计）		500～2 000	100～500	50～100	30～50	20～30
非常运用（校核）	土坝、堆石坝、干砌石坝	10 000	2 000	1 000	500	300
	混凝土坝、浆砌石坝及其他建筑物	5 000	1 000	500	300	200

2. 下游防护对象的防洪标准

当水库承担下游防洪任务时，需考虑下游防护对象的防洪标准。在该标准洪水发生时，经水库调蓄后，使通过下游防洪控制点的流量不超过河道的安全泄量（允许泄量）。当下游防护对象距水库较远，水库至防洪控制点之间的洪水较大时，控制水库泄量还应考虑区间洪水遭遇问题。规划时，防护对象的防洪标准应根据防护地区的重要性、历次洪灾情况及其对社会经济的影响，按照国家规定的防洪标准，经分析论证并与相关部门协商选定。表 8-4 为国家水利部颁的《水利水电工程水利动能设计规范》（SDJ11-7）中规定的防洪标准。

表 8-4　　防洪保护对象防洪标准

防护对象			防洪标准 /（重现期/年）
城　镇	工矿区	农田面积/（万 hm^2）	
特别重要城市	特别重要工矿区	>33.3	>100
重要城市	重要工矿区	6.7～33.3	50～100
中等城市	中等工矿区	2～6.7	20～50
一般城镇	一般工矿区	<2	10～20

8.1.4 水库防洪特征水位选择

水库防洪特征水位包括防洪高水位、防洪限制水位、设计洪水位和校核洪水位四项。

对于综合利用水库而言，各特征水位并非各自独立，而是彼此关联，往往是某个特征水位发生变化会影响到其他特征水位。因此，在特征水位的选择中，通常应全面考虑水库工程规模、泄流能力、调洪方式以及所担负的防洪任务等情况，通过拟定不同的调洪运用方式进行调洪计算，综合分析比较确定。其一般性选择原则与方法如下。[86]

1. 设计洪水位与校核洪水位选择

设计洪水位和校核洪水位与水库泄洪建筑物泄洪能力的大小直接有关，它们分别是水库在正常运用和非常运用情况下，允许达到和允许临时达到的最高洪水位，其数值是挡水建筑物稳定计算和安全校核的主要依据。因此应分别根据相应大坝设计标准和校核标准的各种典型洪水，以及泄洪建筑物的类型和泄洪能力，按拟定的调洪方式自防洪限制水位起进行调洪计算求得。

2. 防洪高水位选择

水库防洪高水位及防洪库容的选择，通常是与下游防护对象的防洪标准的确定同时进行的，并应进行各种方案的比较。

首先，根据下游防护对象的重要性以及水库可能提供的防洪库容，初拟几个可供比较的下游防洪标准；再据相应标准的设计洪水，拟定防洪调度方式，进行调洪计算，求出所需的防洪库容及相应的防洪高水位。当水库规模受到一定限制，例如所求防洪高水位受到库区淹没高程限制时，则可由采用不同防洪标准对兴利效益的影响，对防洪标准进行比较选定；当水库规模可以有较大的变化范围时，则可由采用不同的防洪标准对工程量和投资的影响，对防洪标准及相应防洪库容与防洪高水位进行选择。总之，下游防洪标准及水库防洪高水位、防洪库容的选择，需在技术经济比较的基础上合理确定。

3. 防洪限制水位选择

防洪限制水位的选择关系到防洪与兴利的结合问题。其值定得过高，对防洪安全不利；过低，又难以保证兴利目标的实现。因此，具体拟定时要兼顾防洪与兴利两方面的需要。

对于下游有防洪任务的水库而言，防洪限制水位、正常蓄水位和防洪高水位的关系，通常有如下三种情况：

(1) 防洪与兴利完全不结合。这种情况，防洪限制水位与正常蓄水位相同，防洪高水位在正常蓄水位以上，防洪库容全部置于正常蓄水位以上。这种情况适合于洪水在汛期随时都可能发生，必须在整个汛期都留出防洪库容的水库。这种水库，防洪是主要目的，兴利要求较低，遇到设计枯水年时，汛后不能保证水库的充蓄。

(2) 防洪与兴利完全结合。这种情况，防洪限制水位低于正常蓄水位，正常蓄水位与防洪高水位相同，防洪库容全部置于正常蓄水位以下。适合于洪水在汛期发生很有规律的水库，即使遇到设计枯水年，也有把握充满水库。

(3) 防洪与兴利部分结合。这种情况，防洪限制水位低于正常蓄水位，防洪高水位高于正常蓄水位，防洪库容部分置于正常蓄水位以下。相结合的那部分重叠库容，汛期用于防洪，汛后用于兴利。这种方式适合于在设计枯水年能部分充蓄防洪库容的情况。

当水库不承担下游防洪任务时，汛期兴利蓄水一般以正常蓄水位为限制，设计和校核洪水的调洪计算均从正常蓄水位起调。严格说来，这类水库没有防洪限制水位。但在有些情况下，水库在汛期为适应某些要求，也需降低水位运行，在汛末再充蓄到正常蓄水位。

例如多沙河流的水库，为减少泥沙淤积而采用汛期降低水位，汛末蓄水兴利的“蓄清排浑”运用方式；或是水库上游有重要城市、厂矿、交通等保护对象，要求水库汛期降低水位运用，以减少回水影响；或是枢纽建筑物因有严重安全隐患而要求水库汛期不得不降低水位运用甚至“空库”迎洪情况等。所有这些情况，汛期控制运用水位与防洪限制水位，两者在效果上虽有某些类似之处，但在概念上却是两码事。汛期控制运用水位也需经综合分析确定。

§8.2 水库调洪计算

8.2.1 水库的调洪作用

水库之所以能调节洪水，是因为水库设有洪水调节库容（调洪库容）和泄洪建筑物。当入库洪水较大时，为使下游地区不遭受洪水灾害，可以将超过下游河道安全泄量的那部分洪水暂时拦蓄在水库里，待洪峰过后再将其泄掉，腾出库容以迎接下一次洪水。下面以无闸溢洪道水库为例，说明一次洪水的调节过程，如图 8-2 所示。

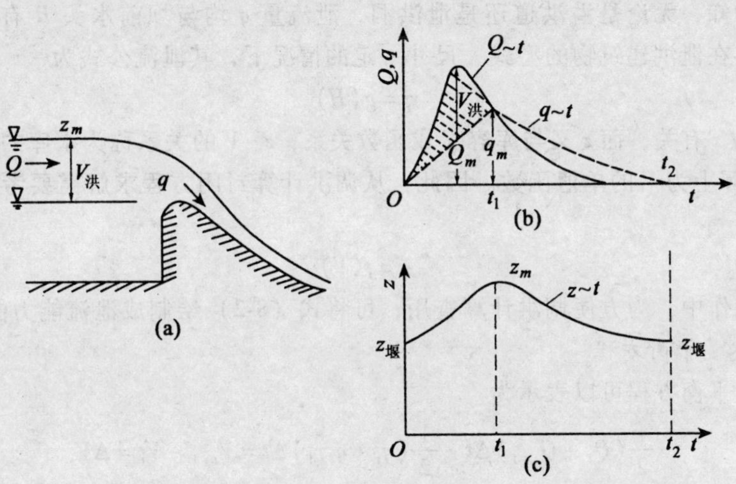

图 8-2 水库调洪过程图

由图 8-2 可见，随着入库流量过程 $Q\sim t$ 的变化，出库流量过程 $q\sim t$、水库水位过程 $z\sim t$ 也随之变化。当洪水开始进入水库时，如果水库汛前水位与溢洪道堰顶高程齐平，此时溢洪道的泄水流量为零。其后入库流量 Q 逐渐增大，且大于下泄流量 q，水库开始蓄水，库水位逐渐上升。随着水位的上升，下泄流量亦随之增加。待入库洪峰过后，Q 转而减小，但仍大于 q，水库继续蓄水，水位仍有上升，q 亦继续加大。直到 $Q=q$，即进、出库流量相等时，水库停止蓄水，水位停止上升，达到最高值 z_m，出库流量亦达到最大值 q_m。此后，入库流量 Q 开始小于出库流量 q，水库拦蓄的洪水开始泄往下游，水位逐渐下降，q 亦随之减小，直到水库水位回复到溢洪道堰顶高程为止。这就是一次洪水过程中水库的调洪过程。这样的调洪过程出现的后果：洪峰流量减小，峰现时间延后，洪水过程坦化，水库从而实现了下游的防洪任务。例如，河南薄山水库在“75·8”特大洪水中，入库洪峰流量10 200m^3/s，最大下泄流量只1 600 m^3/s，入库洪水总量4.28亿m^3，水库拦蓄洪水达3.5亿m^3；湖北清江隔河岩水库，1998年8月16日14时，入库洪峰流量8 200 m^3/s，经水库调蓄削至4 600 m^3/s，降低荆江沙市站水位约0.24m，推迟峰现时间约10小时。由此可见，水库的削峰延时作用是非常明显的。

8.2.2 水库调洪计算的基本原理

水库调洪计算的任务是根据已知的库容曲线、入库洪水过程线及泄洪建筑物的泄流能力曲线，按照规定的防洪调度方式，推求出库洪水过程、最大下泄流量、防洪特征库容及特征水位等。[87]

1. *水库泄流公式及泄流能力曲线*

水库枢纽工程的泄洪建筑物可以分为表面式溢洪道和深水式泄洪洞两种类型。表面式溢洪道又分为有闸控制和无闸控制两种形式。无闸控制的溢洪道多用于小型水库；有闸控制的则多用于大、中型水库，以有利于把防洪库容和兴利库容结合起来。深水式泄洪洞都有闸门控制，当设置高程较低时，还可以起施工导流、异重流排沙和放空水库之用。重要的大、中型水库枢纽，目前多同时设有上述两种泄洪建筑物。

由水力学知，无论是溢洪道还是泄洪洞，泄流量q均与坝前水头H有关。因此，对于某一水库，在泄洪建筑物的型式、尺寸一定的情况下，其泄流公式为

$$q = g(H) \tag{8-1}$$

因H与库水位z有关，而z又与库容V成函数关系，$z \sim V$的关系称为水库的库容曲线（已知），故q实际上为V的单值函数。因此，从调洪计算封闭方程求解需要考虑，可将上式转换为

$$q = f(V) \tag{8-2}$$

在实际工作中，为方便调洪计算查用，可将式（8-2）绘制成泄流能力曲线$q \sim V$。

2. *水库水量平衡方程*

水库水量平衡方程可以表示为

$$\frac{1}{2}(Q_t + Q_{t+1})\Delta t - \frac{1}{2}(q_t + q_{t+1})\Delta t = V_{t+1} - V_t = \Delta V \tag{8-3}$$

式中：Q_t、Q_{t+1}——t时段始、末的入库流量（m^3/s）；

q_t、q_{t+1}——t时段始、末的出库流量（m^3/s）；

V_t、V_{t+1}——t时段始、末的水库蓄水量（m^3）；

Δt——计算时段长度（s），根据洪水涨落过程变化幅度而定。

式（8-3）表明，在Δt时段内，水库进、出水量之差，等于该时段内水库蓄水量的变化值ΔV，如图8-3所示。

对任一时段Δt来说，式（8-3）中Q_t、Q_{t+1}已知，时段初的库水位及其相应的蓄水量V_t和出库流量q_t也已知。故式（8-3）的未知数只有两个即V_{t+1}和q_{t+1}。因此，需要将式（8-3）与式（8-2）联立才能求解。

水库调洪计算的基本原理，就是逐时段联解式（8-2）、式（8-3）两式，求出V_{t+1}、q_{t+1}。例如第一时段（$t=1$），Q_1、Q_2可以从入库洪水过程线得知，q_1、V_1可以由起调水位z_1（一般是防洪限制水位）查$z \sim V$、$q \sim V$线得到，从而可以解得该时段末的q_2、V_2。

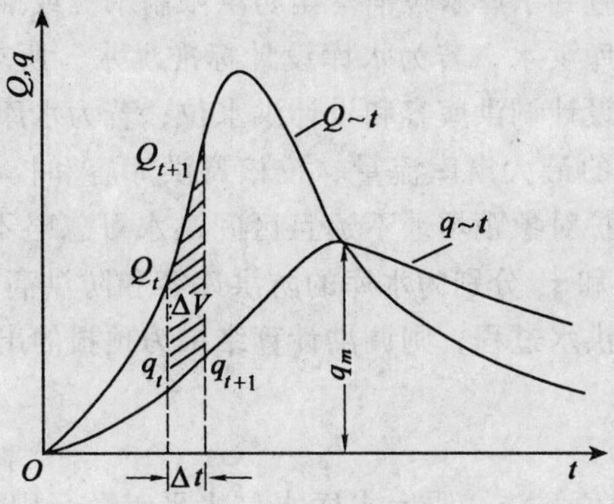

图 8-3　水库调洪计算示意图

对于第二时段（$t=2$），在第一时段计算基础上，已知 Q_2、Q_3、q_2、V_2，类似可以求得 q_3、V_3。依此作法，可以求出水库下泄流量过程 $q\sim t$，以及最大下泄流量 q_m、调洪库容 V_h 和水库的最高洪水位 z_m。

8.2.3　水库调洪计算方法

水库调洪计算的方法很多，常用的有：试算法、图解法、半图解法、简化三角形法以及数值解法等。这里仅就试算法和数值解法说明如下。

1. 试算法

试算法常采用列表形式，将式（8-3）水量平衡方程中各项列出，逐时段试算。计算步骤如下：

（1）根据库容曲线 $z\sim V$ 和泄洪建筑物的泄流公式，计算并绘制泄洪能力曲线 $q\sim V$。

（2）确定调洪起始条件，即起调水位及其相应库容、下泄流量。对于无闸溢洪道设计条件下，常取起调水位与溢洪道堰顶齐平。

（3）从起调水位开始进行水量平衡试算。假定第一时段（$t=1$）末的出库流量为 q_2，因该时段 Q_1、Q_2、q_1、V_1 及 Δt 均为已知，可由式（8-3）计算 $V_2=V_1+\Delta V$；再由 V_2 在 $q\sim V$曲线上查得 q'_2，若 $q'_2=q_2$，则说明所设 q_2 能同时满足式（8-3）、式（8-2），q_2 即为所求。若 $q'_2\neq q_2$，则应另设 q_2 值，重复计算直到相等为止。第一时段末的计算结果为 q_2、V_2。对于第二时段（$t=2$），在第一时段计算的基础上，已知 Q_2、Q_3、q_2、V_2，类似可求得 q_3、V_3。如此试算下去，便可得到各时段末的水库蓄水量和出库流量。

（4）将计算的出库流量过程线 $q\sim t$ 线与入库洪水 $Q\sim t$ 线绘于同一图中，如图 8-3 所示。由图或列表中可知最大出库流量 q_m。与 q_m 对应的 V 即为水库最大蓄水量 V_m，其值减去堰顶高程以下的水库蓄水量，则得调洪库容 V_h。最高洪水位 z_m 为与最大蓄水量 V_m 对应的库水位，查 $z\sim V$ 线便可得到。

列表试算法概念清楚，易于掌握，适用于变时段及各种情况（溢洪道有闸或无闸）的调洪计算，因而是一种最基本、最常用的计算方法。缺点是试算靠人工进行，繁琐且工作量较大。随着计算机技术的迅速发展和普及，上述试算过程可以用迭代计算法进行。

对于一场洪水的调洪计算，必须从洪水起涨（通常以防洪限制水位为起调水位）开始，依时序逐时段进行，直到水库水位消落至防洪限制水位或推算到所要求的水位终止。

调洪计算所依据的入库洪水，若为水库设计标准洪水，所求得的 q_m、V_h、z_m 为设计标准下的最大出库流量、设计调洪库容和设计洪水位；若为水库校核标准洪水，所求得的 q_m、V_h、z_m 为校核标准下的最大出库流量、校核调洪库容和校核洪水位；若为下游防护对象防洪标准洪水，而防护对象距坝址不远且区间洪水可忽略不计时，则所求得的 q_m 等于下游河道安全泄量，V_h 和 z_m 分别为水库的防洪库容和防洪高水位；若所据入库洪水是水库运行期间预报所得的洪水过程，则调洪计算结果为预报的出库流量过程、最大出库流量和最高坝前水位。

2. *数值解法*[88]

这里介绍龙格-库塔数值解法。假定水库水位水平起落，则水库调洪计算的实质是求解如下微分方程

$$\frac{\mathrm{d}V}{\mathrm{d}t} = Q(t) - q(z) \tag{8-4}$$

式中：$Q(t)$——t 时刻入库流量；$q(z)$——库水位为 z 时通过泄水建筑物的泄流量；$z = z(t)$，即时间 t 的函数；$V = V(z)$，即库容为水位 z 的函数。

若已知 n 时段内的预报入库平均流量 Q_n，n 时段初的水位 z_{n-1} 与库容 V_{n-1}，时段初的泄流量 $q(z_{n-1})$，泄流设备的开启状态，则应用定步长四阶龙格-库塔法求解式（8-4），可求得 n 时段末的库容 V_n，即

$$V_n = V_{n-1} + [K_1 + 2(K_2 + K_3) + K_4]/6 \tag{8-5}$$

式中

$$\begin{cases} K_1 = h_n\{Q_n - q[z(V_{n-1})]\} \\ K_2 = h_n\{Q_n - q[z(V_{n-1} + K_1/2)]\} \\ K_3 = h_n\{Q_n - q[z(V_{n-1} + K_2/2)]\} \\ K_4 = h_n\{Q_n - q[z(V_{n-1} + K_3)]\} \end{cases} \tag{8-6}$$

其中，$z(*)$ 由库容在水库水位~库容关系曲线上用插值法求得；$q(*)$ 由水位在水库水位~泄流量关系曲线上用插值法求得；h_n 为 n 时段的时段长；N 为调洪计算的总时段数，$n=1$，2，…，N。上述式中的单位，流量为 m^3/s，水位为 m，水量为 m^3，时段长为 s。求得 V_n 后，即可求得 z_n，从而求得水库水位、库容与泄流量随时间的变化过程。

龙格-库塔数值解法无须试算和作图，适用于多泄流设备、变泄流方式和变计算时段等复杂情况下的调洪计算。定步长四阶龙格-库塔数值解法计算速度快、精度高。缺点是，毕竟因该算法存在一定的截断误差，有时不能严格满足水量平衡方程（8-3）和水库泄流方程（8-2）的要求。

在实际应用中，可以采用龙格-库塔数值解法与试算法相结合的方法，即以龙格-库塔数值解法的计算结果作为试算法的初值，然后以试算法的计算结果作为该时段的终值，并在试算中设置最大迭代次数，以控制试算法的迭代次数。

§8.3 水库防洪调度

水库汛期的防洪调度是一项非常重要的工作。该项工作不仅直接关系到水库工程的安全，而且影响到水库防洪效益的发挥以及汛末的蓄水兴利。要做好水库防洪调度，必须先

拟定出切合实际的防洪调度方式，包括泄流方式、泄流量以及便于操作的泄洪闸门启闭规则等。

对于没有下游防洪任务的水库，防洪调度方式较简单。因其目的是确保水库自身安全，故往往是当水库水位达到一定高程后泄洪建筑物便敞开泄洪。

对于承担下游防洪任务的水库，既要确保水库安全，又要满足下游防洪要求。常见的防洪调度方式有固定泄洪调度、防洪补偿调度和防洪预报调度等[87]。当水库有兴利任务时，还要考虑防洪与兴利的联合调度。对于多沙河流的水库，在考虑泄洪时，还须考虑排沙问题。

8.3.1 固定泄洪调度

固定泄洪调度方式有固定泄量调度方式和定孔泄流调度方式两种情况。

固定泄量调度方式的调度原则是：当来水不超过下游防洪标准洪水时，根据上游来流量的大小，水库按不超过下游河道安全泄量 $q_{安1}$，$q_{安2}$，…控制分级固定泄流，大水多泄、小水少泄。当来水超过下游防洪标准后，按下游安全泄量固定泄水。超过 $q_{安}$ 的部分水量蓄在库内，直到入库流量退至 $q_{安}$，库水位达到防洪高水位。此后水库水位自然消落，直至防洪限制水位，泄洪停止。图 8-4（a）为二级固定泄量方式示意图。这种调度方式适用于水库距下游防洪控制点较近，区间洪水较小的情况。

在水库实际运行中，为了减少泄洪闸门的频繁启闭，往往采用固定孔数的调度方式，即开启闸门的孔数，随着上游洪水来量的多少而增减。这样，下泄流量会随着库水位的涨落有一些变化，但仍小于或等于 $q_{安1}$，$q_{安2}$，…为控制条件，如图 8-4（b）所示。由此可见，这种调度方式实为固定泄量调度方式的一种便于操作的形式。

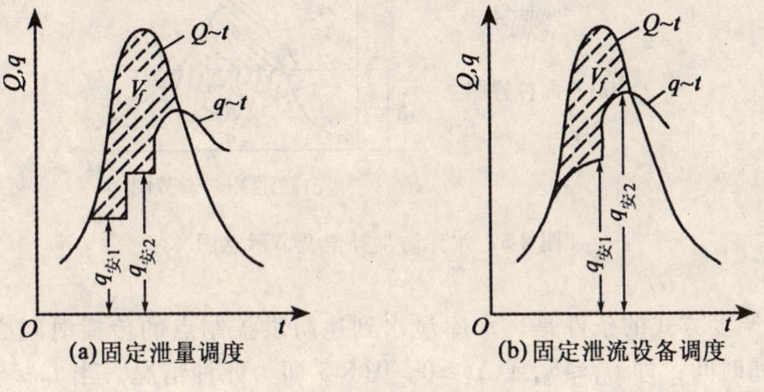

图 8-4 固定泄洪调度示意图

在水库运行中，当水库蓄水量达到或接近设计的防洪库容 V_f 时，就应敞开闸门泄洪。但在水库实际运用调度中，往往不是以库容做判别条件，而是按坝前水位或入库流量来控制泄流，则显得更为简单方便。对于多级控制情况尤为如此。以水位为判别条件的做法，适用于调洪库容较大、调洪结果主要取决于洪水总量的水库，例如河北岳城水库等；以入库流量为判别条件的做法，一般适用于调洪库容较小、调洪最高水位主要受入库洪峰流量影响的水库，如湖北陆水水库等。

8.3.2 防洪补偿调度

当水库距防洪控制点较远、区间洪水较大时，采用补偿调度的方式，能比较有效地利用防洪库容和满足下游防洪要求。这种调度方式的基本原则是：当区间洪水大时水库少放水，区间洪水小时水库多放水，使水库泄流量与区间洪水流量之和不超过防洪控制点河道的安全泄量。

设防洪控制点 A、区间站 B 和水库 C 的平面位置如图 8-5（a）所示，则最理想的补偿调节方式是使水库泄流量 q_c 加上区间洪水 $Q_{区}$ 等于下游防洪控制点的安全泄量 $q_{安}$。图 8-5（b）中 $Q_{区}\sim t$ 为区间洪水过程线，区间流量 $Q_{区}$ 可以用支流控制站 B 的流量代表；$Q_C\sim t$为入库洪水过程线。记区间控制站 B 到防洪控制点 A 的洪水传播时间为 t_{BA}，水库泄流到 A 的洪水传播时间为 t_{CA}；设 $t_{BA}\geqslant t_{CA}$，两者时间差 $\Delta t = t_{BA}-t_{CA}$。亦即 t 时刻的水库泄流量 $q_{c,t}$与（$t-\Delta t$）时刻的区间流量 $Q_{区,t-\Delta t}$同时到达控制点 A。将 $Q_{区}\sim t$ 后移 Δt 倒置于 $q_{安}$ 线下，即得水库按防洪补偿调节方式控泄的下泄流量过程 $abcd$。$bcdef$ 所围面积为实施防洪补偿调节而增加的防洪库容 V_b。由图 8-5 可见，实施补偿调节后，水库实际承担的防洪库容为设计防洪库容 V_f 与 V_b 之和。这就意味着下游防洪控制点的安全性提高了，而水库本身的防洪任务却暂时加重了。

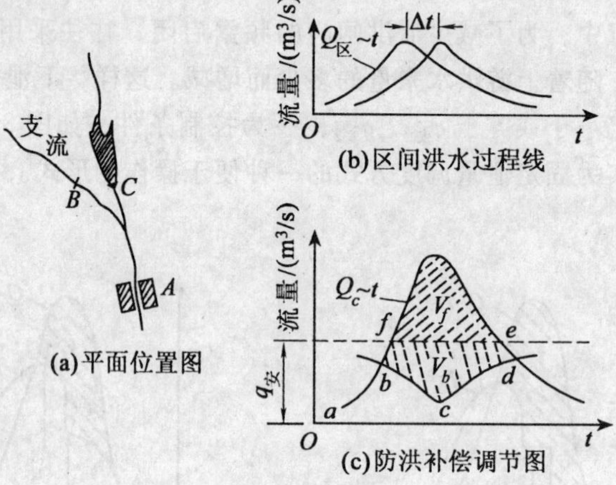

图 8-5 水库防洪补偿调节示意图

采用上述调度方式的条件是，水库泄水到达防洪控制点的传播时间必须小于或等于区间洪水的传播时间，即 $t_{CA}\leqslant t_{BA}$ 或 $\Delta t\geqslant 0$。图 8-5 即为此种情况。当 $t_{CA}>t_{BA}$ 或 $\Delta t<0$ 时，只有在能对 B 站给出准确的洪水预报，使预报预见期与 t_{BA}之和大于 t_{CA}，才能采用这种补偿调节方式。这种情况的 $Q_{区}\sim t$ 为预报所得，推求水库下泄流量过程 $q_c\sim t$ 和计算 V_b 的方法与 $t_{CA}\leqslant t_{BA}$的情况基本相同，只是要把预报的 $Q_{区}\sim t$ 前移 Δt，这里 $\Delta t=t_{CA}-t_{BA}$。

显然，上述防洪补偿调节是一种理想化的调洪方式。但受各种条件限制，常常只能近似地应用防洪补偿调节方式，所谓错峰调度便是其中的一种。错峰调度方式的做法是，在区间洪峰流量可能出现的时段内，水库按最小的流量下泄（甚至关闸停泄），以避免水库泄流与区间洪水组合超过防洪控制点的安全泄量。采用错峰调度方式必须合理确定错峰期的限泄流量，例如在水库规划设计中，一般取其限泄流量小于或等于下游防洪控制点河道安全泄量与区间洪峰流量的差值，如图8-5（c）中的 c 点。即在 c 点前后一段时期（错峰期）内，水库按最小泄流量作为限泄流量泄流。可见错峰调度方式所需的防洪库容较防洪补偿调节方式为大。其结果显然更偏于安全。

在我国，防洪补偿调节方式或错峰调度方式，已有不少水库获得成功的实践经验，例如辽宁大伙房水库、湖北汉江丹江口水库、清江隔河岩水库及湖南柘溪水库等。长江三峡水库在规划设计中，考虑了对荆江河段补偿调度和对城陵矶地区补偿调度两种方式，以保证三峡工程防洪目标的实现。

8.3.3　防洪预报调度

根据预报进行防洪调度，能充分发挥水库的防洪效益，协调水库防洪与兴利的矛盾。这种调度方式是根据水文气象预报成果，赶在洪水来临之前预泄部分防洪限制水位以下的库容，以迎接即将发生的洪水。对于有兴利任务的水库，其预泄水量的确定，一般以该次洪水过后水库能回蓄到防洪限制水位不致影响兴利效益为原则。

现阶段多依据短期水文气象预报进行预泄。短期预报的预见期一般在1～3d内，其精度可达80%以上。因此考虑短期水文气象预报进行水库防洪调度具有较高的可靠性。具体调度时，根据水文预报信息，若预报预见期为 τ，则应提前 τ 小时开始泄洪，可预泄库容 V_y，如图8-6所示。这样，对某种标准的洪水而言，考虑预报所需的防洪库容 V'_f，较不考虑预报的防洪库容 V_f 要小，即 $V'_f = V_f - V_y$。这就意味着水库的实际防洪能力相对地有了提高。

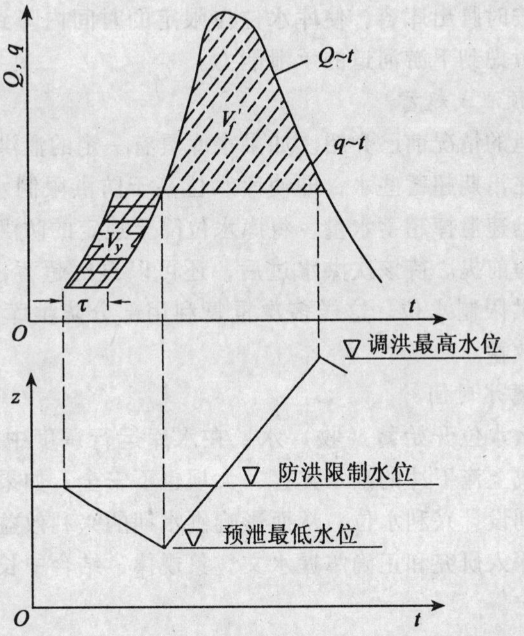

图8-6　水库短期预报预泄示意图

在我国水库的实际运行中，考虑短期预报进行防洪调度已有不少较为成熟的经验，并已取得显著的防洪效益。例如，湖北汉江丹江口水库1983年10月大水初期，提前预泄腾出库容2.1亿 m^3，对后来的抗洪斗争起到了重要作用；浙江富春江水库，库容相对较小，设计时未考虑防洪任务，但在运行过程中上、下游都提出防洪要求，经多年探索逐步形成了较为完善的洪水预报调度方案。

8.3.4 防洪与兴利联合调度

对于综合利用水库，防洪则要求整个汛期留出防洪库容以滞蓄洪水，而兴利则希望汛期多蓄水以确保和提高兴利效益。为了妥善解决防洪与蓄水的矛盾，既确保水库安全并在一定程度上满足下游的防洪要求，又尽量多蓄水兴利，是水库汛期控制运用的一项重要任务。根据各地实践经验，主要有以下解决途径。

1. 分期设置防洪限制水位

对于洪水在汛期各个时段具有不同规律的河流，可以分时段预设不同的防洪库容，即设置不同的防洪限制水位。这样，既可以满足不同时期所需防洪库容的要求，又可以确保汛末兴利库容能蓄满。例如汉江丹江口水库，根据洪水规律和调洪计算结果分析，将防洪限制水位分别定为：前汛期（6.21～7.20）为148.0m；中汛期（7.21～8.20）为152.0m；后汛期（8.21～10.15）为153.0m。

汛期各时期的划分，主要根据水文气象规律，从暴雨、洪峰、洪量、洪水出现日期等方面分析研究。分期不宜太多，常以2～3期为宜。各分期防洪限制水位的推求与不分期的作法大体相同。

需要指出的是，对于分期设置防洪限制水位的水库，一般要求具有较大的泄洪能力。否则，可能无法保证按时腾出库容，使库水位在限定的时间内降到预定的防洪限制水位。此外，水库泄洪还须考虑到下游河道的承泄能力。

2. 根据短期预报预泄或超蓄

根据短期预报预泄的情况前已介绍。如果水库具有一定的泄洪能力，还可以根据短期洪水预报有意使水库在汛期超蓄些水，即使库水位高于防洪限制水位，以增加兴利效益。赶在洪水来临之前，迅速泄掉超蓄水量，将库水位降至规定的防洪限制水位，当然，泄洪量应以保证下游安全为前提。待该次洪水过后，还可以再次超蓄，等下次洪水到来之前，再次将库水位降至防洪限制水位。这样多次重复利用部分防洪库容，既可以保证防洪需要，又可以提高兴利效益。

3. 适时掌握汛末蓄水时间

汛末何时或从什么水位开始蓄（收）水，在水库运行调度中十分重要。如果蓄水过早，后期来洪可能造成上淹下冲的洪水灾害，大坝也不安全；如果蓄水过迟，洪水尾巴未拦住，水库可能蓄不到设计兴利水位，从而影响供水期的兴利效益。关于汛末关闸蓄水的具体时间，只有通过深入研究和正确掌握水文气象规律，结合中长期水文气象预报，根据水库管理运用经验确定。

8.3.5 水沙联合调度

我国江河泥沙问题突出，特别是在多沙河流上修建水库，更应充分重视因泥沙淤积引起水库库容损失及其带来的负面影响。例如黄河三门峡水库，原设计时只考虑蓄水而未顾及排沙，以至于在1960年9月蓄水后一年半时间里，水库淤积达15.34亿t，上游潼关处河床淤高5m，支流渭河口形成拦门沙，库区上游出现“翘尾巴”现象，严重威胁到西安市及渭河下游地区的安全。于是从1963年开始，被迫三度改建和改变运用方式，其教训是极其深刻的。

因此，在水库规划设计及运行管理期间，充分重视泥沙的出路，考虑水沙联合调度是十分重要的。即根据水库的具体情况，拟定水沙联合调度运用方式，安排低水位、大流量的泄洪能力，适时利用泄流将大部分泥沙排出库外，从而确保水库能长期保留一定有效库容。水沙联合调度的方式主要有如下两类。

1. 蓄清排浑方式

这种方式的特点是，在洪水沙多季节，降低库水位甚至空库迎洪排沙，使库区河道尽量接近天然情况，除部分较粗颗粒泥沙淤积外，大部分细颗粒泥沙可以被水流带出库外。待主汛过后再开始蓄水，蓄水时期的淤积量，待次年汛前通过降低库水位冲出库外。这种调度方式为许多水库所采用。例如改建后的黄河三门峡水库和建成不久的小浪底水库，减淤效益均十分可观。长江三峡水库亦按这种“蓄清排浑”方式设计。具体措施是，每年汛期6~9月含沙量较大时，将库水位降至防洪限制水位145.0m，利用低高程的大底孔“排浑”；汛后10月份入库泥沙减少时，水库“蓄清”渐至正常蓄水位175.0m。通过大量计算与模型试验证明，汛期滞洪和汛后蓄水时所淤积的泥沙，大部分可以在当年或次年汛前低水位运行时排往下游。这样除滩库容有少量淤积外，槽库容则可以长期保留下来。

2. 蓄水运用排沙方式

这种方式的特点是，蓄水运行一年或几年后，选择时机放空水库，采用人造洪峰和溯源冲刷方式，清除库内多年的淤积物。例如山西恒山水库，采取这种方式可恢复大部分调节库容。一般认为，河床比降较大，滩库容所占比重较小，集中冲沙不严重影响其他任务的水库，均可采用这种调度方式。这类水库在蓄水运行时期，还可利用汛期异重流规律适时排沙。库内滩库容的淤积物，在冲沙期间可采取高渠拉沙等有关辅助措施帮助清除。

§8.4　水库防洪管理

我国的水库管理体制是，按水库效益和影响范围大小，由各级政府分级管理。具有综合效益的大型水库，一般由国家水利部门管理，其中以发电为主的水库由国家电力部门管理。少数专门为城市供水的水库，由市政部门投资和管理。地方兴建或集资兴建的水库，由地方政府或出资人负责管理。对于由国家管理的大、中型水库，一般实行计划管理。水库调度、防汛、除险加固、综合经营及财务收支等，一般都需编制年度计划。主管部门每年向水库管理单位下达技术经济指标，年终考核奖评。

关于水库防洪管理工作，主要包括防洪工程设备管理和防洪调度管理两个方面。

8.4.1　防洪工程设备管理

水库工程设备主要包括：主坝、副坝、溢洪道、泄水洞、闸门、启闭设备、观测设备、通信设备、动力设备，以及水库防洪、发电、灌溉、供水、航运、水产等各类专用设备。

水库工程许多设备在长期运行过程中，受自然因素或人为因素影响，可能出现如裂缝、滑坡、渗水、磨蚀、老化、混凝土碳化、闸门变形、启闭失灵、金属结构锈蚀等现象，严重时将影响工程的正常运行和安全。因此，必须做好常规的观测、保养、维护工作，发现问题，及时处理。

与防洪有关的工程设备主要是水工建筑物。其工况变化往往很缓慢，且不易直觉发现，常需借助一定的观测设备和手段，进行全面系统的跟踪监测。监测项目视水库规模和要求而定，一般包括：变形观测、位移观测、固结观测、裂缝观测、结构缝观测、渗流观测、荷载及应力观测、水流观测等。通过对观测资料的整理分析，据此指导水库控制运用与维修，并在必要时采取除险加固措施。

1. 挡水建筑物的维修与管理

常见的挡水建筑物有土工建筑物、混凝土建筑物、浆砌石建筑物三类。土工建筑物的维修主要包括土体裂缝处理、土堤与基础防渗处理及土体滑坡防治；混凝土建筑物的维修主要包括表层处理、裂缝处理及防渗处理；浆砌石建筑物的维修主要包括裂缝处理、渗漏处理和滑塌处理等。

2. 泄洪建筑物的维修与管理

水库泄洪建筑物主要有溢流坝段、专设的溢洪道以及泄洪洞等，其维修管理范围还延伸到下游部分行洪河道。这些建筑物的安全关系到能否正常泄洪，其日常维修、管理至关重要。就长江流域水库的泄洪建筑物来说，在运用过程中常见的问题主要有：溢洪道过水能力不足，消能设施及下游泄洪道被破坏，溢洪道阻水，陡坡底板损坏，闸门变形、锈蚀及启闭设备故障，等等。

3. 引水建筑物的维修与管理

引水建筑物常见有坝内或岸边涵管及隧洞等形式。其主要险情是裂缝漏水。造成的原因可能是设计考虑不周、施工质量以及管理不善等。对此通常可以采取地基加固、回填堵塞、衬砌补墙、喷锚支护、灌浆等措施进行处理。

8.4.2 防洪调度管理

1. 编制防洪调度规程

防洪调度规程是水库调度规程的重要组成部分，是水库管理单位依据设计文件按现状工情、水情编制的水库防洪标准、运用方式、操作程序及调度权限的基本调度文件。防洪调度规程一旦报经防汛主管部门批准，即成为指导水库较长时间内防洪调度的法规性文件。

编制水库防洪调度规程必须明确水库的水利任务，尤其是防洪任务。对于不承担下游防洪任务的水库，则以保证水库安全为前提编制。对于承担下游防洪任务的水库，主要涉及内容有[53]：

（1）明确在保证大坝安全前提下下游防御对象的防洪标准；

（2）复核入库洪水及水库库容等基本资料，以确保编制数据的可靠性；

（3）拟定水库调洪方式，包括是否需采用分期调洪，各期汛限水位如何，能否采用预报调度及错峰调度等；

（4）明确调度权限，包括规程审批权、调度指挥权等；

(5) 提出遇超标准洪水时的应急措施方案等。

2. 编报年度度汛计划

年度度汛计划不同于水库防洪调度规程。年度度汛计划是指导水库当年度汛的预案，应具有现实性与可操作性。但编报年度度汛计划的依据是水库防洪调度规程。在年度计划中，需确认水库当年的防洪标准，以及必须控制的汛限水位、防洪高水位及蓄水时机，并对不同量级的洪水制定相应的蓄泄方式；明确各级洪水调度的权限，以强化责任制；对可能发生的特大洪水备好应急方案，如临时采取爆破措施以加大泄洪量等；全面做好防大汛的思想、组织与物质准备。

水库年度度汛计划每年汛前都要重新修订、完善，并报上级主管部门批准，以作为当年洪水调度的依据。

3. 水库实时洪水调度

实时洪水调度是防洪调度规程及年度度汛计划的具体实施。由于可能出现的洪水过程不可能是历史洪水的重现，故在水库运行期间，应针对每一次实际洪水或预报洪水，结合当时的天气形势，根据水库的蓄水与运行状况，以及下游河道的水情及其承泄能力等，做好实时调度操作，才是该次洪水调度成败的关键所在。

实时洪水调度必须符合水库既定的防洪调度原则，正确处理防洪与兴利的关系，兼顾上、下游和各部门利益，防止不顾防洪安全而盲目蓄水或只强调水库安全而忽视兴利蓄水的倾向。

4. 水库防汛总结

水库防汛总结的目的是评价水库防洪调度效果，提高水库防洪调度水平。因此，每年汛后或年末都应对水库防洪调度进行总结。其内容主要包括以下几方面：

(1) 汛前准备工作情况

着重总结与洪水调度有关的主要准备工作情况，包括流域内水情报汛站（雨量站、水文站、气象站等）的报汛及通讯设备的检查落实情况；泄洪建筑物及泄洪闸门启闭情况及所采取的措施；当年度汛计划及特大洪水防御预案的编制及报批情况等。

(2) 洪水特点及防洪形势

根据当年洪水实际发生情况，分析其成因与特点，并结合水情、工情及下游防洪情况，概述当年的防洪形势。

(3) 洪水预报与调度实况

洪水预报是水库防洪调度的重要技术环节。总结内容包括：洪水预报工作的开展情况；预报完成率、合格率、精度、误差及其原因；预报工作存在的问题及其改进意见等。

洪水调度实况分析通常是选择当年最大一场洪水，或是防洪调度难度及调度效果影响均较大的一场洪水作为分析对象。对一场洪水实际调度过程的评价，可以与按常规防洪调度规则操作的调度过程作对比，以便分析和评比实际调度的优劣。

(4) 防洪效益与经验教训

阐明水库当年所发挥的防洪作用，特别是在特大洪水年份，水库控泄错峰所体现的防洪效果。如1998年长江大洪水，清江隔河岩水库通过调度，有效地与长江洪水错峰，对于降低沙市水位和避免荆江分洪发挥了重要作用。对于这种特殊年份的洪水调度应作为重要事件专题总结。

水库洪水调度涉及因素众多，调度决策时往往时间紧迫，难免出现不如人意的调度结果。通过总结经验，发扬成绩，汲取教训，明确方向，有利于今后改进工作、减少失误和提高防洪调度技术水平。

除此以外，对于在汛期发生与发现的水毁现象及安全隐患等，应明确指出，并且在汛后进行除险加固，以备来年安全度汛。

为了加强水库防洪管理，促进水库科学合理地进行洪水调度，保证水库工程及上、下游的防洪安全，国家水利部在广泛调研和总结我国多年以来水库洪水调度实践经验的基础上，依据相关法律、规范，于1999年1月1日颁发了《水库洪水调度考评规定》，其中对水库洪水调度的基础工作、经常性工作、洪水预报及洪水调度等内容做出了详细规定。该《规定》是我国进行水库管理工作的指导性文件，同时也是开展水库洪水调度考评的重要依据。[89]

§8.5 我国几座大型防洪水库简介

8.5.1 长江三峡水库

三峡水库坝址位于长江三峡河段西陵峡三斗坪处，上距重庆市630km，下距葛洲坝水利枢纽坝址约40km。控制流域面积100万km^2，占全流域面积180万km^2的56%。

三峡水库是一座大型综合利用水库，具有巨大的防洪、发电、航运、灌溉等综合效益。枢纽工程主要由拦河大坝、泄洪建筑物、水电站厂房、通航建筑物等部分组成。其中拦河坝为混凝土重力坝，坝顶高程185m，最大坝高175m；泄洪坝段位于中部，设有23个泄洪深孔，22个净宽8m的表孔。水库设计洪水位175m，校核洪水位180.4m，正常蓄水位175m，防洪限制水位145m，总库容393亿m^3，防洪库容221.5亿m^3。工程于1994年12月开工建设，2003年6月初期蓄水135m，7月10日首台机组并网发电；2006年5月20日，大坝全线封顶到185m，10月27日蓄水到156m；2008年9月28日，开始试验性蓄水，标志着三峡工程进入正常运行期。

“万里长江，险在荆江”。荆江之险在于上游洪水来量远远超出河道安全泄量。目前荆江河段的安全泄量（包括分入洞庭湖的流量在内）约为60 000m^3/s[46]。但据宜昌站1877年以来的实测资料，宜昌洪峰流量大于60 000m^3/s的有24次；据1153年以来的800多年间的历史洪水调查，大于80 000m^3/s的有8次，大于90 000m^3/s的有5次；1860年、1870年洪水，荆江入口枝城站洪峰流量均达110 000m^3/s。可见特大洪水是荆江地区和长江中、下游的心腹之患。

三峡工程的防洪效益巨大。该工程控制着荆江河段洪水来量的95%和汉口站洪水来量的$\frac{2}{3}$。三峡水库建成后，可以使荆江地区的防洪标准由目前约10年一遇提高到100年一遇；若遇大于100年一遇的大洪水，配合临时分洪，可以防止荆江河段发生毁灭性灾害。同时，由于上游洪水得到有效控制，不仅可以减轻洪水对武汉市的威胁，还可以减轻洞庭湖区的洪水威胁和泥沙淤积。因此，三峡水库是长江中、下游防洪工程体系中不可替代的关键性骨干工程。

8.5.2　汉江丹江口水库

丹江口水库地处湖北省丹江口市境内，位于汉江与丹江汇合处，水库下游为江汉平原与武汉市。坝址以上流域面积9.52万km^2，占汉江流域面积的54.7%，可控制汉江水量的64.7%。

丹江口水库是治理和开发汉江的关键性工程，也是南水北调中线的水源工程。拦河坝为宽缝重力坝，设计坝高110m，分两期修建。初期规模，于1973年建成，坝高97m，坝顶高程162m，正常蓄水位157m，总库容209.68亿m^3，兴利库容174.5亿m^3，防洪库容78.36亿m^3。续建工程大坝加高方案是：坝顶高程176.6m，正常蓄水位170m，兴利库容增至290.5亿m^3，防洪库容再增33亿m^3。丹江口水库现阶段的主要任务是防洪、发电、供水和航运。大坝加高和南水北调中线工程实施后，其任务将调整为以防洪、供水为主，结合发电、航运。

丹江口水库建成后，为汉江的防洪发挥了巨大作用。水库蓄水前，杜家台分洪区每年要开闸分洪两三次，自1967年11月大坝下闸蓄水到1999年，杜家台分洪区32年只分洪6次。1983年10月初，水库以上流域突降大到暴雨，形成34 000m^3/s的巨大入库流量，由于水库拦蓄了25亿m^3的水量，从而大大减轻了中、下游的洪水灾害。特别是1998年主汛期，丹江口水库以大局为重，在确保大坝安全的情况下，最大限度地拦蓄汉江洪水，削减洪峰，并与长江洪水错峰，最大入库流量18 300m^3/s，最大下泄流量仅1 280m^3/s，削减洪峰93%，避免了杜家台分洪区分洪，减轻了武汉市防洪的压力。大坝加高后，其防洪标准可以从目前的20年一遇提高到100年一遇，将更为有效地减轻汉江下游和武汉市的防洪压力。

8.5.3　清江隔河岩水库

隔河岩水库大坝位于清江下游湖北省长阳县境内，下距长阳县城9km，距入长江口62km。控制流域面积14 430 km^2，约占清江流域总面积的86%。

该水库是一座具有发电、防洪、航运、灌溉、旅游、养殖等效益的综合利用工程。大坝为重力式拱坝，坝顶高程206m，最大坝高151m。正常蓄水位200m，相应库容31.18亿m^3，其中正常蓄水位以下为荆江错峰预留5亿m^3的防洪库容。校核洪水位204.4m，总库容34.31亿m^3。主汛期6月1日至7月31日，汛限水位为193.6m；后汛期8月1日至9月30日，汛限水位为200m。

隔河岩水库是治理和开发清江梯级枢纽的重要工程。1986年开工建设，1994年正式投入商业运营。该库自1993年建成蓄水以来，经受了1996年、1997年及1998年大洪水的考验。特别是1998年8月8日10时30分出现203.94m建库以来最高水位后，通过拦蓄洪水，与长江干流错峰，为减轻荆江河段防洪压力发挥了重大作用。

8.5.4　黄河三门峡水库

三门峡水库是在黄河中游干流上修建的第一座大型枢纽工程，位于河南省陕县（右岸）和山西省平陆县（左岸）交界处，大坝距现河南省三门峡市约20km。坝址处控制流域面积68.84万km^2，占黄河全流域面积的91.5%，控制黄河水量的89%，黄河沙量的

98%。

三门峡工程原由前苏联专家设计。水库大坝为混凝土重力坝，最大坝高106m，主坝长713m，坝顶宽6.5~22.6m，坝顶高程353m，正常高水位360m，总库容647亿m^3，死水位335m。工程于1957年4月13日开工，1958年11月截流，1960年基本建成，当年9月开始蓄水。到1962年3月，最高蓄水位332.53m，水库“蓄水拦沙”运用一年半时间，水库淤积达15.34亿t，库容损失较快，造成潼关河床高程抬高5m，在渭河口形成拦门沙，库区上游淤沙出现“翘尾巴”现象，并有上延趋势。

为了西安市及渭河下游工农业生产的安全，从1962年3月起水库改为“滞洪排沙”运行方式，只在汛期滞洪，其余时间敞泄以利排沙。自1964年起，枢纽进行了3次改建，至1995年底改建后，泄流建筑物除原有12个深孔保留，原有2个表面溢流孔废弃外，共增加2条隧洞，1条发电钢管，并打开了原已填实的12个导流底孔，均用于泄流。1973年后，水库采用“蓄清排浑”运用方式，库区年内基本上达到冲淤平衡，既保持了有效库容，又发挥了水库的综合效益。

目前三门峡水库以防洪、防凌为主，兼有灌溉、发电、供水等效益，是黄河下游防洪工程体系的重要组成部分。当黄河下游花园口站的洪水主要来源于三门峡水库以上时，经过三门峡水库调蓄，可将千年一遇洪水30 700m^3/s减到设防流量22 000m^3/s。当花园口站洪水主要来自三门峡到花园口区间时，三门峡水库也可以通过控制泄流，减轻下游负担。在凌汛期间，经三门峡水库的调蓄，下游凌汛威胁将大为减轻。

三门峡水库自1960年投入运行后，潼关入库流量6次大于10 000m^3/s，经水库调蓄，下泄流量减少，其中1977年入库15 400m^3/s，而下泄只有8 900m^3/s。1967年、1969年、1970年、1977年等年份下游凌汛严重，经水库调节，推迟了开河时间，避免了“武开河”不利情况的发生，在一定程度上发挥了其防凌作用。

8.5.5 黄河小浪底水库

小浪底水库工程位于河南省洛阳市以北40km黄河干流最后一段峡谷出口处，大坝上距三门峡水利枢纽130km，下距郑州花园口128km。坝址以上流域面积69万km^2，占黄河流域面积的92.3%。水库总库容126.5亿m^3，淤沙库容75.5亿m^3，长期有效库容51亿m^3，防洪库容40.5亿m^3，防凌库容20亿m^3。

枢纽工程由拦河大坝、泄洪排沙系统和引水发电系统三部分组成。拦河大坝为斜墙堆石坝，最大坝高154m，坝顶长1 667m。泄洪排沙系统包括进水口、洞群和出水口三部分：进水口由10座大型进水塔组成；洞群由3条明流洞、3条孔板消能泄洪洞、3条排沙洞和一座正常溢洪道组成；出水口由三个集中布置的消力塘组成。引水发电系统由6条引水发电洞、1座地下厂房、1座地下主变电室、1座地下尾水闸室和3条尾水洞组成。工程于1991年9月开始前期工程施工，1994年9月12日主体工程开工，1997年10月28日截流，2001年12月31日竣工。

小浪底水库任务是以防洪、防凌、减淤为主，兼顾供水、灌溉和发电。工程建成后，将有效地控制黄河洪水，减缓下游河道淤积。与三门峡水库、陆浑水库和故县水库联合调度，可以使黄河下游防洪标准大大提高，基本解除黄河下游凌汛威胁。

第九章　蓄滞洪工程

我国现阶段的江河堤防工程只能防御常遇的设计标准洪水。对于可能出现的超标准洪水，除可以利用上游修建的水库拦蓄一部分外，还需依靠平原地区安排的各类蓄滞洪区就地蓄纳一部分。因此，蓄滞洪区是我国江河防洪减灾体系中不可或缺的重要组成部分。

本章主要针对我国蓄滞洪工程的建设情况及实践经验，着重介绍蓄滞洪工程的规划与建设、调度运用与管理以及蓄滞洪区洪水风险图等相关内容。在介绍这些内容之前，首先就蓄滞洪区的名称含义，我国蓄滞洪区的建设情况、特点及其存在的问题等，作出必要的讨论与说明。

§9.1　概　　述

9.1.1　蓄滞洪区的名称释义

蓄滞洪区泛指河道周边辟为临时贮存洪水的湖泊、洼地或扩大行洪、泄洪的区域。我国现阶段规划为各类蓄滞洪区的湖泊、洼地，历史上多与江河相通，随着江河水位的涨落，洪水自然进出，起到自然调蓄和削减江河洪峰的作用。

1949 年以后，为了更好地发挥湖泊、洼地的调蓄洪功能，通过规划在其周边修筑围堤，形成封闭或半封闭的区域即蓄滞洪区，人为地把洪水引入圈定的范围内，有的还在其进、出口处修建进、泄洪闸等控制性建筑物，使洪水能按人的意愿出入，从而使其调蓄洪功能比自然蓄泄条件更为主动而有效。

由于各处蓄滞洪区的自然地形、地貌环境不同，江河洪水特性及蓄滞洪区的功能与作用不同，蓄滞洪区在运用过程中的蓄滞洪效果因时而异，所以，蓄滞洪区在调蓄洪水时的实际动态含义往往很难严格区分，故出现了在名称与含义上相近的很多叫法。这些名称的应用，不仅不同地区不同，即使是同一蓄滞洪区，不同的人、不同的时候，也可能不同。

常见的蓄滞洪区的近义名称主要有：蓄洪区、滞洪区、分洪区、行洪区、分蓄洪区、行蓄洪区、滞蓄洪区、行滞洪区、分滞洪区、蓄滞洪区、蓄洪垦殖区等。与之相应的工程措施有：蓄洪工程、滞洪工程、分洪工程、行洪工程、分蓄洪工程、行蓄洪工程、滞蓄洪工程、行滞洪工程、分滞洪工程、蓄滞洪工程、蓄洪垦殖工程，如此等等。真可谓名目繁多，具体概念和含义有时让人琢磨难辨。

严格说来，分洪是指把河道的部分超额洪水分往其他河流、湖泊、洼地，或直接送入大海。分洪区是指利用河道两侧的低洼圩垸，或利用附近的湖泊、洼地加修围堤而形成的用来分蓄洪水的区域。分洪区的全部工程措施称为分洪工程。

蓄洪是指把洪水引入某圈定的区域蓄存起来。这样的区域称为蓄洪区。时值河流或湖泊涨水期，蓄洪区只蓄不泄，通过蓄洪起到降低河流、湖泊水位的作用；待河、湖水位回落后，再将蓄洪区的水量泄放出去。如洞庭湖周边和汉江中、下游的蓄洪垸，多属这类情况。

行洪是指在汛期河道洪流的安全畅行。行洪区本应是包括主河槽在内的河道全部过流区域，但通常是特指河道主槽以外、两岸大堤之间用于临时扩大过流断面的区域。如黄河下游滩区，淮河干流堤、河之间的滩地，大洪水时都是行洪区。行滞洪区或行蓄洪区，一般是指行洪区。行洪区在一般洪水时不行洪，只在发生大洪水时才开放行洪。有些行洪区如淮河中游，地势较低，为保护区内农业生产，在其周边专门筑有高程较低的行洪堤（生产堤），构成行洪工程。

滞洪是指为短期阻滞或延缓洪水行进速度而采取的措施，其目的是与主河道洪峰错开。这样的区域称为滞洪区。如荆江洪水，经四口分流入洞庭湖后，又从城陵矶以下流回长江，洞庭湖就起着滞洪作用。河道两侧滩地在涨水期，洪水顺着自然地形自动进入、滞留、排出，具有自然滞洪削峰的作用，这种滩区可视为滞洪区，也称行洪区或行滞洪区。倘若修有辅助性工程，则称为滞洪工程、行洪工程或行滞洪工程。

蓄洪垦殖是指既利于防洪又兼顾耕作与养殖，蓄洪垦殖与围湖造田是两回事。围湖造田的主要目的是增加耕地，大小洪水一律挡住，有利于生产，有损于防洪。蓄洪垦殖的目的是滞蓄洪水，即在保证按计划滞洪的条件下，充分利用区内土地发展生产。蓄洪垦殖区一般是在湖泊、洼地的周边修筑围堤（建闸），形成的封闭或半封闭的区域。生活在区内的人们，水进则退，水退则进。中、小洪水年份，内湖水位较低，周边地区用于垦殖；在大洪水年份，弃耕蓄洪。如长江中、下游的所谓“控湖调洪”式分蓄洪区[46]。

蓄洪垦殖工程是江河中、下游平原区以分蓄洪为主的综合利用工程。从防洪方面讲，这项工程属于分洪工程的范畴，故又常称为分蓄洪工程。如长江的分蓄洪区，大多数是原来的蓄洪垦殖工程。因此，蓄洪垦殖符合防洪与兴利相结合的原则。需要指出的是，一个时期以来以垦殖为根本目标的围湖造田的过热行为，是需要当前认真反思和纠偏的。

综上看来，实际情形中，处理江河超额洪水所采取的各类（分、蓄、行、滞）措施，其含义是极为复杂和难以严格区分的。例如分洪，分洪区在运用初期边分边蓄，起蓄洪作用，待蓄洪容积快蓄满时，“上吞下吐”，这时主要起滞洪作用，因此，人们常称分洪为分蓄洪或分滞洪，而把分洪区称为分蓄洪区或分滞洪区，把分洪工程称为分蓄洪工程或分滞洪工程。再如蓄洪，蓄洪过后需退洪，因而蓄中有“滞”，自然离不开“分”，因此，蓄洪有时也称为蓄滞洪或分蓄洪，而把蓄洪区称为蓄滞洪区或分蓄洪区，把蓄洪工程称为蓄滞洪工程或分蓄洪工程。又如行洪，行洪时不仅能滞洪，有时也需要人为破垸分洪，有的行洪区还可部分蓄洪，因此，行洪又称行滞洪、分滞洪或行蓄洪，而行洪区又常称为行滞洪区、分滞洪区或行蓄洪区，称行洪工程为行滞洪工程、分滞洪工程或行蓄洪工程。鉴于上述，凡在实际中遇见的各类分、蓄、行、滞洪名称的叫法，均可统一纳入蓄滞洪区的名称之中，相应的工程措施统称为蓄滞洪工程。

9.1.2 我国蓄滞洪区的建设情况

1949 年以来，我国长江、黄河、淮河、海河流域中、下游平原地区共有 97 处蓄滞洪区列入国家补偿名录，总面积约 3 万 km^2，蓄洪容积 1 025 亿 m^3。还有众多未列入国家补偿名录的蓄滞洪区和黄河滩区。60 年来，全国共启用蓄滞洪区 456 次，平均每年拦蓄洪水 7.6 次，共拦蓄水量 1 230 亿 m^3。蓄滞洪区在我国 60 年的防洪斗争中，发挥了重大和不可替代的作用，对夺取防汛抗洪的胜利功不可没 * 。

现将上述四大江河的蓄滞洪区及其运用情况简述如下：[21],[52],[90]~[92]

1. 长江流域的蓄滞洪区

1949 年以来，长江中、下游有计划地利用湖泊、洼地建设蓄滞洪工程，其中重点建设了荆江分洪工程和汉江杜家台分洪工程，安排了洞庭湖、洪湖、鄱阳湖、华阴河等 14 处蓄洪区，总面积 11 866 km^2，耕地 54.8 万 hm^2，蓄洪量 637 亿 m^3，区内人口 569 万人。

荆江分洪工程位于荆州对岸、公安县境内。工程包括 54 孔进洪闸、32 孔节制闸、拦河土坝、208km 围堤及安全区建设等。分洪区面积 921 km^2，蓄洪容量 54 亿 m^3，设计最大分洪流量 8 000 m^3/s。荆江分洪工程 1953 年 4 月建成后，1954 年三次运用，分洪最大流量 7 700 m^3/s，分洪总量 122.6 亿 m^3，降低沙市水位 0.96m，有效地减轻了荆江大堤的洪水压力，为保障江汉平原和武汉市的安全发挥了巨大作用。1998 年长江特大洪水，荆江分洪区又一次面临分洪运用。8 月 6 日下午紧急部署区内 50 多万群众避水及转移，同时落实了北闸防淤堤起爆措施。后因隔河岩水库和葛洲坝水利枢纽实施削峰调度，并鉴于对当时的水雨情、天气预报、工程情况以及抗洪形势的科学分析，8 月 17 日，党中央、国务院在听取各方面意见后做出不运用荆江分洪区分洪的决策。尽管荆江分洪区最终未运用，但在当时荆江防洪万分危急的形势下，做出这样的部署和决策是完全正确的，同时也显示出荆江分洪区“潜在”的防洪效益是不可低估的。

汉江杜家台分洪工程位于江汉平原东部，设计最大分洪流量 5 600 m^3/s，区内面积 614 km^2，容量 22.9 亿 m^3，耕地 2.26 万 hm^2，人口 10.4 万人。汉江杜家台分洪工程自 1956 年建成以来，已先后运用 20 次。特别是在 1964 年、1983 年、2005 年等大洪水年中，杜家台分洪工程对确保汉江下游及武汉市的防洪安全发挥了巨大作用。

2. 黄河流域的蓄滞洪区

黄河下游蓄滞洪区主要有东平湖、北金堤、北展、南展、大功五处。此外，沿黄河滩区也可以行滞洪。总面积 3 958 km^2，蓄洪量约 90 亿 m^3，占有耕地 59.6 万 hm^2，区内人口 481.74 万人。

东平湖分洪区原为自然滞洪的天然湖泊。1958 年将其改为滞洪水库，可调蓄洪水 40 亿 m^3，建有进洪闸 5 座，分洪流量 11 000 m^3/s，退水闸 2 座，流量 2 500 m^3/s。运用原则是，以防洪运用为主，有洪蓄洪，无洪生产。1982 年 8 月，黄河发生花园口流量 15 300 m^3/s的洪水，为确保黄河下游安全度汛，启用东平湖分洪，当时上游孙口洪峰流量 10 400 m^3/s，仅为设计流量的 70%，即分洪工程在尚未充分利用的情况下，下游艾山站洪峰流量就已减小到7 430 m^3/s，削峰 28.6%，显示出明显的防洪效益。

北金堤滞洪区位于左岸，分属河南、山东两省。1951 年开始建设，建有 1 500m 的溢洪堰，设计分洪流量 5 100 m^3/s；1978 年改建成渠村分洪闸，设计分洪流量增大到 10 000 m^3/s。区内面积 2 316km^2，可滞蓄黄河洪水 27 亿 m^3，内有耕地 15.1 万 hm^2，人口 152.3 万人。

在山东省境内，为了解决窄河段的凌汛威胁，1971 年兴建了北岸齐河及南岸垦利两

---

* 鄂竟平，全国蓄滞洪区建设与管理座谈会上的讲话，2004.4.23（南昌）。

处堤距展宽工程，分别简称北展和南展。北展区面积 106km^2，分洪流量 2 000 m^3/s，蓄洪量 4.75 亿 m^3；南展区面积 123.3 km^2，设计分洪流量 2 350 m^3/s，蓄洪量 3.27 亿 m^3。

大功分洪区位于河南省封丘县黄河北岸，建有溢洪堰，当花园口站流量达 30 000 m^3/s 以上时启用，分洪流量 5 000 m^3/s。

近年来，沿黄滩区生产堤正在逐步废弃，大批群众已陆续迁出，在黄河大堤内侧另建新村安置，这对充分发挥黄河滩的行滞洪作用是很有好处的。

3. 淮河流域的蓄滞洪区

淮河流域现有蓄滞洪区 27 处，总面积 3 911 km^2，耕地 24 万 hm^2，区内人口 166.14 万人，蓄洪量 91.3 亿 m^3。除河南 3 处、江苏 2 处外，其余 22 处均分布在安徽省淮河干流王家坝至洪山头河段两岸。在这 22 处中，除 4 处为蓄洪区外，其余 18 处均为行洪区。

淮河干流的行蓄洪区，除濛洼、城西湖、城东胡、瓦埠湖等 4 处蓄洪区有闸控制外，其余行洪区的进、出口均未建闸控制，运用时主要利用堤上口门或临时扒口、炸口进洪。

淮河两岸的行蓄洪区使用频繁。如淮河中游正阳关以上行洪区一般 3 年一遇或 3 年两遇，正阳关以下大致 5～10 年一遇。自 20 世纪 50 年代建成以来，多次运用濛洼、城西湖、城东湖等蓄洪区，对于保障淮北平原和淮南、蚌埠等城市的安全发挥了显著效益。1991 年，淮河流域出现 1949 年以来仅次于 1954 年的大洪水，淮河中游 17 处行蓄洪区先后启用，起到了一定滞洪削峰作用。但因当年大多数行洪区未按规定及时及量运用，结果造成行洪区的行洪效果不理想，致使淮河中游水位普遍偏高。2003 年大水，先后启用了濛洼等 9 处行蓄洪区，对降低干流洪峰水位，缩短高水位持续时间，减轻淮北大堤等重要堤防的防守压力发挥了重要作用。

4. 海河流域的蓄滞洪区

海河流域现有蓄滞洪区 25 处，总面积 9 560 km^2，耕地 57 万 hm^2，区内人口 414 万人，蓄洪量 170 亿 m^3。其中青甸洼、盛庄洼、兰沟洼、贾口洼、文安洼、白洋淀、献县泛区、大名泛区、恩县洼等以蓄洪为主，属蓄洪区。永定河泛区，小清河分洪区，卫河上一连串坡洼，以及大陆泽宁晋泊、东淀等，起蓄洪和行洪作用。

1949 年以后，海河流域曾先后发生过 1954 年、1956 年、1963 年三次大洪水。1954 年洪水主要发生在大清河和子牙河水系，当时上游尚未建水库，洪水主要靠兰沟洼、献县泛区、白洋淀、东淀、文安洼、贾口洼等洼淀滞蓄，滞蓄量近 77 亿 m^3，占洪水总量的 50%。1956 年洪水，主要发生在大清、子牙、漳卫水系，上游仍无水库调蓄，各洼淀蓄洪总量约 95 亿 m^3，占洪水总量的 59%。1963 年著名的“63·8”洪水，发生在大清、子牙、漳卫三河水系，是年洪水峰高量大，持续时间长。当年依靠三河支流所建的 14 座水库拦蓄洪水 43.5 亿 m^3，但仍有 136.5 亿 m^3 的超额洪水需靠中、下游蓄滞洪区蓄纳，占洪水总量的 45.2%。当年很多洼淀都是超标准滞蓄，如白洋淀最高水位超保证水位 1.08m，滞蓄洪量达 37.85 亿 m^3；文安洼最高水位超出设计水位 0.65m，滞洪量达 37.2 亿 m^3；东淀最高水位超保证水位 0.39m，高出天津市区一般地面高程 4m 以上。

在上述海河流域的三次洪水中，流域内的蓄滞洪区发挥了显著的蓄洪削峰效果，这对于保障天津市和津浦铁路的安全，有效地减轻海河平原的洪灾损失发挥了巨大作用。

9.1.3 我国蓄滞洪区的特点及其存在的问题

蓄滞洪区的作用是调蓄洪量，削减河道洪峰流量，降低河道洪水位，确保重点防护区的防洪安全。江河防洪的实践证明，蓄滞洪区是一种行之有效的工程防洪措施。例如：1954 年长江大水，三次运用荆江分洪区，进洪 122.6 亿 m^3，降低沙市水位 0.96m；1983 年 10 月，汉江大水，下游邓家湖、小江湖及杜家台分洪区相继分洪，确保了汉江下游干堤及武汉市的安全。再如，淮河干流行洪区，行洪流量约占淮干总泄洪能力的 20%～40%；1954 年，14 处行洪区加上临王段、正南洼地等处，共滞蓄水量 109 亿 m^3，扣除内水量，滞蓄淮河洪水量约 85.5 亿 m^3，防洪效果显著。

我国蓄滞洪区的特点及其存在的问题主要有：

(1) 蓄滞洪区地处江河中、下游，大多数系在湖泊、洼地基础上建设形成，具有蓄洪垦殖双重目的，防洪、生产需兼顾。

(2) 工程设施相对简陋，管理粗放，防洪标准不高。有的行蓄洪区标准低，启用频繁，生产、生活基地不稳固，经济发展速度和当地群众生活质量低于其他地区。

(3) 区内人口增长快、密度大。如荆江分洪区，1954 年区内人口 17 万，到 2002 年底达到 55 万多人。我国四大主要江河的蓄滞洪区，平均人口密度 410～530 人/km^2，个别的如淮河濛洼蓄洪区高达 724 人/km^2。因此，分洪时人员迁转难度大。

(4) 随着社会经济的发展，区内财富逐年增加，分洪损失愈来愈大，而补偿机制不健全。有的蓄滞洪区，不但有肥沃的农田，而且有繁荣的城镇。有的蓄滞洪区是商品粮基地，有的分布有大型工矿、企业和油田。因此，一些蓄滞洪区在决策运用时往往举棋难定，总希望力求保住不用。

(5) 区内安全建设缓慢，安全设施容量有限。目前，长江、黄河、淮河、海河蓄滞洪区安全设施只能低标准满足区内$\frac{1}{4}$～$\frac{1}{3}$人口的临时避险，分洪前有大量人员、财物需要转移。

(6) 工程建设不完善，排水设施不配套。大部分蓄滞洪区没有进、退水闸，分洪较难适时、适量，退水无法控制，不能满足分洪运用和快速恢复生产的需要。

§9.2　蓄滞洪工程的规划与建设

我国大多数蓄滞洪区人口稠密、土地肥沃、经济发展，区内居民安全与生产的矛盾突出。实践证明，这一矛盾如果处理不好，不仅不能正常发挥工程作用，而且常会遗留许多问题，甚至影响社会安定。因此，在蓄滞洪工程的规划与建设中应引起高度重视。

蓄滞洪工程的规划与建设内容主要包括：蓄滞洪区的规划、水工建筑物的布置、区内安全建设以及非工程防洪措施安排等。有关非工程防洪措施问题见第十章，这里就前三个方面简介如下。

9.2.1　蓄滞洪区的规划

1. 蓄滞洪区的位置选择

蓄滞洪区位置的选择原则是：

(1) 尽可能地邻近防护区，以利于分洪时能迅速降低重点河段的洪水位，最有效地发挥其防洪效益。

(2) 尽量利用地势低洼的湖泊、洼地。因为湖泊、洼地本来就是洪水的天然调蓄场所，其蓄洪容积大、淹没损失小、修建围堤工程量小。

(3) 因地制宜地确定其进、泄洪口门位置，最好具备建闸条件。

(4) 该地区人口密度相对较小，群众在分洪时迁安相对容易。

2. 分洪量及分洪水深的确定

根据拟定的防洪标准，由防洪控制点的防洪设计洪水进行洪水演进计算，求出分洪口处的河道设计洪水过程，其中超过分洪口下游河道安全泄量 $q_{安}$ 的部分，称为超额洪量，如图 9-1 所示。图中阴影面积即为理想情况下所需要的设计分洪量 $V_{分}$，设计最大分洪流量为 Q_{max}。

求得分洪总量 $V_{分}$ 后，可再按分蓄洪区范围和区内地形，求得平均分洪水深和最大分洪水深。区内水深的大小取决于所圈定的分蓄洪区的面积。圈定面积大，则水深小，分洪淹没范围大；圈定面积小，则水深大，不利于及时退水，并将增加安全设施的建设难度。

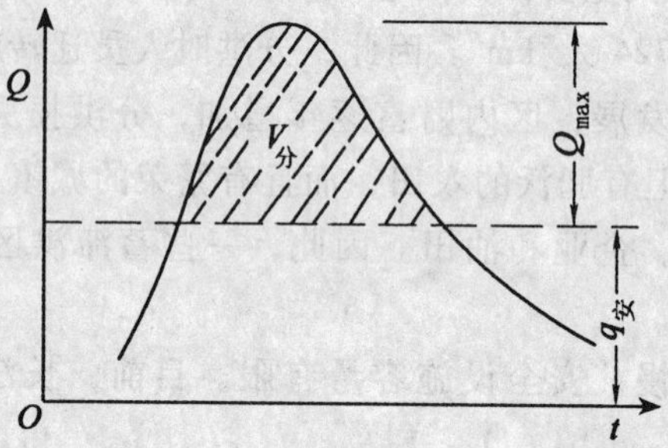

图 9-1 分洪口处设计洪水流量过程曲线

9.2.2 水工建筑物的布置

蓄滞洪工程的水工建筑物主要有进洪、泄洪设施及围堤工程等项目。

进洪设施：进洪设施规模应根据最大分洪流量确定。重要的或使用较频繁的蓄滞洪区可以考虑修建永久性进洪闸。闸的位置一般布置在被保护堤段上游，并尽量靠近分蓄洪区。考虑到分洪闸并不经常使用，修建标准不宜过高，若遇特大洪水，可以在附近临时扒开围堤增加进洪量。扒堤位置应在规划布置时一并选定，必要时应预先做好裹头和护底工程，以防爆破启用时口门无法控制。

泄洪设施：泄洪设施规模应以分洪量和退水时限要求，以及退水对承泄河道的防洪影响等因素确定。泄洪设施通常是建泄洪闸，闸的位置应选在蓄滞洪区的下部高程最低处，以便能泄空渍水。闸的规模主要取决于需要排空蓄水时间的长短及错峰要求。对于运用机率较小的蓄滞洪区，也可以不建闸而采取临时扒口措施泄洪，或建闸与临时扒口二者配合使用。

围堤工程：蓄滞洪区围堤的设计洪水位，应根据其保护地区的河道堤防的设计洪水位，按照位置的相对关系，考虑可能的洪水组合偏安全加以拟定。例如汉江杜家台分洪区，为了确保武汉市的防洪安全，担负着汉江及长江的双重分洪任务。因此，杜家台分洪区围堤的设计水位，应与武汉市的堤防保证水位相适应。其围堤断面设计与武汉市的河道堤防基本相同。

9.2.3 蓄滞洪区的安全建设

蓄滞洪区的安全建设不仅关系到广大群众的生命财产安全和社会安定，而且影响到蓄滞洪区的正常运用。内容包括：避洪警报设施、就地避水设施、撤退转移设施和紧急抢救设施等。

1. 避洪警报设施

避洪警报设施的作用是使蓄滞洪区内的广大民众能及时知晓分洪信息，以便在洪水淹及之前有计划、有组织地采取避洪措施或安全撤离。蓄滞洪区防洪警报的发布和组织转移工作的部署由当地防汛指挥部门负责，各处都能及时收听获知。

2. 就地避水设施

蓄滞洪区的就地避水设施包括：安全区、安全台、避水楼等。在生产水平较高的地方，居民在修建、改建房屋和公共设施时，可以考虑建成能适应分洪要求的楼房和临时避水设施。

安全区：即在村庄外围修建围堤形成一个人与洪水相隔离的区域。这种形式适合于人口相对集中，水深1～3m的地区。圈围面积不宜过大，以免增加围堤的防守困难及影响蓄滞洪能力。围堤临水坡要做好护坡或种植草皮、防浪林，区内要有排水设施。

安全台（村台）：即把居住地高程抬高至最高蓄洪水位以上。这种措施的安全性好，缺点是填台土方量大，占压土地较多，一般多建在水深不到3m的地区。为减少占地及工程量，人均占有的村台面积不宜过大。淮河行洪区现行标准为每人$20m^2$。村台上应有给排水设施及公益性建筑。

避水楼（安全楼）：随着农村经济的发展和居民生活质量的提高，一些蓄滞洪区居民在国家给予少量扶持下，结合盖房修建坚固耐泡的安全楼。例如湖南洞庭湖区、湖北荆江分洪区以及淮河黄墩湖等地建设较多。洞庭湖蓄洪垸内，每栋楼安全层面积$64m^2$，人均占有$2m^2$以上，安全层高程超过蓄洪最高水位1.5～2.0m，并按7级风和最大吹程设计风浪冲击压力，基本上达到蓄滞洪安全的要求。

3. 撤退转移设施

分洪前夕，蓄滞洪区内大量群众需通过道路转移到临时安置区。因此，撤退道路、桥涵和车、船等交通工具事先应做好周密的安排，以确保人员的撤退转移能安全、有序、按时完成。其中撤退道路的规划，应考虑村庄分布、撤离方向、居民人数和撤离时间限制等因素。如黄河北金堤滞洪区，规划居民点离干道不超过2km；江苏黄墩湖蓄洪区要求道路平均人流密度为800人/km。为防雨季泥泞，路面一般应建成晴雨无阻的沥青路面或碎石路面。

4. 紧急抢救设施

为防止意外事件的发生，必须事先做好各种紧急抢救设施与措施的准备。例如，长时期蓄洪，避水楼台可能发生险情，区内群众的生活供应、医疗卫生、治安巡查等问题。水上交通工具、救生设施器材的落实与发放，每年汛前要逐村逐户检查、维修、更换，登记造册。

从最有利的“分洪保安”方式讲，最好是把人员均安置在安全区内或安全台上，分洪区内大面积地区基本无人定居，只是要安排好往返田间劳作的交通设施。此外，从蓄滞洪区的长治久安考虑，还可以参照“移民建镇”的思路，解决分洪与群众生命财产安全的矛盾。

§9.3 蓄滞洪区的调度运用与管理

9.3.1 蓄滞洪区的调度运用

根据《中华人民共和国防洪法》，在需要启用蓄滞洪区时，“任何单位和个人不得阻拦、拖延；遇到阻拦、拖延时，由有关县级以上地方人民政府强制实施”。

但因运用蓄滞洪区涉及区内群众的生产、生活和生命财产安全，事先必须做好相关技术准备和动员安置工作。现就蓄滞洪区的调度运用方式及其运用条件概述如下[51]。

1. 蓄滞洪区调度运用方式

蓄滞洪区的调度运用方式，根据其规划任务和控制条件不同，主要有以下三种。

（1）蓄洪调度运用

为了确保下游重要防护河段的防洪安全，需将上游来水超出下游河道安全泄量的部分水量，引进蓄滞洪区暂时蓄起来，待洪峰过后或汛后再泄出。在调度运用中，既要把握好下游河道的泄流不得超过其安全泄量，又要根据河道上游来水合理确定分洪流量和进洪总量，尽量减少蓄滞洪区的淹没损失。这一般需要选好控制代表站，做好洪水预报，推算河道洪水传播过程。黄河东平湖，淮河王家坝、城西湖等蓄滞洪区，均属于这种防洪调度方式。

在运用这种调度方式时，应注意一旦河道洪峰流量小于下游安全泄量时，应停止进洪，以保留相当的蓄洪库容，防备再次发生洪峰。

（2）滞洪调度运用

在河道两侧蓄洪条件有限时，可以利用滞洪区过水，延续洪水传播时间，使分入滞洪区的洪水缓缓下泄，使其与主河槽洪峰错开后归入原河道。如黄河北金堤滞洪区，就是利用临黄堤和北金堤之间行洪达到滞洪的目的。

此外，有的分蓄洪区在蓄水运用后，因上游河道后期来水不减，而采取“上吞下吐”的调度运用，也起滞洪效果。如长江1954年荆江分洪区运用后期，就是在进口进洪的同时，扒开分洪区下游围堤向长江吐洪，取得成功。

（3）就地蓄洪降低水位运用

当河流、湖泊水位持续上涨，将超过保证水位，威胁堤防安全时，有计划地开启河流、湖泊周边的蓄洪区，容纳一部分洪水，可以降低当地水位。这种情况称为就地蓄洪降低水位运用方式。如汉江中、下游及洞庭湖区的蓄洪垸多属这种调度运用。

2. 蓄滞洪区的运用条件

蓄滞洪区在分洪运用前，必须做好如下工作：

（1）制定蓄滞洪区运用方案。运用方案要明确运用条件、运用指标和运用程序，确定蓄滞洪调度运用权限，并报经上级主管部门批准。

（2）编制蓄滞洪区风险图表资料。把进洪后洪水演进过程、危险程度、淹没损失等制成各种图表。风险图表可以通过历史洪水调查和洪水演进模拟及财产损失评估制定。

（3）检查蓄滞洪区避洪设施与分洪准备情况。掌握区内就地避洪和转移人员的具体数字和分布情况。

(4) 制定撤退转移方案。对转移人员、转移路径、交通工具，以及转移人员的安置、生活供应、医疗卫生等，都要制定出具体可行的方案。

(5) 调试蓄滞洪区的警报发射和接收系统。重要的分蓄洪区，一般应建立有线和无线两套通信、报警系统，汛前要开通调试，确认警报信号的发布和接收正常无误，使警报信号家喻户晓。

(6) 做好分洪口门开启准备工作。有闸控制的分洪口门，要使工作人员熟悉其工作性能、启动程序和过流标准；对于临时扒口的口门，要做好爆破准备和破口后的防护准备。

(7) 布置围堤防守及安全区排渍任务。一旦分洪，分洪区及安全区的围堤应派人防守，防守任务及责任要具体落实。安全区是居民生活的重要场所，区内渍水要能及时排出。

9.3.2 蓄滞洪区的管理

蓄滞洪区人民的生产、生活条件和社会经济活动，在很大程度上受分洪与否所制约和影响。不分洪年份，区内土地及各项经济活动照常使用与运营；发生大洪水需要分洪的年份，区内土地将被淹没，各项生产、经济活动和生态环境无疑将受到一定损失或破坏。因此，加强蓄滞洪区的管理，不仅有利于发挥蓄滞洪区的防洪作用，而且有利于区内居民脱贫致富和在分洪年份把损失减至最小。

各地蓄滞洪区情况不一样，管理项目可能不尽相同。但对于重要的蓄滞洪区例如荆江分洪区，管理工作内容则大体包括：水工建筑物管理、安全设施管理、通信预警设施管理、法规制度建设管理和分洪救灾与灾后重建工作管理等[52]。

1. 水工建筑物管理

进、泄洪设施管理：进、泄洪闸的管理，闸工建筑物实施常年管理，闸工金属结构件要定期检修、漆油，汛前要试启动，保障启闭灵活；对混凝土建筑物作定期变形、变位及裂缝和埋设件的观测，发现问题及时处理，重大问题报主管部门进行除险加固处理。启闭设备电源，要精心维护和检查，确保满足运用需要。

无闸控制的进、吐洪口门位置，要以保障进、泄洪顺畅为目标做好管理工作，同时应做好口门裹头，防止口门的任意冲刷扩大，不利于汛后恢复。

围堤管理：有的蓄滞洪区如长江的一些分蓄洪区，其围堤具有分洪时拦江河洪水于蓄洪区内和不分洪时御江河洪水于蓄洪区外的双重作用。因此，围堤必须达到上述要求的设计标准并维护其正常运用功能。分洪区围堤管理包括：常年维护管养，汛前查险修复和分洪运用时的相关准备等。

2. 安全设施管理

安全区管理：包括安全区围堤管理和区内安全建设管理。其中区内安全建设须保障规划安置的人口需要，做好就近转移到区内的人员安置计划和落实工作。

安全台管理：做到台基稳定、台面完好，防止人畜损坏和台土流失。安全台要常年保养，每年冬、春季节重点维修。

安全楼管理：安全楼有单户楼、联户楼及集体楼三种。建成后的安全楼由使用者管理。集体安全楼，一般由学校、机关、乡镇企业使用，并负责维修管理，防汛部门定期检查；联户、单户楼依相关合同交由住户管理。所有使用集体和单户都须明确承接避水人员的任务，将承接的户主及人数张榜公布。

转移交通设施管理：长江流域分蓄洪区的道路，依其作用、等级分为两类进行管理：主干公路、高等级公路及所属桥梁，由国家交通部门管养，分洪使用时服从分洪转移需要；乡级以下的公路，主要为分洪转移而建，由乡、村组织劳力维护，桥梁设专人管理。

船只是湖区转移人员的重要交通设施。船只易于老化、干裂，不能长期搁置不用。应使平时能为生产服务，分洪时紧急集结用于转移人员和防汛指挥，采取“平战结合”方式管理。

3. 通信预警设施管理

蓄滞洪区的通信设施在防汛期间具有特殊重要的作用。区内通信设施按属权管理，电信公网由电信基层部门管理，要求保障防汛需要；有线广播系统由各级广播电视部门维修、保养；防汛部门所属的专用话路及设备，由各级防汛部门管理，定期检查维修，确保良好运行状况。

蓄滞洪区的洪水报警设施有：无线电台、对讲机、报警发射机、警报接收器等。发布洪水或分洪警报信息，采用有线广播、电话、电视传播、报警器以及民间沿用的鸣笛、敲锣等方式。洪水警报由省防汛指挥部发布，逐级下传。警报设备由各级防汛部门管理，警报接收器汛前交由村委会使用，汛后防汛部门收回并检查维修，民间警报设备由防汛部门指定专人保管。

4. 法规制度建设管理

1988 年国务院批转了国家水利部《蓄滞洪区安全与建设指导纲要》，为蓄滞洪区建设、管理、运用作出了原则规定。各地出台的蓄滞洪区的相关管理法规和办法很多。其内容主要涉及：蓄洪区内经济建设管理，安全设施建设管理，人口户籍管理和洪水保险制度等方面。

经济建设管理：要求蓄滞洪区内的建设按总体规划进行，珍惜土地资源，建设项目不得影响分洪区运用，不得污染水质和损害环境。调整产业结构，引导农业改种耐淹、早熟作物品种，发展适于分蓄洪区的种植业、养殖业、工副业，开展多种经营，增强经济实力，提高抗灾能力。

安全设施建设管理：作好安全建设规划，管理各项设施，保证分洪保安需要。

人口户籍管理：蓄滞洪区是一个抗风险能力差和环境容量有限的区域，要求实施严格的人口政策和户籍管理，鼓励外流，限制内迁，控制人口自然增长。

试行洪水保险制度：各地蓄滞洪区的洪水保险机制要尽快建立和完善。即动员蓄滞洪区的单位和个人积极投保，或通过相关法律法规程序收取保险金，以用于补偿分蓄洪后居民的财产损失。

5. 分洪救灾与灾后重建工作管理

主要工作内容有：帮助灾民紧急疏散和转移，妥善安排灾民生活，帮助灾民重建家园、恢复生产，修复水毁工程设施，做好卫生防疫工作等。

§9.4 蓄滞洪区的洪水风险图

蓄滞洪区在分洪运用后，各处的洪水演进速度、淹没水深、淹没时间、淹没损失等不同。因此，通常需编制蓄滞洪区的洪水风险图，用于指导分洪决策、抢险救灾、损失赔偿以及区内的规划建设。

洪水风险图又称洪水危险区图，在美国则称做洪水危险地区边界图。洪水灾害不仅与洪水淹没范围有关，而且与洪水演进路线、到达时间、淹没水深及流速大小等有关。洪水风险图就是在发生可能的大洪水时，洪泛区各处的上述水力特征的平面标示图，反映洪泛区各处的危险程度。洪水风险图与洪水频率有关，不同频率的洪水有其相应的洪水风险图。为了满足洪水风险分析的需要，通常需绘制几种不同频率的洪水风险图，如 10 年一遇、20 年一遇、50 年一遇和 100 年一遇等。因此，同一洪泛区常划分成几个不同风险程度的风险区。图 9-2 为 50 年一遇的洪水风险示意图[51]。

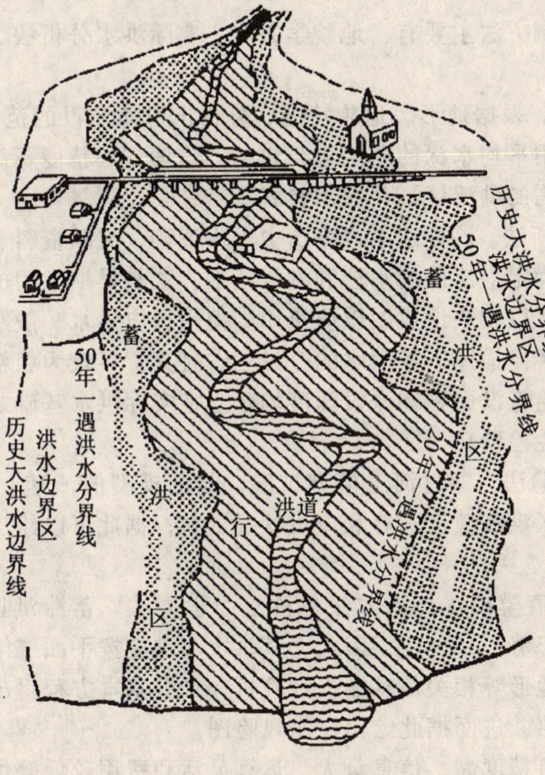

图 9-2 洪水风险示意图

9.4.1 洪水风险图的作用

（1）洪水风险图有利于合理制定洪泛区的土地利用规划。在进行洪泛区规划时，应尽量避免在风险大的区域出现人口与资产的过度集中。

（2）洪水风险图有利于引导人员避难逃生。根据该图可确定需要避难的对象、避难地点及其通达路线，保证在洪水发生时居民能安全地由风险大的地区转移到风险小的地区。

（3）洪水风险图是灾情预测分析与灾害损失赔偿的重要依据。据该图可以避免灾情的虚报或夸大，有利于灾害损失的合理赔偿。

(4) 洪水风险图是确定洪水保险费率的基础。保险费率的高低对保险事业的发展影响很大,保险费率太低,保险公司无利可图,甚至难以维持;保险费率太高,则投保人负担过重,也不利于保险的推行。为了合理确定保险费率,需要有一种保险费率图,该图展示出洪泛区财产对不同洪水的损失率及损失量的分布,是在洪水风险图的基础上绘制而成的。

(5) 洪水风险图有利于提高全民防洪减灾意识。洪水风险图提醒人们所在位置的洪水危险程度;明确人员、财物是否要撤离转移,变消极应对为积极防御;根据洪水风险图,单位和居民可以在自家墙上注明不同频率洪水位,一旦听到洪水消息,就知道自身危险与否,以便采取相应措施。因此,人们又称洪水风险图是“保安图”[93]。

9.4.2 洪水风险图的绘制方法

洪水风险图的绘制方法主要有:地貌学方法、实际洪水分析法、实体模型试验法和非恒定流数值模拟法等。

(1) 地貌学方法。根据地形、地貌特征,分析出可能淹没的范围和可能的淹没深度,一般用洪量作控制,用平均水深的办法进行粗估。这种方法精度不高,一般适用在缺乏水文资料的情况和大范围的洪泛区,其费用较省。

(2) 实际洪水分析法。该方法系根据历史洪水痕迹、文献资料、航测照片及当地居民提供的资料与信息,确定洪泛区的水位和淹没范围。这是早期常用的一种简便方法,不需要详细的地形资料,可以较快地成图以应急用。但因历史洪水一般距今较远,洪痕调查仅能反映最高洪水位,不能描述一场洪水的全过程,且其资料较为粗糙,精度有限,用途会受到一定限制。因所绘淹没面积和淹没深度均建立在实际洪水基础之上,故可以用于对其他方法所得成果的定性检验。

(3) 实体模型试验法。通过河工模型试验,量测模型的流速、流向、水深和淹没面积等要素,得到洪泛区洪流演进态势和淹没状况资料,据此可以绘出洪泛区不同频率洪水下的洪水风险图。

(4) 非恒定流数值模拟法。该方法也称水力学方法。蓄滞洪区进洪后,水域宽阔、水深较小,洪水漫溢态势不易确定,因此,其洪水演进应按平面二维非恒定流模型进行模拟计算。即将洪水、地形等相关信息输入计算机,求解基本方程得出平面各处的水深、流速、流向等水力特征值,进而据此绘出洪水风险图。

数值模拟方法具有精度高、信息量大、运算灵活和费用较低等优点,近年来愈来愈受到广泛的重视与应用。在这方面,中国水利水电科学研究院刘树坤教授等领先做了大量工作,所得成果为区域性洪水灾害风险管理提供了重要科学依据。

9.4.3 蓄滞洪区的风险区划

根据所绘洪水风险图,可以按水深、流速等水流条件的危险程度,将蓄滞洪区划分为不同的区域。图 9-3 为蓄滞洪区风险区划示意图。可供参考的分区方法如下[53]。

安全区:区内地势较高或有围堤保护,泛洪时洪水不能淹及的区域。

轻灾区:水深在 0.5m 以内,可使农作物减产,若浸泡时间较长也可能绝收,其他方面均可能遭受一定程度损失,但对人员生命安全不构成威胁。

重灾区:水深在 0.5~1.5m 之间,区内农作物绝收,经济损失严重,需采取安全措施才能确保群众的生命安全。

危险重灾区：水深 1.5～3.0m，人畜生命受到严重威胁，需安排救护设备和采取救生措施。

极危险区：洪水主流区和水深 3.0m 以上的区域，人员需要安排撤离。

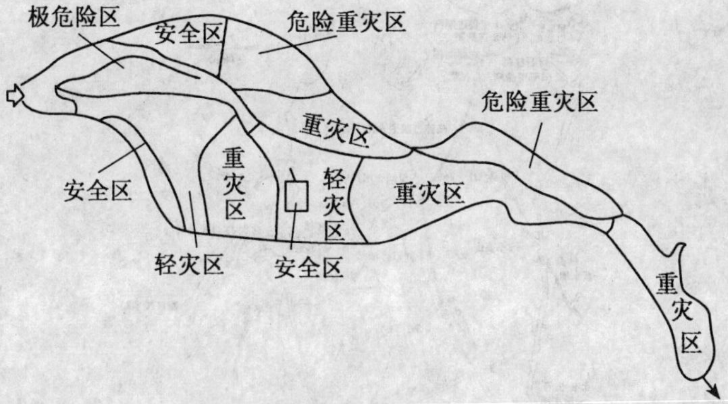

图 9-3　蓄滞洪区风险区划示意图

蓄滞洪区的风险区划明确之后，应在实地树立醒目的风险警告标志。如“安全区”、“洪水轻灾区”、“洪水重灾区”、“洪水危险重灾区”、“洪水极危险区”，等等。标志要树立在引人注目的地方如电线杆、永久建筑物上，或专设标志牌。

9.4.4　洪水风险图实例

这里以黄河东平湖分洪区洪水风险图为例加以说明[93]。

东平湖分洪区位于山东省梁山、东平、平阴县境内，原是黄河与汶河下游冲积平原相接地带的洼地。每年汛期黄河洪水自然倒灌入湖，汛后湖水又回归黄河。自 1958 年大洪水以来，先后修建了林辛、十里堡石洼、司垓等进、出湖闸，将原自然滞洪区扩建成为防洪运用的分洪区。东平湖的二级湖堤将湖区分为新、老湖区两部分，如图 9-4 所示。围堤长 77.829km（扣除 10.471km 河湖两用堤），堤顶高程 47.6～48.5m（大沽基面）。

在黄河孙口水文站实测流量超过 10 000m^3/s 时，东平湖开始分洪运用，控制黄河干流下泄 10 000m^3/s，运用原则为：首先运用老湖区分洪，在老湖区蓄满后（控制水位 46m）或孙口实测流量超过 13 500m^3/s，同时向新湖区分洪。考虑侧向分洪不利因素，最大分洪流量 7 500m^3/s，分洪总量按湖区水位 44.5m 控制，此条件库容为 30.5 亿 m^3，其中老湖区底水 4 亿 m^3，汶河来水 9 亿 m^3，容许分蓄黄河洪量 17.5 亿 m^3。

针对东平湖分洪区的实际情况和防洪要求，中国水利水电科学研究院与山东省黄河河务局研究了其分洪运用时的洪水演进过程，计算得出湖区的淹没范围、水深、流速、淹没历时等资料，进而绘制出分洪区的洪水风险图。该图对应于黄河花园口洪峰流量 22 300m^3/s，汶河 10d 洪量 10 亿 m^3。根据计算结果，可以将全湖划分为危险区、深水重灾区、重灾区、轻灾区和安全区五类，如图 9-5 所示。该图可以作为东平湖分洪区防洪调度和防洪减灾的重要科学依据。

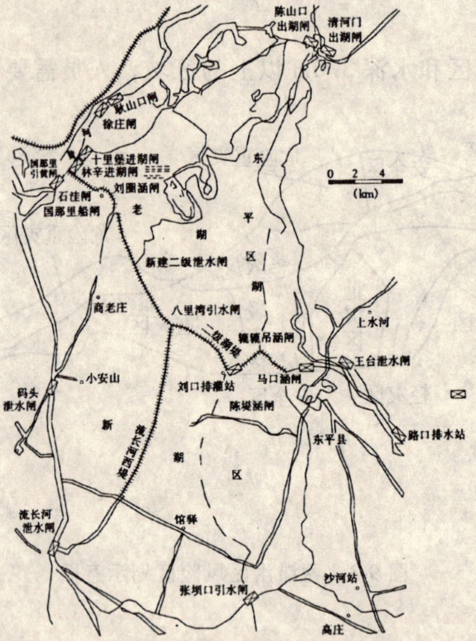

图 9-4 东平湖分洪区示意图

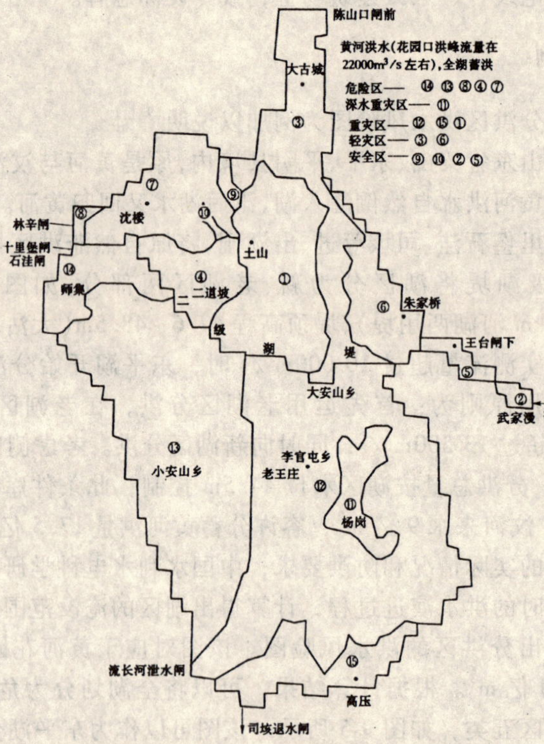

图 9-5 东平湖分洪区洪水风险图

第十章　非工程防洪措施

顾名思义，非工程防洪措施是相对工程防洪措施而言的，非工程防洪措施是20世纪50年代以来逐步研究形成的一种新的防洪思路和方法。所谓非工程防洪措施，是指通过行政、管理、法律、经济和现代化技术等非工程手段，以达到减少洪灾损失所采取的措施。

非工程防洪措施一词，国外见美国于1964年首次正式使用。在我国，过去虽然没有非工程防洪措施的说法，但其中的某些内容已有很悠久的历史，如历史上曾普遍采用的积粮备荒、减免赋税、救灾赈济，以及民间传递水情和险情的报警办法；建立沿河州府河防管理制度；洪泛区临时迁居和种植耐淹高秆作物等措施。

中华人民共和国成立以后，特别是20世纪80年代以来，在学习和引进国外的先进技术经验的基础上，倡导了适于我国国情的非工程防洪措施，并且明确了工程防洪措施与非工程防洪措施相结合的中国江河防洪建设的总方针，从而有力地促进了我国防洪减灾事业的发展。

迄今为止，人们虽还不能对非工程防洪措施的全部内容进行概括归类，但就我国的实际情况来说，其内容大致包括以下方面。

§10.1　防洪区科学管理

防洪区是指洪水泛滥可能淹及而需要防护的地区，分为洪泛区、蓄滞洪区和防洪保护区[51]。洪泛区是指经常受到洪水淹没而无工程设施保护的地区，如河道两侧的行洪区、泛区、滩区以及一些没有堤防保护的平原洼地、湿地等。蓄滞洪区一般是指河道附近的湖泊、洼地加修围堤而形成的用于临时贮存洪水的区域。防洪保护区是指在防洪标准内受防洪工程设施保护的地区。

防洪区管理讲究科学性，特别是蓄滞洪区和洪泛区。这项工作是一项重要的非工程防洪措施，对于减少区域内的洪灾损失和维护社会安定意义重大。因此，各蓄滞洪区和较大的洪泛区，应成立专门的管理委员会，全面负责区内规划的实施和相关工作的管理。尽管各地蓄滞洪区和洪泛区的管理事项不尽相同，但概括起来主要如下。

10.1.1　蓄滞洪区的管理

蓄滞洪区管理的内容详见第九章。简要说来，主要有：蓄滞洪区土地的利用与开发必须符合防洪要求，限制不合理的开发利用方式，鼓励各种外迁行为或减少洪灾损失的举措；严格实行人口管理政策，控制区内人口的自然增长，鼓励外流，限制内迁；做好分洪保安工作，以确保泛洪时人畜和主要财产的绝对安全；建立洪水情报预报、警报及通信系统；试行防洪基金或洪水保险制度；绘制出洪水风险图，使居民了解自己所处位置的风险频率和可能受灾的程度，等等。

10.1.2 洪泛区的管理

洪泛区管理的重点是加强河道管理，制止和清除河滩上各种违章建筑和行洪障碍；安排好区内居民的生产、生活和确保其在行、滞洪期间的生命财产安全。其他如有关人口政策、土地利用政策等与使用频繁的蓄滞洪区基本相同。

§10.2 防洪法制建设与公民防洪防灾教育

10.2.1 防洪法制建设

防洪治水必须有法可依，依法治水是社会主义法制建设的重要组成部分，也是防洪工作在新的历史时期的要求。我国现已颁布《中华人民共和国水法》、《中华人民共和国防洪法》、《中华人民共和国防汛条例》、《中华人民共和国河道堤防管理条例》、《中华人民共和国水土保持法》等重要法律，各地、各部门也有相应的法规条例，标志着我国的防洪工作已初步走上法制化的道路。

但应看到的是，我国现有的防洪法律、法规还不健全、不完善，在不少地方，有法不依、执法不严现象仍然严重存在。如在河道中违规采砂，在河滩上设置行洪障碍，市政建设挤占河道，水利工程和防洪设施时常遭到破坏，河道的不规范、不合理开发利用等，有的甚至习以为常、司空见惯。因此，需要进一步出台相关配套的法律、法规文件，以形成完整的防洪法规体系。同时要加大执法力度，真正做到有法可依，有法必依，执法必严。对于各种违法、违规行为，该罚则罚，该处则处，情节严重的，依法严惩。

10.2.2 公民防洪防灾教育

1. 公民防洪防灾教育的意义

防洪是人命关天的大事。只有居安思危，防患于未然，方能遇危不惊。我国大部分江河防洪工程标准低，洪水灾害频繁不断，严重威胁着广大人民群众的生产、生活和社会经济的可持续发展。而在不少地方，人们水患意识与防洪观念淡薄，防洪法律和政策意识不强，防灾抗灾与避险保安知识欠缺。因此，对全民进行防洪防灾的教育实属必要。

2. 公民防洪防灾教育的内容

公民防洪防灾教育重在宣传，其内容主要有以下几方面。

(1) 宣传我国江河洪水灾害的严重性及其防洪形势，使广大民众明确洪涝灾害发生的不可消除性与可预防性，克服麻痹侥幸心理，树立常备不懈、有备无患和以防为主的思想。

(2) 宣传《中华人民共和国水法》、《中华人民共和国防洪法》等法律、法规，使相关防洪法规植根于民，使干部群众自觉抵制各种违法行为，维护防洪工程设施的完好，确保防洪调度运用的顺利进行。

(3) 宣传洪水保险与防洪基金的作用与意义，使广大民众自觉参加洪水保险，明确缴纳防洪基金的责任与义务。

(4) 及时发布"汛情公报"、"灾情通报"等水情灾情信息，宣传"防洪减灾"、"防洪法律、法规"、"防汛抢险技术"等知识，使广大民众知晓防洪形势，学到相关防洪知识与防灾抗灾技能，增强防洪观念，积极支持和协助相关部门和专业人员落实各项防洪减灾措施。

(5) 向蓄滞洪区的居民宣传国家对蓄滞洪区的相关法规和政策，讲清牺牲局部保护全局的道理与重大意义，让广大民众主动配合政府做好区内安全设施的建设与管理，确保蓄滞洪区的正常运用。

(6) 在江河两岸重要位置，设立醒目的历史大洪水"水位标志"、"淹没标志"或"风险警告标志"等标牌或树立防洪纪念碑，以经常提醒广大人民群众洪水灾害的危险性，自觉投入到防洪减灾的行动中来。

3. 公民防洪防灾教育的形式

宣传教育要有针对性，因地制宜、因时制宜、因人施教。其形式多种多样，主要有：

(1) 把自然灾害常识和防洪减灾知识纳入中、小学课本，让青少年懂得防洪防灾的基本知识。

(2) 通过广播、电影、电视、报刊杂志、书籍、公益广告宣传、网络信息等媒体，向全社会宣传与普及防洪减灾知识。

(3) 确立防洪日（周、月），或利用世界水日、中国水周，开展多种形式的学习、宣传、培训与各种活动，如防洪知识讲座、竞赛，抗洪英模报告，抗洪抢险演习，防汛抢险技术培训与经验交流等。

(4) 编写《防洪手册》、《防洪法律法规解读》、《防汛抢险知识》等读物，以及宣传画、宣传单等，在社会上广泛散发与张贴。

§10.3 洪水预报、警报与防汛通信

洪水信息预报是防洪斗争的耳目。在洪水到来以前，适时收集各种水、雨情信息，准确作出洪水预报，及时发布洪水警报，可为防洪调度决策及人员与财产的安全转移赢得宝贵的时间。因此，洪水预报、警报及防汛通信工作，是一项十分重要的非工程防洪措施。

洪水预报内容第三章已作介绍。这里介绍洪水警报与防汛通信的相关内容。

10.3.1 洪水警报

洪水警报主要在可能受淹的地区发布，以使居民能及时按计划、有组织地迁安。在国外（如日本）采用的是自动警报设备，即当上游泄洪时或水位达到某一标准时自动发出警报信号，人们根据事前规定的不同信号作出相应的准备。这种办法在我国容易引起混乱，不便于有组织地转移，因而很难推广采用。

目前在我国的一些蓄滞洪区，采用地方无线专用小电台方式，即用70MHz专用频率的调频广播，在每个蓄滞洪区设1~2个中心台，每个中心台覆盖半径为20~30km的范围，在居民点或小的自然村装有接收机（汛期都开着，不需人工开关），防洪警报和组织迁安工作的部署由当地防汛指挥部门在中心台发布，各地都能及时收听到。这种警报系统

价格便宜、方便实用，现已在全国数十个蓄滞洪区装备了近百个中心台和近万个接收机。这种系统的缺点是接收机只能听不能反馈信息。现正安排在蓄滞洪区内的大的自然村、乡、镇所在地再配备手持机、基地台、车载台等，以便反馈当地信息。此外，还发展了无线寻呼报警系统。

10.3.2 防汛通信

防汛通信是防洪工作的生命线。通信方式主要有有线通信和无线通信两大类。有线通信有架空明线、同轴电缆、光纤等方式，具有较高的电路稳定性、保密性强等特点，但抗拒自然灾害能力差，不适于作为长距离的通信方式。无线通信以无线电波作媒介，无线电波一般指波长由0.75mm到100 000m的电磁波。根据电磁波传播的特性，无线电波又可以分为超长波、长波、中波、短波及超短波、微波等不同波段。

过去我国的防汛通信主要依靠有线，大多使用邮电部门的通信线路。近些年来，水利防汛的无线通信网迅速发展，国家水利部利用电力微波、水利微波，一点多址、移动通信和卫星通信，已组成全国重点防洪地区通信网。各地也相继建立起局部的专用防汛通信网、无线通信网，有些城市还建立了移动式的专用通信网。这些水利系统专业通信网，在历年防洪抢险中起到了重要作用。

§10.4 防洪减灾信息技术

10.4.1 遥感技术

遥感（Remote Sensing，RS）是20世纪60年代以来蓬勃发展起来的一门新兴的综合性探测技术。该技术是利用装在飞机或人造卫星等运载工具上的传感器获取地表的图像或光谱数据，并通过对图像与光谱数据的处理和判读，以达到鉴别地表物体及其性质的目的。

遥感的主要特点是：视域广阔，观测面积大；可以重复观测；获取图像、数据和处理过程迅速；具有多种工作波段；不受地理条件限制，等等。因此，在防洪减灾方面，遥感的优势与成效尤为突出。其中应用最为广泛、最为成功的遥感技术是气象卫星云图。该技术已是当今水利部门从事水雨情预报及进行防汛决策调度的重要依据。由于技术不受时间、地点和恶劣气候影响，能快速跟踪监测洪水，提供各种不同比例尺的遥感图像，因而能满足防洪决策部门随时获知洪水信息及做好抗洪救灾工作的需要。根据遥感资料，可以确定洪水淹没范围和掌握灾情，有助于正确估算洪水灾害损失，从而为国家采取必要的救灾措施提供重要的科学依据。

10.4.2 地理信息系统

地理信息系统（Geographic Information System，GIS）是指以地理空间数据库为基础，在计算机软件和硬件的支持下，运用系统工程和信息科学的理论，对具有空间内涵的相关地理数据进行采取、管理、操作、分析、模拟和显示，并采用地理模型分析方法，适时提供对规划、管理、决策和研究所需的多种空间动态地理信息，为地理研究和地理决策服务而建立起来的计算机技术系统。该技术系统是一门介于信息科学、计算机科学、现代地理学、测绘遥感学、空间科学、环境科学和管理科学之间的新兴边缘学科，目前已迅速形成一门融上述各学科及各类应用对象为一体的综合性高新技术。由于地球是人类赖以生存的基础，所以 GIS 将成为数字地球的基础，与人类的生存、发展与进步密切相关。

在防洪减灾方面的应用，主要是根据遥感技术处理与分析灾情的相关信息，为防洪减灾决策提供理想的信息支持。如中国科学院资源与环境系统国家重点实验室，用 GIS 研究开发的洪水预测和灾情信息系统以及黄河三角洲区域信息系统，长江水利委员会开发的《南水北调中线工程 GIS 地形数据库》、《长江干堤加固工程管理信息系统》、《长江中下游堤防工程地质信息系统》等，均为这方面的应用范例。

10.4.3 全球卫星定位系统

全球卫星定位系统（Global Positioning System，GPS）由美国国防部于 1993 年研究建成。最初设计建造的目的是用于军事领域。由于 GPS 系统以“多星、高轨、高频、测时—测距”为体制，以高精度的原子钟为核心，具有全球覆盖，导航定位精度高、速度快，隐蔽性好，抗干扰能力强，容纳用户多等特点，现已广泛用于工程测绘、交通、海洋、地质、水利、电力、港建、石油等许多领域。

GPS 现已广泛应用于我国的水利工程建设和防洪减灾事业。如长江流域，在流域水资源监测与开发，洪水监测预报，水库库区移民标界测量，库区滑坡崩岸监测，河道地形观测，河道险工险段监测，以及湖泊水域、护岸工程、大坝安全、泥石流滑坡预警监测等诸方面得到广泛应用。

除美国的 GPS 以外，近年来世界上一些其他国家和地区，也开始建立或规划建设自己的卫星定位系统，如俄罗斯的 GLONASS 计划、欧洲的 GALLEO 计划，以及我国自主建立的北斗导航系统等。

10.4.4 3S 集成系统

3S 集成系统即指遥感（RS）、地理信息系统（GIS）及全球卫星定位系统（GPS）三个技术系统的联合与运用。这三个空间信息处理技术系统，除可以独立完成自身的功能外，还日益显示出彼此相互依赖、相互需要、相互支持的发展趋势。在实际应用中，很多空间领域所要解决的问题，常常需要三个系统联合应用，即从遥感技术中获取信息，由全球卫星定位系统进行定位、定向及导航，由地理信息系统进行分析处理，并提供各种图像，最终提出决策实施方案。简单说来，在 3S 系统中，GIS 相当于中枢神经，RS 相当于传感器，GPS 相当于定位器，三者的联合应用将使人们感受到地球的实时变化。

在防洪减灾方面，3S 集成系统联合应用相关遥感数据，在 GIS 的支持下，结合 GPS 定位与导航，进行遥感图像处理，解决水体识别、云影消除、洪水演进监测与分析、行洪障碍调查、淹没损失评估等。如 1991 年在太湖领域，1993 年在黄河下游，1994 年在福建和广东等地，利用 3S 集成分别进行了洪水灾害应急反应实际应用。

上面介绍的遥感、地理信息系统和全球卫星定位系统，是已日臻成熟的三项空间信息技术。毫无疑问，防洪减灾研究离不开空间信息技术的支持。在防洪减灾过程中，涉及信息的采集、信息的存储与管理以及信息的应用三个方面的内容，空间信息技术则可以发挥其重要作用。在这三项技术中，遥感技术是对地观测的主要技术，因而是防汛信息采集的重要途径；地理信息系统是防洪减灾各类信息存储、管理和分析的强有力的工具；而以GPS为代表的卫星空间定位方法，则是获取防汛信息空间位置的必不可少的手段。近十多年来，以RS、GIS和GPS为支撑的空间信息技术，在防洪减灾领域得到愈来愈广泛的应用，可以相信，随着信息时代的真正到来，这些技术必将成为防洪减灾现代化建设的重要支撑和解决防洪减灾问题的必不可少的工具。

10.4.5 防洪决策支持系统

决策支持系统（Decision Support System，DSS），是一种以现代信息技术为手段，综合运用计算机技术、管理科学、经济数字、人工智能技术等多种科学知识，针对某种类型的决策问题，通过提供背景材料、协助明确问题、修改完善模型、列举可能方案等方式，帮助决策者快速做出最佳决策的人机交互式系统。

防洪决策支持系统（Flood Control，FCDSS）是为实现防汛工作规范化、现代化，提高洪水预报时效和精度，快速科学地进行防汛指挥和防洪调度决策自动化，而专门设计开发的动态交互式计算机信息系统。该系统一般由信息输入、信息服务、汛情监视、洪水预报、防洪调度、灾情评估等子系统组成。其结构一般分为3层：人机界面层、应用层、信息支持层和基层数据支撑等层面。应用层包括方法库、模型库、知识库、图形库等防洪工作的具体业务，信息支撑层一般包括水情、雨情、工情、灾情数据库。决策辅助人员通过人机接口和应用层交互，利用系统应用层和信息支撑层的众多分析、计算功能，完成防洪决策过程中各个阶段、各个工作环节的信息查询和分析计算。按照我国现有的防汛组织体系，可以分为中央级、流域级、省（区、市）级和地市级，各级之间通过通信和计算机网络相互连接。例如长江防洪决策支持系统，黄河防洪、防凌决策支持系统等。

10.4.6 水文遥测系统

水文遥测系统是一种数字式遥测系统。该系统应用遥测、电子计算机和通信等技术，完成江河流域内降雨量、水位、流量、含沙量和水利工程运用等相关参数的实时自动采集、传输和处理，以实现防洪、供水、发电等优化调度，提高江河防洪能力和水资源利用效益。

遥测系统一般由若干个水、雨情遥测站和中心站组成。遥测站进行数据采集和发送；中心站则进行数据接收和处理。有些地方若受地形等条件影响时，还需在遥测站和中心站之间增设中继站。

水文遥测系统的工作方式有自报式、应答式和混合式三种。自报式遥测站按照规定的时间间隔或在被测的水文要素发生一个规定增量（如水位涨或落1cm）时，自动向中心站发送水文数据，中心站的数据接收设备始终处于工作状态。应答式遥测系统由中心站发出指令，定时或不定时地呼叫遥测站，遥测站响应中心站的查询，实时采集水文气象数据并发送给中心站，中心站收集完所有数据后，即进行处理、存储。混合式遥测系统是由自报式遥测站和应答式遥测站混合组成的系统，兼有自报式和应答式两种功能。

在上述三种遥测系统中，自报式遥测系统设备简单，可靠性高，电源功耗和系统造价较低；应答式遥测系统具有通话功能，便于人工控制，但设备较为复杂，与自报式遥测系统相比较可靠性低些，功耗和造价较大些；混合式遥测系统则介入两者之间。

在水文遥测系统中，数据的处理与传递包括两方面内容，即系统数据处理和水情、雨情情报的分发与传递。系统数据处理过程，是指本系统遥测站采集、传输来的数据，以及通过电话电报传输来的其他水文数据，进入中心站计算机进行加工处理，提供预报和其他水文成果的整个过程。

系统内各遥测站的水情、雨情，经中心站接收并经数据处理，生成各种根据用户要求编制的文件和图表后，有的通过计算机联网传递，而多数情况下，则是利用通用或专用的通讯方式如有线电话、短波、微波、超短波、卫星等予以分发和传递。

例如，黄河三门峡到花园口区间建成的水文遥测系统，设计由三级站组分二级控制。系统建成后，有力地推动了水文测报技术和防洪调度科学的发展，大大提前了花园口洪水的预见期。

10.4.7 国家防汛抗旱指挥系统

国家防汛抗旱指挥系统是重要的防灾减灾非工程措施。目前一期工程正在建设之中。一期工程由信息采集系统、通信系统、计算机网络系统、决策支持系统和天气雷达应用系统等五个分系统组成。

信息采集系统主要用于改造全国 1884 个中央报汛站，并建设 125 个水情分中心及少量工情和旱情信息采集试点；通信系统主要用于改造海河蓄滞洪区微波干线，建设 6 个蓄滞洪区预警反馈系统及建设国家防总到各防汛抗旱委员会的异地会商信道；计算机网络系统主要用于建设计算机骨干网，预计建设 7 个流域机构、31 个省的地区网以及建设国家水利部、流域机构、各省的园区网及建设 31 个省防汛抗旱部门网；决策支持系统主要用于为国家防总、流域机构、各省级单位提供决策支持；天气雷达应用系统，主要用于国家水利部、黄河抗旱委员会、淮河抗旱委员会等机构建设天气雷达信息传输、处理和应用系统。

一期工程完成后，将会有 60% 的中央报汛站的信息可以在 30 分钟内送达国家水利部；建成一套精度高、实用的洪水预报系统；建成能实现快速查询的防洪工程数据库；建成能够实现调度方案比选的洪水调度模型；建设国家防总到各省的异地会商系统，以及旱情分析模型，并建设信息采集试点。

目前除西藏自治区外，国家水利部机关到各流域机构、省（区、市）防汛抗旱部门互联互通计算机骨干网和防汛异地会商系统的建设的主体工程已基本建成并投入运行，全国的实时雨水情信息基本已经可以通过骨干网进行传输，从而有效地提高了防汛、抗旱信息传输的质量和速度。今后，该骨干网将会承载更多的系统和数据传输应用，并逐步发展成为真正的“信息高速公路”，推动整个水利信息化建设的发展。

§10.5 洪水保险

10.5.1 保险与洪水保险的定义

迄今为止，尚无举世公认的关于保险的定义。一般而言，保险是将集中起来的保险费建立保险基金，对因在自然灾害或突发事故中造成的经济损失给予补偿，或对因灾死亡人员的家庭及丧失工作能力者给予生活保障。保险是“聚千家之财，救一家之灾”。保险的种类通常分为财产保险和人身保险两大类，前者是以物质财产为保险标的保险；后者则是以人身安全为保险标的保险。

更进一步地，保险可以从经济、法律、风险管理等角度下定义。从经济学角度讲，保险是指集合同类风险分担损失的一种经济制度。从法律意义上讲，保险是指合同双方当事人，乙方向甲方交付保险费，甲方承诺特定事故发生后，承担经济补偿责任的一种合同。从风险管理角度讲，保险是一种重要的风险管理技术。风险的基本含义是损失的不确定性，人们迫切需要在风险发生后，即时得到经济补偿，因而保险是一种转移风险的方法，保险人承担了被保险人转移来的风险。由于保险组织集中了大量的同质风险，所以能借助“大数法则”来正确预见损失发生的余额，并据此制定保险费率，通过向所有被保险人收取保险费来补偿少数被保险人遭遇的意外事故。由此可见，保险有三个基本特点：就分担而言，保险具有互助性质；就双方订立合同而言，保险是一种合同行为；就目的而言，保险能对不可预期的损失进行补偿。

洪水保险是指投保人向承保人（保险公司）缴纳保险费，一旦投保人在保险期内因洪水灾害蒙受损失，承保人按既定契约予以经济赔偿。

10.5.2 洪水保险的意义和作用

洪水保险的意义和作用主要表现在以下方面：

（1）在较大范围内分摊了洪水造成的损失。洪水发生的时间和地点具有不确定性，今年可能这个地区发生洪水而受灾，明年可能另一个地区发生洪水而受灾，因此在全体可能遭受洪水灾害的地区分摊洪灾损失是合理和必要的。

（2）体现了国家对洪泛平原进行合理开发的政策导向。在洪泛平原的开发与管理中发挥保险的功能优势，可以有效地控制洪泛区内经济的盲目发展并降低洪灾损失。如果单纯限制洪泛区的发展，实施起来阻力较大，运用洪水保险作为经济杠杆，来调整和控制洪泛区的经济发展，实施有关洪泛区的管理法规是一种更有效的办法。

（3）能增强公民的防洪减灾意识。广大居民和单位参加了洪水保险，每年要缴纳保险费，这无疑有利于人们增加防洪意识、树立经常性的防灾观念，这种经济手段比“行政命令”和“政治动员”奏效。

（4）有利于灾区灾后重建和快速恢复正常的生产、生活。灾民在灾后能迅速得到一笔经济赔偿，这可以贴补国家救灾经费之不足，有利于快速恢复生产、重建家园。

10.5.3 洪水保险的方式

洪水保险方式主要有两种：一是法定保险，又称强制保险，即依据国家相关法律、法令而实施的保险；二是自愿保险，即由保险双方当事人在自愿的基础上协商、订立保险合同而成立的保险。或者分为四类：即通用型洪水保险、定向型洪水保险、集资型洪水保险和强制型全国洪水保险。显然，在这种分类方法中，前三类具有自愿性质，而第四类则具有法定意义。

我国现阶段洪水保险机制主要有单保、代办和共保三种模式[51]。

单保：即由保险公司独立承担全部风险，办理洪水保险业务，由水利、防汛部门提供洪水风险范围和受损机率等资料。

代办：即由保险公司代为办理保险业务，所有风险由当地洪水保险基金管理部门承担，保险公司只收取一部分手续费。

共保：即水利、防汛部门和保险公司合作，利润共享，风险共担。

此外，近年来，也有专家学者倡议成立国家洪水保险公司，独立开展洪水保险业务。洪水保险公司要把保险业务的开展和防洪工程建设直接结合起来，既起到保险公司的经济作用，又要不断研究和制定防洪减灾所需的各种政策与法律规范文件，为国家的决策提供科学依据。

洪水保险事业在国外数美国起步最早。美国国会于 1956 年通过了《联邦洪水保险法》，1968 年通过《国家洪水保险法》，1969 年通过《应急洪水保险法》，此后，还在其他法案相关条款中予以修正补充，并逐步从自愿保险转向强制保险。强制保险政策实施后，对推动全国洪水保险起到了一定作用。英国、澳大利亚、新西兰、印度等国家也已开始实施洪水保险。

我国于 1949 年建立保险公司。保险公司由国家统一经营保险事业，在企业财产和家庭财产保险条款中规定：对暴雨、洪水、海啸、冰凌、泥石流等所造成的灾害负赔偿责任，并在全国一些地区推行。这对受灾后安定居民生活，恢复正常生产，减少国家救济费用等，发挥了一定作用。但作为非工程防洪措施的洪水保险，直到 1986 年才在安徽省淮河中游南润段行洪区开始试点，后因试办 3 年未行洪而停止。看来，在蓄滞洪区如何开展洪水保险，急需在认识上有所提高，在机制、政策上加以研究与完善。

总之，我国的洪水保险业务起步不久、经验不多。当前需要各级领导的重视和全社会的支持，通过广泛地开展宣传，提高人们对洪水保险的认识，需要政府策动、政策诱动和加强科学研究，以尽快探索出适合我国国情的洪水保险机制，使其为中国的防洪减灾事业服务。

§10.6　防洪基金

防洪基金是指各级政府专拨的防洪经费和向防洪受益区内从事生产经营活动的工商企业、集体与个人征收的有特定机构或组织管理的专用资金。该项资金主要用于防洪工程的运行管理、维修加固，救灾善后，以及新建防洪工程或实施新的防洪措施等方面。防洪基金的设立不是以营利为目的，而是用于发展防洪事业。

10.6.1　防洪基金的性质与作用

长期以来，我国的防洪建设主要靠国家投入，资金严重不足。防洪不是单纯的社会福利事业，而是经济建设事业的一部分，由国家负担一部分防洪费用是应该的，让直接受益的生产经营单位与个人负担一部分费用也是合理的。因此，在防洪受益区内征收防洪基金，对于缓和防洪建设中的资金矛盾实在必需。

1. 防洪基金的性质

防洪基金取之于民、用之于民。该基金是依据国家相关法律、法规征收，由国家水利部门主管而专门用于防洪事业的资金。征收防洪基金的主要目的是，弥补国家防洪事业经费的不足，加强防洪建设和洪灾救助与补偿，更好地为社会和经济可持续发展服务。因此，缴纳防洪基金是公民应尽的防洪责任和义务。

2. 防洪基金的作用

防洪基金的作用主要是：支付防洪工程管理和维修加固费用；修建新的防洪工程或实施新的防洪措施；赔偿蓄滞洪区的分洪损失及其他地区的洪灾救助。此外，通过征收防洪基金，还可以唤起和增强人们的水患意识与防洪观念。

10.6.2 防洪基金征收的原则、范围与标准

征收防洪基金的基本原则是“谁受益，谁出资；多受益，多出资”。防洪基金的征收范围有两种：一种是按受益与非受益分，如以某河流某堤段所保护的受益地区划分范围；另一种则是不论受益与否，均需缴纳防洪基金，按行政区域进行征收。显然，前者公平、合理些，既符合“水利为社会，社会办水利”的水利发展要求，又符合经济发展规律；而后者则具有一定的强制性。

防洪基金的征收标准原则上讲，主要是依据一定时期内某一地区防洪建设的资金需要量来确定。在具体制定征收标准时应考虑以下因素：征收范围内实际获得的防洪经济效益的大小；保护区内防洪标准的高低；当地经济发展水平和居民的承受能力，等等。

10.6.3 防洪基金的使用与管理

防洪基金的使用应立足长远，除了主要用于巩固防洪工程和发展防洪事业以外，随着基金的滚动增加，还可以根据防洪救灾发展需要参与洪水保险，即将防洪基金用于支付防洪保险金，使防洪、抗洪与灾后救济，工程措施与非工程措施实现互补。

防洪基金的管理要责、权、利明确，以保持基金连续增值，充分发挥基金的作用。因此，开征基金的地区应成立相应的管理机构。根据防洪工程的特点，防洪基金可以按流域、省、市、地、县分级管理，国家设立基金管理委员会（下设各级分会）。基金管理委员会由国家水利、财政、工商、税务、银行、保险等部门成员组成，由国家水行政主管部门负责基金的日常工作，包括征收基金的相关政策、制度的制定和基金的筹集，审查、监督基金的分配与使用等。

10.6.4 防洪基金与洪水保险基金的关系

防洪基金与洪水保险基金之间既有联系又有区别。下面从两者的定义、征收对象与各自作用三个方面给出说明[93]。

（1）从两者定义看。洪水保险是易遭受洪灾地区的群众居安思危、互助自救、对洪灾后果谋求妥善解决的一种非工程防洪措施。从时间关系上看，洪水保险基金是群众在未遭受洪灾年份积累一定的保险金，以供遭灾年份灾后补贴生活、恢复生产所用；从空间关系上看，是用未遭受洪灾地区的保险基金来补偿受灾地区的洪灾损失。这样从时空两方面在整体上达到安定社会、稳定经济的目的。而防洪基金则是指各级政府专拨的防洪经费及定期从防洪受益地区从事生产经营活动的集体及个人征收的防洪保护费。

（2）从征收对象看。实行洪水保险与征收防洪基金的对象并没有明确的划分。但一

般来说，洪水保险对象可分为两类：一类是计划的蓄滞洪区，洪水达到规定标准时就要牺牲局部保全大局，这些地区必须参加强制性洪水保险。凡是属于因为蓄滞洪水而遭受不同损失区域内的企、事单位的固定资产和个人财产，均应列为法定的保险对象，对这些地区具有法律强制性和约束性。第二类是洪水危险区，这些地区所在位置低于洪水位，或者有防洪工程，但工程防洪标准低，洪水超过一定标准就可能淹没受损。

征收防洪基金也分为两类：一类是防洪工程标准较低的地区，这些地区在一定程度上受到了防洪工程的保护，同时又易遭受洪水威胁，所以该地区的单位及个人除须参加洪水保险外，还应缴纳一定的防洪保护费。第二类是防洪工程标准较高的地区，当防洪受益区的防洪标准达到一定水平时，其中的居住者对洪水灾害往往缺乏危机感，且这些地区往往不是强制性洪水保险的对象，缺乏参加洪水保险的自觉性；另一方面，这类地区一旦出现防洪工程不能抗御的洪水，其受灾范围之广、损失之大，不是实行生产自救能够解决的，政府不得不进行巨额财政补贴。因此这类地区应列为法定的防洪保护费征收对象。

(3) 从各自作用看。洪水保险基金主要用于洪灾发生后补偿投保人恢复生产和生活，减轻国家抗洪救灾的财力负担，促进防灾减损工作及洪泛区的统一规划管理。防洪基金则主要用来支付防洪工程运行管理费用和维修加固费用；修建新的防洪工程或实施新的防洪措施，提高防护区的防洪标准；部分赔偿蓄滞洪区的分洪损失；当发生防洪工程无法防御的洪水后还可以用来补助受灾群众、恢复生产和生活。

由上述看来，防洪基金与洪水保险基金互不相同，互为补充，收取防洪基金可在一定程度上弥补洪水保险存在的缺陷。在规划的蓄滞洪区和没有防洪工程保护的区域，推行强制性洪水保险比较合适。对有防洪工程但其防洪标准较低的地区，既应推行强制性洪水保险，又应征收防洪基金；对防洪工程达到较高防洪标准的地区，征收防洪基金较为适宜。

§10.7　善后救灾与灾后重建

在洪水发生之前，社会各相关部门要未雨绸缪，从思想、组织到料物、技术等各方面精心准备；在洪水到来和洪灾即将发生之时，采取一切可能的措施，全力抗洪，奋勇抢险，制止洪水灾害的发生或将灾害损失减至最轻。

洪灾发生后，“一处受灾，八方支援”，各级政府要迅速动员一切社会力量，安置和救助灾民，帮助灾区修复水毁设施，恢复生产、重建家园。多年来，党和各级政府高度重视抗灾、救灾工作，不仅大大减轻了洪水灾害损失，而且帮助灾区尽快渡过灾情，避免了灾后出现灾荒的景象，充分显示了社会主义制度的优越性。现将我国善后救灾与灾后重建工作简介如下。

10.7.1　善后救灾

我国是洪水灾害历史悠久的国家之一。历史上灾荒很多，史载的救灾办法主要有：一是养恤，即临时紧急救济，如施粥等；二是调粟，即把粮食调入灾区，或迁灾民到外地就食；三是赈济，发放救济粮款，或以工代赈。这些办法都是以临时救济为主。旧社会的统治者不关心灾民疾苦，政治上腐败无能，救灾不力，致使大量灾民流离失所，苦不堪言，社会也因灾而动荡不安。

中华人民共和国成立后，我国的救灾工作，汲取了历代救灾办法的经验教训，充分发挥社会主义制度的优越性，在全心全意为人民服务的思想指导下，从实际出发采取多种救灾措施，积极抢救和维护灾民的生命安全，扶持群众战胜洪水灾害所造成的困难，尽力做到有灾无荒。

我国的救灾工作由国家民政部门主管。多年来的救灾工作总方针是“依靠群众，依靠集体，生产自救，互助互济，辅之以国家必要的救济与扶持”。这个救灾方针的基本精神是，坚持生产自救，通过恢复和发展灾区的生产，克服自然灾害带来的困难。

善后救灾工作的主要任务是，转移安置灾民和安排好灾民的生活。

1. 转移安置灾民

水灾发生后，首当其冲是转移安置灾民。这项工作的一般做法是：

(1) 动员灾民就近投亲靠友，无可投奔者集体安置。

(2) 遵照由近及远的原则，尽量就近安置。

(3) 动员灾民自愿离开危险地点，不听劝告者，要采取强制措施。

(4) 充分发挥当地干部的作用，做好物资发放、医疗卫生、治安保卫等各项工作。

(5) 做好接受灾民地区的接待、安置工作，使灾民感受到“宾至如归”的温暖。

2. 安排灾民生活

群众灾后的基本生活是衣、食、住、医。为了妥善安排受灾地区的群众生活，国家每年都在财政预算和物资供应方面拨出巨款用于灾民紧急救济，以解决他们的吃饭、穿衣、住房和治病困难。国家的救灾款物既是帮助灾区人民渡过灾荒的物质条件，又是鼓舞灾民稳定情绪和恢复生产的精神力量。

国家对于救灾款物的发放和管理，要求严格掌握专款专用、专物专用和重点使用的原则，以保证灾区人民都有饭吃、有衣穿、有房住，不致冻死人、饿死人，没有大的疫病流行，不出现大批灾民外流，人心稳定，社会秩序井然。

关于救灾款物的发放办法，一般是采取民主评议，领导审查，政府批准，张榜公布，落实到户等一系列程序。严格杜绝贪污挪用、惠亲厚友的不良弊端，保证把救灾款物发放给确实需要救济的困难户。

10.7.2 灾后重建

灾区的灾后重建工作，主要包括帮助灾民恢复生产、重建家园和修复水毁工程设施两个方面。

1. 帮助灾民恢复生产、重建家园

当洪水消退，善后安置工作告一段落后，要立即组织灾区恢复生产，开展生产自救工作。灾区恢复生产是多方面的，其中农业生产的恢复最为重要。实践经验证明，灾区恢复最能奏效的办法莫过于组织灾民开展生产自救，尽快恢复农业生产。只要灾区进行耕种后，不仅可以减轻灾情和缩短灾期，而且更有利于增强抗灾信心，减少发生灾荒和外流现象。恢复农业生产主要包括：(1) 疏通沟渠、排除积水；(2) 保护畜力，安排好牲畜的饲料供应与喂养；(3) 做好种籽、化肥的调运与供应工作等。

洪灾发生后，灾区往往是荡然无存，灾民两手空空，一无所有。在重建家园中，首先要解决的是灾民的住房问题。住房的修复、重建通常是因陋就简，先临时后永久。建房资金要多渠道、多层次筹集，如国家补一点，灾民拿一点，亲友帮一点，集体筹一点，政策优惠一点等，要确保入冬前灾区人民全部搬进过冬住房。

2. 修复水毁工程设施

洪水灾害的破坏性强，摧毁力大，每次暴发洪水特别是大洪水以后，常会出现一些水毁工程，原有工程的效能遭受破坏。例如水利工程被冲毁，防洪工程失效，交通路桥、供水供电系统、邮电设施被破坏等。因此，每次洪水灾害过后，各类水毁工程都要按所属系统，负责进行修复或重建。

国家历来很重视防洪工程设施的修复或重建。每年除防汛事业费外，中央政府还列有防御特大洪水专项经费，用于补助特大洪水的抢险、堵口、复堤等项目。遇洪水灾害比较严重的年份，国家还特别采取“以工代赈”和加大水利投资等特殊政策，以加快水毁水利工程的复建速度。

第十一章 江河防汛与堤防抢险

§11.1 江河防汛工作

江河、湖泊发生的季节性涨水现象称之为“汛”。春季涨水叫春汛（或桃汛），夏季涨水叫伏汛（或夏汛），秋季涨水叫秋汛，因冰凌壅塞河道而引起的涨水现象叫凌汛。我国以伏、秋两汛为最大，因此通常所说的汛，主要是指伏、秋大汛。

汛期是江河、湖泊洪水自起涨到落平的时期。我国各地河流所处地理位置和降雨季节不同，汛期出现早晚、时间长短不一。习惯上一般把每年5～9月份这段时间称为汛期。特别是7月下旬至8月上旬（常称为“七下八上”），被认为是我国防汛的关键时期。

防汛是为防止或减轻洪水灾害，在汛期进行的防御洪水的工作。其目的是保证水库、堤防、涵闸等防洪工程设施的正常运用与防洪区人民生命财产的安全。防汛是人同洪水进行搏斗的一项社会性活动。在我国，“任何单位和个人都有保护防洪工程设施和依法参加防汛抗洪的义务”。

11.1.1 防汛方针与任务

1. 防汛方针

防汛的方针是根据各个时期国家经济状况、防洪工程建设情况以及防洪任务的要求而提出的。现阶段的防汛工作方针是：“安全第一，常备不懈，以防为主，全力抢险。”我国过去曾于20世纪60年代提出“以防为主，防重于抢，有备无患”的防汛方针。基于当时的防洪工程建设情况，防汛工作强调“从最坏处打算，向最好方面努力”，突出以防为主，无论是汛前准备，还是汛期防守都要立足于防。防患于未然，把各种险情消灭在萌发阶段。对出现超标准洪水或严重险情，也要本着“有限保证、无限负责”的精神，积极防守，力争把灾害减小到最低限度。

当前我国的防汛工作已进入新阶段，江河防洪工程体系基本形成，非工程防洪建设初建成效，蓄滞洪区的安全建设逐步展开，对各种类型的洪水制定了相应的防御方案，各级防汛组织机构与责任制度已建立起来，因而当前防汛方针的制定，是在总结多年的实践经验和立足现实的基础上提出的。

2. 防汛任务

防汛的基本任务是，组织动员社会各方面力量，积极采取有力的防御措施，充分发挥各类防洪工程设施的效能，严加防守，确保重点，最大限度地防止和减轻洪水灾害的影响与损失。为此，需要做好许多方面的工作，主要有：

（1）宣传教育工作，提高广大群众防汛抗灾的意识；

(2) 组织动员工作，组建防汛抢险队伍；

(3) 物质准备工作，储备充足的抢险器材和物料；

(4) 检查落实工作，确保各项防洪工程设施完好和正常运行；

(5) 制定防御洪水预案，优选洪水调度和防汛抢险方案；

(6) 开展洪水预报、警报和汛情通报工作，掌握水情、雨情、工情和灾情，确保通信畅通和各项防汛信息的上传下达。

防汛是一项艰巨而长期的任务，各级防汛部门要常备不懈，克服麻痹侥幸思想，立足于防大汛、抢大险，针对当地的地理环境、气候特征、工程设施以及社会经济条件，确定具体的防汛任务。

11.1.2 防汛组织

防汛抗洪工作实行各级人民政府行政首长负责制，统一指挥、分级分部门负责。

1. 国家防汛指挥机构

国务院设立国家防汛抗旱总指挥部，负责领导、组织全国的防汛抗旱工作，其办事机构设在国家水利部。国务院副总理任总指挥。

2. 流域防汛指挥机构

重要江河、湖泊管理机构设立的防汛抗旱（总）指挥部，其成员由相关省、自治区、直辖市人民政府和相关江河、湖泊的流域管理机构负责人组成，代理国家防汛抗旱总指挥部指挥所管辖范围内的防汛抗旱工作，其办事机构设在流域管理机构。如长江防汛抗旱总指挥部，黄河防汛抗旱总指挥部，总指挥分别为湖北省省长和河南省省长兼任。

3. 地方防汛指挥机构

县级以上地方人民政府设立的防汛抗旱指挥部，在上级防汛抗旱指挥部和本级人民政府的领导下，指挥本地区的防汛抗洪工作，其办事机构设在同级水行政主管部门。各级人民政府首长任总指挥。

当江河、湖泊的水情接近保证水位，水库水位接近设计洪水位，或防洪工程设施发生重大险情时，相关县级以上人民政府防汛指挥机构可以宣布进入紧急防汛期。在紧急防汛期，防汛指挥机构根据防汛抗洪的需要，有权在其管辖范围内调用物资、设备、交通运输工具和人力，决定采取取土占地、砍伐林木、清除阻水障碍物和其他必要的紧急措施；必要时，公安、交通等相关部门按照防汛指挥机构的决定，依法实施陆地和水面交通管制。

防汛抗洪工作是全社会的大事，除上述主管防汛指挥机构外，电力、交通、气象、邮电、通讯、财政、商务、卫生、公安和部队等部门的主要领导，都要参加防汛指挥部的工作，积极配合主管部门，协同抗洪。图 11-1 为全国防汛抗旱组织体系简图。

11.1.3 防汛责任制

防汛工作责任重大，必须建立和健全各种防汛责任制，实现防汛工作正规化和规范化，做到各项工作紧张有序，各司其职，各负其责。防汛责任制有如下几方面。

1. 行政首长负责制

行政首长负责制是各种防汛责任制的核心，是取得防汛抗洪胜利的重要保证。防汛抢险需要动员和调动各部门、各方面的力量，党、政、军、民齐上阵，发挥各自的职能优

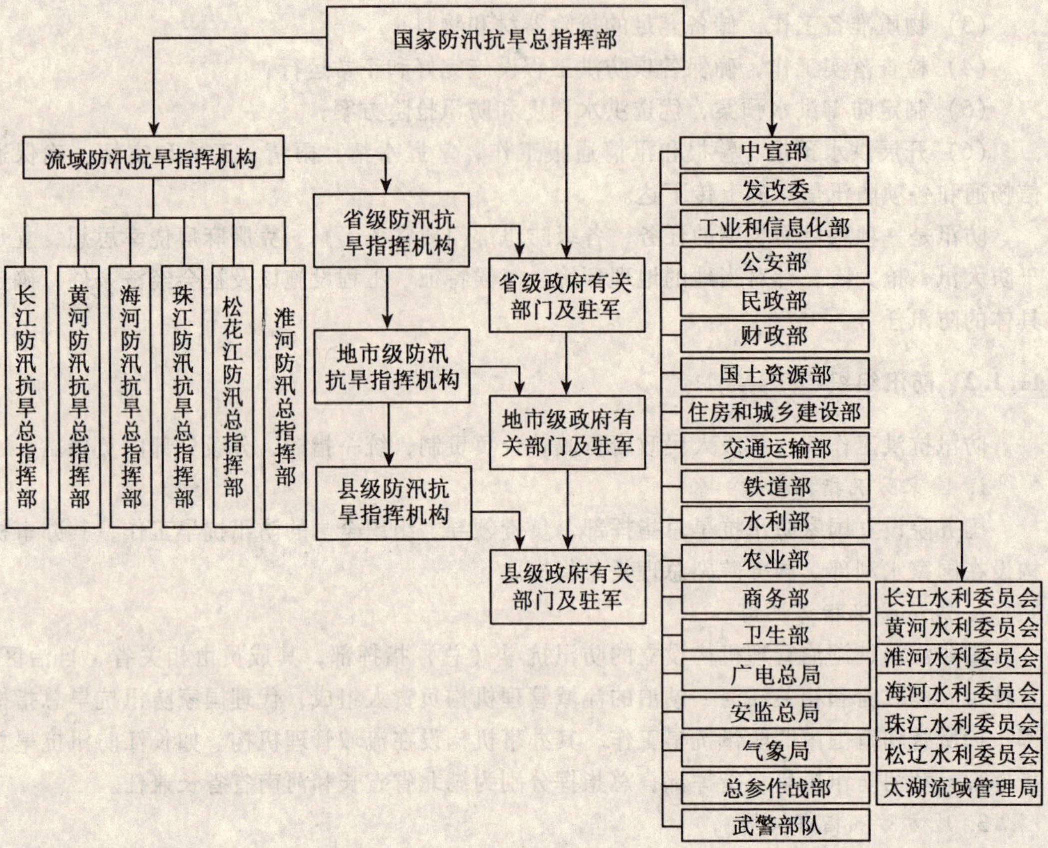

图 11-1 全国防汛抗旱组织体系框图

势，同心协力共同完成。因此，只有实行防汛行政首长负责制，政府主要负责人亲自主持防汛指挥机构工作，坐镇指挥防汛抢险工作，才能确保防汛抗洪的全面胜利。

2. 分级责任制

根据水库、堤防、闸坝所在地区、工程等级和重要程度等，确定省、市、地、县、乡、镇分级管理运用、指挥调度的权限责任。在统一领导下，实行分级管理、分级调度、分级负责。

3. 分包责任制

为了确保防洪工程和重要堤段的防洪安全，各级行政负责人和防汛指挥部领导成员实行分包责任制，责任到人，有利于防汛抢险工作的开展。

4. 岗位责任制

管好用好防洪工程的关键在于充分调动工程管理单位职工的积极性。因此，管理单位各业务处室和管理人员，以及护堤员、防汛工、抢险队等要制定相应的岗位责任制，明确任务和要求，定岗、定责，落实到人，定期检查、考评，发现问题及时纠正，以期圆满完成岗位任务。

5. 技术责任制

为充分发挥技术人员的专长，在防汛抢险工作中，凡是涉及评价工程抗洪能力、确定预报数据、制定调度方案、采取抢险措施等相关技术问题，均应由专业技术人员负责，建立技术责任制。关系重大的技术问题，要组织相当技术级别的人员集体咨询与决策，以防失误。

6. 值班工作制

为了随时掌握汛情和险情，防汛指挥机构应建立防汛值班制度，以便加强上、下联系，多方协调，充分发挥中枢作用。汛期值班的主要责任是：及时掌握汛情；按时请示报告，跟踪掌握各地发生的险情及其处理情况，做好重大险情的值班记录，注意保密，严格执行交接班制度与手续等。

11.1.4　防汛队伍

历史的防汛经验告诉人们：“河防在堤，守堤在人，有堤无人，如同无堤”。因此，每年汛前必须组织好“召之即来，来之能战，战之能胜”的防汛队伍。各地防汛队伍名称不同，基本上可以分为以下几类。

1. 专业队

专业队是防汛抢险的技术骨干力量，由堤防、水库、闸坝等工程管理单位的管理人员组成。平时根据掌握的工情、险象情况，做好出险时抢险准备。进入汛期，投入防守岗位，密切注视汛情，加强检查观测，发现险情及时带领群众队伍防守。专业队要不断学习工程管理维护知识和防汛抢险技术。

2. 常备队

常备队是防汛抢险的基本力量，是群众性防汛队伍，人数较多，由沿河两岸和闸坝、水库工程周围的乡、村、城镇居民中的民兵或青壮年组成。其成员在汛前要登记造册，编成班组，做到思想、工具、物料、抢险技术四落实。汛期按各种规定的防守水位，分批组织出动。

3. 预备队

预备队是防汛的后备力量，当遇到较大洪水或紧急抢险需要时，及时出动以补充加强防守力量。人员条件和来源范围更宽一些，必要时可以扩大到距离河道、水库、闸坝较远的县、乡和城镇，但要落实到户、到人。

4. 抢险队

抢险队是防汛的技术协助力量，由群众防汛队伍中有抢险经验的人员组成。哪里出险奔向哪里，配合专业队投入抢险。这支队伍动作迅速，组织严密，服从命令听指挥，经过一定的技术培训，掌握基本的抢险技能。

5. 机动队

机动队的任务是，承担主要江河堤段和重点工程的紧急抢护。由训练有素、技术熟练的青壮年组成，配备必要的交通运输和施工机械设备。机动抢险队人员相对稳定，平时结合工程管养，学习提高技术，参加培训和实践演习。在一些地方，机动队就是专业队。

除上述防汛队伍外，要实行军民联防。人民解放军、人民武装警察是防汛抢险的突击力量，是取得防汛抗洪胜利的主力军。汛前防汛指挥机构要主动与当地驻军联系，通报防汛形势、防御方案和防洪工程情况，明确部队的防守任务。

11.1.5 河道堤防防汛巡查

1. 河道堤防防汛水位

进入汛期后，江河水位上涨，防汛工作全面展开，根据水位高低及其对堤防安全的威胁程度，一般将防汛水位划分为三个等级，如图 11-2 所示。

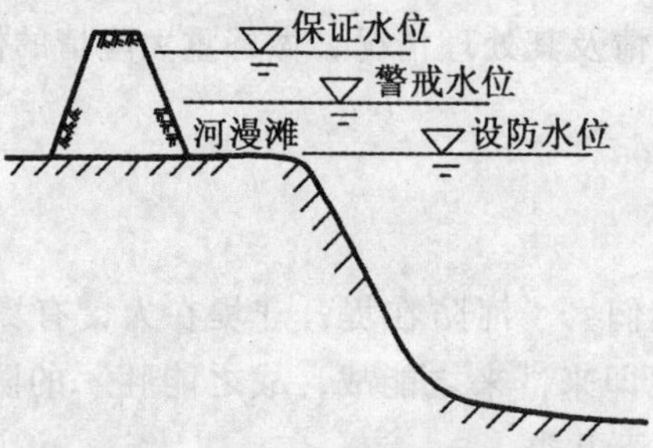

图 11-2 河道堤防防汛水位示意图

(1) 设防水位

设防水位相当于平滩（河漫滩）水位，相应流量为造床流量（平滩流量）。当江河洪水漫滩以后，堤脚偎水，堤防可能见险，此时标志着堤防防守进入临战状态，防汛人员开始巡堤查险，并需做好抢险的人力和物料准备。这里需要说明的是，我国有些河流如北方地区的河流，河道宽浅，滩槽难分，或河床呈“悬河”之势，这类河流的洪水一旦上滩，则意味着防守需进入戒备状态，因此，对于这类河流，则不宜以设防水位作为巡堤查险开始时的控制水位。

(2) 警戒水位

警戒水位是堤防防守需要开始警惕戒备时的水位。此时堤身已挡水，险象环生，随时可能出现险情甚至重大险情，要密切注意水情、工情、险情的发展变化，增加巡堤查险次数，开始昼夜巡查，进一步做好抢险人力、物力的准备。

(3) 保证水位

保证水位是指堤防工程设计防御标准洪水位，相应流量为河道安全泄量。当洪水位接近或达到保证水位时，说明堤防工程已处于安全运行的极限时期，防汛进入紧急状态，堤防随时可能出现重大险情。这时防汛部门要采取一切措施确保堤防安全，必要时可以宣布进入紧急防汛期。

2. 河道堤防工程检查

河道堤防工程检查分为经常检查、定期检查和特别检查。

(1) 经常检查

经常检查是堤防管理单位的日常工作检查。管理人员按岗位责任制要求进行检查，包括堤身、堤基、排水沟、护堤地、埽坝、矶头、护坡、导渗沟、压浸台、涵闸及沿堤设施等，发现问题及时处理。

（2）定期检查

定期检查是基层管理单位定期组织的普查。每年汛前、汛后，都要按相关规定进行普查，必要时可以请上级主管部门派人员参加。汛前检查应重点围绕安全度汛做好防汛准备。汛后检查重点是汛期出现的问题，据此拟定岁修工程计划。

（3）特别检查

特别检查是遇非常情况组织的检查。如当发生特大洪水，堤防工程遇超保证水位或发生重大险象等情况时，管理单位应及时组织力量进行检查，必要时报请上级主管部门及相关单位参加。检查项目及处理情况要报上级主管部门。

3. 汛期巡堤查险

江河水位上涨到设防水位后，河道堤防进入防守阶段，防汛人员上堤开始巡视检查，力争将险情消灭于萌发阶段。

（1）巡查任务

防汛队伍上堤后主要工作有：建防汛屋、防汛点；通电、通信；划分责任段，标立界桩，熟悉环境，明确任务；平整堤顶，填垫水沟浪窝，消灭害堤动物，处理堤防隐患，清除堤面杂草，整修巡查小道；发现险象，做好观测，出现险情，迅速处理，遇有较大险情，及时报告。

（2）巡查方法

洪水偎堤后，巡查人员分班轮流巡查，昼夜不息。巡查班次及人数，视水情、险情而安排，接近警戒水位或暴雨天气，适当增加巡查班次及人数。巡查人员要随身携带探水杆、草捆、土工布、铁锹、旗帜、灯具、手机、记录本等物。具体巡查方法是：

① 巡查临河时，1 人背草捆在临河堤肩走，1 人（或数人）拿铁锹走堤坡，1 人手持探水杆顺水边走。沿水边走的人要不断用探水杆探摸根石和观察水面动态，其他人注意查看水面有无漩涡等异常现象，并观察堤坡有无裂缝、塌陷、洞穴等险情发生。

② 巡查背河时，1 人走背河堤肩，1 人（或数人）走堤坡，1 人走堤脚。观察堤坡及堤脚附近有无渗水、管涌、裂缝、塌陷、漏洞、脱坡等险情。

③ 对背河堤脚外 50～100m 范围以内的地面及坑塘、沟渠、水井，应组织专门小组进行巡查。检查有无翻沙鼓水等现象，并注意观测其水温、水色的发展变化情况。对淤背或后戗堤段，也要组织一定力量进行巡查。

④ 发现险情后，及时采取处理措施，并派专人定点守护，或适当增加巡查次数，同时向上级报告。

⑤ 每班巡查堤段长一般不超过 1km，可以去时巡查临河面，返回时巡查背河面。相邻责任段的巡查小组巡查到交界处时，两组应越界巡查 10～20m，以免漏查。

⑥ 巡查组次规定：当水位不很高时，可以由一个小组沿临、背河往返巡查；水情较紧张时，两组同时出发，一临一背交互巡查（此称“一字形”巡查法），并适当增加巡查次数；水情特别严重时，应缩短巡查间隔时间，酌情增加组次及每组巡查人数。

⑦ 巡查时呈横排步走方式，即同组人员齐头并进，俗称“拉网式”巡查，以便彼此联系。

（3）工作制度

① 交接班制度。巡堤查险昼夜轮班，上、下班要紧密衔接。交接班时，上一班必须

向下一班全面交代清楚本班巡查情况，包括水情、工情、险情、工具物料及注意事项等，对可疑险象，要共同巡查一次，详细交代其发展变化情况。

② 值班制度。防汛队伍的各级负责人和带队干部，必须轮流值班，坚守岗位，掌握换班和巡查组次出发的时间，了解巡查情况，处理发现的问题，做好巡查记录，及时向上级汇报巡查情况。

③ 汇报制度。交班时，班（组）长要向带领防守的值班干部汇报巡查情况，值班干部要按规定及时向上级汇报。平时一日一报巡查情况，在有险情时随时上报处理情况。

④ 报警制度。发现险情时，应立即报警。一般险情，吹口哨报警；遇见漏洞、管涌、脱坡等较大险情时，敲鼓（锣）报警。在窄河段规定左岸备鼓，右岸备锣，以免混淆。有条件的地方，应配备无线报警器或移动电话。出险、抢险地点，白天挂红旗，夜间挂红灯（应能防风雨）或点火，以便抢险人员确认。

⑤ 请假制度。巡查人员要遵守纪律，休息时就地或在指定地点休息，未经批准不得擅自离堤。

⑥ 奖惩制度。防汛结束要评比总结。对工作认真，完成任务好的表扬，成绩显著的给予记功和奖励。对不负责任的要批评，玩忽职守造成损失的要追究责任，情节、后果严重的，要依据相关法律、规定严肃处理。

（4）注意事项

① 巡查、休息、交接班时间，由巡查领队统一掌握，巡查中途不得休息，不到规定时间不得离开岗位。

② 巡查时不得轻易放过每个视觉疑点，必要时借助随身携带的工具查明真象。夜间巡查要持照明设备。

③ 责任堤段交界处，要越界巡查 10～20m。

④ 巡查中发现险象，应跟踪观察；遇到险情，迅速处理并报告。

⑤ 警报不得乱发。一般规定：吹口哨报警，由查水人员掌握；敲锣（鼓）报警，由带队干部掌握，或指定专人负责。

⑥ 巡查人员必须注意“五时”，做到“四勤”“三清”、“三快”。“五时”：黎明时，吃饭时，换班时，黑夜时，暴风骤雨时；“四勤”：眼勤，耳勤，手勤，脚勤；“三清”：险情查清，信号记清，报告说清；“三快”：发现险情快，抢护快，报告快。

§11.2 堤防抢险技术

堤防抢险是人与洪水的零距离搏斗。堤防一旦出险，要立即查明原因，及时采取有效的抢护措施，控制险情发展，逐步转危为安，度过汛期。否则，若发现险情不及时，或抢护方法不当，或抢护措施不力，都可能酿成堤防决口失事。

堤防常见的险情有：漫溢、散浸、管涌、漏洞、裂缝、跌窝、脱坡、崩塌、风浪、凌汛及决口等。分别简要介绍如下。

11.2.1 堤顶漫溢抢险

江河洪水翻越堤顶而进入堤内的现象称为漫溢。漫溢抢险是人与洪水抢时间、争高低的斗争。一旦发生漫溢险情，若不及时迅速加高子堤，很快会导致堤防溃决。1998 年，长江干堤调关以下 38.82km 堤段，全线水位屡创新高，广大军民奋力抢险，四次抢筑和加高加固子堤，子堤高 1.5~2.2m，面宽 1.5m，底宽 4~5m，挡水深 0.5~1.2m，从而避免了堤防漫溢溃口。2005 年 6 月 22 日，西江洪水漫过梧州市河东区防洪大堤，造成重大灾害。

1. 堤防漫溢的原因及抢护原则

堤防漫溢的原因有：实际发生的洪水超过了堤防的设计防御标准；堤防施工未达到设计高程，或因地基沉陷而使堤顶高程低于设计值；河道内存在阻水障碍；河道严重淤积，洪水位升高；风浪、风暴潮以及地震、河势变化等引起水位增高，等等。

抢护原则是"水涨堤高"，即在江河水位达到保证水位，根据预报水位将继续上涨，有可能超过堤顶时，赶在洪峰到来之前在堤顶上抢修子堤（埝）。

2. 抢护方法

（1）纯土子堤

纯土子堤筑于堤顶临水一侧，如图 11-3 所示。修筑时，先沿子堤轴线开挖一条结合槽，槽深 0.2m，底宽 0.3m，子堤底宽范围内的原堤顶部应清除草皮、杂物，并将表层刨松或犁成小沟，以利新、老土结合。土料宜用粘性土。堤顶较宽的堤防，情况紧急时，可以先就近在背水侧堤肩处借土筑埝，过后再抓紧修复。

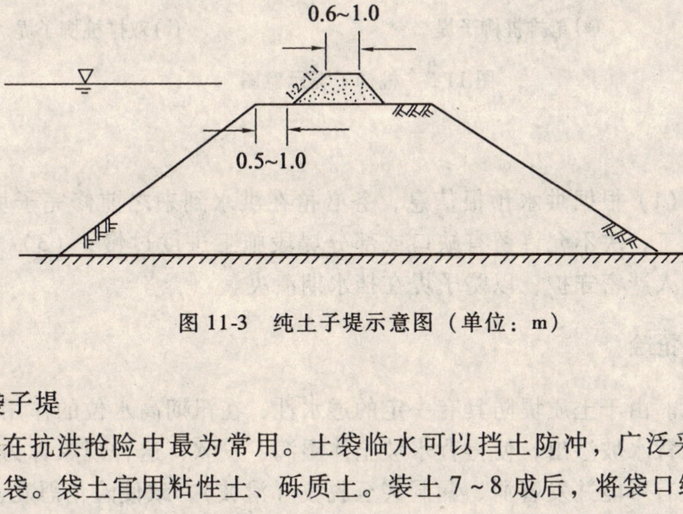

图 11-3　纯土子堤示意图（单位：m）

（2）土袋子堤

土袋子堤在抗洪抢险中最为常用。土袋临水可以挡土防冲，广泛采用的是土工编织袋、麻袋和草袋。袋土宜用粘性土、砾质土。装土 7~8 成后，将袋口缝严，不宜用绳扎口，使土袋砌筑服贴，袋口朝背水面，错开袋缝，上、下袋交错排列。土袋层数及底层排数，随子埝高度而定。土袋后筑土戗，土戗随土袋逐层加高，分层铺土并夯实，如图11-4 所示。

（3）桩柳（桩板）子堤

当抢护堤段土质较差，取土困难，或缺乏土袋时，可以就地取材，修筑桩柳子堤。其做法是，在临水侧堤肩 1.0m 处先打木桩一排，再将柳枝或芦苇、秸料等捆成长 2~3m，直径 20cm 左右的柳把，用铅丝或麻绳绑扎于桩后，自下而上紧靠木桩逐层叠放。第一层柳把应置入事先抽挖的深约 10cm 的沟槽内。柳把起防风浪冲刷和挡土作用。在柳把后面散置厚约 20cm 的秸料，在其后面分层铺土夯实，作成土戗。土戗的构造要求与纯土子堤

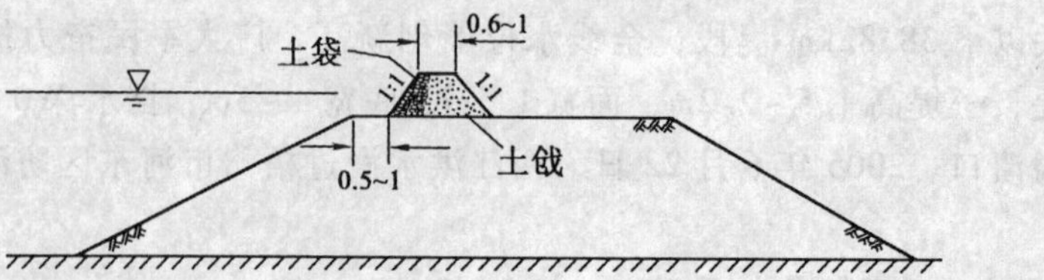

图 11-4 土袋子堤示意图（单位：m）

相同。

当堤顶较窄时，可以构造双排桩柳子堤。排桩的净排距约 1.5m，两排桩的桩顶用铅丝拉紧，桩内绑扎柳把，中间分层填土并夯实。桩柳子堤如图 11-5 所示。在情况紧急时，也可以用木板、门板等代替柳把，后筑土戗，构造桩板子堤。

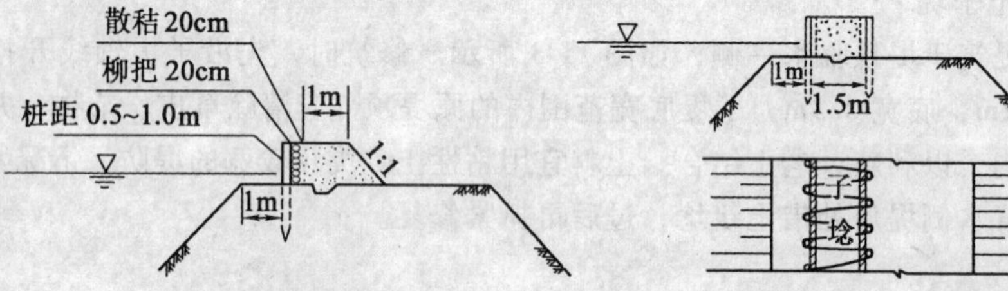

(a) 单排桩柳子堤　　(b) 双排桩柳子堤

图 11-5 桩柳子堤示意图

3. 注意事项

注意事项有：(1) 根据洪水预报信息，务必抢在洪水到来之前修完子堤；(2) 抢筑子堤要全线同步施工，决不允许留有缺口或部分堤段施工进度过慢；(3) 子堤要保证质量，并在筑后派专人严密守护，以防子堤在挡水期溃决。

11.2.2 堤坡散浸抢险

散浸亦称渗水。由于土质堤防具有一定的透水性，在汛期高水位的作用下，河水必然会渗入堤内，并从背水坡渗出，使得背水坡土体湿润、发软，这种现象称为散浸。散浸险情若不及时处理，有可能并发管涌、漏洞甚至脱坡（滑坡），致使险情恶化。

1. 堤坡散浸的原因及抢护原则

堤防发生散浸的主要原因有：高水位持续时间较长；堤防断面尺寸不足，背水坡偏陡，浸润线可能在背水坡出逸；堤身填土沙性大、透水性强，又未采取有效的渗流控制措施；施工时碾压不实，填土中含有冻土、团块和其他杂物；堤身潜在如洞穴、暗沟、腐烂物、树根等各种隐患等。

抢护原则是："临河截渗，背河导渗"。临河截渗即在堤防临河侧用透水性小的粘性土料修筑前戗，或用土工膜等材料阻隔渗流，拦截浸入堤内渗水；背河导渗即在背水坡上，用透水性好的材料如土工织物、砂石料或稻草、芦苇做反滤设施，让渗水滤出，而不让土粒流失，增加堤坡的稳定性。

2. 抢护方法

（1）临河截渗

① 前戗截渗。当外滩水深、流速不大，附近有粘性土源，且取土较容易时，可以在堤防临水面抛投粘土截渗。其做法是，先清除临水坡的灌木、杂物，再从船上或在堤肩处由上向下抛投粘土，形成粘土前戗。前戗一般厚 3～5m，高出水面 1m，两端超出渗水段 3～5m，如图 11-6 所示。

当水深、流速较大时，可以先在堤脚外围构筑土袋潜堰，再向潜堰内抛粘土，形成土袋前戗，如图 11-7 所示；也可以采取打排桩编柳方式构造桩柳前戗，如图 11-8 所示，均能达到防冲截渗效果。

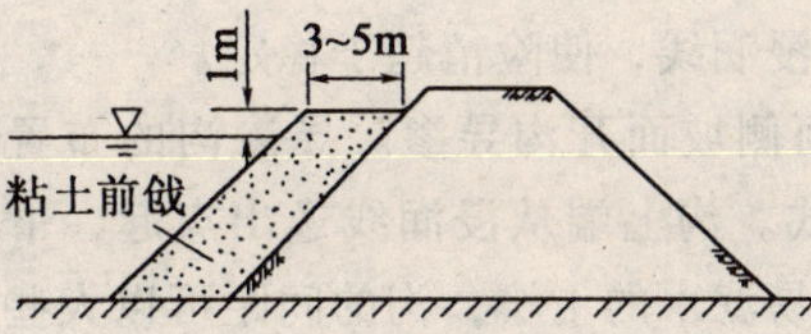

图 11-6　粘土前戗截渗示意图

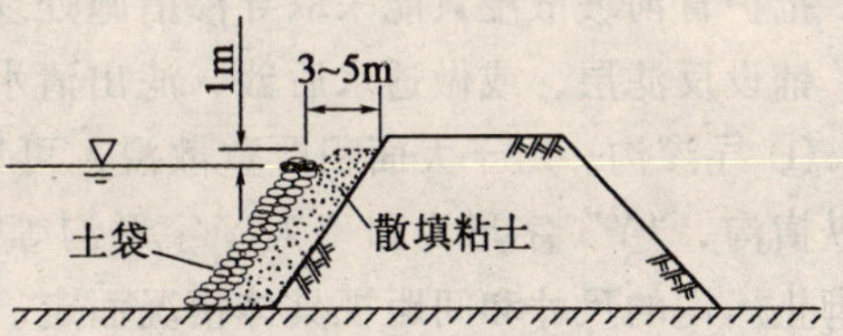

图 11-7　土袋前戗截渗示意图

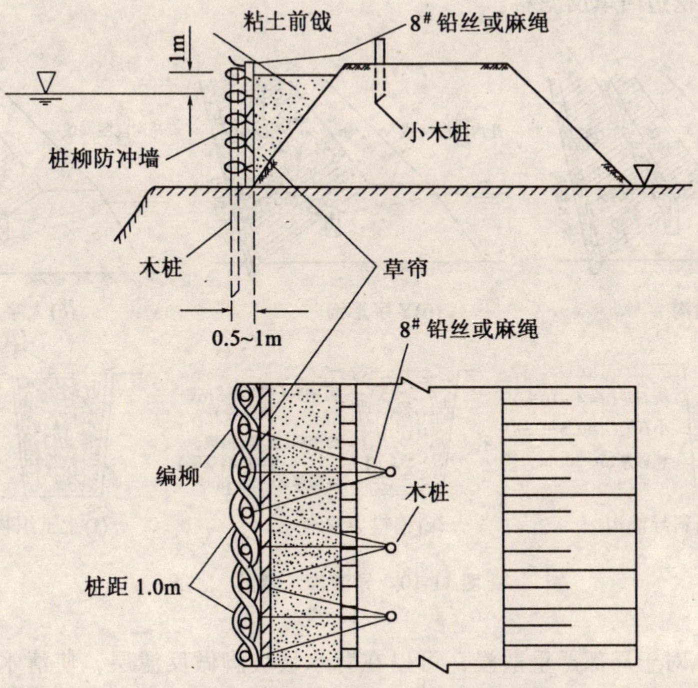

图 11-8　桩柳前戗截渗示意图

② 土工膜截渗。用土工膜截渗简便、迅速。施工前先清理堤坡和堤脚附近地面杂草、灌木等，再铺土工膜。土工膜尺寸以满铺堤坡，下边伸入坡脚外 1.0m，上边露出水面 1.0m 为宜。膜幅间接缝可以预先粘结或焊牢。铺设时，可以将土工膜下边缘折叠粘牢成

卷筒，插入直径为4~5cm的钢管，滚至坡下，展铺于坡面上，然后自下而上，满压土袋保护，以防波浪冲击，如图11-9所示。

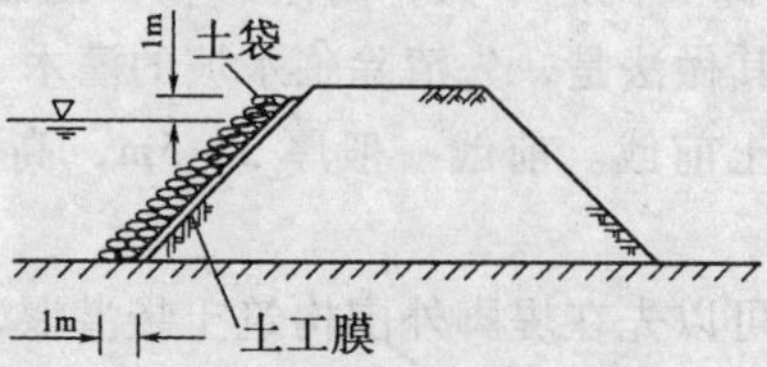

图11-9　土工膜截渗示意图

（2）背河导渗

抢护背河坡散浸只能采取导渗措施处理，切忌封闭、堵压。主要是在背水坡开挖导渗沟，铺设反滤层，或做透水后戗，滤出清水，降低浸润线，使险情趋于稳定。

① 导渗沟。对于大面积严重散浸，可以在背河侧坡面开沟导渗。导渗沟的布置形式有纵横沟、“Y”字形沟和“人”字形沟等多种形式。沟上端从浸润线逸出点起，下端至堤脚止。沟的尺寸和间距视具体情况而定。对于容易滤水的土壤，沟的间距可以大些，一般每间隔5~8m开一条沟，沟深为0.5~1.0m，沟宽为0.5~0.8m，沟底坡度与堤坡相同，沟内填筑砂石料或梢料、土工织物等滤水材料，如图11-10所示。为避免险情扩大，施工时可以边开挖边回填反滤料。

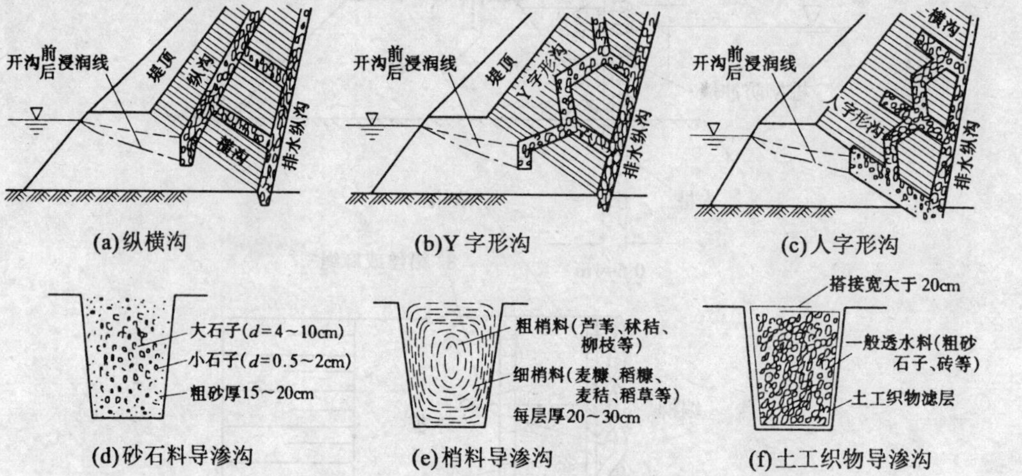

图11-10　导渗沟示意图

② 反滤层。对于局部严重散浸，可以在背水坡坡脚做反滤层，使清水滤出。根据所用材料不同，反滤层分为砂石反滤层、梢料反滤层和土工织物反滤层等。

砂石反滤层：做法是，先将散浸区面层的软泥铲除，然后按图11-11所示方法铺放反滤料。其质量要求与砂石导渗沟相同。

梢料反滤层：做法是，先将渗水堤坡清理好，铺一层麦糠或稻草、麦秸等细料，厚度不小于10cm；再铺一层苇草或秫秸、柳枝等粗料，厚度为30~40cm；最后压块石或土袋，或在梢料上先盖草袋或土工织物等，再压 30～50cm 厚的土层，如图 11-12 所示。

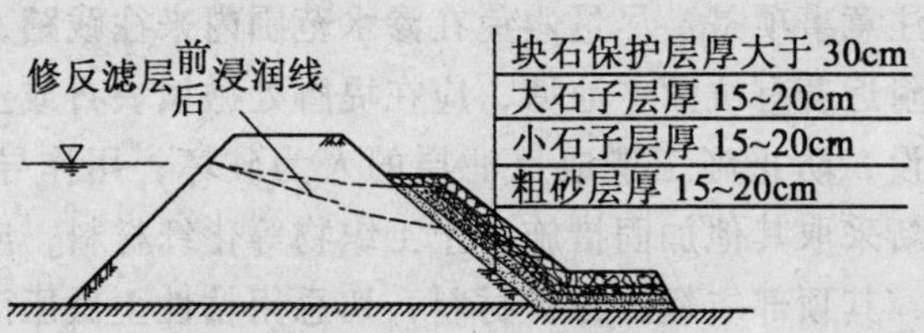

图 11-11　砂石反滤层示意图

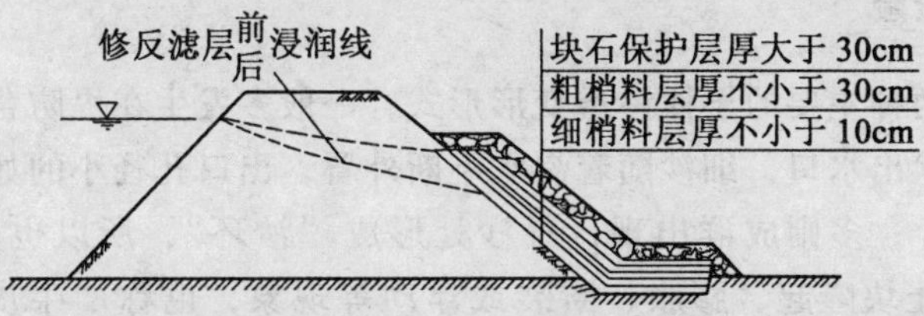

图 11-12　梢料反滤层示意图

土工织物反滤层：做法是，清理、平整好渗水堤坡，满铺一层土工织物，搭接宽度不小于 30cm，其顶部超出渗水逸出点以上 0.5～1.0m；然后铺一般透水材料；最后压块石、碎石或土袋保护，如图 11-13 所示。

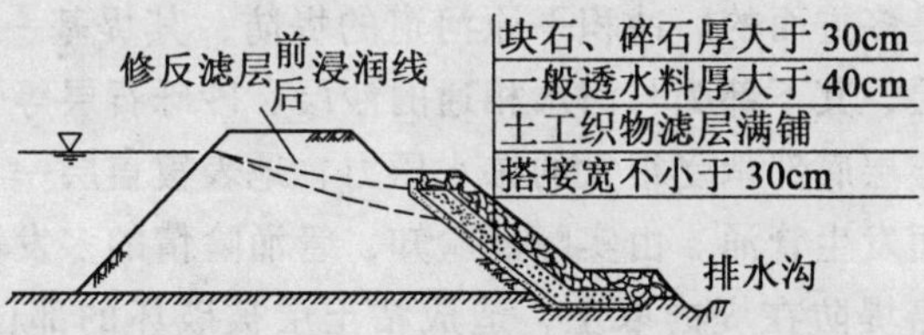

图 11-13　土工织物反滤层示意图

③ 透水后戗（透水压浸台）。对于堤身断面单薄、背水坡较陡、土壤渗水饱和后有脱坡危险的部位，应做透水后戗抢护。透水后戗可用沙土填筑，或用梢土填筑。

沙土后戗：修筑后戗之前，先清除堤脚和堤坡上的软泥、杂草，挖深约 10cm，填以沙土，分层夯实。后戗一般高出渗水逸出点 0.5～1.0m，长度宜超出散浸区两端各 5.0m，顶宽一般 2～4m，戗坡度 1∶5～1∶2，如图 11-14 所示。

梢土后戗：清理好堤脚和堤坡后，采用层梢层土方式造戗，其做法与梢料反滤层基本相同。梢部向外，伸出戗身，粗料厚不小于 20cm，上、下各铺厚 5cm 以上细料。每层滤料间填土夯实，厚 1.0～1.5m，如图 11-15 所示。

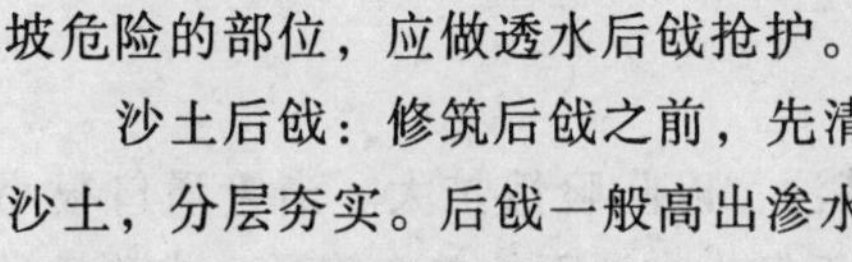

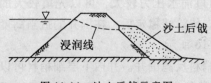

图 11-14　沙土后戗示意图

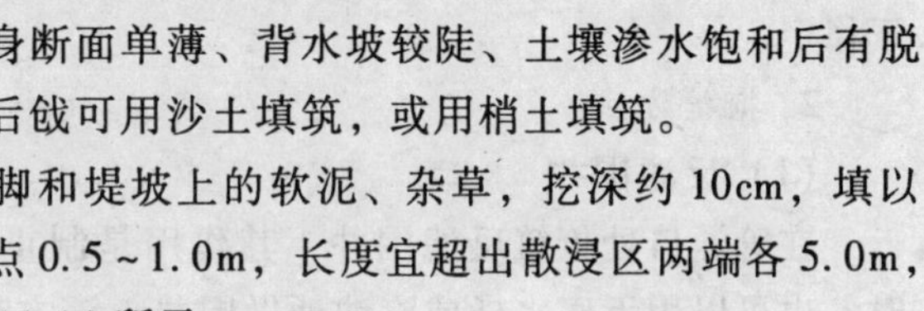

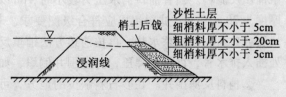

图 11-15　梢土后戗示意图

3. 注意事项

抢护散浸险情的注意事项是：尽量避免在渗水范围内来往践踏，以免造成稀软范围扩大和施工困难；堤脚附近若有坑潭、池塘，应在堤脚处抛填块石或土袋固基；砂石料导渗要按质量要求分层铺设，防止施工造成反滤层的人为破坏；用作导渗材料的梢料容易腐烂，汛后须拆除，重新采取其他加固措施；土工织物等化纤材料，应尽量避免或缩短其阳光曝晒时间，完工后，其顶部应覆盖保护材料；切忌用粘性土做压浸台，以免阻碍渗流滤出，导致渗水范围扩大和险情恶化。

11.2.3 堤基管涌抢险

管涌和流土是两种主要的土体渗透变形形式，一般多发生在堤防背水坡坡脚附近的地面上。管涌多呈孔状出水口，细沙随着渗水不断外冒，出口孔径小的如蚁穴，大的可达数十厘米，少则一两个，多则成群出现，冒沙处形成“沙环”，所以也称“翻沙鼓水”或“泡泉”；流土出现土块隆起、膨胀、断裂或浮动等现象，也称“牛皮胀”。在实际抢险中，因很难将管涌和流土严格区分，故习惯上把这两者统称为管涌险情。

管涌险情在汛情最为多见。随着江河水位上升，高水位持续时间的增长，特别是在地表覆盖层较薄处或被人为破坏时，管涌险情容易出现。若抢护不及时，严重时有决堤的危险，对此切不可掉以轻心。

1. 堤基管涌的原因及抢护原则

管涌形成的原因是多方面的。冲积平原河道的堤防，其堤基一般为典型的二元结构，即上层是相对不透水层，其下部为与河水相通的沙层、砂砾石层等强透水层。在汛期高水位时，堤防背水侧表土层底部承受很大的渗水压力，地表覆盖层一旦被冲破，地基中的沙粒就会随水流出，从而发生管涌。由实际经验知，管涌险情的多发堤段主要是：历史溃口形成的渊潭；历年加培堤防在堤内取土，造成粘土层被破坏的部位；穿堤涵闸的闸后渠道；以及地质钻孔、水井、池塘等地。

抢护原则是“导水抑沙”。即将渗水导出以降低渗透压力，抑制泥沙带出而使险情趋于稳定。

2. 抢护方法

(1) 反滤围井

在管涌口处抢筑反滤围井，其作用是制止涌水带沙，以防险情扩大。当管涌口很小时，也可以用无底水桶或汽油桶做围井。该方法适用于发生在地面的单个管涌，或数目虽多但位置较集中的管涌群。对于水下管涌，当水深较浅时亦可以采用。根据所用反滤料的不同，反滤围井常见砂石反滤围井、梢料反滤围井和土工织物反滤围井三种。

① 砂石反滤围井。其做法是，先清除围井周围的杂物，用土袋填筑围井；再在围井中铺填反滤料。当管涌口涌水压力较小时，可以按由细到粗的顺序铺填反滤料，每级滤料厚度为20～30cm，滤料组成应符合级配要求。若管涌口涌水压力较大，可以先填较大的块石或砖头，以消杀水势，再按前述方法铺填反滤料。待险情稳定后，在围井的适当高度处插入排水管，以排水降压，防止围井倒塌，如图 11-16 所示。

②梢料反滤围井。在砂石料缺少的地方，可以作梢料反滤围井。井内下层细梢料可以用麦秸、稻草，上层粗梢料用柳枝、芦苇等，铺设厚度各为20～30cm。梢料铺好后，顶

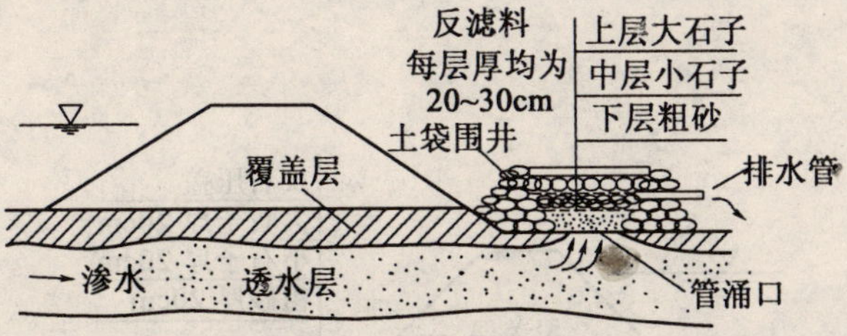

图 11-16　砂石反滤围井示意图

部用块石或土袋压牢，以防止梢料上浮冲失。围井修筑方法与砂石反滤围井相同，如图11-17所示。

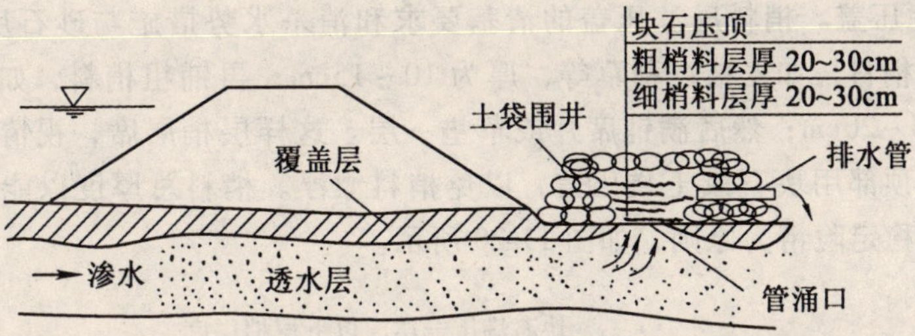

图 11-17　梢料反滤围井示意图

③ 土工织物反滤围井。在抢筑时，先清除管涌口附近的杂物，平整好表面，再铺土工织物，外围用土袋垒砌成围井，其内填筑砂砾石透水料，围井修筑方法与砂石反滤围井相同，如图 11-18 所示。

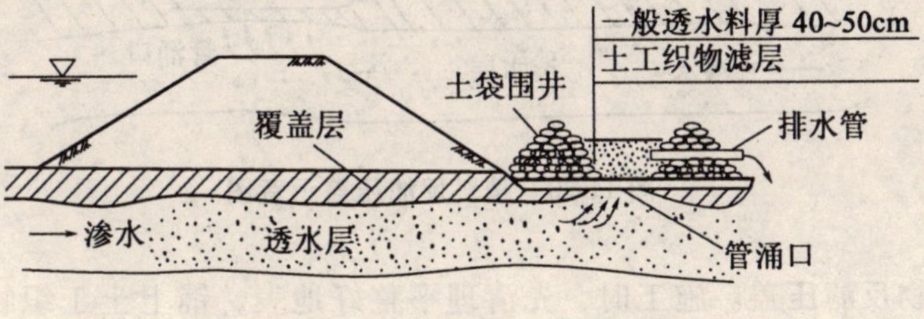

图 11-18　土工织物反滤围井示意图

（2）反滤压盖

在堤内出现大面积管涌或管涌群的地方，如果料源充足，可以采用反滤压盖方法降低涌水流速，制止泥沙流失。根据所用反滤材料不同，反滤压盖常见砂石反滤压盖、梢料反滤压盖和土工织物反滤压盖三种。

① 砂石反滤压盖。施工时，先清除地表的杂物和软泥，铺粗砂一层，厚约 20cm；然后再铺小石子和大石子各一层，厚度均为 20cm；最后压盖一层块石予以保护，如图 11-19

所示。若管涌口涌水涌沙较严重，先用块石或砖块抛填出口，待水势消杀后再按上述方法铺料。

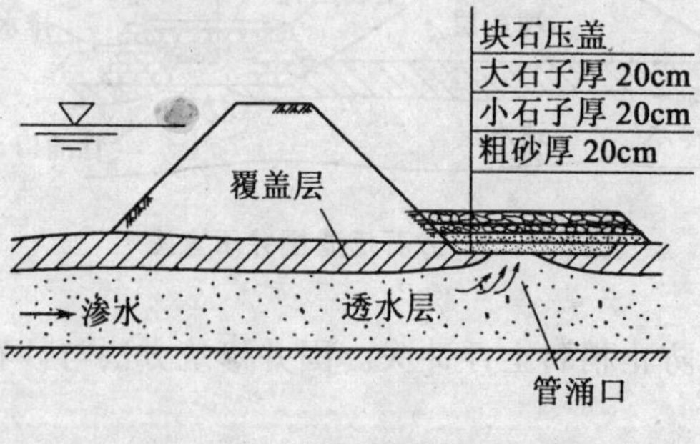

图 11-19　砂石反滤压盖示意图

② 梢料反滤压盖。梢料反滤压盖的清基要求和消杀水势措施与砂石反滤压盖相同。铺筑时，先铺细梢料，如麦秸、稻草等，厚为 10～15cm；再铺粗梢料，如柳枝、秫秸和芦苇等，厚为 15～20cm；然后满铺席片或草垫一层。这样层梢层席，视情况可以只铺一层或连铺数层。顶部用块石或土袋压盖，以免梢料漂浮。梢料总厚度以能够制止涌水带沙、出水变清、稳定险情为原则，如图 11-20 所示。

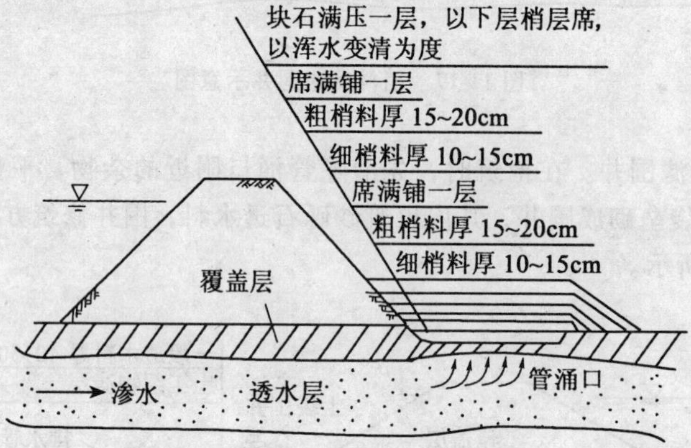

图 11-20　梢料反滤压盖示意图

③ 土工织物反滤压盖。施工时，先清理平整好地表，铺上土工织物，其上铺砂砾石透水料，最后压一层块石或土袋，如图 11-21 所示。

（3）无滤减压围井

无滤减压围井俗称养水盆。该方法适用于当地缺乏反滤材料，临、背水头差较小，高水位持续时间不长，管涌周围地表较坚实完整且未遭破坏，渗透系数较小的情况。其基本原理是，在堤背管涌区域的外围抢筑围井，通过抬高井内水位来减小堤防内、外的水头差，降低渗透压力，阻止管涌破坏，达到稳定险情的目的。

常见有无滤层围井和背水月堤两类形式。无滤层围井即在管涌外围用土袋垒砌围井，随着井内水位上升，逐渐加高加固，直到制止涌水带沙、险情稳定后，再设置排水管排

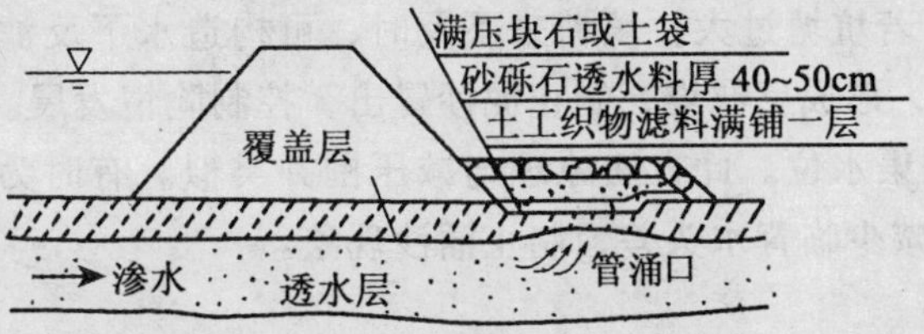

图 11-21　土工织物反滤压盖示意图

水，如图 11-22 所示。

背水月堤倚靠堤身而修，即在堤背侧管涌（群）外围筑土袋月堤，形成“养水盆”，蓄水减压，抑制涌水带沙，稳住险情。该方法尤其适于用来处理堤背侧池塘、沟渠中的管涌群，如图 11- 23 所示。

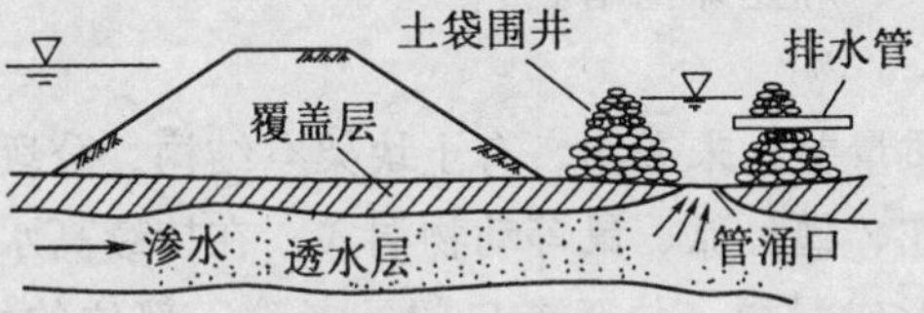

图 11-22　无滤层围井示意图

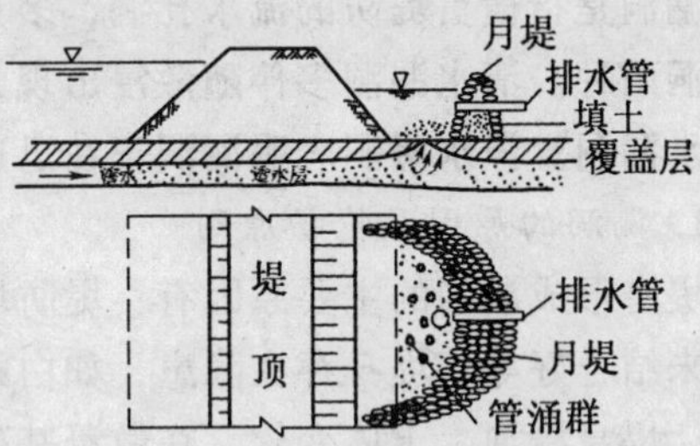

图 11-23　背水月堤示意图

(4) 透水压渗台

在堤背侧修筑透水压渗台，可以平衡渗压，延长渗径，减小渗透比降，并能导渗滤水，防止土粒流失，使险情趋于稳定。该方法适用于管涌较多，范围较大，反滤料不足而沙土料源丰富之处。其做法是：先将筑台范围内的软泥、杂物清除，对较严重的管涌出水口用砖块、砂石填塞，待水势消杀后，用透水性大的沙土修筑戗台即透水压渗台。其尺寸视具体情况确定，应以能制止涌沙、浑水变清为原则，如图 11-24 所示。

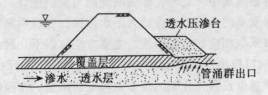

图 11-24　透水压渗台示意图

(5) 水下管涌抢护

在堤内侧的坑塘、沟渠中，经常发生水下管涌，直接抢险困难。通常可视情况，采用以下处理办法。

① 填塘。在人力足够和条件可能的情况下，可用沙性土或粗砂将坑塘填筑起来。若

管涌险情严重，应先用抛石、砖块消杀水势，再用沙性土填塘。

② 水下反滤层。若坑塘过大，填塘来不及时，可构造水下反滤层。即在管涌区域按要求倾倒砂石反滤料，形成反滤堆，制止泥沙冒出，控制险情发展。

③ 抬高坑塘、沟渠水位。此方法原理与减压围井类似。有时为了争取时间，常需引水入塘，抬高水位，减少临背水头差，制止涌沙现象。

3. 注意事项

管涌抢险的注意事项是：切忌用不透水材料在背水坡脚修筑压渗台，以免堵塞渗水出路，恶化险情；采用无滤减压围井，井壁要有足够的高度和强度，并应严防井壁周围地面出现新的管涌；用土工织物作反滤料时，注意泥土淤塞织物孔眼，阻碍渗水流出；对于较严重的管涌，应首选反滤围井，并应优先选用砂石反滤围井。反滤压盖及透水压渗台只宜用于渗水量和渗透流速较小的管涌（群），或普遍渗水的区域。

11.2.4 堤身漏洞抢堵

漏洞是指横贯堤防的流水孔洞，多见于堤身。漏洞视出水是否带沙而分清水漏洞和浑水漏洞两种。清水漏洞多伴随散浸出现，危险性虽比浑水漏洞小，但若不处理亦可能发展为浑水漏洞。浑水漏洞表明漏洞正在迅速扩大，应立即抢堵。

1. 漏洞的原因及抢护原则

堤身形成漏洞的主要原因有：堤防填筑质量差，未夯实，有土块架空结构，分段填筑接缝未结合好等；堤身存在隐患，如白蚁、蛇、獾、狐、鼠等动物洞穴；在持续高水位作用下，堤身浸泡、土体变软，在散浸基础上形成漏洞；位于老口门、老险工部位的堤段，复堤结合部位处理不好，或遗留有原抢险木料而年久腐烂成洞；历史原因，如堤身内部残留有屋基、墓穴、战壕、碉堡、暗道等，筑堤时未彻底清除，等等。

抢护原则是：“前堵后导，临背兼施”。即在临河侧堵塞洞口，截断水源；同时在背河漏洞出口处采取导滤措施，制止土粒流失，防止险情扩大。

2. 抢护方法

（1）临河截堵

在临河侧堵塞漏洞，首先必须探准洞口位置。一般水浅流缓处，较大的漏洞进口水面往往会产生漩涡，容易被发现。较小的漏洞，漩涡不明显，可用锯末、麦糠或纸屑等漂浮物撒于水面，若发现打漩或集中一处时，即表明此处为漏洞进口。对于水深流急之处，水面看不到漩涡，在确保安全的条件下，由蛙人下水摸探。在探明漏洞进口的位置、大小及其附近土质后，便可以采取相应的堵漏措施。主要方法有以下几种。

① 塞堵法。如果洞口较小，周围土质较硬，水浅流缓，人可接近洞口，可以用软性材料如棉絮、草包、草捆以及预先扎制的锥形软楔等物堵塞。在险情得到有效控制后，再用粘性土封堵闭气，或用大块土工膜、篷布盖堵，然后再抛压土袋，直到完全断流为止。

② 盖堵法。该方法即先用覆盖物盖住洞口，然后再抛压土袋或散抛粘土，断流闭气。

铁锅盖堵：当水深不大，洞口较小，洞口周边土质较坚实时，可以用铁锅或将铁锅用棉被等物包住后，扣在洞口上，再抛压土袋，并散抛粘土，断流闭气，如图 11-25 所示。

软帘盖堵：软帘可以用草帘、苇箔或柳枝、秸料、芦苇等编扎而成。其大小根据洞口盖堵范围决定。软帘的上边用铅丝或绳索系牢于堤顶木桩上，下边坠以土袋等重物，以利于软帘顺破沉贴。先将软帘卷起置放在洞口上部，顺堤坡往下盖严洞口后，再盖压土袋，抛填粘土，封堵闭气，如图 11-26 所示。

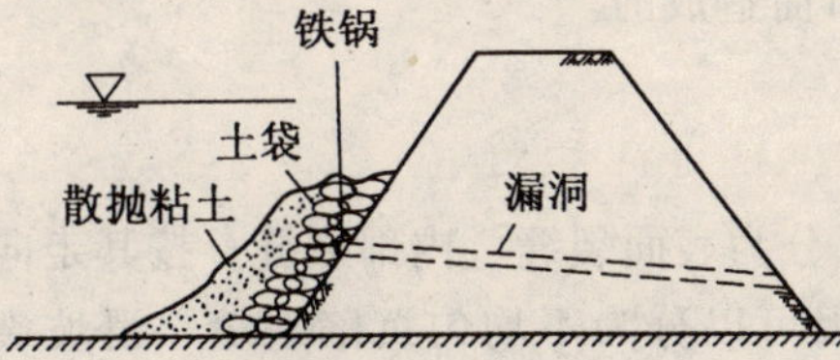

图 11-25　铁锅盖堵示意图

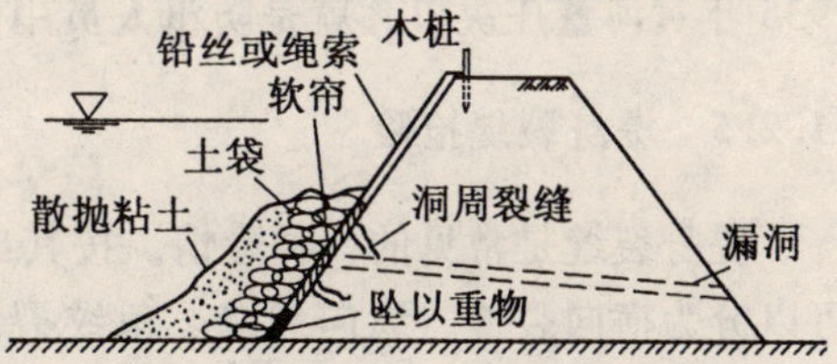

图 11-26　软帘盖堵示意图

软体排盖堵：当洞口较多、较集中，堤坡较平且无树木、杂草时，可以采用复合土工膜排体或篷布盖堵。将膜布缝制成排状，并在其上、下端和左、右侧缝好管状袋，再往袋内装土形成土枕，施放时，排体上端系于堤肩排桩上，从上往下，贴坡投放，覆盖全部洞口，堵截水流，使漏洞闭气，如图 11-27 所示。

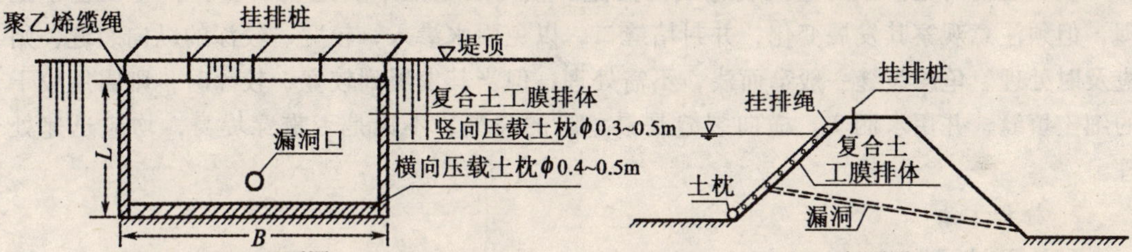

(a) 正面图　　(b) 断面图

图 11-27　软体排盖堵示意图

③ 戗堤法。当临水坡漏洞口多而小，范围又较大时，在粘土料源充足的情况下，可以采用抛粘土筑前戗或临水筑月堤的办法进行抢堵。粘土前戗见图 11-6。临水筑月堤的方法适于水深较浅、流速较小处，即先在洞口附近用土袋迅速筑成月形围堰，同时在围堰内快速抛填粘土，封堵洞口，如图 11-28 所示。

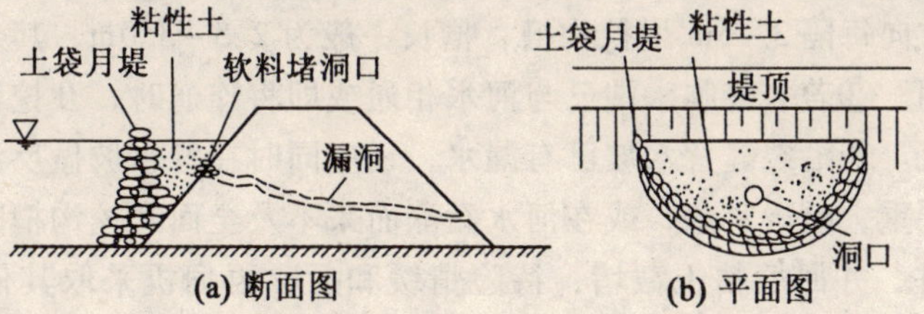

(a) 断面图　　(b) 平面图

图 11-28　临水筑月堤示意图

（2）背河导渗

为了确保堤防安全，在临河堵塞的同时，往往还须在背河侧采取反滤导渗措施，防止险情继续扩大。背河导渗措施有：反滤围井、反滤压盖和透水压渗台（滤水后戗）等。这些方法可以参见前面介绍的管涌抢险。

必须强调指出，在堤内处理漏洞时，切不可用不透水材料强塞硬堵洞口，否则，洞口被塞，水压增大，势必会在其他处又出现新的洞口，或使小的漏洞越塞越大，造成溃堤。1935 年黄河董庄决口，就是防汛人员用门板堵塞出口而造成的。

11.2.5 堤身裂缝抢险

堤身裂缝是常见的一种险情。按其出现部位可以分为表面裂缝、内部裂缝；按其走向可以分为横向裂缝、纵向裂缝、龟纹裂缝；按其成因可以分为不均匀沉陷裂缝、滑坡裂缝、干缩裂缝、冰冻裂缝、振动裂缝。其中以横向裂缝和滑坡裂缝危害性最大。横向裂缝横贯堤防轴线，若上下游贯穿，则形成渗水通道；滑坡裂缝往往是滑坡前的预兆。

1. 裂缝的成因及抢护原则

堤防出现裂缝的原因主要有：堤基不均匀沉陷；堤防施工质量差，新老堤结合部未处理好；堤身隐患；堤身土体在高水位渗流作用下抗剪强度降低；地震、爆破振动以及人为破坏，等等。

裂缝险情的抢护原则应视裂缝成因而定。纵向裂缝如果仅是表面裂缝，可以暂不处理，但须注意观察其发展变化，并封堵缝口，以免雨水渗入；较宽、较深的纵向裂缝，则应及时处理。龟纹裂缝一般窄而浅，不需处理，但当其发展到较宽、较深时，则需用较干的细土填缝，并用水洇实。横向裂缝是最危险的裂缝，不论是否贯穿堤身，均应迅速处理。

2. 抢护方法

（1）开挖回填

开挖回填方法适用于稳定的纵向裂缝。施工方法是，沿裂缝开挖一条沟槽，深达裂缝以下 0.3～0.5m，底宽至少 0.5m，边坡应满足稳定及新旧填土结合的要求并便于施工，沟槽两端应超过裂缝 1m。回填土料应和原堤土类相同，含水量相近。土料过干时应适当洒水。分层填土并夯实，每层土厚约 20cm，顶部略高出堤面，呈拱弧形，以防雨水渗入，如图 11-29 所示。

（2）横墙隔断

横墙隔断方法适用于横向裂缝。其做法是：①除在横向沿裂缝开挖沟槽外，还需在纵向即与裂缝垂直方向每隔 3～5m 增挖沟槽，槽长一般为 2.5～3.0m，其余开挖和回填要求与开挖回填法相同。②若裂缝临水端已与河水相通或即将连通时，开挖沟槽前，应在堤防临水侧筑前戗截流。若沿裂缝背水坡已有漏水，还应同时在背水坡做反滤导渗，以免堤土流失。③当漏水严重，险情紧急，或在河水猛涨而来不及全面开挖沟槽时，可以先沿裂缝每隔 3～5m 挖竖井，并回填粘土截堵，待险情缓和后，再伺机采取其他处理措施，如图 11-30 所示。

（3）灌堵裂缝

① 裂缝灌浆。缝宽较大、深度较小的裂缝，可以在堤顶开挖沟槽，采用自流灌浆法处理。若裂缝较深，开挖回填困难，可以采用压力灌浆方法处理。

② 封堵缝口。对于不甚严重的纵向裂缝及龟纹裂缝，经检查已经稳定时，可以用该方法。其具体做法是，用干而细的沙壤土由缝口灌入，再用木条或竹片捣实；填满后，再沿裂缝作一高于堤面的拱形小土埂，压住缝口，以防雨水浸入。

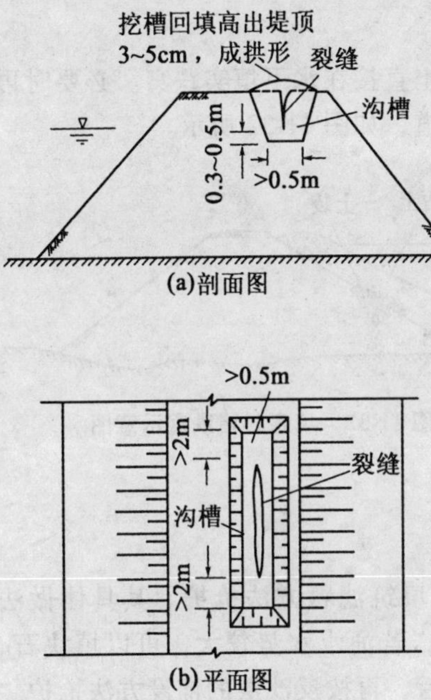

图 11-29　开挖回填处理裂缝示意图

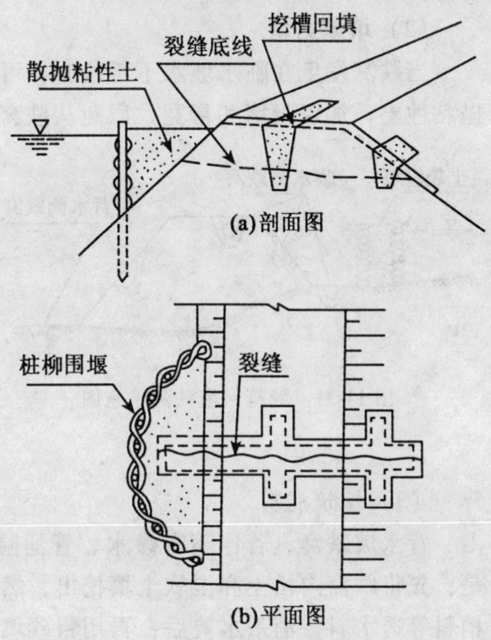

图 11-30　横墙隔断处理裂缝示意图

11.2.6　堤面跌窝抢险

跌窝又称陷坑，一般是指在大雨或持续高水位情况下，在堤顶、堤坡及坡脚附近，突然发生的局部土体的陷落险情。这种险情破坏了堤防的完整性，有时伴随渗水、漏洞同时发生，严重者可能导致堤防溃口失事。

1. 跌窝的形成原因及抢护原则

主要原因有：施工填土土块架空，碾压不实，分段接头部位未处理好；穿堤建筑物与堤身结合部填筑质量差；穿堤涵管破裂；地基不均匀沉陷；堤内存在动物洞穴或人为洞穴等隐患；堤防渗水、管涌、漏洞等险情未能及时发现和处理，造成堤身内部局部被淘刷、架空，发生塌陷导致跌窝。

抢护原则：根据跌窝形成的原因和出现的部位，采取不同的抢护措施，以“抓紧翻筑抢护，防止险情扩大”为原则，在条件允许的情况下，尽可能采用翻挖、分层填土夯实的办法彻底处理。条件不许可时，如水位很高或跌窝较深，可以作临时性的填土处理。若跌窝伴随渗水、漏洞等险情，则应采用填筑反滤导渗材料的方法处理。

2. 抢护方法

(1) 翻筑回填

在条件许可的情况下，且未伴随渗水、漏洞等险情时，均可以采用该方法。其具体做法是：先将跌窝内的松土翻出，然后分层回填夯实，恢复堤防原貌。若跌窝出现在临河侧水下且水不太深时，可以修土袋围堰或桩柳围堰，将水抽干后再予翻筑，如图 11-31 所示。翻筑所用土料，若跌窝位于堤顶或临水坡，须用防渗性不小于原堤土的土料，以利防渗；若位于背水坡，则须用透水性不小于原堤土的土料，以利排渗。

（2）填塞封堵

当跌窝发生在临水坡水下部位时，可以用袋装粘性土直接在水下填实跌窝。必要时再抛粘性土，加以封堵和帮宽，以免从跌窝处形成渗水通道，如图 11-32 所示。

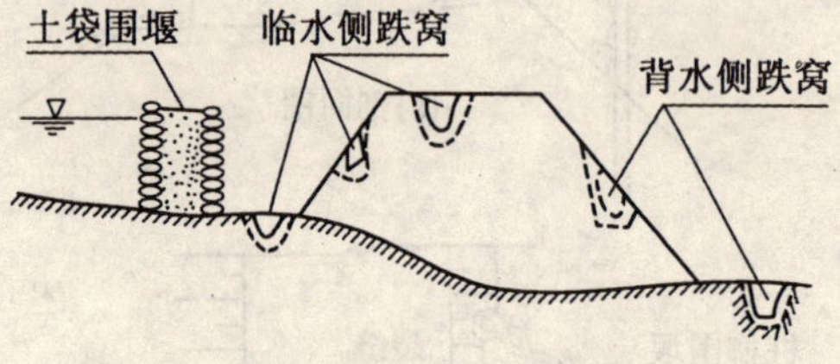

图 11-31　翻筑回填跌窝示意图

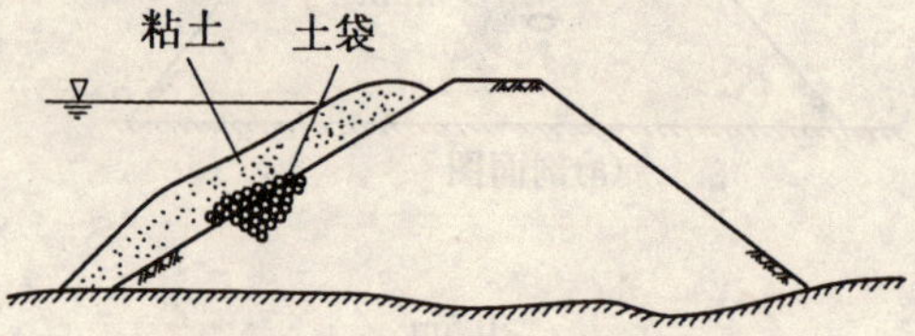

图 11-32　填塞封堵跌窝示意图

（3）填筑滤料

背水坡跌窝，若伴随有渗水、管涌险情，可以采用填筑滤料方法抢护。其具体做法是：先将跌窝内松土和湿软土壤挖出，然后用粗砂填实，若涌水水势较大，可以填块石、梢料等透水料，消杀水势后，再用粗砂填实。跌窝填满后，再按反滤层的铺设方法抢护。

11.2.7　背水脱坡抢险

脱坡（滑坡）是堤防边坡失稳的表现，尤以背水坡在汛期的滑脱最为危险。汛期一旦出现背水坡滑脱险情，必须不失时机地加以抢护。

1. 背水脱坡的原因及抢护原则

背水脱坡的主要原因是：高水位时间较长，堤身浸润线上升，土体浸水软化，抗剪强度降低，导致背水坡失稳；堤防基础松软，存在液化土层或软弱夹层，或堤脚靠近坑塘，失去支撑而引起滑坡；堤防施工时铺土太厚，碾压不实，或在堤防加固时“贴膏药”，新、老堤土结合不好而失稳滑坡，等等。

抢护原则：“滤水还坡”。即在脱坡处采取导滤措施，排出渗水，恢复堤身的完整性。

2. 抢护方法

（1）滤水土撑

若背水坡排渗不畅，脱坡严重，范围较大，取土困难，可以间隔修筑滤水土撑。修筑前，先将脱坡松土清除，削坡后全面开挖导渗沟，并填以滤料，然后在其上做好覆盖保护，再进土筑土撑，如图 11-33 所示。土撑要分层填土并夯实，撑顶至浸润逸出点以上 0.5～2.0m 处。土撑尺寸视堤情和险情确定，一般顶宽 5～8m，长 10.0m 左右，坡度 1:5～1:3，间距 10～20m。若堤脚基础不良，应先用块石或土袋固脚；坡脚靠近水塘处，可以先用沙土或土袋填塘至渍水面以上 0.5～1.0 m。

（2）滤水后戗

在背水脱坡范围内全面修筑滤水后戗，可以导出渗水，降低浸润线，强化断面，使险情趋于稳定。该方法适用于断面单薄，边坡较陡，险情严重，有滤水材料和取土较易处。其具体做法与滤水土撑法基本相同。其区别是，滤水土撑法修筑土撑是间断修筑，而滤水后戗则是全面连续修筑，其长度应超过滑坡堤段的两端各 5～8m。如果滑坡土体过于稀软

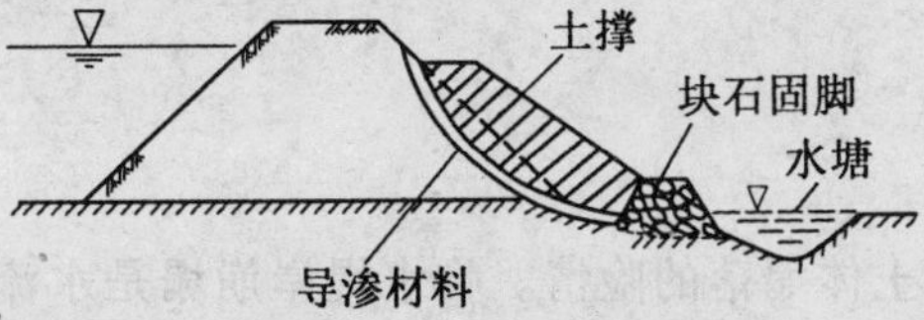

图 11-33　滤水土撑示意图

而不便做导渗沟时，可以用砂石料、梢料或土工织物等作反滤材料的反滤层代替，其具体做法与抢护散浸的反滤层方法相同。

（3）滤水还坡

凡采用反滤层结构恢复堤身断面的抢护方法，统称为滤水还坡法。其作法与防散浸方法相同，即清理脱坡软泥后，将滑坡处陡立的土坎削成斜坡，然后按原堤身断面回填透水料，或填铺反滤层材料。图 11-34 为各种形式的滤水还坡结构。

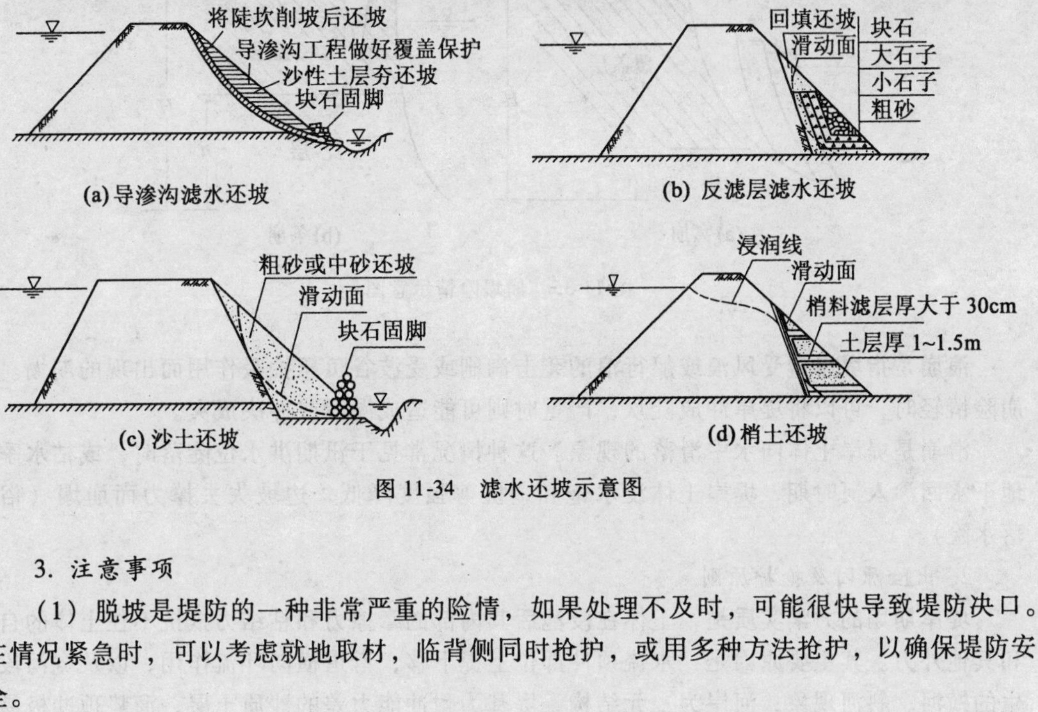

图 11-34　滤水还坡示意图

3. 注意事项

（1）脱坡是堤防的一种非常严重的险情，如果处理不及时，可能很快导致堤防决口。在情况紧急时，可以考虑就地取材，临背侧同时抢护，或用多种方法抢护，以确保堤防安全。

（2）滑脱土体因被水浸润饱和，其承载能力和凝聚力已大大削弱，因此，在滑动土体的中、上部，不能用堆土或压石块、土袋等加压的办法来阻止滑坡。为此，要避免大批人员上堤践踏，填土还坡也不能过急、过量，以免超载，影响土坡稳定。

（3）在抢护背水坡滑脱时，一般不能用打桩的办法。但当堤坡邻近池塘，而塘中有淤泥层，其下土质较硬，且当地又缺乏石料和适宜填塘砂土时，可以在塘边打排桩，里衬苇、柴捆或土袋，挡住堤脚的土，以免坡脚滑脱。但此时的堤坡不得依靠排桩支撑，木桩要有足够的长度和强度。

（4）修筑反滤层时，要按导滤要求一次做成，汛期不能翻修，尤其在高水期贸然翻修导滤层是极其危险的。

11.2.8 临水崩塌抢险

1. 险情类型

崩塌是指堤岸临水坡土体塌落的险情。临水堤岸崩塌是水流与河岸相互作用的结果，其形式与主流顶冲方位、滩槽高差、崩岸部位和河岸土质组成等因素有关。大致可以分为窝崩、条崩、浪崩和滑崩四类。

窝崩在平面和横向呈弧形阶梯状，一般发生在沙层较低，粘土覆盖层较厚，水流冲刷严重的弯道“常年贴流区”，一旦下部沙层被水流洗刷淘空，上面覆盖层土体失去支撑随即坍落，其崩岸强度通常很大，如图 11-35（a）所示。

条崩多出现在沙层较高，覆盖层较薄，土质松散，主流近岸河段。在下部沙层被水流淘空后，上层失去支撑而倒坠入水，崩塌后，岸壁陡立，崩塌土体呈条形，如图 11-35（b）所示。

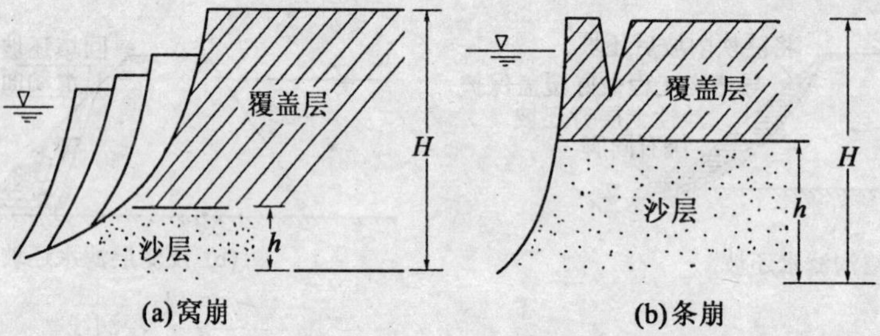

图 11-35 崩塌险情示意图

浪崩是指堤岸遭受风浪或船行浪的袭击淘刷或受波谷负压抽吸作用而出现的崩塌。浪崩险情轻时，可以将堤岸冲成陡坎，严重时则可能造成漫溃或冲决成灾。

滑崩是堤岸土体向水中滑落的现象。这种情况常见于汛期洪水位陡落时，或枯水季节地下水回渗入河时期，堤岸土体浸水饱和，抗剪强度降低，边坡失去撑力而崩塌（俗称落水险）。

2. 出险原因及抢护原则

堤岸崩塌的力学实质是，土体在浸泡后其内部的摩擦力和粘结力抵抗不住土体的自重和其他外力。其主要原因是：水流顶冲部位上提下移，弯道横向环流作用，以及宽河段发生的横河、斜河现象；河岸为二元结构，堤基为耐冲能力差的沙质土层，溜势顶冲极易被淘空；风浪、船行浪袭击；水位陡涨陡落，变幅大，河水入渗与地下水渗出的交替作用，等等。

抢护原则：“护脚防冲、缓流挑流、减载加帮”。即一方面是增强堤岸的抗冲能力和稳定性，另一方面是削弱和减缓水流对堤岸的冲击和侵蚀作用。

3. 抢护方法

（1）护脚防冲

堤防受到水流冲刷后，堤脚或堤坡变成陡坎时，必须尽快采取护脚防冲措施。常见做法是，在崩塌部位抛投块石、土袋、石笼、柳石枕或沉放软体排。这些方法可就地取材，施工简便，能适应河床变形，因此被广泛应用，如图 11-36 所示。

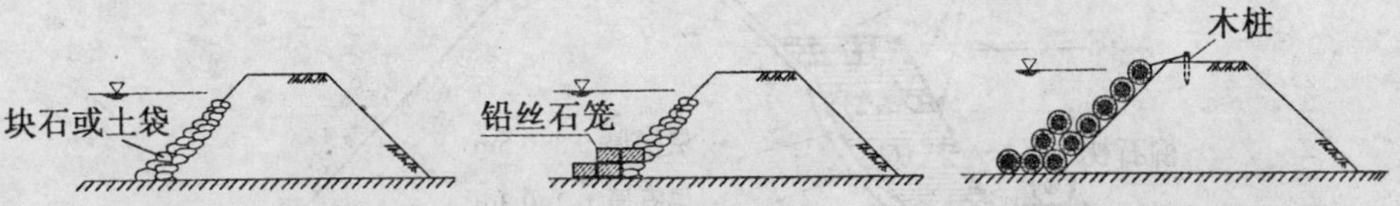

图 11-36　护脚防冲示意图

（2）桩柴护坡

当水深不大，坡脚受水流淘刷而坍塌时，可以采用桩柴护坡方法。先摸清坍塌部位的水深，确定木桩的长度。在坍塌处下沿打一排排桩，桩顶略高于坍塌部分的最高点，若一排不够高可以在第一级护岸基础上再加二级或三级护岸。木桩后密叠柳把（或散柳）一层。柳把用铅丝或麻绳捆扎而成，并与木桩拴牢。其后用散柳、散秸或其他软料铺填，软料背后再用粘性土填实。在坍塌部位的上部与前排桩交错另打签桩一排。用麻绳或铅丝将前排桩拉紧，固定在签桩上，以免前排桩受压后倾斜，最后用粘性土封顶，如图 11-37 所示。

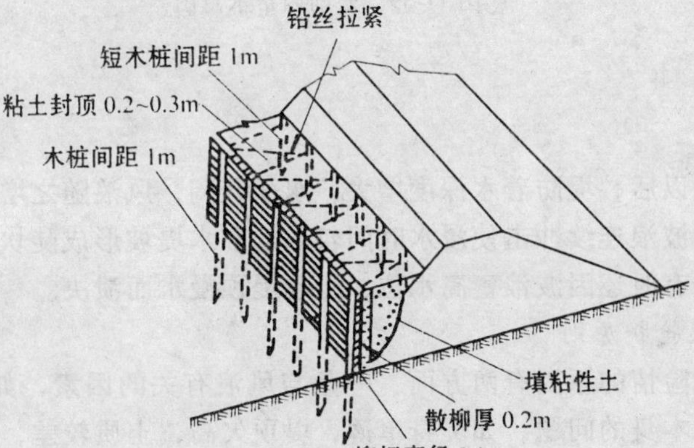

图 11-37　桩柴护坡示意图

（3）柳石软楼

在险情紧迫时，为抢时间常采用构造柳石软楼的方法。尤其是在堤根行溜甚急，单纯抛块石、土袋难于奏效，抛铅丝石笼条件又不具备时，采用该方法较适宜。若溜势过大，可以在软楼完成后于根部抛柳石枕围护。其施工步骤一般包括打顶桩、拴底钩绳、填料等，其具体做法及要求此略。柳石软搂结构如图 11-38 所示。

（4）外削内帮

如果堤外无滩或滩地较窄，可以考虑在临水侧削坡减载、背水坡帮宽加固措施，同时还需做好临水坡脚的抛石固脚，如图 11-39 所示。在有些情况下，崩岸险情发展迅速，在采取上述措施的同时，还应考虑在崩岸堤段后一定距离抢修第二道堤防（俗称月堤），以防万一。

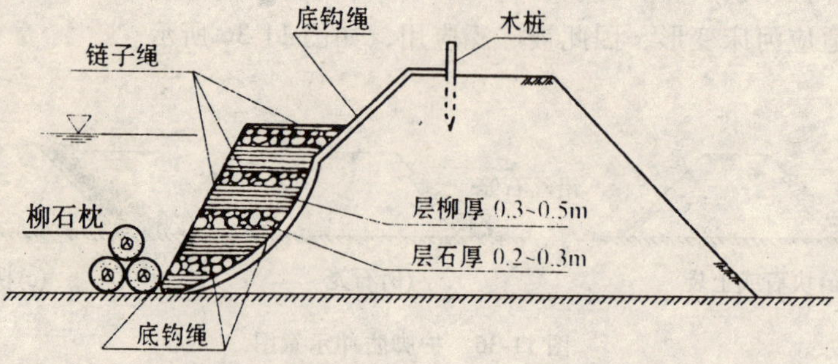

图 11-38 柳石软搂示意图（单位：m）

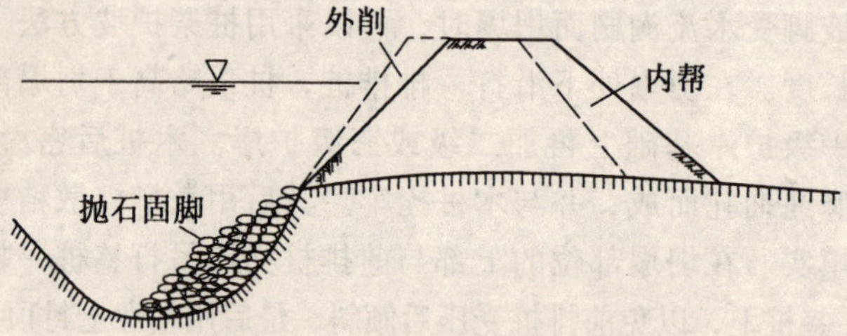

图 11-39 外削内帮示意图

11.2.9 风浪抢险

汛期江河涨水以后，堤防着水深度增大，水面开阔，风浪随之增大，对堤防造成很大的威胁。这不仅因波浪连续冲击使浸水时间较久的临水堤坡形成陡坎、浪窝，甚至产生坍塌、滑坡等险情，有时还因波浪壅高水位，引起堤顶漫水而溃决。

1. 出险原因及抢护原则

风浪造成堤防险情的原因有两方面：一是与风浪有关的因素，如吹程、水深、风速、风向等；二是堤防本身的问题，如堤身单薄，堤顶欠高，土质较差，碾压不实，坡面防护不够，抗冲能力差等。

抢护原则是：消波减浪，削弱波浪的冲击力；坡面防护，增强临水坡的抗冲能力。

2. 抢护方法

防风浪最好的办法莫过于在堤外滩地种植防浪林，或堤防外坡用浆砌块石、干砌块石下垫砂石滤层等措施进行保护。汛期临时防风浪措施，主要是利用漂浮物破浪，削减波浪高度和冲击力，或在迎浪坡面抢修一些防浪工事。常用方法有：

（1）柳枝防浪

柳枝防浪可以抑制溜势，减缓流速，防塌促淤。即用枝叶繁茂的大柳枝，或将数棵较小的柳枝捆扎在一起，用铅丝或绳子把柳枝干的头部系在堤顶木桩上，树梢伸向堤外，并在树杈上捆扎块石或沙袋，顺堤坡推柳入水。挂柳间距及悬挂深度应视溜势及坍塌情况而定，一般主溜附近挂密一些，边上挂稀一些，还可以随时根据需要补挂。该方法可就地取材，消浪作用较好，但要注意枝杈摇动损坏坡面，如图 11-40 所示。

（2）柳枕防浪

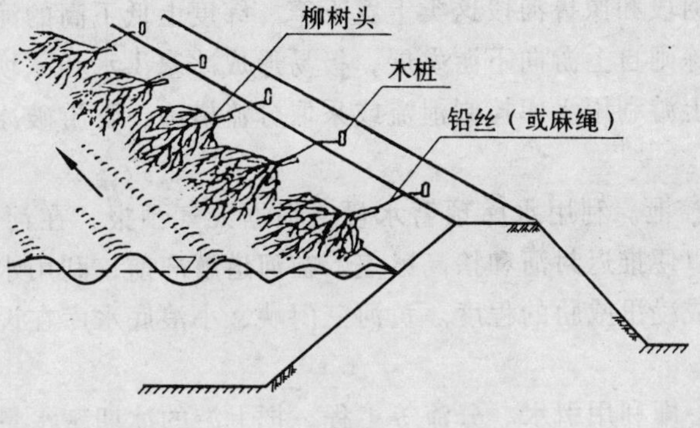

图 11-40 柳枝防浪示意图

用柳枝或其他梢秸料扎成浮枕，枕中心穿入 1～2 根粗绳做芯，枕的横向用铁丝绑扎。安放时，堤顶打桩，芯绳系在桩上，将枕滚入水中。浮枕随波起伏，起到削减波浪的作用，如图 11-41 所示。若风大浪高，也可以平行捆扎数排浮枕，各排以绳索相连，又称连环枕。前枕较大，碰击波浪，后枕较小，消除余浪。为稳定枕位，可以在枕上坠块石或土袋。

(3) 柳箔防浪

在风浪较大、土质较差的堤段，用柳枝或苇把、秸把编织成柳箔，铺在堤坡上并加以固定，可以保护堤坡免遭剥蚀。其做法是，先用铅丝捆扎成柳把，再编成柳箔，其上端用铅丝或缆绳系在堤顶排桩上。柳箔下端适当坠以块石或土袋，使柳箔贴在堤坡上，必要时可在柳箔上面加压块石或土袋，以防其漂浮、冲失，如图 11-42 所示。

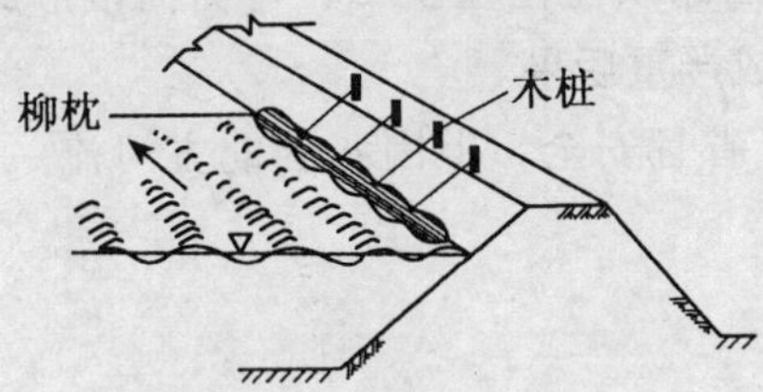

图 11-41 柳枕防浪示意图

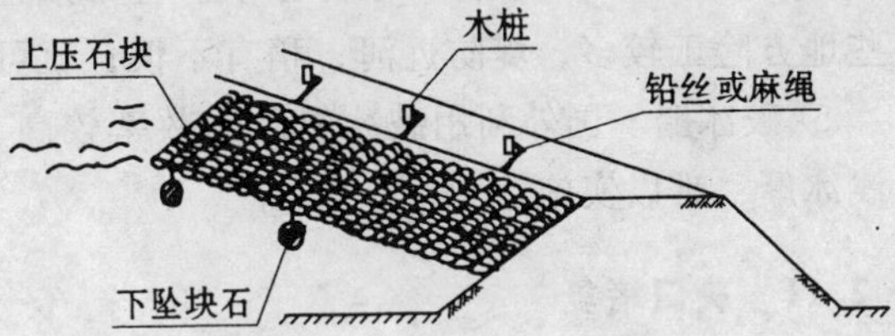

图 11-42 柳箔防浪示意图

除上述方法以外，还可以采用木排、草排、土工织物或土工织物软体排等防风浪措施，这里从略。

11.2.10 凌汛抢险

我国北方的一些河流，冬季结冰封河，春季解冻开河，冰水齐下，冰凌壅塞，水位上涨，形成凌汛。严重时形成漫溢险情，若抢护不及将会造成堤防溃决。

1. 出险原因及抢护原则

出险原因是：当河面冰盖形成后，增加了湿周，缩小了过水断面，通过封冻前同流量的水流时，必然壅高上游水位，增加河槽部分蓄水量，称为冰期壅水量；开河时，冰期壅水量逐渐转化成流量下泄，加上冰盖沿程消融的水量，使流量沿程递增，形成融冰洪水。特别是像黄河宁蒙河段和豫鲁河段这类上宽下窄、纬度上低下高的河段，封冻自下游向上游发展，而开河解冻则自上游向下游发展，极易形成冰塞洪水和冰坝洪水。

抢护原则是：上游利用水库控制泄流或采取分流措施，下游破冰泄流。

2. 抢护方法

（1）上游水库控泄。利用水库预蓄水量，根据天气预报，在河流即将封冻以前增大和调匀下泄流量，以便推迟封河和抬高冰盖。在河道解冻前，利用水库控制泄流，使下泄流量减小到不致造成凌汛威胁的程度。黄河三门峡、小浪底水库在设计和调度运用中均有这方面的任务。

（2）分流措施。即利用引水、分流等工程，把上游的冰期壅水量部分分走，减少下游河道槽蓄量。如山东省利津县曾修建防凌分水堰，当水位接近该处堤防保证水位时，分流约 $1\,000m^3/s$ 导水入海。

（3）下游破冰泄流。其具体做法有：打冰撒土，打封口，爆破，炮击、空投以及破冰船破冰等。

① 人工打冰撒土。目的是使冰盖在开河时易于破碎和漂浮。该方法过去在黄河上曾用过。在冰厚风大的情况下，因费力效微，现已很少使用。

② 打封口。即在急弯、狭窄、浅滩等解冻较晚和容易卡冰结坝的重点河段，用炸药爆破等方法，大面积地破除冰盖。打封口宜在气温上升将达 0℃ 时进行。弯道封口，宜打在凹岸通溜处，以有利于冰块破碎下行。

③ 炸药爆破。先在冰盖上打孔，将炸药包吊入冰盖下，用电雷管起爆，炸开冰盖层，形成溜道，或炸成方格网，将冰盖切割成块状，以促进开河流冰。

④ 炮击或空投。冰坝形成之后，水位猛涨，人力爆破难以实施时，可由下游向上游用排炮轰击或用飞机投弹，破除冰坝。但必须注意，因冰坝往往在狭窄、弯曲河段形成，这些地方险工较多，堤防近河，稍有不慎，就可能酿成严重后果。

⑤ 破冰船。国外利用破冰船破冰效率较高，投资省且安全，但因我国北方河流一般水浅冰厚，难以实施。

11.2.11 决口堵复

1. 概述

汛期当江河、湖泊洪水超过堤防的抗御能力，或出险抢护不当时，往往会造成堤防决口。堤防一旦决口，洪水倾泄而下，给当地人民生命财产和社会经济发展造成巨大损失。因此，堤防决口后，应抓住有利时机，采取有力措施，制止险情持续发展，而适时地实施堵口，对于减小灾害损失，防止河流改道，是至关重要的。

堤防堵口有旱口和水口之分。旱口是指洪水退落后，口门会断流干涸的决口，这类决口可以用一般土工技术结合复堤堵复。水口是指即使在汛后，口门仍然过水的决口，这类决口若位于迎流顶冲之处，任其发展，有的甚至可能引起河流改道，其堵口工程甚为艰巨，通常所说的堵口工程系指这类决口。这类决口的堵复，一般须待江河洪峰过后进行。

堵口的主体工程是堵坝，辅助工程包括挑流坝、引河等。若发生多处溃口，堵口的顺序原则上是“先堵下游口门，后堵上游口门；先堵小口，后堵大口”。但有时也应根据上、下溃口的距离及过流量大小情况而定，以先堵决口不致引起后堵决口险情扩大为原则。

2. 堵口准备

（1）口门勘测

在堵口实施之前，要跟踪监测口门附近的水深、流速、流量，以及口门宽度和水下地形的变化，并勘查口门的土质情况及上、下游的河势变化。

（2）修筑裹头

堤防决口后，应及时在口门两端的堤头抢筑裹头，阻止口门继续扩大，同时为进堵口门做好准备。裹头工程应根据堤头处水深、流速及土质情况而定。一般在水浅流缓、土质较好的条件下，可以在堤头周围打桩，沿桩内固定土工布、席、柳把或秸料等，然后在桩与堤头之间填土。若不打桩，也可以抛石或抛编织袋装土裹护。在水深流急、土质较差的情况下，可以在堤头前铺放土工布软体排或抛柳石枕、做柳石楼厢埽裹头。裹头的迎水面和背水面都要保护到适当长度，以防口门紊乱水流的淘刷。

（3）选择坝基线

堵口坝基线的选择关系到堵口工程的成败。对于主流仍走原河道的决口，堵口坝基线应选在分流口门附近。这样在进堵时，只要口门处水位略有抬高，将使部分流量趋入原河，决口处流量就随之减小。但应注意，切忌堵坝基线后退，造成入袖水流，增加堵口难度。

对于全河夺流决口，因原河道下游淤塞，堵口时，必须先开挖引河，导流入原河，以减小决口流量，缓和决口流势，然后再堵口。堵坝基线位置应根据河势、地形、河床地质等情况决定。若就原堤进堵，坝基线应选在口门跌塘的上游，如图 11-43（a）所示；若河道滩面较宽，就原堤进堵时距分流口门太远，不利于水流趋于原河，则堵坝基线可以选在滩面上，如图 11-43（b）所示。但因滩地筑坝不易防守，只能作为临时性措施，堵口合龙后，应迅速修复原堤。

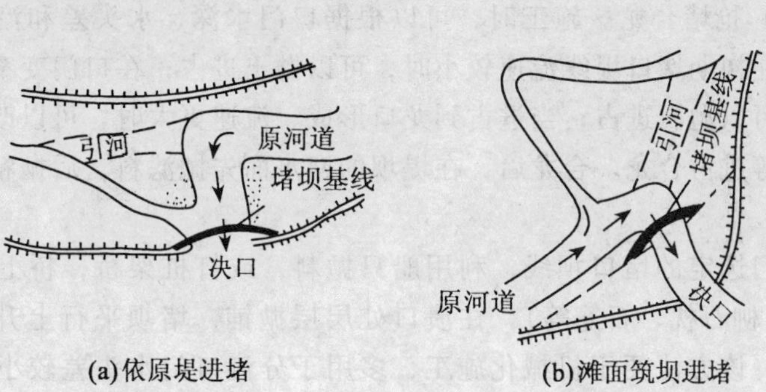

图 11-43　堵口坝基线位置示意图

（4）修筑挑流坝

为缓和决口流势，根据口门河势情况可以在口门上游修筑挑流坝。引河进口在决口下游时，挑流坝应建在堵口上游的同一岸，挑流入引河，同时掩护堵口工程。引河进口在决口上游时，挑流坝通常修建在引河进口对岸的上游。没有开挖引河时，也可以在决口附近河湾上游修建挑流坝，以挑流外移，减小决口流量和减轻水流对截流坝的顶冲作用。挑流坝的长短应适中，过短则挑流不力，达不到挑流目的；过长则易造成河势不顺，并可能危及对岸安全。若溜势过猛，可以修建数道挑流坝，上、下坝之间距约为上一坝长的2倍，其方向以最下的坝恰能对着引河进口上唇为宜，如图11-44所示。

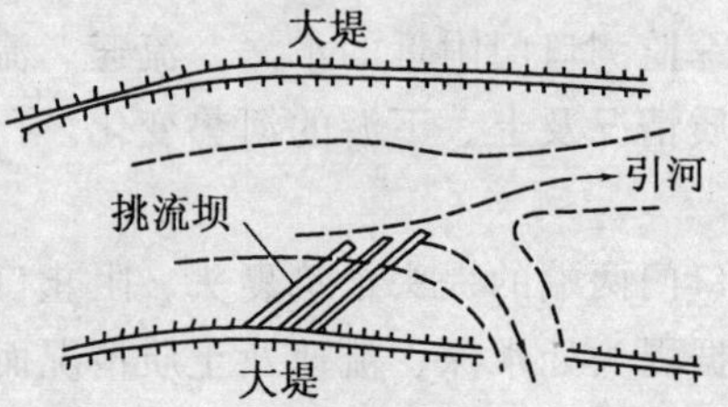

图11-44 堵口挑流坝示意图

（5）开挖引河

对于全河夺流改道的决口，必须开挖引河导流入原河，以减缓口门流势，为顺利堵口合龙创造条件。引河进口的位置可以选择在决口的上游或下游（见图11-43）。前者可以直接减小决口流量，后者则能降低堵口处的水位。若引河进口选择在决口上游，则宜选在决口上游对岸不远的迎流顶冲的凹岸，对准中泓大溜，造成夺水入河之势。如果进口无下唇，则须修建坝埽，以助吸溜之力。引河出口应选在决口下游老河道淤积不严重的深槽处，并与老河平顺相接。此外，引河布置还应考虑节省开挖土方和便于施工等。

3. 堵口方法

堵口进占方法有立堵、平堵、混合堵三种。选用哪种方法须根据口门流量、水位差、地形、土质情况以及当地的技术、料源、运输条件等决定。

（1）立堵

立堵是从溃口口门两端，沿设计的堵口坝基线向中间进占，逐渐缩窄口门，最后将留下的缺口（龙口）抢堵合龙。施工时，可以根据口门水深、水头差和流速的变化，采用不同的材料。如在初期堵口堤线流速较小时，可以抛土进占；在口门变窄、流速增大、抛土易被冲走时，可以抛石进占；当进占到龙口形成、流速更大时，可以改抛柳石枕、石笼或混凝土异形体等进占合龙。合龙后，在堤坝的迎水面先抛滤料，后抛粘土，断流闭气。

（2）平堵

平堵系沿口门选定的堵口坝线，利用船只抛料，或打桩架桥，桥上铺轨，装运料物（如石料、土袋、柳石枕、石笼等），在溃口处层层抛铺，堵坝平行上升，直至断流，达到设计高度为止。该方法便于机械化施工，多用于分流口门水头差较小、河床易冲的情况。平堵坝抛填出水面后，须在临水侧加筑粘土前戗，阻水断流，背水面筑滤料后戗，以增加堵坝稳定性和辅助闭气。

（3）混合堵

混合堵是立堵和平堵相结合的方法。一般先采用立堵进占，待口门缩窄至水流可能招致底部严重冲刷时，再改为护底与进占同时进行合龙。也有先用平堵，将口门底部抛填至一定高度，流速减小后，再改用立堵进占。1946年黄河郑州花园口堵口，以及1998年九江市长江大堤的堵口，均属混合堵法。堵口合龙后，应迅速采取防渗措施，使堵坝闭气。

4. 复堤

汛期抢筑的堵口坝，坝体矮小，质量差，不可能达到堤防的防御洪水标准，因此汛后必须制定复堤计划，采取相应的工程措施，按当地防洪标准恢复堤防。复堤设计首先须弄清堵口坝的结构、堵口物料及其数量，勘测堵口河段的地质、地形，分析堵口坝坝区河势特征，以及堵口坝与堤防的关系。

若堵口坝为堆石坝，临水侧有堵漏截渗措施，坝区地形未被严重冲刷破坏，坝体外型平顺完整，复堤时可以此坝为后戗，在临河侧按设计标准修建新堤，如图 11-45 所示。新堤断面应适当加大，并采取砌石、抛石等防冲固脚措施。若堵口坝坝线基本位于原堤线上，而坝体为桩、梢结构，复堤进土前，要彻底清除土中易腐烂失效的桩、梢材料，再按新堤标准和质量控制施工。若拆除桩、梢材料有困难，或堵口坝在平面上过于外凸或内凹，则可以另选堤线建新堤。新堤要避开决口渊塘，并与老堤平顺衔接。

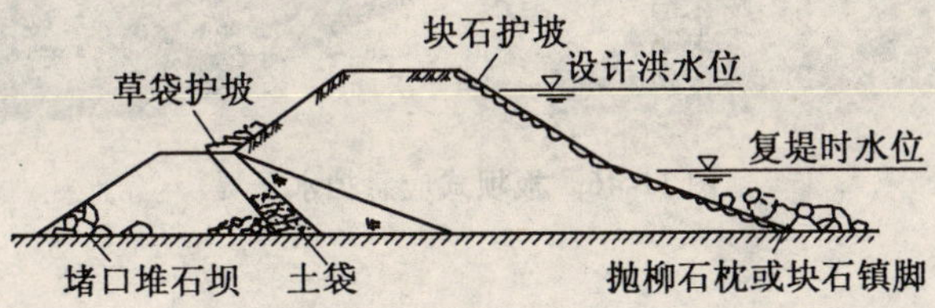

图 11-45　堵口复堤断面示意图

§11.3　防汛抢险新技术新产品

上一节介绍了我国传统的防汛抢险技术。长期以来，这些技术虽然在各地广为传用和在一定程度上行之有效，但从历次抗洪抢险的实践来看，往往因某些技术与方法原始而落后，每每遇到险情特别是重大险情时，需要兴师动众，耗费大量人力物力，有时还因抢险速度慢与效率低而不能及时有效地控制险情，甚至酿成更大灾害。

这从某种意义上说明，传统的技术方法需要挑战与改进。或者说，现阶段看来，在我国的江河防汛抢险工作中，急需通过大力研发和推行高新科学技术，改进传统落后的技术方法，精简防汛抢险队伍，减轻查险抢险劳动强度，提高抢险除险现代化水平。

为了提高防汛抢险工作的现代化水平，1998 年以来，国家水利部启动了“988”防洪减灾科技计划，各地各级水利部门和科研单位也积极开展了相关研究，一大批科技含量较高、简单实用、操作灵活的新技术、新产品相继涌现出来，有的已在实践中成功应用，已初步显示出科技对提高抗洪抢险能力的巨大作用，同时也表明我国抗洪抢险的技术和手段有了可喜的进步。这里择其若干种主要的简介如下[28],[49],[96],[97],*。

11.3.1　板坝式应急挡水子堤

板坝式应急挡水子堤用于防漫溢，由支撑框架、支撑板、挡水防渗布等组成，如图

* 田以堂主编：《防汛抗旱新技术新产品汇编手册》，国家防汛抗旱总指挥部办公室，2006.6。

11-46所示。该产品具有结构简单、体积小、重量轻，能重复使用以及耐磨、抗腐蚀等特点。适于砂壤土、壤土、粘土及混凝土、沥青堤坝抢险之用。设计挡水高度为1.0m，子堤高1.3m，子堤宽1.2m，要求原堤顶宽在4.0m以上。保管年限8~30年。江苏省物资总站推介。

图11-46　板坝式应急挡水子堤

11.3.2　吸水速凝应急挡水子堤

吸水速凝应急挡水子堤，由土工织物外袋、土工膜内袋和装在内袋里的高效保水材料以及护垫、加强带、注水孔、防渗带、防渗条等组成，如图11-47所示。袋体吸（充）水后体积胀大，随即水体凝结成具有一定抗压强度能自立的凝胶体，从而沿堤顶形成一道连续防洪矮墙。这是一项防止堤坝漫溢、抗御风浪、快速有效的新技术成果。具有安全可靠，高效快捷，造价低廉，安装简单等优点。国家水利部科技推广中心联合相关单位研发。

图11-47　吸水速凝挡水子堤

11.3.3　装配式管涌围井及土工滤垫

采用这项技术抢护管涌，其方法原理与传统的“反滤围井”法相同。与传统方法不同的是，井内起“透水保砂”作用的为土工滤垫，滤垫内部为土工织物滤层，替代砂石料，起反滤导渗作用；围井为装配式，由围井单元体构成，单元体设有围板加筋、连接件、固定件等，围板之间的接缝处固定有防渗水材料，围板上设置控制井内水位的排水系统，围井高度可以根据需要调整。采用这项技术防治管涌，施工快，材料可以重复使用，储运方便，如图 11-48 所示。国家防总与南京水利科学研究院联合研发。

图 11-48　装配式围井

11.3.4　轻型打桩机

轻型打桩机是在小型翻斗车上加装打桩部件形成的。打桩部件由电动机、减速器、操纵机构、锤头、扶桩块、机架等组成。工作时，首先将木桩竖直安放，用扶桩块下端的尖顶刺入木桩内，使木桩竖直站稳。然后利用操纵机构压迫偏心滚轮，使锤头拉杆与驱动滚轮接触，依靠摩擦力将锤头升起。在机架上部有一个弹簧装置，当锤头升起到高位时，压缩弹簧。在操纵机构的反方向操纵下锤头拉杆与驱动滚轮脱离接触，锤头在弹簧力和重力的作用下，快速下降，撞击扶桩块，将木桩打入土。重复以上动作，即可将木桩打到所需深度。

该机外形尺寸：（长×宽×高）2.8m×0.5m×0.2m。打桩机的最大打击频率为20 次/min，且可以变频打击。打一根直径为 11～14cm、长 1. 5m 的木桩，耗时小于 1min。轻型打桩机适用于堤坝平坦场地，可以用于堤防工程施工及抢险。焦作市黄河河务局研制。

11.3.5　DZF—120 型便携式打桩机

如图 11-49 所示，DZF—120 型便携式打桩机两人抬举便可作业。该打桩机由主机和动力装置组成，其中主机是击打设备，净重 30kg。主机与动力装置分离，采用软轴连接传动，故在工作时，动力装置可以放置在地面上，也可以由作业人员背负于水中工作。在地面上的打桩工效是，长度 2.5m 以内、桩径 8～12cm 的木桩，3 分钟内可以打入木桩 1～2m。

该产品适用于汛期抗洪抢险，以及堤防岁修加固与江河湖塘堤岸的维护性机械打桩作业。三门峡水工机械厂研制。

11.3.6　快速旋桩机

快速旋桩机是一种快速植桩机具。钢桩向下旋转运动时加大了土体密度，增加了土壤

(a)

(b)

图 11-49 DZF—120 型便携式打桩机

与旋桩之间的摩擦力，使旋桩在土壤中更加坚固。在黄河抢险中，采用谐波齿轮传动装置，其结构简单，体积小、质量轻，效率和承载能力高，运动平稳无冲击。旋桩可以重复利用，适应于各种土质。滨州市黄河河务局研制。

11.3.7 YBZ 型拔桩机

YBZ 型拔桩机由液压顶起机构、链轮链条机构、夹具、底盘结构组成。工作时，液压顶起机构举起链轮链条机构，链条的一端固定于底盘上，另一端与卡住木桩的卡具相接；随着顶起机构的上升，即可将木桩垂直拔出。拔出的木桩完好无损，可以重复利用。与传统拔桩方法相比较，工效提高 15 倍。焦作市黄河河务局研制。

11.3.8 LX—2 型锚桩机

LX—2 型锚桩机由卡紧回转机构、给进机构、悬臂摆动机构、机架及倾角调节机构、操纵台、底盘与固定机构、泵站等组成，机器全液压驱动与操纵，如图 11-50 所示。采用薄壁方钢底盘，选用铝合金、轻质复合材料，重 300 多 kg，配用内燃机泵站。经动水试验，具有施工进度快、人员安全、劳动强度低、重量轻等特点。适用于防洪抢险、水利工程加固、堵口工程等。南京水利科学研究院研制。

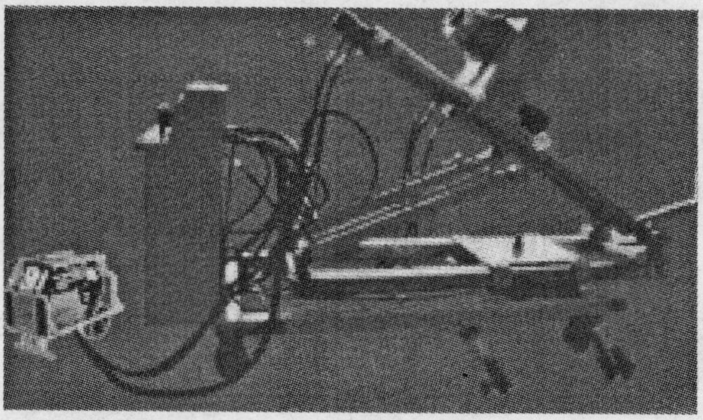

图 11-50 LX—2 型锚桩机

11.3.9　螺旋锚下锚机

螺旋锚下锚机用于快速堵口。这项技术采用机械下锚代替机械或人力冲击打桩，采用螺旋锚代替一般的桩，利用锚入的螺旋锚搭网架，然后抛填堵口。

下锚机是该堵口技术的主要实施工具。下锚机能悬臂 1m 多向水中施工作业，抢险人员于后方网架上操作。专用下锚机和独特的施工工艺相结合，使下锚速度可以达每 5 分钟一根锚（含辅助工作时间 3 分钟）。机械全液压驱动预操纵，可以配内燃机泵站。

螺旋锚由锚杆和锚叶组成，由于锚叶作用，使桩的抗拔力、水平承载力显著提高。其抗拔力是同杆径桩的 100 多倍，水平承载力是同杆桩的 2 倍以上。因而，将大大提高堵口网架的稳定性。这项堵口技术具有施工速度快、人员安全和劳动强度低等特点，可以在堵口抢险中推广应用。南京水利科学研究院研制。

11.3.10　组合装袋机

组合装袋机由蟹爪耙装、刮板运输、自动称重等 7 部分组成，如图 11-51 所示。工作时，蟹爪耙装机构采用两只机械蟹爪交替运动，连续地将集于铲板上的物料耙入刮板运输机中，刮板运输机构将物料输送到集料仓，物料在集料仓被螺旋分料机械破碎并强制下送到编织袋，从而实现了集料、输送、称重、装袋全过程的自动化。该设备可以用于堤防抢险或其他工程建设中取代人工操土装袋方法，从而大大节省了人力和时间。河南焦作黄河河务局研制。

图 11-51　组合装袋机

11.3.11　KPZ—2 型机械捆抛枕机

KPZ—2 型机械捆抛枕机采用液压千斤顶和卷扬机技术设计而成，动力部分有三相交流电源和低速电机 2 台，捆抛枕工作台架由 2 层 2 组工字钢架组成，移动部分为 2 对可卸橡胶轮胎。用人工放柳石，采用钢丝绳，1.5kW 电动力捆紧，液压千斤顶同时启动，将柳枕抛下堤坡。该产品适用于江河堤防、坝岸控制险情及抗洪抢险之用。具有搬运方便、捆枕坚固、操作简便、节省人力、抢险效率高等特点。如图 11-52 所示。范县黄河河务局研制。

图 11-52 KPZ—2 型机械捆抛枕机

11.3.12 防汛抢险机械液压抛石机

防汛抢险机械液压抛石机采用机械液压原理，分行走、液压、抛石排三部分，并且三部分合为一体，抛石排自动收放，具有自动化程度高、机动性能强、适应性强、效率高（每小时抛石料 100m^3 左右）等特点。产品有车载式、车拖式两种。适用于河（海）堤坝岸及水库大坝的抛石加固。如图 11-53 所示。济南市黄河河务局研制。

图 11-53 机械液压抛石机

11.3.13 YP—A 型液压自动抛石机

YP—A 型液压自动抛石机利用液压技术可以使抛石槽折叠伸展、安装调整，使料斗自动举升抛石，一次抛投到位，不损坏坝面；利用万向行走轮可以在抢险现场任意移动，适应不同位置抛石；利用行走装置可以方便地拖运至抢险现场；利用配套动力可以适应各种场合的抢险；可以与其他装载机械相配套，完全实现抛石抢险机械化。该机械适用于江河坝岸抛石抢险及根石加固抛石施工。如图 11-54 所示。山东黄河东平湖管理局研制。

图 11-54 YP—A 型液压自动抛石机

11.3.14 NC—I 型钢丝网片编织机

NC—I 型钢丝网片编织机采用数控系统、液压传动，具有连续编织时间长、编织工艺简单、结构紧凑、占地面积小等特点，其生产的产品适用于防汛、公路、山体、铁路等工程的防护与抢险。

生产网片幅宽：1000～2000mm；钢线直径≤4.2mm（8 号钢丝）；编织速度 ≤80m/h；轮廓尺寸：1800mm×1500mm×1100mm；整机重量：约 2000kg。如图 11-55 所示。山东大学机械工程学院研制。

图 11-55 NC—I 型钢丝网片编织机

11.3.15 HH—Ⅱ型铅丝笼网片自动编织机

HH—Ⅱ型铅丝笼网片自动编织机由动力系统、计程切割系统、织网系统和防腐系统四部分构成。可以分为半自动织网和全自动织网两种，能生产四种不同规格的网片。其工作方法是把铅丝盘放置在旋转盘上，让铅丝进入调直器，挂靠在成型器上，调节行程仪，确定网片面积，选定速度，打开电源，进入工作台自动生产网片。该机的最大优点是，织网速度快，劳动强度低，安全系数大，非常适用于在防汛抢险中应用。如图 11-56 所示，河南省濮阳市黄河河务局研制。

图 11-56　HH—Ⅱ型铅丝笼网片自动编织机

11.3.16　拧扣铅丝笼网片编织机

在江河防汛抢险中，过去铅丝石笼网片的编织，主要靠人工编织，效率低、质量差、劳动强度大。

拧扣铅丝笼网片编织机巧妙地设计了上下两个滑板，其上设若干个可以转动的相对应的半圆齿轮，齿轮中间留眼穿铅（钢）丝，通过相对的两个半圆齿轮的转动完成拧双扣，通过上下两滑板的运动，达到错位配对，再拧双扣，如此反复，完成编织任务。

主要技术参数：生产网片幅宽：1000mm；8～12 号铅（钢）丝；编织速度：≥60 m^2/h；功率：4kW；网眼尺寸：长对角线 150～180mm，短对角线 130～160mm；

外型尺寸：1500mm×1700mm×1300mm；整机重量约：1500kg。

该机拧扣网片成形工艺合理、不易破碎、网片编织规整美观等。编幅度 1m 的网，每 3 人一组，日平均生产 600m^2 左右，是人工的 5 倍以上，大大减轻了劳动强度，提高了编织速度。如图 11-57 所示。黄河水利委员会山东河务局研制。

图 11-57　拧扣铅丝笼网片编织机

11.3.17　XD 型多功能防汛抢险车

XD 型多功能防汛抢险车利用武汉牌 FCI 型翻斗车改制而成。首先去掉翻斗，在其上合理配制 8kW 同步发电机，1.5t 卷扬机、割草机、电焊、气焊电锯等设备，制造成一种可以卷扬、吊装、焊接、切割、锯木、割草及照明等，并可以提供充足电源的一车多用，操作简单，适应性强的抢险机具。该车不仅适用于江河抢险，亦可以用于公路、铁路等行业的野外作业和日常维护。

在历经多次改进之后，新研制出的 XD—Ⅱ型多功能抢险车，其功能更完善，现已广泛应用于防汛抢险和工程管理、施工中。如图 11-58 所示。河南省孟州市黄河河务局研制。

(a)XD 型

(b)XD–Ⅱ型

图 11-58　多功能防汛抢险车

11.3.18　防汛信息移动采集车

防汛信息移动采集车由“依维克”改装而成，如图 11-59 所示 。车载系统采用宽带无线接入、数字视频处理、IP 数据通信等先进技术，可以实现远程图像、语音及数据的实时采集和传输，具有现场信息采集、固定或移动会商、多媒体网络交互、后台录像等功能，能够与电子政务系统、黄河工情险情会商系统、黄河水情实时查询系统、黄河工程管理系统、黄河水量调度系统等授权的应用系统互联互通。每辆移动采集车都是一个信息采集点和异地视频会商中心，能实时与各级防汛指挥中心进行防洪预案、水情、工情和险情的会商。该信息移动采集车的投入使用，为黄河下游游荡性河段防汛指挥决策提供了强有力的实时信息支撑。河南省黄河河务局研制。

图 11-59　防汛信息移动采集车

11.3.19 大型机械在防汛抢险中的应用

传统的防汛抢险工作，往往是人拉肩扛，技术落后，劳动强度大，且抢险速度慢、效率低。近些年来，随着科技水平的提高和经济实力的增强，一批大型机械如挖掘机、装载机、自卸汽车等设备被派上抢险战场，从而极大地提高了抢险效率、减小了劳工强度，提高了抢险技术水平。在这方面，河南省河务局做出了一些有益的尝试。

例如，将装载机改装成软料叉车，改变了过去靠人工抱送软料、效率低下的落后做法；利用机械施做“厢埽”，克服了传统人工做埽受场地、料物运送等条件限制以及速度缓慢等缺点；利用机械（装载机、挖掘机、自卸车）装抛铅丝笼，克服了传统的人工装推铅丝笼劳动强度大和效率低等缺点；自制铅丝笼封口机，即将手电钻的钻头改装成适用于铅丝笼封口的挂钩或卡口，实现了铅丝笼封口机械化，从而克服了传统的铅丝笼人工摽棍封口，速度慢、劳动强度大、封口不牢固等缺点；如此等等。

本章介绍了江河防汛与堤防抢险的基本知识与相关技术。在结束本章之前，有必要强调指出如下几点：

(1) 防汛抢险是一场时限性很强且涉及因素错综复杂的战斗。工作责任重大，稍有不慎，将会酿成大祸。防汛人员不仅要熟练掌握防汛抢险技术，而且要有高度的组织性、纪律性和责任感，还要有吃苦耐劳、遇险不惊、临危善断和敢于胜利的精神与智慧。

(2) 堤防险情种类繁多，汛期表现复杂多变，各种险情既有个性特征，又有共性原因和内在关联。例如散浸、管涌、漏洞和背水脱坡，其原因都与渗水和堤身堤基情况有关，而各自的险情表现及其处理措施不同，背水脱坡可能是散浸的后果，管涌、漏洞可能产生跌窝、塌陷。因此，发现险情，要迅速查明原因，不失时机地采取相应的抢护措施。

(3) 堤防在高水位的长时期浸润下，出险频次大大增加。此时可能多种险情同时并发，而采用某种单一抢护方法，往往难以奏效。为防万一，这时需要临背并举，多管齐下，综合采取多种措施处理，如临河截渗堵漏，背河导滤减压等。

(4) 警惕落水险。洪水退落时期，防汛人员常易产生麻痹思想和松懈情绪，而此时堤身恰因经过长时间的浸泡，又遇堤内渗水反向入河，极易引起外坡滑塌（俗称“落水险”）。这类教训为数不少。

(5) 汛期抢险是在紧急时期采取的应急措施，一般是就地取材，方法粗放，施工质量未讲究。因此，汛后必须进行善后处理，彻底清除各种易腐的临时物料，按设计要求重新翻修。

(6) 现阶段看来，在我国的防汛抢险领域中，急需开展科技创新与新设备、新产品的研发工作，广大科技人员投身到这一研究领域中来是大有作为的。在今后的防汛抢险工作中，在继承和发扬传统的技术方法的同时，要努力尝试推行现代新技术、新材料、新设备，做到传统技术与现代科技相结合，常规方法与时新方法相结合，逐步改变千军万马战洪魔的抗洪模式，探索出适于我国国情的江河防汛抢险技术体系。

(7) 本章介绍的新技术、新产品，仅供各地在防汛抢险中参考选用。其中，有些研发时间短、面世不久，还存在这样或那样的技术问题需要完善与改进；有的只在某些局部地区实践中得到应用与认可，暂不宜大面积推广与应用，还有待于今后在更多的实践中得到应用与检验。尽管如此，从已经初步显现出的研发势头，及其已经具有的技术含量与应用前景看，是值得充分肯定的。

参考文献

[1] 崔宗培主编．中国水利百科全书．北京：水利电力出版社，1991.3

[2] 叶守则主编．气象与洪水．武汉：武汉水利电力大学出版社，1999.6

[3] 钱宁，张仁，周志德．河床演变学．北京：科学出版社，1989

[4] 倪晋仁，马蔼乃著．河流动力地貌学．北京：北京大学出版社，1998.10

[5] 谢鉴衡主编．河床演变及整治（第二版）．北京：中国水利水电出版社，1997.10

[6] 沈玉昌，龚国元编著．河流地貌学概论．北京：科学出版社，1986

[7] 张瑞瑾主编．河流泥沙动力学（第二版）．北京：中国水利水电出版社，1998.5

[8] 陈立，明宋富编．河流动力学，武汉：武汉大学出版社，2001.9

[9] 谢鉴衡主编．河流泥沙工程学．北京：水利出版社，1981

[10] 中华人民共和国水利部．土工试验规程 SD S01-79（上册）．北京：水利出版社，1980

[11] 张瑞瑾主编．河流动力学．北京：中国工业出版社，1961

[12] 叶青超等．黄河下游河道演变和黄土高原侵蚀的关系．第二届河流泥沙国际学术讨论会论文集．北京：中国水利水电出版社，1983

[13] 夏开儒，李昭淑．渭河下游冲积形态的研究．地理学报，1963 年，第 29 卷第 3 期，pp. 71 ~ 88.

[14] 北京大学等七校合编．地貌学．北京：人民教育出版社，1978.9

[15] 杜恒俭，陈华慧，曹伯勋主编．地貌学及第四纪地质学．北京：地质出版社，1981.7

[16] 杨连生主编．水利水电工程地质．武汉：武汉大学出版社，2004.8

[17] 邱大洪主编．工程水文学．北京：人民交通出版社，1999.8

[18] 叶镇国编著．土木工程水文学．北京：人民交通出版社，2000.1

[19] 西安冶金建筑学院，湖南大学．水文学．北京：中国建筑工业出版社，1979.12

[20] 刘昌明，陈志恺主编．中国工程院重大咨询项目．中国可持续发展水资源战略研究报告集（第 3 卷）．中国水资源现状评价和供需发展趋势分析．北京：中国水利水电出版社，2001.12

[21] 李健生主编．中国江河防洪丛书．总论．北京：中国水利水电出版社，1999.5

[22] 谢世俊．气象万千．洪水．北京：气象出版社，2002.7

[23] 魏一鸣等著．洪水灾害风险管理理论．北京：科学出版社，2002.11

[24] 万庆等著．洪水灾害系统分析与评估．北京：科学出版社，1999.12

[25] 崔承章，熊治平编．治河防洪工程．北京：中国水利水电出版社，2004.8

[26] 魏文秋，赵英林．水文气象与遥感．武汉：湖北科学出版社，2000. 5

[27] 杨达源，闾国年．自然灾害学．北京：测绘出版社，1993. 8

[28] 罗庆君主编．防汛抢险技术．黄河水利出版社，2000. 4

[29] 王家祁著．中国暴雨．北京：中国水利水电出版社，2002. 12

[30] 长江委水文局编著．1998 年长江洪水及水文监测预报．北京：中国水利水电出版社，2000. 12

[31] 中国工程院“21 世纪中国可持续发展水资源战略研究”项目组（钱正英，张光斗主持）．中国可持续发展水资源战略研究综合报告．中国工程科学，第 2 卷第 8 期，2000. 8

[32] 李宪文，郭孔文主编．’98 大洪水百问．北京：中国水利水电出版社，1999. 3

[33] 许武成，王文．洪水等级的划分方法．灾害学，第 18 卷第 2 期，2003. 6

[34] 骆承政，乐嘉祥主编．中国大洪水—灾害性洪水述要．北京：中国书店，1996. 12

[35] 陈雪英，毛振培主编．长江流域重大自然灾害及防治对策．武汉：湖北人民出版社，1999. 7

[36] 汪勤模．气象万千—暴雨．北京：气象出版社，2002. 7

[37] 李曾中，程明虎等．利用人工降雨手段化汛期特大暴雨灾害为可利用水资源．灾害学，2002，17（3）：pp. 30 ~ 34

[38] 王俊，王善序主编．长江流域水旱灾害．北京：中国水利水电出版社，2002. 5

[39] 陈述彭，黄绚．洪水灾情遥感监测与评估信息系统．自然科学进展，国家重点实验室通讯，1992，1（2）

[40] 周成虎著．洪水灾害评估信息系统研究．北京：中国科学技术出版社，1993. 6

[41] 程晓陶．21 世纪我国防洪减灾领域重大科技问题的展望．水利水电技术，2001，N1

[42] 熊治平．我国江河洪灾成因与减灾对策探讨．中国水利，2004，N7

[43] 朱伯芳．关于我国防洪问题的一些思考．水问题论坛，1999，N1

[44] 赵会强．浅谈对新时期防汛抗旱工作思路的认识，全国首届水问题研究学术研讨会论文集．武汉：湖北科学技术出版社，2003. 11

[45] 郭业友．荆江分蓄洪区要确保安全运用．中国水利，2003，N5

[46] 洪庆余主编．长江防洪与’98 大洪水．北京：中国水利水电出版社，1999. 11

[47] 国家防汛抗旱总指挥部，水利部南京水文水资源研究所．中国水旱灾害．北京：中国水利水电出版社，1997. 12

[48] 王丽萍，付湘编著．洪灾风险及经济分析．武汉：武汉水利电力大学出版社，1999. 8

[49] 牛运光编著．防汛与抢险．北京：中国水利水电出版社，2003. 4

[50] 刘善建著．治水、治沙、治黄河．北京：中国水利水电出版社，2003. 1

[51] 谷兆棋主编．中国水资源、水利、水处理与防洪全书．北京：环境科学出版社，1999. 12

[52] 洪庆余主编．中国江河防洪丛书（长江卷）．北京：中国水利水电出版社，

1998. 4

[53] 陈惠源主编．江河防洪调度与决策．武汉：武汉水利电力大学出版社，1999. 8

[54] 丁君松主编．河道整治．北京：中国工业出版社，1965

[55] 丁君松主编．治河防洪．北京：中国工业出版社，1965

[56] 姚乐人主编．防洪工程．北京：中国水利水电出版社，1997. 10

[57] 国际灌溉与排水委员会编．世界防洪环顾．哈尔滨：哈尔滨出版社，1992

[58] 胡一三等编著．河防问答．黄河水利出版社，2000. 4

[59] 徐福龄．黄河下游河道整治的措施和效用．第二次河流泥沙国际学术讨论会论文集．北京：水利电力出版社，1983. 757～786

[60] 中华人民共和国水利部国际合作与科技司编．堤防技术标准汇编．北京：中国水利水电出版社，1999

[61] 潘庆燊，余文畴，曾静贤．抛石护岸工程的试验研究．泥沙研究，1981（1）

[62] 长江流域规划办公室汇编．长江中下游护岸工程经验选编．北京：科学出版社，1978

[63] 姚仕明，卢金友，余文畴．长江中下游护岸工程新材料新技术应用分析．水利部防洪抗旱减灾工程技术研究中心编．2002 防洪抗旱减灾进展．郑州：黄河水利出版社，2003，3

[64] 张文杰等编著．江河护岸新技术—四面六边透水框架群．北京：中国水利水电出版社，2002，12

[65] 水利部黄河水利委员会编．黄河埽工．北京：中国工业出版社，1964

[66] 徐福龄，胡一三编：黄河埽工与堵口．北京：水利电力出版社，1989

[67] 季永兴，刘水芹，张勇．城市河道整治中生态型护坡结构探讨．水土保持研究，2001（4）

[68] 许士国，高永敏，刘盈斐编著．现代河道规划设计与治理．中国水利水电出版社，2006，3

[69] 王新军，罗继润．城市河道综合整治中生态护岸建设初探．复旦学报（自然科学版），2006（1）

[70] 孟建军，刘晓燕．汉口江滩防洪及环境综合整治工程．城市道桥与防洪，2007（6）

[71] 郦进荣．集防洪景观绿化休闲于一体的城市防洪模式——上虞市城市防洪工程．浙江水利科技，2008（1）

[72] 中华人民共和国国家标准．堤防工程设计规范（GB50286—98）．北京：中国计划出版社，1998. 10

[73] 谢鉴衡，丁君松，王运辉．河床演变及整治．北京：水利电力出版社，1990

[74] 顾慰慈编著．渗流计算原理及应用．北京：中国建材工业出版社，2000. 8

[75] 董哲仁主编．堤防除险加固实用技术．北京：中国水利水电出版社，1998. 11

[76] 包承纲主编．堤防工程土工合成材料应用技术．北京：中国水利水电出版社，1999. 12

[77] 张俊华等编著．河道整治及堤防管理．郑州：黄河水利出版社，1998. 11

[78] 丁留谦，郭军，袁小勇．堤防除险加固技术进展．中国水利，2000.7

[79] 王运辉主编．防汛抢险技术．武汉：武汉水利电力大学出版社，1999.6

[80] 黄建和，陈肃利．堤防工程除险加固新技术．水利水电快报，第20卷第10期，1999.5

[81] 胡维忠．钢板桩在我国堤防基础防渗中的首次应用．中国水利．2003N1

[82] 徐少军，易军，李明清．新技术新工艺新材料在湖北长江干堤基础处理中的应用．中国水利，2003N1

[83] 束庆鹏，冯淋．堤防隐患探测技术应用初探．中国水利，2000N5

[84] 焦爱萍，王俊．堤防隐患探测新技术．水利科技与经济，2003（1）

[85] 顾慰慈编著．城镇防汛工程．北京：中国建材工业出版社，2002.5

[86] 水利水电规划设计院，长江流域规划办公室．水利动能设计手册（防洪分册）．北京：水利电力出版社，1988

[87] 雒文生主编．河流水文学．北京：水利电力出版社，1992

[88] 郭生练编著．水库调度综合自动化系统．武汉：武汉水利电力大学出版社，2000.4

[89] 中华人民共和国行业标准．水库洪水调度考评规定（SL224—98）．北京：中国水利水电出版社，1999.2

[90] 胡一三主编．中国江河防洪丛书（黄河卷）．北京：中国水利水电出版社，1996

[91] 赵承普主编．中国江河防洪丛书（淮河卷）．北京：中国水利水电出版社，1996

[92] 冯焱主编．中国江河防洪丛书（海河卷）．北京：中国水利水电出版社，1993

[93] 纪昌明，梅亚东编著．洪灾风险分析．武汉：湖北科学技术出版社，2000.7

[94] 束庆鹏，王章立．新技术新材料新设备在抗洪抢险救灾中的应用．中国水利，2003.7（A）

[95] 岳梦华．抗洪抢险新技术新产品的研制与应用取得可喜成果．中国水利，2003.5（A）

[96] 张金宏．吸水速凝挡水子堤在抗洪抢险中的应用．水利水电技术，2005（11）

[97] 高兴利，史宗伟，赵雨森．河南黄河大型机械抢险技术探索．水利水电技术，2005（6）